"十四五"职业教育国家规划教材

供医学美容技术专业使用

美容护肤技术

主　　编　张秀丽　赵　丽　聂　莉

副 主 编　申芳芳　夏庆梅　刘君丽

编　　者　(以姓氏笔画为序)

王　燕　(江苏医药职业学院)
牛　菲　(渭南职业技术学院)
申芳芳　(山东中医药高等专科学校)
朱　薇　(天津医学高等专科学校)
刘君丽　(包头医学院)
米希婷　(山西大同大学)
李　群　(天津中医药大学)
肖杰华　(青海卫生职业技术学院)
张秀丽　(天津医学高等专科学校)
陈　敏　(长春医学高等专科学校)
林　颖　(福州中医院)
赵　丽　(辽宁医药职业学院)
聂　莉　(江西卫生职业学院)
贾小丽　(四川中医药高等专科学校)
夏庆梅　(天津中医药大学)
康晓琳　(包头医学院)
寇晓茹　(天津医学高等专科学校)
薛久娇　(宁波卫生职业技术学院)

秘　　书　朱　薇　(天津医学高等专科学校)

科学出版社

北　京

内 容 简 介

本书包括基础理论篇、技能实作篇、美容专业术语三大部分，内容涉及美容护肤基础理论、美容护肤基本技术、不同类型皮肤的养护技术、不同部位皮肤的养护技术等，主要面向美容美体师、美容顾问、美容讲师、美容导师等岗位，对专业核心能力——皮肤的美容护理及护肤方案制订起主要支撑作用。本书具有以下三大特点：①针对职业岗位需求，基于工作过程进行教学内容设计；②以职业能力培养为重点，按照能力递进的原则进行总体设计；③融入双证书教学，实现课证融合。

本书供医学美容技术专业、形象设计专业及临床医学专业教学使用。

图书在版编目(CIP)数据

美容护肤技术 / 张秀丽，赵丽，聂莉主编．—北京：科学出版社，2015.8
“十四五”职业教育国家规划教材
ISBN 978-7-03-045336-5

Ⅰ.①美… Ⅱ.①张… ②赵… ③聂… Ⅲ.①美容-医学院校-教材②皮肤-护理-医学院校-教材 Ⅳ.①TS974.1

中国版本图书馆 CIP 数据核字(2015)第 186567 号

责任编辑：秦致中 / 责任校对：胡小洁
责任印制：霍 兵 / 封面设计：范璧合

科学出版社 出版
北京东黄城根北街 16 号
邮政编码：100717
http://www.sciencep.com
三河市骏杰印刷有限公司印刷
科学出版社发行 各地新华书店经销
*
2015 年 8 月第 一 版 开本：787×1092 1/16
2024 年 8 月第十一次印刷 印张：17 1/2
字数：405 000
定价：49.90 元
（如有印装质量问题，我社负责调换）

前　言

党的二十大报告指出："人民健康是民族昌盛和国家强盛的重要标志。把保障人民健康放在优先发展的战略位置，完善人民健康促进政策。"贯彻落实党的二十大决策部署，积极推动健康事业发展，离不开人才队伍建设。党的二十大报告指出："培养造就大批德才兼备的高素质人才，是国家和民族长远发展大计。"教材是教学内容的重要载体，是教学的重要依据、培养人才的重要保障。

本次教材修订旨在贯彻党的二十大报告精神，坚持为党育人、为国育才，突出健康美容、科学美容的职业理念，逐步适应高职医学美容技术专业的人才培养需求，满足一门技能性特别强的课程需求。建议本课程开设120~140学时，开课学期分别为第一、第二学期。本教材在编写过程中，针对医学美容技术专业职业岗位的实际工作能力设计，主要面向美容美体师、美容顾问、美容讲师等岗位，对专业核心能力——皮肤的美容护理及护肤方案制订起主要支撑作用。

本课程做为专业核心课程之一，主要内容包括面部、身体各部位的护理操作技巧以及美容护肤方案的制订等，旨在培养学生美容护肤的实际动手能力、分析解决不同类型、不同部位皮肤的护理方案制订的能力，并在提高专业技能的同时，培养学生的学习能力、自我管理的能力、沟通协调能力等，提高团队意识和竞争意识，提升学生的职业能力。

教材在编写过程中，遵循了以下几方面原则：

1. 针对职业岗位需求，基于工作过程进行课程设计　通过对职业岗位工作任务的调研，分析岗位工作过程，基于工作过程进行课程开发，按照美容护肤各部位的基本工作过程，进行课程内容的整理和排序，按照工作过程进行课程的整体设计，并将企业的工作标准有效融入其中。

2. 以职业能力培养为重点，按照能力递进的原则进行课程设计　以能力递进的原则培养学生的操作能力，从简单程序到复杂程序，从单一操作到全套操作，从美容护肤的标准程序到美容护肤的创新程序，逐步提高学生的职业能力。

3. 融入双证书教学　课程设计有效结合国家人力资源和社会保障部的美容师职业资格考试的相关内容，在教学内容选取、教学组织与实施、教学考核与评价等方面，将美容师职业资格考试有效融入其中，实现课证融合。

本书在编写过程中得到了近20所院校及行业专家的高度重视，凝练了众多学者的成果。在编写过程中，因为经验有限，尚有不尽人意之处，敬请同行专家批评指正。

张秀丽

2023年5月

目　　录

第一部分　基础理论篇

第二部分 技能实作篇

第一部分　基础理论篇

第 1 章
美容护肤基础理论

第一节　美容的基本概念

随着我国经济的发展和社会文明程度的日益提高,人们对美的意识和追求越来越强,大量新技术、新产品的出现推动着美容行业快速发展,美容的内涵也在不断扩展。

一、美容的分类

根据内涵的不同,可将现代美容分为生活美容和医学美容两类。

1. 生活美容　生活美容是使用美容用品用具、美容仪器以及化妆品,运用按摩、水疗等非侵入性的美容手段,对人的肌肤进行保养养护,对容貌与形体进行美化修饰。

生活美容由护理美容和修饰美容两部分构成。

(1) 护理美容包含面部美容护理和身体美容护理两大类项目。面部美容护理有面部基础护理、损美性问题皮肤护理、特殊部位护理、面部刮痧美容、面部芳香美容等项目;身体美容护理有肩颈部护理、美体塑身、SPA、手部护理等项目。

(2) 修饰美容包含化妆、美甲、睫毛修饰、脱毛等项目。

2. 医学美容　医学美容是运用药物、医疗器械、手术及其他侵入性医学手段,对人的容貌和人体各部位形态进行维护、修复和再塑。医学美容包含手术美容、针刺美容、注射美容等项目。

3. 生活美容与医学美容的区别　生活美容与医学美容同属美容范畴,它们的根本目标都是为了增进人体美,但两者之间又有很多不同,具体见表 1-1。

表 1-1　生活美容与医学美容的区别

项目	生活美容	医学美容
技术特征	非侵入性	侵入性
操作特点	多为临时性措施,艺术修饰性特点比较明显	多为永久性措施,医学特征比较明显
操作人员	具有美容师职业资格的美容师	具有医疗美容各分支学科工作经验的执业医师
操作内容	非侵入性美容手段和方法,如化妆品养护、美容按摩、美容仪器养护等	侵入性医疗手段和方法,如药物治疗、医疗器械治疗、手术治疗等

续表

项目	生活美容	医学美容
操作方法	美容护理手段、保健养生及艺术修饰性化妆等，操作难度较小，但艺术性要求较高	注射、手术等医学手段，技术复杂，操作难度大
操作部位	皮肤	皮肤及深层组织
操作时间	持续操作	阶段性操作
经营场所	美容、美体机构	医疗美容机构

二、美容业的定义

1. 美容业的定义 美容业是指通过专业的美容技术和美容手段，护理和保养人体的肌肤，美化和修饰人的容貌和体形的社会服务性行业。美容业的含义包含狭义和广义两种。

(1) 狭义的美容业，是指提供专业美容护理、修饰美容等美容服务的行业。

(2) 广义的美容业，是指包括美容教育、科研、化妆品生产及专门为美容机构服务的美容商贸等分支和环节。这些环节相互影响和制约，共同构建了美容业的完整体系，推动着美容业的发展。

2. 美容业与其他产业的关系 美容业是当今社会快速发展的且具有重要潜在经济价值的新兴行业，与服务业、艺术产业和医学产业的关系十分密切。

美容业是现代服务业的一个重要分支，已经从单纯的肌肤美化和修饰服务向综合保健、心理咨询等领域深入推进和发展，成为满足人们审美、健康、心理等多层次需要的综合性服务行业。

美容业与艺术产业关系密切，美容通过对人形象的美化、修饰和改造，满足人们的审美需要，这一过程需要美学作为指导，具有一定的艺术内涵，美容与艺术的进一步交融和沟通会是今后美容业的发展方向。

美容业与医学产业紧密相关，并且随着美容业的发展，两者的相关性还会继续加强，一方面美容师必须掌握相关的医学知识才能更有效地为顾客服务，另一方面一些医学高科技成果的引入，为美容行业的美容技术和美容产品带来了创新。

三、美容师的定义

美容师是指运用护理、修饰的方法，从事美化人们容貌与体形的专业技术人员。

作为美容行业的专业从业人员，美容师在具有广博的专业知识和熟练的操作技巧的同时还要注意其他一些方面，比如不断提升自我形象和个人修养，培养美的鉴赏力，拥有健康、洁净、漂亮的外表以及高雅的内在气质等。

(申芳芳)

第二节 美容师的职业道德及形象

一、职业道德的概念

道德是人们在社会生活中形成的关于善与恶、公正与偏私、诚实与虚伪等观念、情感和行为习惯以及与此相关的依靠社会舆论与内心信念来实现的调节人们之间相互关系的行为规范的总和。道德是社会意识形态之一。

职业道德是人们在从事职业活动中，思想和行为应遵循的道德规范和准则。每个行业都有职业范围内的特殊要求，如思想观点、态度、行为、作风等，以此来保证职业社会任务的完成和声誉形象的维护。

职业道德包括职业道德规范和职业道德观念、情感和品质等。职业道德规范集中体现了社会阶级的或职业集团的利益，是职业道德的核心。掌握了职业道德的内容，热爱并献身本职工作，就逐步形成职业责任感、自豪感、职业理想以及职业道德品质，从而树立起良好的职业道德风尚。这是社会风尚的重要方面。

随着历史的发展、实践的积累，形成了不同职业的职业道德，各有特定的内容和要求。中国各行各业制定的职业公约，如商业和其他服务行业的“服务公约”、人民解放军的“军人誓词”、科技工作者的“科学道德规范”以及工厂企业的“职工条例”中的部分规定，都属于职业道德的内容，它们在职业生活中发挥了巨大的作用。

二、美容师的职业道德

美容师的职业道德，是指美容师在工作中所遵循的与职业活动紧密联系的道德品质和行为规范的总和。

（一）美容师的职业准则

1. 遵纪守法
2. 爱岗敬业
3. 努力学习
4. 热忱服务
5. 团结协作
6. 诚信公平

（二）美容师的修养

1. 道德修养　美容师应在道德品质、情感、意志、习惯等方面进行自我改造、陶冶、锻炼和培养，把“顾客至上，信誉第一”的服务宗旨放在首位，培养自己的职业道德，树立良好的服务意识。

2. 理论修养　为科学有效地做好美容服务工作，要牢固掌握美容专业的基础理论知识，不断学习美容专业新知识、新技术，关注美容行业新动态和趋势，不断提高审美鉴赏力，准确提供咨询和美容服务。

3. 思想修养　应该具备高度的责任感和使命感，要有意识地加强个人修养，培养良好的道德品质，做到诚信公平，使自己的思想品格达到一个较高的境界。

三、美容师的职业形象

职业形象是从业者在公众面前树立的印象，是信誉度的第一标识。美容师的职业形象是指美容师的社会印象，包括仪表、仪态及语言等。美容师成功与否很大程度上取决于其职业形象所表达的信誉度，因此，职业形象的好坏对于美容师来说是至关重要的。作为一名职业美容师，不仅应维护顾客的容貌和形体美，而且应从自身做起，为顾客树立一个可以参照的榜样。

但塑造美容师的职业形象并不是一件简单的事,它是一个人外在形象、品德修养、专业能力和知识结构的综合反映。作为一名美容师,应该努力形成自己整体的职业形象。

(一) 仪表

美容师应该展示出美丽、整洁的外在形象,通过每天清洁与细心保养,尽量保持个人优秀的仪表。

1. 面部 美容师应注意皮肤护养,保持面部皮肤洁净、清爽、润泽、肤色健康。女性美容师妆容应当大方、淡雅,清爽的粉底、自然整齐的眉毛、颜色适宜的口红,切忌浓妆艳抹。

2. 头发 美容师的头发要保持清洁、光亮,修剪整齐。发型应文雅大方,时尚且适合脸型气质,切忌颜色鲜艳造型怪异。留长发者,工作时应束发,不要让发丝垂在脸上,以方便为顾客服务。

3. 口腔 美容师应口气清新、无异味。应做好口腔护理,经常做牙齿检查。工作前不应食用含有异味的食品,如葱、蒜、韭菜等。

4. 手部 美容师的双手应注意保养,保持肌肤细嫩,随时保持清洁。指甲应当精修整齐,不能留长指甲,甲型不可太尖锐。工作时不能佩戴戒指,不能涂颜色鲜艳的指甲油。

5. 着装 美容师工作时应穿戴美容院制服,整洁、清爽,代表美容院统一形象。为顾客护理时,应佩戴符合规格的口罩。制服、口罩应随时保持整洁、卫生。常服以选择适合个人气质、体型的款式为宜。

6. 鞋袜 美容师应尽量不穿高跟鞋,以免碰撞地面,制造噪声。鞋子应选择舒适、合脚、软底的款式,随时保持光亮、整洁。鞋袜要保持干净、清爽、无异味。

7. 配饰 美容师应合理搭配饰物,不允许戴手镯、戒指、过长的耳环。

另外,美容师还应经常沐浴,必要时可少量使用气味清新淡雅的香水。

综上所述,作为一名美容师,应当在仪表方面严格要求自己,不断提高自己的审美和品位,使自己的形象愈加靓丽,给予顾客良好的第一印象。

(二) 仪态

仪态,是指人的姿势,包括站姿、坐姿、走姿、手势等。仪态是美容师风度、举止的外在表现形式之一。正确、优美的姿势是可以通过训练形成的。

1. 站姿 站立是一种最基本的姿势。正确的站姿是优美典雅的造型,良好举止的基础。以下站立方法,男女均适合。

(1) 两脚跟相靠,脚尖展开 45°~60°。

(2) 身体重心支撑于脚掌、脚弓之上。

(3) 双腿并拢,腿部肌肉收紧,髋部上提。

(4) 腹肌、臀大肌微收缩并上提,髋部两侧略向中间用力。

(5) 脊柱、后背挺直,胸略向前上方提。

(6) 双肩放松而下沉,气沉胸胃之间,自然呼吸。

(7) 双手臂放松,自然下垂于体侧或在体前交叉,交叉时,右手在左手之上。

(8) 脖颈挺直,头顶上悬。

(9) 下颌微收,双目平视前方,面带微笑。

上述站立的姿势应该是自然、轻松、优雅的,无论变换何种站姿,上身都要保持挺直。

双脚不要离得太远，尽量以脚掌承受重量不要用脚跟承受体重。美容师与顾客相对站立时，距离最好保持在1米左右，这样既亲切又有分寸感。

2. 坐姿 美容师的坐姿应该给人以端庄稳重之感。规范、优雅的坐姿，不仅可以体现美容师良好的职业形象，还可以避免不良姿势带来的过度疲劳及慢性劳损。

（1）正确坐姿

1）入座轻而稳，女士着裙装要先轻拢裙摆，后入座。

2）入座后，面带微笑，双目平视，嘴角微闭，微收下颌。

3）立腰、挺胸，上体自然挺直。

4）女士双膝自然并拢，男士双膝微开。

5）双腿正放或侧放。

6）做靠背椅时，应坐在椅子的2/3处，脊背轻靠椅背。

7）坐凳子时，应坐满凳子，上身挺直。

8）谈话时，可以侧坐，此时上身与腿同时转向一侧。

（2）落座注意

1）不要两脚尖朝内，脚跟朝外，内八字形坐姿最不雅观。

2）两脚交叠而坐时，悬空的脚尖应朝下，切忌脚尖朝上和抖动。

3）与人交谈时，勿用手托下巴，或者双手环胸。

4）交谈时，切忌在椅子上前俯后仰，或把腿架在椅子、沙发扶手上或茶几上。

3. 走姿 走姿是最能体现出一个人精神面貌的姿态。美容师工作时的步伐应轻巧、平稳、灵活，节奏和韵律都很重要，且应面带微笑。

（1）正确走姿

1）双目向前平视，微收下颌，面带微笑。

2）双肩平稳，双臂自然摆动，摆幅在30°~35°为宜。

3）上身挺直，头正挺胸、收腹、立腰，重心稍前倾。

4）注意步位，两脚内侧落于一条直线上。

5）步幅适当，前脚跟与后脚尖相距一脚之长。

6）行走速度要适中，根据服装、场合等综合因素决定步速。

7）停步、转弯、上下楼要从容不迫、控制自如。

（2）矫正不良走姿

1）走路最忌内八字和外八字。

2）忌弯腰驼背，歪肩晃膀。

3）走路时不可大甩手，扭腰摆臀，大摇大摆，左顾右盼。

4）双腿不要过于弯曲或走曲线。

5）步幅不可过大或过小，前脚跟与后脚尖相距一只脚长度为宜。

6）不要脚蹭地面、双手插在裤袋或后脚拖在地面上行走。

4. 蹲姿 如果需拾取低处物件时，应保持端庄、大方的蹲姿。

（1）一脚在前，一脚在后，双腿并拢。

（2）双腿向下蹲，前脚全着地。

（3）小腿基本垂直于地面，后脚跟提起，臀部向下。

（4）蹲下时背部要挺直。

(三) 语言

一个有魅力的人,除了她内在的素质、外在的仪态可以表现外,语言也是重要因素之一。一名优秀的美容师,在语言表达时不仅要注意内容水准,还要注意提高语言的表达质量,形成美容师特有的职业语言。悦耳的声音,文雅的言辞,技巧的谈话会使顾客产生亲切感和信任感。

1. 语音、语调 美容师的语音应该清晰、自然,音量适中,语言表达正确。当然,美容师的谈话应该是言行一致的。

2. 谈话的主题 美容师需要具有丰富的知识内涵,正确选择谈话主题。美容师应该尽量去了解顾客的心理,从而选择较佳的谈话主题。例如:美容化妆品、发型;顾客的个人兴趣、爱好、活动;文学、小说、艺术、旅游、教育、地方新闻;假期安排、假日活动。

3. 谈话的原则 为使谈话愉快、气氛和谐,在谈话时,应注意以下方面:

(1) 主动寻找话题,少说多听,不争论,始终保持愉快的心情。

(2) 谈话的内容不单调,不谈自己的私事。

(3) 不要谈论他人,更不要背后议论他人长短和同事的是非。

(4) 不谈不问他人隐私,不表现出处处比别人强而威胁到他人。

(5) 应该用简单易懂的言辞,不使用不文明用语。

四、美容师的人际关系

1. 人际关系的概念 人际关系是指在一定的社会制度下,在人际活动和人际交往中结成的人与人之间的心理关系。它是在人们的物质交往和精神交往过程中产生和发展的。良好的人际关系不仅能体现自身的素质修养,还有利于社会交往和工作的开展。

2. 影响人际关系的几种行为

(1) 自我中心意识强,只关心自己的利益和兴趣,不顾别人的利益和需要,不关心他人的悲欢情绪。

(2) 过分自卑,缺乏自信。自卑也就缺乏自信,在人际交往中表现为想象成功的体验少,想象失败的体验多,不利于人际交往的建立。

(3) 性格孤僻就是不随和、不合群,孤芳自赏、自命清高,不愿与他人为伍。

(4) 顾虑多,总是疑虑重重,对他人不信任,不仅不可能发展良好的人际关系,而且会伤害别人的感情。

(5) 干涉、强迫、嫉妒别人。这种行为会在自己与别人之间划一道鸿沟,阻碍良好人际关系的建立。人际交往的目的是互利互惠、互相接纳,如果没有愉悦之感,交往会自然停止。

3. 美容师建立良好人际关系的途径

(1) 良好的自我意识,自觉调整自己的意识和行为,有意识地控制自己的动机和情绪,努力克服害羞、孤僻、自卑、焦虑、封闭、嫉妒、强迫等心理。

(2) 重视人格锻炼,培养应有的人际关系心理品质。良好的人格能改善和增强人际关系;而不良的人格往往会造成人际关系紧张。从心理学和人际关系学的角度分析,建立和谐有效的人际关系,必须具备以下的心理品质:

1) 诚——包括诚实、诚心、诚恳。诚实使人有安全感,这是建立人际关系最基本的心理保证;诚心是促进人际交往发展的基本心理动力;诚恳是推动人际交往的催化剂。

2) 信——包括自信、守信、信任别人。自信的人才能敢于暴露自己的真实思想,才能对生活充满信心;守信不仅能获得别人的信任,也是对别人感情和人格的尊重;信任别人更是尊重他人的表现。

3）宽容——表现为不计较细枝末节。唯有对人宽容才能改善人际关系。因为斤斤计较、锱铢必争可以得到有形的、可计价的东西,但却失掉了无形的、无法计价的东西,即失去了人的感情和交往空间。

4）节制——就是自我约束,即凭借自己的理智或意志控制自己的情绪。缺乏节制,也是造成人际关系紧张的一个重要原因。

5）热情——这是影响他人印象的一个重要特征。一个热情的人,会因此被赋予一系列积极的品质,如无私、公正、诚实、负责等,这将有助于人际关系的改善。

4. 美容师建立良好人际关系的方法

（1）善于表达和领会情感

1）不断锻炼自己斟酌词句的能力,使自己的意思表达准确。这要求美容师具备很好的语言表达能力,还要掌握顾客非语言信号(如服装、视线、姿势、手势等)的意义。

2）准确运用自己的非语言信号,比如眼神、手势、体态、说话音量语调等,这在与顾客交流中十分重要。

（2）努力塑造初次的印象。如果美容师能够在短时间内留给顾客一个良好的印象,那么随后的关系就会顺利地发展下去。

1）创造友好、和谐的气氛。美容师应做到热情诚恳、随和大方,尽力为顾客营造一种温暖、和谐、愉快的服务气氛和心理环境。

2）要迅速找到与顾客共同的话题。顾客来到美容院是为了接受美容服务,美容师应当在最初的几分钟内找出顾客感兴趣的话题,最好与美容有关,既不能自说自话,也不能完全顺着顾客的意思说,限制了自身优势的发挥。

（3）洞察顾客的内心活动即所谓的察言观色

1）调动所有的感官进行观察,需要美容师有敏锐的观察力、高度集中的注意力、快捷的反应能力和准确的判断能力。

2）关于从多角度进行观察,美容师要善于因人、因时、因地变换方法。

（4）适度地赞扬和批评

1）美容师应该培养自己在日常生活和工作中发现别人的优点并加以赞扬的习惯。但要注意赞扬的适度和适量,过度和过量或者怀有某种不良的动机,会使人感到虚伪。

2）美容师要注意批评的方式。批评时千万不能用讽刺挖苦的语气,损伤被批评者的自尊心,要心平气和,批评后讲些鼓励的话语,这样,别人不但不怨恨,还会抱着感激的心情。

五、美容师的心理服务

心理服务是一种高层次的服务,来源于服务工作者良好的个人修养、崇高的敬业精神和健康的心理素质。首先美容师要把“服务”看成是一种至高无上的荣誉。

1. 营造轻松的气氛　微笑是人际关系的润滑剂,微笑服务会使人感到和蔼可亲,使人轻松愉快,让顾客有宾至如归的感觉。

2. 善解人意,当个好听众　善于观察顾客,把顾客不好意思提出的要求引导出来满足其心理要求。善于倾听,认真倾听顾客的心声,使顾客身心放松,得到充分休息。

3. 不要直截了当地批评顾客的失误　当顾客表现出无知或失误时不要表现出轻视

态度。

4. 使顾客有被尊重感 顾客的被尊重来自于美容师认真的工作和全心全意为其服务的态度，顾客提出的问题要耐心解答，提出的要求要一丝不苟地完成，使顾客有被重视的感觉。

5. 不用逼近的方式销售美容产品 在给顾客推荐或者指出哪种产品最适合她的皮肤时，不要采取急躁生硬粗暴的推销。顾客问到护理或产品的价钱时，美容师应如实告知。在顾客不购买产品时，不应冷淡顾客或反复推销。

（夏庆梅）

第三节 美容院卫生与消毒

一、美容院环境卫生要求

1. 室内环境卫生要求

（1）美容室单独设立，不与美发室混合使用。

（2）美容院应保持空气的清洁度，室内应备有空调、换气扇等换气设备，温度应控制在（22±5）℃，湿度约在 55%～65% 为宜。

（3）室内采光良好，不同的区域应选择不同的光源。办公区、接待区的光线明亮些，护肤区适当调暗。

（4）美容床间距要合适，每张美容床占用的面积应不小于 2.5m^2。

（5）随时保持室内的清洁，如洗手间、橱窗、玻璃、地板、地板等的清洁，室内绝对不能有老鼠、跳蚤等。

2. 室外环境卫生要求

（1）门前地面要清洁、干净，物品要摆放整齐。

（2）灯箱、招牌要清洁明亮。

（3）搞好门前三包卫生，不能堆放垃圾和杂物，在美容院外部使用的垃圾桶要有盖，垃圾要定期清理。

二、美容院常用的消毒方法

美容院常用的消毒杀菌方法有物理消毒法和化学消毒法。

1. 物理消毒法 物理消毒法是指用物理原理杀灭病原微生物的方法，美容院常用的物理消毒法有煮沸法、蒸汽法、烘干法、紫外线法等，见表 1-2。

表 1-2 常见的物理消毒法

类别	原理	方法	使用注意
煮沸法	利用水加热煮沸的方法杀灭病原微生物	将毛巾、美容衣等棉织物煮沸 20min	用品消毒前必须清洗干净
蒸汽法	利用蒸汽高热原理杀灭病原微生物	将毛巾、浴巾等棉织物消毒 15～30min	适合白色的棉织物

续表

类别	原理	方法	使用注意
烘干法	利用远红外线高温杀灭病原微生物	将金属、陶瓷等耐高温用品用具放入消毒柜	用品消毒前必须清洗干净
紫外线法	利用紫外线杀灭病原微生物	将棉片、打板等不耐高温的用品用具放入消毒柜	用品消毒前必须清洗干净

2. 化学消毒法　化学消毒法是使用化学制剂杀灭病原微生物的方法。美容院常用的化学消毒剂有新洁尔灭、乙醇、碘伏等，常采用擦拭和浸泡的方式进行消毒，见表1-3。

表1-3　常见的化学消毒法

种类	质量分数	适用范围
新洁尔灭	0.1%	挑棒、打板等用品用具的消毒
乙醇	70%~75%	暗疮针、镊子、美容仪器探头及美容师双手等消毒
碘伏	0.5%~1%	皮肤伤口消毒
漂白粉	10%~20%	地板、洗手台、马桶等清洁

3. 美容院消毒注意事项

（1）消毒物品应有专人负责。

（2）消毒剂必须妥善保管，应储藏于干燥、阴凉、避光的地方，瓶身贴有标签，不要与其他美容产品混放。

（3）盛放消毒剂的器皿应选用耐腐蚀的带盖的容器，使用完毕后盖紧瓶盖，以防溢出或被污染。

（4）应在消毒剂的有效日期内使用，已失效的消毒剂要及时更换。

三、护肤操作时的卫生要求

1. 毛巾的卫生要求　毛巾坚持一客一用一消毒的原则，干净的毛巾要存放于干净、密封的柜子内，在取毛巾时手不得触碰其他的毛巾。毛巾在使用过程中，应随时保持清洁，拧毛巾时不得将水溅出盆外。

2. 手部的卫生要求

（1）清洗双手：先将手淋湿，涂上肥皂或洗手液彻底清洁双手，包括手指、指缝、手背及手腕等部位，然后将手冲洗干净，用毛巾擦干。

（2）消毒双手：将手部消毒液均匀喷洒在手上，包括手指、手心和手背，待消毒液稍干即可开始护理操作。

3. 美容用品使用的卫生要求

（1）罐装的产品必须使用消过毒的条棒挖取，手指不可触及瓶盖及瓶内。

（2）取出产品有剩余的，不可再放回瓶中。

（3）无菌用品用具如酒精棉球、消毒的棉片和暗疮针等，应用无菌镊子夹取，镊子不可触及容器周围。

（4）一次性使用的用品如消毒棉片、棉棒等，使用后应立即丢弃，并及时清理。

4. 美容仪器使用的卫生要求 定期擦拭仪器,保持仪器清洁。每次使用仪器前后都要对仪器与皮肤接触部位进行消毒,可用酒精棉球进行擦拭消毒。

(申芳芳)

第四节 人体生理解剖常识

一、皮肤基本结构与功能

(一) 表皮的基本结构

源于外胚层,是皮肤的最外层,它乃形成身体外层保护层。不含有血管,但含有很多小神经末梢。复层鳞状上皮细胞构成。不同部位厚度也不同(0.036~0.150mm)由角质细胞和少数非角质细胞构成。表面呈现线纹及各种形状的皱纹。

1. 基底层

(1) 表皮的最深一层,它和底下真皮层接触,并从血管获得营养液。

(2) 含有三种细胞,基底细胞、黑素细胞、朗格汉斯细胞。

(3) 每十个细胞里有一个是黑色素细胞,它能产生美拉林(色素)。皮肤的深浅由黑色素颗粒多少而定。

(4) 基底细胞呈单层圆柱形,排列成栅栏状。

(5) 表皮干细胞,不断分裂增殖向浅层推移,分化为其他各层细胞。

2. 棘层

(1) 位于基底层上。

(2) 通常与生发层一起形成生发区。

(3) 含不规则之多边形细胞及不清晰的细胞核同时是由短棘突以桥粒连接。

(4) 细胞质中含板状体。

3. 颗粒层

(1) 2~4 层扁平有明显颗粒的梭形细胞。

(2) 厚度不同,有一个细胞至数个细胞的厚度,如手掌及脚掌较厚。

(3) 是初步的角质化,角质化乃是活细胞由于失去液体而变成无核的扁平细胞。

(4) 含有角质透明蛋白颗粒,它可以反光,给予皮肤明亮的光泽。

(5) 防止体内水分、电解质的流失,防止体外水分及 有害物质进入。

4. 透明层

(1) 位于角质层下。

(2) 由 2~3 层扁平细胞组成,无胞核。有透明的原生质,使该层看来透明。

(3) 是角质层的前期。

(4) 仅见于手掌、足趾部。

(5) 此层阻止水分透入皮肤。

5. 角质层

(1) 位于体表的外层。

(2) 由角质细胞和角质脂质组成,角质细胞不断地从皮肤表面脱落,然后再由皮下的细胞代替。

(3) 掌跖部最厚,眼睑、包皮、前额、肘窝、腋窝等处最薄。

(4) 含10%的水分。

(5) 角质细胞上下重叠镶嵌排列,非常坚韧。

(6) 新生的角质形成细胞从表皮的基底层分裂后向外移行到颗粒层需要14天,再移行到角质层并脱落需14天,共需28天。

(二) 真皮

源于中胚层,不规则致密的结缔组织。有纤维、基质、细胞、血管、淋巴管、神经、肌肉、皮肤附属器等,也称真皮肤。性质强韧,柔软并具高度弹性。手掌和脚掌部分较厚,眼皮则较薄和幼嫩。由真皮乳头层和网状层组成。

1. 乳突层

(1) 直接位于表皮层下,较薄。

(2) 含有致密弹性组织的锥形突起部,尖头朝向表皮,这些突起部称乳突。

(3) 乳突含有毛细血管袢及神经纤维末梢。

(4) 以上之表皮由此血流获得全部之滋养。

(5) 此乳突层所含之弹性纤维比固胶原纤维多。

2. 网状层

(1) 在乳突层及皮下层之间,较厚。

(2) 它所含的固胶原纤维比弹性纤维多。

(3) 粗大的胶原纤维交织成网状。

(4) 同时含有较多的弹力纤维,较大的血管、淋巴管及环层小体。

3. 纤维

(1) 胶原纤维:占75%,胶原蛋白,皮肤张力与韧性,防御外界机械损伤。

(2) 弹力纤维:占2%~4%,弹性,与胶原纤维交织缠绕,环绕皮肤附属器与神经末梢。赋予皮肤弹性。防御外界机械损伤。

(3) 网状纤维:为不成熟的胶原纤维,占0.4%。见于表皮下、毛囊、腺体、皮下脂肪细胞和毛细血管周围,疏松排列,位于表皮与真皮交界的基底膜内。

4. 基质　充于纤维及纤维束和细胞间,含蛋白多糖、酸性黏多糖,酸性黏多糖含有透明质酸、硫酸软骨素等,具有亲水性,是水溶性物质与电解质交代谢的场所。

5. 细胞　成纤维细胞、肥大细胞、淋巴细胞、真皮树突细胞、嗜黑素细胞、朗格汉斯细胞。

(三) 皮下层

1. 在真皮层下。

2. 由松弛结缔组织和脂肪组织组成的厚层,此组织也称脂肪组织。厚度约为真皮层5倍。

3. 这脂肪组织之厚度乃依年龄,性别和个人的健康而不同。

4. 保持皮肤张力,丰满形体。

5. 热的绝缘体,能储备能量。

6. 缓冲外力冲击。

7. 毛囊,主要的汗腺位于此。

（四）皮肤的附属器官

皮肤的附属器官包含皮脂腺、汗腺、毛发、指甲。

1. 皮脂腺 皮脂腺是全浆分泌腺，合成和分泌皮脂。

（1）分布：除掌跖与足背外遍布全身，以头面部，胸背部较密集，称脂溢区。皮脂腺多位于真皮毛囊与立毛肌的夹角内，开口于毛囊上部。亦有独立存在者，如颊黏膜、唇红、乳晕、阴蒂、大小阴唇、包皮内板、龟头等处的皮脂腺直接开口于皮肤表面。

（2）皮脂和皮脂膜

1）皮脂：皮脂为油状半流态混合物。含 50% 甘油三酯和甘油二酯，其次是胆固醇蜡酯及鲨烯，并携带些棒状杆菌、酵母菌、螨虫等常驻微生物。皮脂经寄生的棒状杆菌产生的酶，分解成游离脂肪酸，对一些致病菌如葡萄球菌，链球菌，真菌有抑制作用。过量则刺激毛囊壁，而引起炎症表现为，毛囊炎性丘疹。皮脂的分泌受雄激素和肾上腺皮质激素的影响。女性绝经期后及男性 70 岁后皮脂分泌量会明显减少。皮脂排泄不畅淤积于毛囊内形成皮脂栓则称为痤疮。

2）皮脂膜：皮脂膜是人体皮肤表面覆盖的一层天然的乳化脂膜，医学上称为乳化膜。皮肤排泄的皮脂和分泌的汗液所组成。乳酸、脂肪酸、蜡类、固醇类、游离氨基酸、尿素、尿酸、中性脂肪、钠、钾、氯及水等混合物形成的乳状脂膜。皮脂膜有一定的酸碱性，健康皮肤的皮脂膜 pH 值 4.5~6.5，平均 5.7。皮脂膜可以滋润皮肤、毛发、防止皮肤水分蒸发。皮脂膜的作用包括直接保护、机械保护、净化保湿和润泽。

（3）皮肤的 pH 值及中和能：皮肤的 pH 值是指在皮肤表面加少量纯净水而测得的值，通常为 4.5~6.5，平均为 5.7，呈弱酸性。皮肤表面的 pH 值由皮脂膜来决定。大量排汗时 pH 值可达 7.0。随人种、性别、年龄、季节等的不同即使是同一个人不同的部位其皮肤 pH 值也各不相同。幼儿皮肤的 pH 值，比成年人高；女性皮肤的 pH 值比男性稍高。皮肤的中和能是指，在皮肤表面上涂以碱性物质后，皮肤面呈碱性。而由于皮肤的本能生理保持作用，在一定时间后即能恢复到原来的 pH 值。皮肤的这种缓冲能力称为皮肤的中和能。

2. 汗腺 汗腺可分为两类：局泌汗腺、顶泌汗腺。

（1）局泌汗腺：又称小汗腺：唇红、鼓膜、甲床、乳头、龟头、包皮内、阴蒂和小阴唇不含有小汗腺。掌跖、腋窝、前额等处较多，其次为头皮、躯干和四肢。室温条件下排汗量少称为不显性出汗，气温高时出汗量多称为显性出汗。排汗可调节体温，有助于机体代谢产物的排泄，并与皮脂混合成乳状脂膜，有保护和润泽皮肤的作用。

（2）顶泌汉腺：又称大汗腺。主要分布于腋窝、乳晕、脐周、肛门、包皮、阴囊、小阴唇、会阴等处。它的分泌受性激素影响，青春期分泌旺盛。分泌物为一种无菌较黏稠的乳样液，除水分外，含有蛋白质、糖类、脂肪酸和色原（吲哚酚），被细菌分解后可产生汗臭味。

有些遗传性臭汗症患者，其顶泌汗腺分泌液具有一种特殊臭味，俗称狐臭。

3. 毛发 人体皮肤除唇红、掌跖、指（趾）末节伸侧、乳头、龟头、包皮内板、阴蒂及阴唇内侧无毛外，其余均为有毛皮肤。

（1）毛发分类：毛发分为胎毛、终毛及毳毛。

（2）毛发的结构：毛干、毛根、毛囊、毛球、毛乳头。

（3）毛发的生长呈周期性：分生长期，退行期，休止期。不同部位的毛发生长期长短的不同。毛发的长短也不同。头发每日生长 0.27~0.4mm，生长期 3~6 年，退行期 3~4 周，休止期 3~4 个月，所以头发可长至 50~60cm，然后脱落，再长新发。眉毛的生长期仅 6 个月，故眉毛较短。

4. 甲 生长呈持续性,成人指甲每日生长0.1mm,趾甲生长速度为其1/3~1/2。健康美丽的指(趾)甲呈平滑、亮泽、半透明状。

(五) 皮肤的血管、淋巴管、肌肉及神经

1. 血管 表皮内无血管,真皮及皮下组织中有大量血管网丛。

2. 淋巴管 真皮浅层含有丰富的淋巴管,与真皮深层淋巴相通,再经皮下组织的淋巴管到达附近淋巴结。淋巴液为无色透明液体,是血液经毛细血管壁渗透到组织细胞间隙形成的。

3. 神经 包括感觉神经、运动神经和分泌神经。

(1) 感觉神经纤维:皮肤中存在丰富的感觉神经末梢,使皮肤产生触觉、痛觉、压力觉、冷觉、热觉等。触痛觉感受器呈椭圆形,分布于真皮的乳头层,指尖皮肤内最多,触觉最灵敏。痛觉感受器呈网状、小球状,位于表皮内。温觉感受器分两种,接受冷觉的呈球状,位于真皮浅层;接受热觉者为梭形,位于真皮深层。压力感受器呈同心圆形,位于真皮深层和皮下组织中。

(2) 运动神经纤维:运动神经纤维存在于真皮中,附于立毛肌上,支配立毛肌运动。

(3) 分泌神经:分布在皮脂腺、汗腺上,支配腺体的分泌活动。

4. 肌肉 皮肤的肌肉主要是立毛肌,一端固定于毛囊,另一端固定于乳头层纤维组织中。

二、皮肤的生理功能

(一) 皮肤的保护与免疫功能

1. 对物理性刺激的防护

(1) 表皮的角质层质地柔韧而致密在经常受到摩擦和压力的部位能够增厚可有效地抵御外界刺激。

(2) 真皮部位的胶原纤维弹力纤维和网状纤维交织如网使皮肤具有一定的弹性和伸展性,抗拉能力较强。

(3) 皮下脂肪具有软垫缓冲作用,能抵抗冲击和挤压减少皮肤和深部器官的损伤。

(4) 皮肤对光线有反射和吸收作用,角质层和色素可以防止紫外线损伤。

2. 对化学性刺激的防护

(1) 角质层是防止外来化学物质进入体内的第一道防线,具有抗弱酸、弱碱的作用。

(2) 角质层的屏障作用是相对的,有些化学物质仍可通过皮肤进入体内,其弥散速度与化学物质的性质、浓度,在角质层的溶解度及角质层的厚度等因素有关。

(3) 正常皮肤表面呈弱酸性,并有中和酸碱的能力。

3. 对微生物刺激的防护

(1) 致密而完整的角质层能机械性地防护一些致病微生物的侵入。

(2) 表皮pH偏酸性不利于致病菌的生长。

(3) 皮脂腺分泌某些不饱和脂肪酸如十一烯酸可抑制真菌的繁殖。

4. 免疫作用 皮肤是机体与外界环境之间的屏障,许多外来抗原通过皮肤进入机体,并首先在皮肤上产生免疫反应。

（二）皮肤的分泌与排泄作用

影响皮肤分泌功能的因素很多，主要有以下几个方面。

1. 内分泌的影响 雄性激素和肾上腺皮质激素可使皮脂腺腺体肥大，分泌功能增强。所以一般男性皮肤比女性皮肤偏油性，毛孔粗大。

2. 外界温度的影响 气温高时，皮脂分泌量较多；气温低时，皮脂分泌量减少。所以夏季人的皮肤多偏油性，冬季时皮肤会变得偏于干燥。

3. 皮表湿度的影响 皮肤表面的湿度可以影响皮脂的分泌、扩散。当皮肤表面水分高时，皮脂易于乳化、扩散。而皮肤干燥时，皮脂的分泌和扩散会变得缓慢。

4. 年龄的影响 儿童期皮脂分泌量较少；青春期时分泌量增多；35 岁以后逐渐减少。所以儿童和中老年人皮肤偏干，青春期偏油。

5. 饮食影响 油腻性食物、辛辣刺激性食物，可以使皮脂分泌量增加。所以油性皮肤，尤其是长痤疮的人不宜吃甜食、油腻和刺激性食物。

（三）皮肤的吸收

1. 皮肤吸收外界物质的主要途径

（1）角质层细胞：主要由角质层细胞膜渗透进入角质层细胞，然后再透过表皮到达其他各层，是皮肤吸收的主要途径。以吸收脂溶性物质为主。

（2）毛囊、皮脂腺、汗管等皮肤附属器：少量物质可以通过毛囊再通过皮脂腺及毛囊壁进入真皮内，再从真皮向四周扩散，主要吸收水溶性物质。汗管一般不吸收物质，但如果皮肤受损则吸收作用增强。

（3）角质层细胞间隙：极少量物质如钠、钾、汞等可通过角质层细胞间隙渗透而进入真皮。

2. 影响皮肤吸收功能的因素

（1）角质层的厚薄：角质层越薄，营养成分越容易透入而被吸收。美容师在做皮肤护理时可采用脱屑方法使角质层变薄。

（2）皮肤的含水量多少：皮肤的含水量越多，吸收能力越强。采用蒸汽喷面可补充角质层含水量，皮肤被溶软后可增加渗透和吸收能力。

（3）毛孔状态：毛孔扩张时，营养物质可以通过毛孔到达真皮而被吸收。

（4）局部皮肤温度：局部皮肤温度高，汗孔张开时营养物质可以通过汗孔进入真皮而被吸收。皮肤按摩、蒸汽蒸面、热膜等均可增高局部皮肤温度，促进营养物质的吸收。

（四）感觉

皮肤通过感觉神经末梢，对热、冷、触、压和痛产生反应，它接收这些感觉，然后将冲动传达至皮肤里的神经末梢，拥有较多神经末梢之部分如手指尖比其他部位更敏感。

（五）热调节

皮肤是机体散热和调温的重要器官。皮肤的散热方式有蒸发、辐射、对流和传导。

（六）皮肤的代谢功能

皮肤参与整个机体的糖、蛋白质、类脂质、水、电解质、维生素以及酶等代谢。

影响皮肤颜色的主要因素有：

1. 黑色的深浅 取决于皮肤所含黑色素颗粒的多少及位置的深浅。皮肤白的人，皮肤中含黑色素颗粒较少，皮肤黑的人，皮肤中含黑色素颗粒较多。黑种人黑色素颗粒多而粗大，位置较浅，颗粒层中即含有黑色素颗粒。

2. 皮肤黄色的浓淡　所含胡萝卜素多少及角质层的厚度有关。胡萝卜素含量多、角质层较厚的人皮肤发黄而缺乏光泽；胡萝卜素含量少、角质层较薄的人皮肤比较白皙、细嫩。

3. 肤色红润　皮肤毛细血管分布的深浅、疏密程度以及皮肤血流量的多少有关。皮肤毛细血管分布较浅、较密，血流量充足，皮肤会显得红润；若皮肤血流量减少，皮肤会显得苍白。

三、皮肤的动态变化及保养的方法

（一）年龄所致的皮肤变化

1. 刚步入青春期的皮肤状况及保养重点　女孩的青春发育期比男孩来得早一些，大约10 岁，乳房开始膨大，月经初潮，面部因皮脂分泌而靓丽、光滑。毛发因有皮脂滋润而显得光泽、油亮、富有弹性。在绝大多数情况下，属于油性皮肤的女孩此时开始长痤疮。

皮肤保养重点：

（1）应注意彻底清洁皮肤，并补充足够的水分。但不宜过度去除皮脂。

（2）注意皮肤的清洁。油性皮肤可适当使用控油的调节水。可以使用保湿乳液。

2. 20～30 岁的皮肤状况及保养重点　皮肤处于最佳时期，细胞新陈代谢非常正常，皮肤弹性好，细胞内含水充足。该阶段由于性激素分泌旺盛，对于油性皮肤而言面部油脂增多，使痤疮加重。

皮肤保养重点：

（1）注意对皮肤的清洁：适当去除皮脂，不要用手去挤、捏掐痤疮，不当处理反而会留下瘢痕。

（2）正确使用化妆水及保湿乳液：不宜使用过于滋养的护肤品，可以用控油面膜抑制过多的皮脂分泌，防止痤疮加重。

（3）开始眼部护理：使用眼啫喱，注意眼部皮肤保湿。

3. 30～40 岁的皮肤状况及保养重点　皮肤开始走向老化，表皮细胞分裂减缓，角质层脱落，真皮胶原纤维开始减少，皮肤弹性下降，肤色开始灰暗，光亮度降低，眼外角开始有皱纹出现，皮肤开始显得干燥，面部局部开始有色素斑点。

皮肤保养重点：

（1）注意皮肤保湿同时选择含滋养营养成分的护肤品。

（2）使用保湿除皱精华液。

4. 40～50 岁的皮肤状况及保养重点　进入中壮年阶段，生理功能开始退化，维护女性青春美丽的卵巢所分泌的雌激素和孕激素开始减少，月经开始不规律。额部开始出现皱纹，嘴角及眼部皱纹逐渐明显加重，皮肤慢慢失去弹性，尤其是眼眶下。皮肤明显干燥，失去光泽。皮下脂肪减少，而皮肤松弛、干燥后会有鳞屑脱落。面部皮肤开始显得灰暗。

皮肤保养重点：

（1）加强眼周肌肤的护理：用高品质的除皱眼霜按摩皮肤促进吸收。

（2）保健品的使用：可以口服一些天然植物雌激素类保健品，以维持和促进卵巢功能保持体内较高的雌激素水平令皮肤自然光泽、靓丽。

5. 50～60 岁的皮肤状况及保养重点　围绝经期，内分泌进入衰退阶段，皮肤老化开始出现。

皮肤保养重点：

（1）心理调整，健康睡眠。

（2）加强锻炼。

（3）保健品的使用。

（4）医学美容的应用。

（二）季节所致的皮肤变化

一年四季的温度、湿度、光照不同，对皮肤的保养也应有所不同。

1. 春季

（1）季节特征：春季气温转暖且潮湿，易滋生细菌，春天的柳絮、花粉都有可能是致敏源，导致人体过敏。

（2）皮肤特征

1）春季气候忽冷忽热，温差较大，皮脂腺和汗腺难以自我调节平衡，此时的皮肤较为敏感。

2）天气转暖，皮脂分泌旺盛，加之细菌滋生，此时的皮肤易发生毛囊炎及痤疮等。

（3）春季化妆品的选择

1）不宜频繁更换护肤品牌，以免导致皮肤过敏。

2）选用性质温和的洁肤乳清洁皮肤。

3）选用具有抑菌、清洁、柔软皮肤功效的化妆水或较清爽湿润的保湿剂。

4）参加户外活动时，选择中等强度的防晒品护肤。

2. 夏季

（1）季节特征：夏季是一年中气温最高的季节，阳光充足、紫外线强烈。

（2）皮肤特征：新陈代谢加快，皮脂、汗液较多，细菌容易繁殖，痤疮等炎症性皮肤病不断出现，也容易产生日光性皮肤病。

（3）夏季化妆品的选择

1）油性皮肤更要注意选用洁肤控油护肤品。

2）干性皮肤宜选用清爽滋润型保湿剂。

3）室内、外活动都应注意使用防晒剂，室外活动选用高强度防晒剂。

4）对受日晒较长的皮肤注意晒后修复，使用具有舒缓、美白、保湿和抗氧化功效的乳液，加强夜间皮肤的保养及修复。

3. 秋季

（1）季节特征：一般会延续夏季的高温，但早晚温差加大，空气较夏季变得干燥，紫外线照射仍然很强烈。

（2）皮肤特征：随着气温逐渐降低，空气越来越干燥，皮肤的新陈代谢也减弱，皮脂分泌降低，皮肤变得较敏感，需加强皮肤养护。遭受夏日灼伤而缺乏养护的皮肤，在秋季会变得更加干燥、粗糙、易产生皱纹及色素沉着。

（3）秋季化妆品的选择

1）应尽量选用温和、含有天然成分的洁肤品。

2）秋季是皮肤美白的重要时机，应选用清洁剂去角质及滋养面膜，保湿、美白功效产品，以恢复皮肤生机。

3）仍需注意防晒。

4. 冬季

(1) 季节特征：随着气温的逐渐下降，天气变得寒冷、多风、干燥。

(2) 皮肤特征：皮肤新陈代谢减弱，皮脂腺和汗腺分泌减少，皮肤易干燥、皲裂。天气寒冷，毛孔收缩，易引起污垢阻塞。微循环迟缓，易生冻疮。

(3) 冬季化妆品的选择

1）应选用较温和的洁面乳清洁皮肤，洗脸水温不要过高，以防油脂丢失。

2）宜选用含有较高油脂、质地较为丰润的营养霜，以加强皮肤屏障。

3）室外作业者对较长时间暴露在紫外线下的皮肤部位也应注意防晒。同时使用促进微循环的护肤品，避免冻疮发生。

(三) 健康状况对皮肤的影响

皮肤美是建立在身体健康基础之上的，是人体健美的集中反映。皮肤是面镜子、一个信息平台，更是一条警戒线。皮肤的健康状态会随着身体健康状况的改变而发生相应的变化。

1. 皮肤与机体健康的关系　机体健康是指各组织器官的功能正常，系统之间能相互协调地运作，从而形成一个有机的整体。皮肤是这个完整机体的重要组成部分，内部功能的异常会引起皮肤问题的出现。如果有人腹泻呕吐而丧失了体重2%～4%以上的水分，机体就会出现失水，反映到皮肤上就是干燥、失去光泽与弹性。如果一个人肝胆系统出现了功能障碍，其皮肤就可能呈现黄色或金黄色。因此，皮肤美反映出整个机体的健康而机体健康也是皮肤美的基础，在进行皮肤护理时应综合考虑二者之间的辩证关系。

2. 皮肤与心理健康的关系　所谓心理健康是指一个人具有适应力、耐受力、控制力，具有一定的意识水平社交能力等。心理健康的人，在大脑功能的控制下，各器官、系统正常发挥自己的生理功能，致使机体能适应内外环境的变化。相反，不正常或消极的心理则可能引起人体系统功能失调，导致失眠、心动过速、血压下降、食欲降低，月经紊乱等疾病。这些往往会导致出现色斑皱纹增多、过早衰老等皮肤问题。

3. 皮肤与生活习惯的关系　一个人的生活习惯与皮肤美有着密切联系。吸烟的人皮肤老化比实际年龄提前20年出现。酗酒的人可导致面部血管运动功能失调血管长期扩张，致使酒糟鼻的出现。经常熬夜是出现黑眼圈、黄褐斑的重要成因。

四、健康皮肤的标准及正常皮肤的类型

(一) 健康皮肤的标准

1. 皮肤有弹性　胶原纤维丰富、弹性纤维、网状纤维排列整齐，基质各种成分比例恰当，皮肤含水量适中，皮下脂肪厚度适中，指压平复快。

2. 皮肤的湿度　皮肤的代谢和分泌排泄功能正常，皮肤滋润、舒展且有光泽。

3. 皮肤的色泽　皮肤的颜色与种族有关，有白、黄、棕、红、黑等不同颜色，这主要由皮肤所含色素的数量及分布不同所致。

4. 皮肤的光洁度　皮肤质地细腻有光泽，皮肤角质层的厚薄、表面光滑程度、湿度及有无鳞屑。

5. 皮肤纹理　表面纹理细小、表浅，走向有一定弧度。

（二）正常皮肤的类型

根据皮肤角质层含水量和皮脂分泌量、皮肤对外界刺激的反应性及皮肤的细腻程度等，人民卫生出版社第7版《皮肤性病学》将皮肤分为五种类型：

1. 中性皮肤 理想的皮肤状态。中性皮肤的角质层含水量在20%左右，皮脂分泌适中，pH值为4.5~6.6，皮肤紧致、光滑细腻且富有弹性，毛孔细小且不油腻，对环境不良刺激耐受性较好。中性皮肤受季节影响不大，冬季稍干，夏季偏油。这类型皮肤多见于青春期前的人群，随着年龄的增长、所患皮肤疾病及环境因素的影响，中性皮肤可能会转变为干性、油性皮肤，甚至处于敏感性状态。因此，正确持续护肤是必要的。

2. 干性皮肤 干性皮肤的角质层含水量<10%，皮脂分泌少，pH值>6.5，面部皮肤皮纹细小及干燥脱屑，肤质细腻但肤色晦暗，洗脸后紧绷感明显，严重干燥时有破碎瓷器样裂纹，对环境不良刺激耐受性差，容易皮肤老化出现皱纹、色斑等。典型的干性皮肤缺乏皮脂，难以保持水分，故缺水又缺油。许多遗传性或先天性皮肤病患者的皮肤类型都为干性皮肤，老年人的皮肤也都为此类型。年轻人干性皮肤主要是缺水，皮脂含量可以正常、过多或略低。无论任何原因导致皮肤出现干性皮肤的表现，其功能损害和干燥感觉都可以通过恰当的功效性护肤品得以改善。

3. 油性皮肤 最常见于青春期及一些体内伴雄性激素水平高或具有雄性激素高敏感受体的人群。油性皮肤皮脂分泌旺盛，与其含水量（<20%）不平衡，pH值<4.5，皮肤看上去油光发亮、毛孔粗大、皮肤色暗且无透明感，但皮肤弹性好。这类型皮肤对日晒和环境不良刺激耐受性较好，皱纹产生较晚且为粗大皱纹。油性皮肤容易遭受微生物侵扰（如痤疮丙酸杆菌、葡萄球菌及糠秕孢子菌）发生痤疮、毛囊炎及脂溢性皮炎等皮肤病。油性皮肤应注意清洁、控油及适当使用收敛毛孔的爽肤水。但过度使用控油类产品或长期使用含有皮肤刺激的药物，如过氧化苯甲酰或维A酸，可导致皮肤屏障功能的损害，经皮失水增加，皮肤缺水变得干燥，降低对日光和外界刺激的耐受性。

4. 混合性皮肤 混合性皮肤兼有油性皮肤和干性皮肤的特点，即面中部（前额、鼻部、下颏部）为油性皮肤，而双面颊和双颞部为干性皮肤。选择护肤品应根据不同部位、不同皮肤类型有针对性地护理。

5. 敏感性皮肤 多见于具有过敏性体质的个体，长期使用伪劣化妆品或不正确使用外用药物，如化学剥脱、糖皮质激素均可导致皮肤耐受性降低。敏感性皮肤对外界轻微刺激，如风吹日晒、冷热刺激、化妆品等均不能耐受，常诉痒或刺痛，皮肤可见灼热、潮红。这类型皮肤的护理应选弱酸性、不含香精、无刺激及具有修复皮肤屏障功能的化妆品。

五、头颈部、身体的骨骼与肌肉走行分布

（一）骨骼

1. 颅骨

（1）脑颅骨：由8块骨组成，包括成对的颞骨和顶骨，不成对的额骨、筛骨、蝶骨和枕骨，它们围成颅腔。颅腔的顶是穹隆形的颅盖，由额骨、枕骨和顶骨构成；颅腔的底由蝶骨、枕骨、颞骨、额骨和筛骨构成。筛骨只有一小部分参与脑颅，其余构成面颅。

额骨：位于颅的前上部，骨内含有空腔，称额窦。

枕骨：位于颅的后下部。

蝶骨：位于颅底中部，枕骨的前方，形似蝴蝶。其中央部称为蝶骨体，蝶骨体内的含气空腔称蝶窦。

筛骨：位于颅底，在蝶骨的前方及左右两眶之间。骨内含有若干含气的空腔，称筛窦。

顶骨：位于颅盖部中线的两侧，介于额骨与枕骨之间。

颞骨：位于颅的两侧，参与构成颅底的部分，称为颞骨岩部，其内有前庭蜗器。

（2）面颅骨：由15块骨组成，不成对的有犁骨、下颌骨和舌骨，成对的有上颌骨、腭骨、颧骨、鼻骨、泪骨和下鼻甲骨。

犁骨：为垂直位的薄骨板，构成骨性鼻中隔的后下部。

下颌骨：可分为一体及两支。下颌体居中央，呈马蹄形，其上缘有容纳下颌牙根的牙槽，下颌体的外侧面左右各有一孔，称为颏孔；下颌支为由下颌体向上伸出的长方形骨板，其上缘有两个突起，前突称为冠突，后突的上端称为下颌头；下颌支内面中央有一孔，称下颌孔，由此孔通入下颌管，此管开口于颏孔；下颌体和下颌支会合处形成下颌角，角的外面为粗糙面，有咬肌附着。

舌骨：呈“U”形，位于颈前部，介于舌与喉之间。

颌骨：位于面颅中央。骨内有一大的含气腔，称为上颌窦。上颌骨下缘游离，有容纳上颌牙根的牙槽。

鼻骨：构成外鼻的骨性基础。

颧骨：位于上颌骨的外上方。

泪骨：位于眶内侧壁的前部，为一小而薄的骨片。

下鼻甲：为一对卷曲的薄骨片，呈水平位附于鼻腔的外侧壁。

腭骨：成对，位于上颌骨的后方。

2. 颈部骨骼　颈部骨骼由7颈椎骨相互连接构成。

3. 肩、手臂、手部骨骼

锁骨：构成肩部前方的细长骨骼。

肩胛骨：位于肩背部，上外侧的三角形扁骨。

肱骨：构成上臂的长骨。它的上端与肩胛骨、锁骨共同构成肩关节。

尺骨：位于前臂小指侧的长骨。

桡骨：位于前臂拇指侧的长骨。

腕骨：为8块不规则形状的小骨骼，排列成两排，由韧带连接成活动的关节，构成手腕部。

掌骨：构成手掌的细形小骨骼，每手5块。

指骨：构成手指的细长形小骨骼，每手14块。其中拇指2块，其余4指各3块。

（二）肌肉

人体的肌肉总计大小约500多块，占人体总重量的40%～50%。肌肉有3种，横纹肌、平滑肌、心肌。横纹肌属随意肌，主要分布在头面部、躯干及四肢的骨骼上。平滑肌属不随意肌，主要分布在内脏壁上，如胃肠等。心肌也属不随意肌，是分布在心脏的肌肉。

1. 头部肌肉

（1）表情肌：表情肌属于皮肌，分布于额、口、眼、鼻周围。起始于颅骨，止于面部皮肤。形成许多不同的皱褶与凹凸，赋予颜面做出喜、怒、哀、乐等表情，并参与语言和咀嚼。

额肌：起始于眉部皮肤，终止于帽状腱膜。收缩时可提眉，并使额部出现横向的皱纹。

皱眉肌：起始于额骨，终止于眉中部和内侧皮肤，可牵眉向内下方，使眉间皮肤形成皱褶。

降眉肌：也称三棱鼻肌，起始于鼻骨上端，向上连接眉头的皮肤，可加强皱眉肌所形成的表情。

眼轮匝肌：位于眼裂和眼眶周围，为扁椭圆形环状肌肉。收缩时可闭眼或眨眼，使眼外侧出现皱纹。

鼻肌：为几块扁平的小肌肉，收缩时可扩大或缩小鼻孔，并产生鼻背纵向小皱纹。

上唇方肌：起自内眼角、眶下缘和颧骨，终止于上唇和鼻唇沟部皮肤。收缩时可提上唇，加深鼻沟。

颧肌：起始于颧骨，终止于嘴角。

笑肌：薄而窄的肌肉。起于耳孔下咬肌的肌膜，横向附着于嘴角的皮肤上。收缩时，牵引嘴角向外。

口轮匝肌：呈环形围绕口裂。内围为红唇部分，收缩时嘴唇轻闭或紧闭。外围收缩时，使嘴唇突起。

降口角肌：呈三角形，位于下唇外方，覆盖下唇方肌，附着于嘴角皮肤。收缩时，牵引嘴角向下。

下唇方肌：属于深层肌肉，起始于下颌骨下缘，终止于口角皮肤。收缩时，向下向外牵引下唇。

颏肌：起始于下颌侧切牙牙槽外面，终止于颏部皮肤。收缩时，可使下唇向上，也可使下颏起皱纹。

颊肌：位于上下颌骨之间，紧贴口腔侧壁颊黏膜。收缩时使口唇、颊黏膜紧贴牙齿，帮助吸吮和咀嚼。

(2) 咀嚼肌：咀嚼肌附着于上颌骨边缘、下颌角旁的骨面上，产生咀嚼运动，并协助说话。

咬肌：起自颧弓，肌束向后下止于下颌角的咬肌粗隆。紧咬牙时，在颧弓下可清晰见到长方形的咬肌轮廓。

颞肌：起自颞窝，肌束呈扇形向下聚集，经颧弓的深面止于下颌骨冠突。

翼内肌和翼外肌：均位于下颌支的内侧面，力量较弱。作用：咬肌、颞肌、翼内肌为闭口肌，能上提下颌骨，使上、下颌牙齿互相咬合；翼外肌为张口肌。

2. 颈肌　分浅层、中层和深层三组，包括颈浅肌群、舌骨上肌群、舌骨下肌群和颈深肌群。是与面部皮肤护理密切相关的肌肉。

颈阔肌：为皮肌，也属表情肌。薄而宽阔，由胸前壁，止于口角皮肤。收缩时可牵引口角向下，做忧愁状，并使颈部皮肤及口角出现皱纹。

胸锁乳突：是斜裂于颈部两侧的两块肌肉，起于胸骨柄前面和锁骨内侧，向后上方止于颞骨乳突部，可产生转头、仰头的动作。

二腹肌：在下颌骨的下方，有前、后二腹。前腹起自下颌骨二腹肌窝，斜向后下方；后腹起自乳突内侧，斜向前下；两个肌腹以中间腱相连，中间腱借筋膜形成滑车系于舌骨。

3. 肩臂肌群

(1) 肩与上臂的主要肌肉

三角肌：位于肩部的三角形肌肉，使肩头外形丰满。控制肩关节活动，抬举、转动手臂。

肱二头肌:位于上臂前方,呈梭形。屈肘,旋转前臂。

肱三头肌:位于上臂后方。伸肘关节,控制肩部前后运动。

(2) 前臂的主要肌肉

旋前(后)肌:前臂的一组肌肉,使桡骨旋向前方,手掌向下。使桡骨旋向后方,手掌向上。

屈肌:位于前臂内侧的一组肌肉,有屈腕、屈指的作用。

伸肌:前臂外侧的一组肌肉,有伸腕、伸指的作用。

4. 手部肌肉 内侧群(小鱼际):运动小指。

中间群:运动第二、三、四指。

外侧群(大鱼际):主要运动拇指。

手部关节之间有许多短小的肌肉,使手部能灵活运动。

(李 群)

第五节 美容化妆品基础知识

一、化妆品的定义

指涂擦散布于人体表面任何部位(如表皮、毛发、指甲、口唇等)或口腔黏膜以达到清洁、护肤、美容和修饰目的的产品。

二、化妆品原料基础知识

(一) 基质原料

基质原料是组成化妆品的主体,是在化妆品内起主要作用的物质。

1. 油性原料 油、脂、蜡。

主要起护肤、柔滑、滋润、固化赋形和特效等作用。包括:动物或植物油、脂、蜡;矿物油和蜡;半合成油、脂、蜡。

(1) 橄榄油:一种淡黄色的液体,不溶于水,容易被人体皮肤吸收。橄榄油含有丰富的维生素A、B、D、E、K。具有促进皮肤细胞及毛囊新陈代谢的作用,是优良的润肤养颜剂,另外也具有防晒作用。橄榄油在化妆品中主要用乳剂类护肤品,对皮肤有起好的渗透性。

(2) 角鲨烷:由深海鲨鱼中角鲨烯提炼。稳定性好,抗氧化,良好的渗透性、润滑性及安全性、强油腻性。化妆品中常用的油性原料,主要用于膏霜类。

(3) 羊毛脂:对皮肤亲和性、渗透性、扩散性较好,润滑柔润性好,易被皮肤吸收。易被皮肤吸收,对皮肤安全无刺激。广泛用于护肤、洁肤等化妆品。

(4) 卵磷脂:由动植物组织及蛋黄中提取,具备以下特点:①天然优良的表面活性剂。②良好的乳化及滋润作用。③活化细胞,抗衰老。④改善油脂分泌,多用于调节、护理头发。⑤良好的成膜性,改善洗涤剂对皮肤的脱脂作用。⑥促毛发生长,护发、健发。

(5) 凡士林:从石油中制取的半固体的烃类混合物,为白色或微黄色均匀的软膏状物质,基本无臭、无味有较强的粘着力。广泛用于发蜡、发乳、发用调理剂和各种软膏。

(6) 丙三醇又称甘油:多元醇脂肪酸,属合成油脂。既有亲油结构,又有亲水结构。是无色无味透明状液体，能和水、醇以任何比例混合。具有良好的保湿作用，能增加化妆品中其他组分的溶解性。对皮肤有滋润和保护作用。

2. 粉类 香粉、爽身粉、胭脂、眼影粉和牙膏等的基质原料，为粒度很细的固体粉末。它在化妆品中主要起增稠、悬浮、保湿、遮盖、滑爽、摩擦等作用，同时又是粉状面膜的基质原料。一般有粉状、固体状、分散在固体状的油相中或悬浊液中等。主要粉体原料有滑石粉、高岭土、钛白粉、氧化锌、淀粉、硬脂酸锌、硬脂酸镁等。

（1）高岭土：是一种以高岭石为主要成分的黏土，为白色或浅灰色粉末，具有抑制皮脂、吸收汗液和黏附的作用，是粉状化妆品的主要原料。

（2）氧化锌：为白色粉末或六角晶系结晶体，无臭无味，受热变为黄色、冷却后又变为白色。遮盖力强。对皮肤有缓和的干燥和杀菌及较弱的收敛、抗氧作用。

3. 溶剂类 除了主要的溶解性能外，还可具备的挥发、分散、赋形、增塑、保香、防冻及收敛等作用，是许多制品中不可缺少的组成部分。包括水、醇类、脂类、酮类、苯类。

（1）水：水是化妆品生产的重要原料，是一种优良的溶剂，水质的好坏往往直接影响化妆品质量的好坏和生产的成败。一般用蒸馏水与去离子水。

（2）脂类、酮类、苯类：多用于指甲油的溶剂组分，有毒性或刺激性，使用时要严格遵守国家化妆品卫生规范的规定。

（3）乙醇

1）性状：无色，挥发性液体，有酒香味刺激，能溶于水、甲醇及醚。能溶解松香、色素、樟脑及碘等多种物质。

2）用途：利用其溶解、挥发、防冻、收敛和灭菌等性能，广泛用于制造香水、花露水及润肤化妆水和收敛性化妆水等。

（二）辅助原料

1. 表面活性剂（乳化剂） 具有固定的亲水亲油基团，在溶液的表面能定向排列，并能使表面张力显著下降的物质。具有乳化、洗涤、润湿、分散、增溶、发泡、保湿、润滑、杀菌、柔软、消泡和抗静电等作用。

一般表面活性剂的分子结构中都包含亲水基团和亲油基团。

乳化：将油相和水相进行混合，使其相互稳定的分散状态。

表面活性剂分为阴离子型、阳离子型、两性离子型及非离子型四类。

2. 水溶性高分子化合物 是结构中具有羟基、羧基或氨基等亲水基的高分子化合物。它在水中能膨胀成凝胶。在许多化妆品中被用作粘合剂、增稠剂、悬浮剂和助乳化剂。

3. 香料与香精

（1）香料：在常温下可散发出香气，并有实用性的香物质。

（2）香精：几种香料按一定要求、香型和用途结合在一起。

（3）调香：将数种甚至数十种天然合成香料调配成香精的过程。

4. 色素 是赋予化妆品以一定颜色的原料，通常称为着色剂。

化妆品用的色素要求与食用色素相同。

5. 防腐剂及抗氧化剂 抑制外来污染微生物在化妆品中的生长繁殖，对微生物或真菌具有杀灭、抑制或阻止生长作用的物质。起到防止化妆品变质的作用。常用防腐剂包括对羧基苯甲酸酶类（尼泊金）、苯甲酸、咪唑烷基脲等。抗氧化剂是防止和减弱油脂的氧化酸败现象。常见抗氧化剂包括丁基羟基甲苯、丁基羟基茴香醚、生育酚等。

6. 皮肤吸收促进剂　是指能帮助和促进药物、营养物质等活性物渗入皮肤以被皮肤吸收的制剂。

(1) 作用机制：改变皮肤的水合状态，改变药物、营养物质的分子结构，使其具有较高的皮肤亲和力，降低皮肤的屏障作用，以促进药物、营养物质渗入皮肤，从而被皮肤吸收。

(2) 常用皮肤吸收促进剂：氮酮。

三、化妆品分类

(一) 按产品形状分类

1. 液体类　为透明液体状包括化妆水、香水、保湿露等。

2. 膏霜、乳液类　主要由油、脂、蜡、水和乳化剂组成的一种乳化体。有W/O(油包水)和O/W(水包油)两种。包括乳液、蜜、粉底霜、润肤霜、洁面霜、按摩膏等。

3. 粉类　为粒度很细的固体粉末，也有将粉末压缩后形成块状的，包括香粉、胭脂、粉饼。

4. 凝胶类　由大分子溶液在一定条件下，黏度增大形成的透明冻状半固体化妆品。包括眼部凝胶、凝胶面膜等。

5. 蜡类　蜡类化妆品是将颜料拌在黏度很高的油性成分中制成的。包括唇膏、眉笔等。

6. 膜类　由水溶性高分子化合物和填充材料加入溶剂调制而成，涂敷于皮肤表面可以很快形成膜状。将皮肤与外界空气隔离包括面膜、眼膜、体膜等。

(二) 按产品用途分类

1. 清洁类化妆品

(1) 美容皂：表面活性剂型的碱性清洁剂，其利用泡沫洁面。根据pH值得不同分碱性皂、中性皂、弱酸性皂。按功能分保湿皂、美白皂、减肥皂等。

主要成分：硬脂酸、氢氧化钠、羊毛脂、丙二醇。

产品特点：去污力强，对皮肤无特别保护作用，干性缺油皮肤不宜使用。

(2) 清洁霜：去除皮肤表面污垢，并有保护和营养功能的清洁类化妆品。

主要成分：乳化剂、凡士林、蜂蜡、香精、去离子水等。

产品特点：适用油性皮肤，可先用清洁霜卸妆，再用美容皂或洗面奶清洗。

(3) 洗面奶：清洁面部皮肤的专用产品。也可称为洁面乳、洁面露、洁面啫喱、洁面凝胶等。

主要成分：表面活性剂、高级脂肪酸、羊毛脂、甘油、丙二醇等。

产品特点：洗面奶、洁面乳、洁面露适合中干性皮肤全年使用，洁面啫喱、洁面凝胶适合油性皮肤或混合性皮肤夏季使用。

(4) 磨砂膏：一种在清洁护肤用品的基础上，添加了某些极微细的砂质颗粒而制成的化妆品。利用摩擦洁面并除去皮肤表面角质层老化或死亡细胞。

主要成分：高级脂肪酸、羊毛脂、蜂蜡、摩擦剂(如杏壳、石英精细颗粒等)。

产品特点：利用摩擦剂温和的摩擦作用达到洗净效果，并可利用其机械刺激作用增强皮肤毛细血管的微循环，促进皮肤新陈代谢呈现良好的透明感和细致柔软的肤质。

(5) 去角质膏(液霜):一种对皮肤的老化角质细胞有剥蚀作用的深层清洁产品。

去角质膏是将其涂抹在皮肤上,与皮肤表面坏死细胞粘结,然后用揉搓的方法,清除皮肤老化角质;去角质液是利用其所含化学成分使坏死细胞软化脱落,快速清除老化角质。

主要成分:微酸性海藻胶,水杨酸、润滑油脂、胶合剂、合成聚乙烯。

产品特点:当去角质液附于皮肤时,其中的酸性物质使角质层老化或死亡细胞溶解或软化。当除去时可以把被溶解的细胞一起带下来,起到洁面的作用。

2. 护肤类化妆品

(1) 护肤类化妆品的作用

1) 保湿作用:由于添加了保湿剂,所以在使用护肤类化妆品后,皮肤表面覆盖有一层薄膜,具有一定的保湿效果,从而可以软化皮肤,减少皮肤水分丢失。

2) 补充皮肤水分和油分作用:皮肤的柔软度与水分含量成正比,护肤类化妆品使皮肤保湿,也就使皮肤水分得以补充。由于其中含有油脂,故润肤效果好,可防止皮肤衰老。

3) 营养作用:配方中添加了营养剂,通过皮肤表皮吸收其活性成分,即可使皮肤得到营养补充。

4) 保护皮肤免受不良环境的侵袭:可阻挡外界的空气污染、紫外线辐射及冷暖温差、湿度变化对皮肤的影响。

5) 清洁作用:指洗净用化妆水、面膜所具备的洁肤功能。

(2) 护肤类主要化妆品

1) 化妆水:化妆水是一种兼具清洁、收敛、营养、抑菌等多种功能的液体产品。最具流动性的制品。

主要成分:去离子水、醇类、保湿剂、柔软剂、增溶剂等。

按外观形态分类:透明型、乳化型和多层型。

按配方分类:柔软性(弱酸、中、碱性)、收敛性(爽肤水,pH 值偏酸性)、清洁性(洁肤水,pH 值大多为弱碱性,主要用作卸淡妆或普通洗脸水。

2) 按摩膏:是指可在按摩过程中起润滑作用的,W/O 型膏霜类化妆品。

主要成分:羊毛油、蜂蜡、乳化剂、卵磷脂、抗氧化剂、去离子水等。

特点:含有丰富的油分,用后需将皮肤清洗干净。

3) 雪花膏:O/W 型膏霜类化妆品。含水量达 70% 左右具有增白效果。使用时应注意涂抹均匀,不要涂抹过厚以免造成毛孔堵塞,影响皮肤正常代谢。适合油性皮肤使用。

4) 冷霜:又称为香脂。是一种典型的 W/O 型膏霜类化妆品。清洁类化妆品洁面霜即属于种冷霜。

主要成分:蜂蜡、硼砂、茶油、羊毛脂等,含有较多的油脂成分,用后可有油腻感,可在皮肤上留下一层油脂薄膜和适量水分。

特点:适合干性皮肤使用。

5) 润肤霜:一种介于弱油性雪花膏与含油较高的冷霜之间的中性膏霜。

主要成分:蜂蜡、羊毛脂、甘油等。

特点:pH 值与皮肤的 pH 值接近,利于皮肤吸收,可保持皮肤水分平衡和皮肤的柔软细腻。

6）乳液：乳液是一种介于化妆水与雪花膏之间的半流动状态的液态霜又称作蜜、奶液。

主要成分：脂肪酸、去高子水、多元醇、水溶性高分子化合物等。

特点：乳液在补充水分方面的作用接近于化妆水，保湿作用优于化妆水，但较膏霜类差，多用作皮肤的保湿。

适合油性皮肤使用。

7）精华素：精华素是一种用高科技超链接萃取天然的动、植物或者矿物质等有效成分制作而成的浓缩精华产品。因低温提炼而出，使本身的活性、有效成分能够很好地保存，对于皮肤的保湿、抗皱、紧致、营养、减少色素沉着等能起到很好的预防和缓和作用。

精华素的形态可以是霜状、液状。外包装可以是胶囊包裹、颗粒粉末或针剂等形式。

8）面膜：含有营养剂，涂敷于面部皮肤上，可形成薄膜物质的特殊性化妆品。它能起到保养皮肤，清洁皮肤，改善皮肤功能。延缓皮肤衰老的作用，并可以纠正和改善问题性皮肤。

A. 面膜的主要成分：①水溶性高分子化合物（如聚乙烯醇、羧甲基纤维等）；②填充材料（如高岭土、硅藻土等）；③溶剂（如水、甘油等）；④营养物质（如维生素、水解蛋白或中草药等）。

B. 常用面膜的分类、特点及功效。

a. 硬膜：主要成分是医用石膏粉。硬膜分为冷膜和热膜。

硬膜的特点是，用水调和后凝固很快，涂敷于皮肤后自行凝固成坚硬的模体，使模体温度持续渗透。

冷膜对皮肤进行冷渗透，具有收敛作用，对毛孔粗大的皮肤有明显的收敛效果，并可改善油性皮肤皮脂分泌过盛状态。适用于暗疮皮肤、油性皮肤和敏感皮肤。

热膜对皮肤进行热渗透。使局部血液循环加快，皮脂腺、汗腺分泌增加，促进皮肤对营养的吸收功能，具有增白和减少色斑的效果。适用于干性皮肤、中性皮肤、衰老性皮肤和色斑皮肤。

b. 软膜：软膜是一种粉末状面膜，用水调和后成糊状。分为凝结性面膜和非凝结性面膜。软膜的特点是，调和后涂敷在皮肤上形成质地细软薄膜，性质温和，对皮肤没有压迫感，膜体敷在皮肤上，皮肤自身分泌物被膜体阻隔在膜内，给表皮补充足够的水分，使皮肤明显舒展，细碎皱纹消失。

9）精油：以特定种类植物的根、茎、叶、花、果实经过物理处理（压榨蒸馏或萃取）而得到的带有香味、具挥发性的油溶性液体。

精油可激发机体本身的治愈力起到镇静神经、安抚情绪、促进血液循环、加强淋巴系统及内分泌系统代谢功能的作用。

3. 治疗类化妆品 治疗类化妆品含有某种药物成分，主要用于问题皮肤。其特点是针对性强，通过化妆品的配合使用与身体内部调理，使问题皮肤患处得到改善和治疗。

（1）嫩肤抗皱类化妆品

1）原料

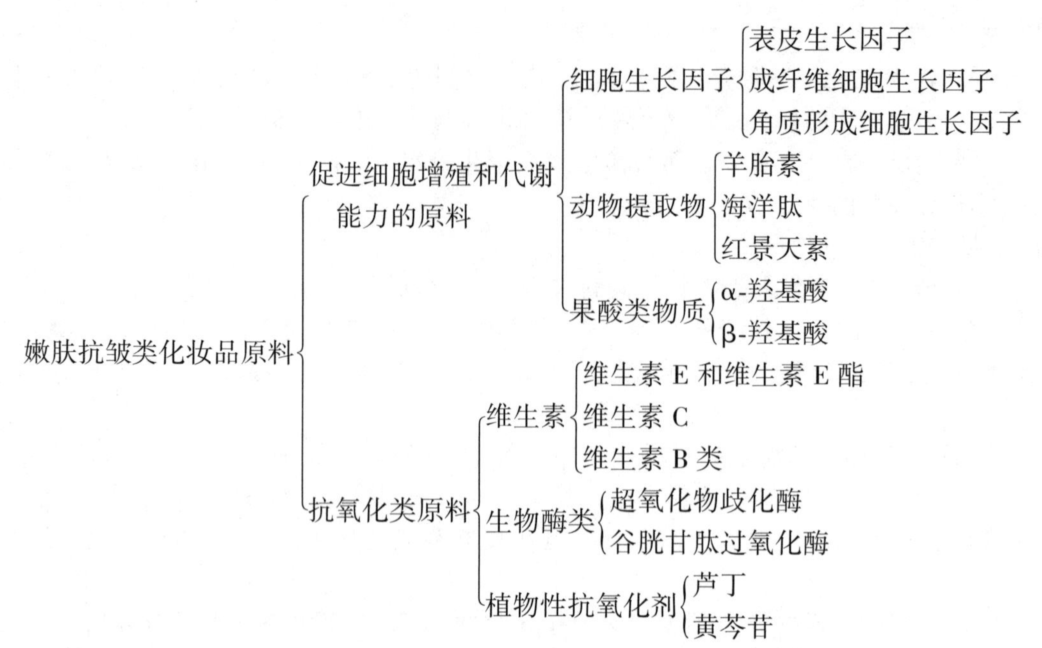

表皮生长因子(EGF):促进细胞分裂分化、促进表皮创伤愈合,有效地刺激表皮的生长。

成纤维细胞生长因子(FGF):极强有丝分裂原,促进伤口愈合及新生血管形成。

角质形成细胞生长因子:调节表皮角质细胞增殖和创伤愈合。

羊胎素:从妊娠 3 个月的羊胎盘中直接抽取提炼,刺激组织细胞分裂活化,延缓皮肤老化。

海洋肽:增加皮肤表皮平均厚度,抗衰老和减少皱纹。

红景天素:提取于生长在海拔 3 500~5 600 米的山地水川植物红景天,可以使胶原纤维的含量增加。

α-羟基酸:作为剥离剂使用时通过渗透至皮肤角质层,加速老化细胞剥离,并促进细胞分化、增殖,达到除皱、抗衰老的作用。一般化妆品中的浓度为 2%~8%。

β-羟基酸:从天然生长植物如柳树皮、冬青叶和桦树皮中提取出来的新一代果酸。渗透入含油脂丰富的毛孔内部彻底清除老化角质,使毛孔缩小,皮肤变得更为光滑。

维生素 E 和维生素 E 酯:维生素 E 又称 α-生育酚,脂溶性维生素,生物学上最重要的抗氧化剂。

维生素 C:又名抗坏血酸,和维生素 E 一样具有抗氧化作用,且能够促进胶原的合成,抑制黑素生成。

维生素 B:维生素 B_3(烟酰胺)外用极易被皮肤吸收,不产生刺激。

超氧化物歧化酶(SOD):清除氧自由基、抗炎和减缓色素沉着的作用。

谷胱甘肽过氧化酶(GTP):主要存在于含线粒体的细胞中。保护皮肤的不饱和脂质膜。可治疗脂质过氧化物引起的炎症,减轻色素沉着。

芦丁:从芸香、槐、荞麦等天然植物中提取的成分,芦丁显著清除细胞产生的活性氧自由基,还具有防紫外线辐射和祛红血丝的作用。

黄芩苷:是从黄芩根中提取分离出来的一种黄酮类化合物,吸收紫外线、清除氧自由基,抑制黑素的生成。

2）嫩肤抗皱类产品类型与使用

A. 产品类型

a. 洁面类：共同特点是抗衰老洁面产品大多性质温和；通常含有抗氧化成分如维生素E等；一些产品含有去角质成分如β-羟基酸；含有保湿成分。

b. 爽肤水类：爽肤水能促进皮肤新陈代谢正常化，具有调整皮肤酸碱值平衡以及修护的效果。

c. 其他：面霜或乳液、眼霜类、精华素、面膜类等均含有抗氧化、促进细胞增殖和代谢、深层保湿等抗衰老成分。

B. 产品使用注意：可交替使用磨砂膏或去死皮膏，每10~14天一次，此两种产品不宜同时使用。抗衰老精华素和眼霜含丰富的营养成分，注意选择使用。

（2）美白祛斑类化妆品

1）化妆品原料

A. 氢醌：白色针状结晶，易溶于酒精、乙醚、水。遇光和空气易氧化，化学性质不稳定。是一种传统且有效的美白祛斑成分。由于安全问题，我国新版(2002)化妆品卫生规范中明确规定氢醌禁用于美白祛斑产品。

B. 曲酸及其衍生物：美白、抗菌、保鲜的作用。与酪氨酸酶中的铜离子螯合，使铜离子失去作用，进而使缺少铜离子的酪氨酸酶失去催化活性。

C. 壬二酸：通过阻断黑素在黑素细胞内的正常运输，阻止黑素与蛋白质的自由结合，减少黑素颗粒形成。

D. 维A酸衍生物：表皮细胞的更新、促进角质层脱落。对酪氨酸酶、多巴氧化酶及二羟基吲哚氧化酶都有抑制作用。

E. 维生素C及其衍生物又称抗坏血酸：还原已经形成的黑素。

F. 化学剥脱剂：包括果酸、亚油酸等。

a. 果酸：角质层剥脱；刺激真皮胶原合成。

b. 亚油酸：抑制酪氨酸酶活性，减少黑素生成，还具有维生素E的作用，可增加保湿、抗刺激过敏、调理作用，常用作化妆品的营养性辅助剂。

c. 内皮素拮抗剂：从洋甘菊、绿茶等草本植物中获取，还可通过生物发酵获取。

d. 动物胎盘提取物：胎盘素是一种混合物，成分复杂，有氨基酸、酵素及激素等。可吸收紫外线、保湿、活化细胞等功能，在美白、抗衰老化妆品应用中极为广泛。胎盘提取液营养十分丰富，非常容易腐败变质。

e. 植物提取物：甘草提取物、绿茶提取物、原花青素。

甘草提取物——甘草黄酮：抑制酪氨酸酶、多巴色素互变异构酶(TRP-2)，阻碍5,6-二羟基吲哚的聚合实现的。干扰细胞增殖周期，使细胞生长受到抑制。

绿茶提取物：很强的酪氨酸酶抑制剂，茶多酚是一种理想的天然抗氧化剂。

原花青素：目前国际上公认的清除体内自由基最有效的天然抗氧化剂。抑制酪氨酸酶活性——金属络合，抑制脂褐素、老年斑的产生，欧洲人称原花青素为青春营养品、皮肤维生素、口服化妆品。

2）美白祛斑类化妆品类型与使用

A. 产品类型：美白洗面奶、美白化妆水、美白精华液、美白面膜、美白乳液、美白霜。

B. 产品使用注意：维生素C衍生物适合白天使用；含有还原剂的美白成分化妆品需较

长时间使用,至少一月见效,停药有反弹出现。剥脱剂效果快,但长期使用会影响皮肤屏障功能,临床称换肤综合征。

(3) 控油抗痤疮类化妆品

1) 化妆品原料

A. 表面活性剂:祛除皮肤表面油脂。

B. 皮脂抑制剂:锌、硫黄、维生素 B、丹参酮。

锌:调节上皮细胞的增生,维持其正常修复,杀菌,减少皮脂被分解为脂肪酸抑制表皮有丝分裂,延缓表皮细胞角化,抗糠秕孢子菌活性等。

硫黄:具有杀灭螨虫、细菌、真菌的作用,去除皮肤表面多余的油脂,溶解角栓,抗炎作用。

维生素 B_6:抗粉刺、减少油脂分泌,口服可用于痤疮、脂溢性皮炎等疾病。

丹参酮:丹参提取物,抑制皮脂分泌。

C. 角质溶解成分(过氧化苯甲酰、维 A 酸衍生物)。

过氧化苯甲酰:强力的氧化剂,同时具有杀菌、消炎、角质溶解和轻微的抑制皮脂分泌的作用,可用于中度痤疮,夜晚使用可降低刺激性及光敏风险。过氧化苯甲酰主要作外用药物。

维 A 酸衍生物:维 A 酸强效角质溶解剂,无杀菌及抑制皮脂分泌,对白头和黑头粉刺有效。具有刺激性,可导致红斑、干燥、脱屑等。是一种光敏剂,宜夜晚使用。

D. 抗菌、抗炎成分:辣椒素、丁香、金缕梅提取物、茶树油。

辣椒素:软化表皮硬度、促进局部微循环、抗组胺、抗细菌真菌作用。用于痤疮的辅助治疗。

丁香:所含挥发油对多种致病性真菌、杆菌具有抑制作用,并具有驱虫、健胃、抗惊厥、降低血压、抑制呼吸等功效。

金缕梅提取物:收敛和抗炎成分。

茶树油:又名白千层油,具有抗菌、抗炎、除螨、镇咳、抗氧化、抗肿瘤等活性。

2) 控油抗痤疮类化妆品类型与使用

A. 产品类型:清洁剂(皂类、乳剂、泡沫剂、凝胶)、爽肤、收缩水、保湿产品、磨砂膏、防晒产品、面膜。

B. 产品使用注意:痤疮皮肤注意清洁,一般每日 1~2 次、手法轻柔,不宜揉搓;控油同时注意保湿;使用收敛剂,均衡皮肤表面脂质,调节 pH;注意防晒,紫外线可诱发痤疮,油性皮肤适宜选择化学防晒剂。

4. 防晒化妆品 防晒化妆品是指能够吸收和散射紫外线,避免或减轻皮肤晒伤、晒黑的化妆品。

(1) 防晒化妆品功效成分

1) 化学性紫外线吸收剂又称有机防晒剂:中波紫外线(UVB)吸收剂:对氨基苯甲酸、甲氧基肉桂酸酯类、樟脑系列。

长波紫外线(UVA)吸收剂:邻氨基苯甲酸酯类、甲烷衍生物。兼有 UVA 和 UVB 的吸收剂:二苯酮及其衍生物,吸收率较差,以羟苯甲酮最为常用,考虑到光毒性问题,一般含有羟苯甲酮的产品需要在外包装上标注警示用语。

2) 物理性紫外线屏蔽剂:常用氧化锌、氧化铁、二氧化钛等无机粉体。

3）抵御紫外辐射的生物活性物质：维生素类及其衍生物，如维生素 C、维生素 E、烟酰胺等；抗氧化酶类，如超氧化物歧化酶（SOD）、辅酶 Q、谷胱甘肽等；植物提取物，如芦荟、燕麦、葡萄萃取物等。

（2）产品种类

乳化型：是最常见的类型，W/O 型产品的耐水性能优于 O/W 型和油型。

化妆水型：防晒效果不如膏霜类稳定，且耐水性差。

油剂：防晒油，防水效果突出，黏腻感明显，防晒效果较低，多用于低 SPF 值的晒黑用产品。

凝胶型：黏度较高但易于涂抹，使用感觉良好。

气溶胶型：如防晒摩丝，由于泡沫量高而产品密度小，无油腻感。适合炎热夏季使用

固体型：主要见于彩妆类产品，常加入物理性防晒剂，如二氧化钛、氧化锌等。

（3）产品的选择与使用正确理解防晒化妆品的功效标识；明确防晒化妆品的使用场合；选择防晒品的防护强度；注意防晒品的抗水性；足量多次使用，产品用量 $2mg / cm^2$；防晒品涂抹方法正确，涂抹时应轻拍，不要来回揉搓以防粉末成分压入皮肤；注意产品停留时间，建议出门前 15 分钟左右涂抹，脱离紫外线辐射环境后，应立刻清洗；不要过于依赖防晒化妆品，要采取多种防晒措施如衣帽、眼镜、遮阳设备等。

（4）防晒效果评价：SPF 值即日光防护系数，所谓防晒产品的系数是指涂有防晒剂防护的皮肤上产生最小红斑（MED）所需能量与未加防护的皮肤上产生相同程度红斑所需能量之比。

SPF＝防护皮肤的 MED/未防护皮肤的 MED。主要是对 UVB 防护效果指标。

PA 值则是由欧洲及日本等国家化妆品工业协会制定的，用来表示 UVA 防护效果的方法。PA+、PA++、PA+++用来标识对 UVA 的防护程度，PA+表示有效防护约 4 小时，PA++表示有数防护约 8 小时，PA+++表示强度防护。

5. 修饰类化妆品　修饰类化妆品是指涂敷于人体面部、指甲等部位达到修饰矫形及美化外表作用的化妆品。

四、化妆品的安全性

（一）化妆品必须具备以下条件

（1）无色无味、有较好的稳定性。

（2）对皮肤无毒性、无刺激性、安全性高。

（3）使用后不影响皮肤的生理作用。

（4）对损容性皮肤问题能起改善作用。

（二）鉴别化妆品质量的优劣

（1）颗粒细腻、黏度和湿度适当、色泽纯正、均匀一致、香气淡雅、无异味、接触皮肤后感觉自然、舒适、滑爽。

（2）重点注意生产企业的质量检验合格标识、厂名、卫生许可证编号、生产日期和有效使用期等内容。

（三）使用化妆品时的注意事项

（1）适当使用。

(2) 依据皮肤特点选择适宜的化妆品。

(3) 严重痤疮皮肤、皮肤发生破损或有异常时,应立即停用。

(4) 夜间入睡前应将化妆品清洗干净。

(四) 防止化妆品的二次污染

化妆品的基础原料丰富,为微生物的生长与繁殖提供了丰富的物质条件和营养,极易引起微生物污染。使用微生物污染的化妆品可引起皮肤甚至全身感染。严重者还会使表皮颗粒层细胞内的 DNA、RNA 合成及细胞分裂受到干扰甚至可以致癌。因此防止化妆品使用中的二次污染是保证化妆品安全性的重要环节。

1. 化妆品受污染的途径和现象

(1) 一次污染:由制造过程中(作业环境、设备工具、包装容器、原料等)引起的微生物污染。

(2) 二次污染:由使用者在使用过程中造成的污染。

(3) 发霉:真菌只能在化妆品表面繁殖。

(4) 腐败:细菌可以在化妆品内部繁殖。

2. 受微生物污染化妆品的现象表现

(1) 变色:原产品比较鲜艳的颜色变成很难看的颜色。这是由于细菌产生色素所致。

(2) 发胀:出现絮状或发散,是由于微生物分解有机物产生气体所致。

(3) 发霉:产品表面形成红黑绿等颜色的霉斑,是由于潮湿使真菌污染化妆品所致。

(4) 酸败:产生气泡和怪味是由于细菌、真菌等产生有机酸使化妆品 pH 值降低所致。

(5) 乳化性受到破坏:细菌或真菌有不同的酶类可以分解膏体内的蛋白质或脂类,使乳化体受到破坏形成油水分离。

(五) 化妆品的保存方法

1. 防污染 大包装化妆品打开后应分出一部分置于小容器中,其他部分重新封存。使用化妆品时应定期消毒压舌板或挑棒,取出用后立即旋紧瓶盖防止在使用过程中造成二次污染。

2. 防晒 强烈的紫外线有一定的穿透力,容易使油脂和香料产生氧化现象和破坏色素,因此化妆品应避光保存。

3. 防热 高温会使化妆品的乳化体遭到破坏,造成脂水分离,粉类及膏类化妆品干缩,使化妆品变质失效。因此化妆品应尽可能保存在 25℃以下的环境中。有条件的美容院可使用冷藏箱保存化妆品。

4. 防冻 温度过低会使化妆品中的水分结冰,乳化体遭到破坏融化后质感变粗变散、使化妆品失效。

5. 防潮 化妆品应存放在通风干燥的地方。过于潮湿的环境会使含有蛋白质、脂质的化妆品中的细菌加快繁殖发生变质。

6. 防挤压 化妆品的摆放应有条理,防止因挤压而造成包装损坏,使化妆品氧化或污染。

(李 群)

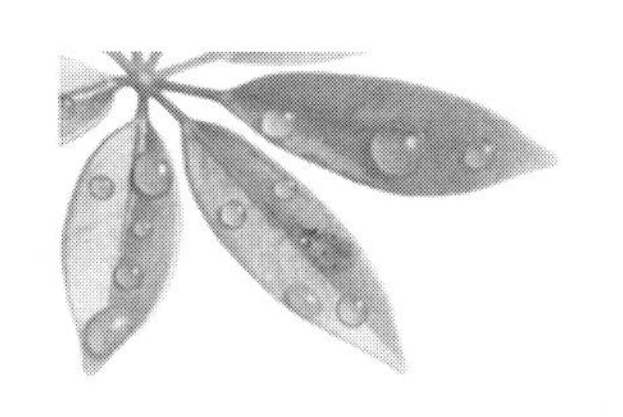

第2章 美容护肤基本技术

第一节 接待与咨询

美容院工作的第一环节即为接待与咨询,接待与咨询工作能否做好在很大程度上决定了顾客的去和留,前台接待人员水平的高低是美容院经营管理水平的体现,良好的店面形象、接待咨询服务和过硬的技术是美容院的最佳广告,可以为美容院赢得更多的客源。本章节就美容院接待与咨询职能做重点介绍。

一、接待前准备

美容院一般均设有接待柜台,这是顾客进店后接受服务的第一场所,同时还设有接待美容师。接待前的一系列准备很重要,准备充分能给顾客留下良好印象。因此,负责接待的美容师须做到以下两点:

1. 形象得体 负责接待的美容师必须仪容整洁,化淡妆、身着制服或工作服,佩戴署有姓名和编号的工作牌。

2. 熟悉业务 负责接待的美容师对美容院所提供的服务项目及其特点、效果、价格等应做全面了解、熟记在心以便于详熟地为顾客进行介绍。

二、前台接待的重要性及其主要职能

美容院赢得客源的决定性因素有以下几点:店面形象、接待服务和技术水平。从顾客走进美容院到接受美容服务,这期间顾客对美容院已经作出了约60%的评价,由此,作为第一环节的美容接待工作能否做好在很大程度上左右顾客的去留,直接带给美容院正面或负面的影响。

美容院一般均设有接待柜台,这是顾客进店后接受服务的第一场所,同时还设有接待美容师。就其职能来讲主要包括以下几个方面:

(1) 迎送顾客。

(2) 介绍本美容院的服务项目、服务特色及服务流程,使顾客对美容院有个初步整体的印象,听取顾客美容愿望,回答顾客一些美容方面的简单咨询。

(3) 检测分析顾客皮肤状况,填写顾客资料登记表并慎重保管。

(4) 辅助顾客制订护理方案及计划,对每次美容时间、所用产品、护理美容师等做记录。

(5) 安排美容师为顾客做护理。

(6) 结算顾客的美容费用。

(7) 负责招呼等待的顾客。

(8) 送顾客离店。

(9) 接听电话、回答咨询,接受预约。

(10) 负责随时与顾客保持联络,如顾客生日时致电问候、送祝福或以其他方式表示(如送贺卡、花等小礼物)。

(11) 监督服务人员的表现、注意维持店面形象。

三、美容院的接待程序

美容院接待程序一般包括:迎送、引导顾客,介绍服务项目及产品,检测分析顾客皮肤状况,填写顾客资料,引导、征询顾客反馈意见,结算消费金额,指导顾客家庭护理,照顾顾客离店等环节。

作为前台接待人员,其工作职能从接待顾客到迎送顾客,到结算顾客的美容消费,再到给顾客打生日祝福电话,总共多达十几种,在此不一一详述。

(一) 送、引导顾客

接待中迎送和引导两个关键环节有一定的共性,即负责接待的美容师都需要运用一定的体态语言来表达。这两个环节能否做好往往体现出美容师业务水平和素质修养的高低。要做好这两个环节,就必须注意两方面细节:一是迎送的语言、神情及姿态;二是引导的方法及用语。

1. 迎送时的要求

(1) 迎送时的语言要求——语气、语调、声音、语速。迎送阶段应给顾客留下良好的第一印象,好的第一印象能拉近美容院与顾客之间的距离。具体来说,当顾客进店时,负责接待的美容师要面向顾客、微笑相迎、亲切问候,往往一个微笑和一个友好的问候能给陌生人留下美好印象,减轻初次见面的拘束感和生疏感。这就要求美容师在迎接顾客时要注意迎接用语方面的技巧,以感染顾客,使之消除拘束感,产生宾至如归的感觉,如说话的语调、语气、声音及语速都要讲究技巧性。问候顾客或与之交谈时,语气要委婉柔和,语调要轻柔舒缓,声音要圆润、自然悦耳,音量适中、语速适度,不能过急或过缓,以增强感染力。道别时要热情相送,送上体贴关怀的话语,如"下雨路滑""小心走好"等,让顾客有温暖的感受。

(2) 迎送时的神情和姿态要求

1) 迎送时的神情要求——微笑和目光。表情在人际交往中能起到很重要的作用,表情是心理活动和思想情绪的展示。美容师美好且具有感染力的神情不仅是心情愉悦的反映也是职业的需要。

A. 微笑:微笑是人际交往中最具吸引力、最有价值的面部表情。美容师在迎送顾客时,若能恰如其分地运用微笑,将有助于促进与顾客的沟通交流,传递感情,消除陌生感和拘束感。"微笑服务"是评价服务质量高低的重要标志之一、它深受顾客欢迎。

B. 目光:目光是最具表现力的一种体态语言。在迎送顾客时,要注意用坦然、亲切、友好、和善的目光正视顾客的眼睛,让眼睛说话,从眼睛中流露出对顾客的欢迎和关切之意。不能东瞟西看、漫不经心,也不能用俯视和斜视的目光,应与顾客的视线齐平,以示专心致志和尊重。切忌死死盯着顾客的眼睛或身体的某个部位,这样做极不礼貌。同时还应注意善于从顾客的目光中发现其需求,并主动询问及提供服务,以免错过与顾客沟通的机会。

2)迎送时的姿态要求——行礼及手势。迎送时还要注意自身的姿态是否正确。姿态包括两个要素:行礼及手势。

A. 行礼:顾客进店时,应主动为其打开门,边问好边行45°或15°的鞠躬礼。行礼时,美容师要双手轻轻重叠,置于两腿前方中央处,目视对方,面带微笑,表示欢迎,并退步行“请进”的手势。

B. 手势:运用手势时要避免动作生硬。规范的手势为五指并拢伸直,掌心向上,手掌平面与地面成45°角。手掌与手臂成直线,肘关节弯曲140°;手掌指示方向时,以肘关节或肩关节为轴,上体稍向前倾,以示尊重。

(3)迎送时的其他要求

1)美容师不可边与别人说笑边接待顾客,不可把手插于衣袋里或抱着胳膊、倒背着手等。

2)与顾客道别时应恭立行礼,送上“欢迎下次光临”之类的道别语;送顾客离去时应等顾客离去后再回头。

3)同时有几位顾客进门时,要做到“接一顾二招呼三”,切不可冷遇任何一位顾客。

4)营业时间快结束时,不能马虎待之,更应礼貌周到。

5)随时观察顾客的反应,有需求时及时提供服务,例如在顾客等待、休息时为顾客准备好饮品、送上报刊等。

6)递物时,双手将物品拿在胸前递出,物品尖端不可指向对方,或者是一只手拿着东西,直接放在对方手里。接物时,双臂要适当内合、自然将手伸出,双手持物,五指并拢。

2. 引导 引导是明确顾客的服务要求后将其引领至护理区接受美容师的护理服务。引导的手势及动作是体现接待美容师修养的一个重要环节。

引导的基本要领有三点,即清楚、适当、让顾客感觉舒服。正确的引领方法为:礼貌地对顾客说“请您跟我来”,走在顾客左前方,视线交互落在顾客的脚跟和行进方向之间,碰到转角或台阶时,要目视顾客、并以手势指示方向,对顾客说“请往这边走”“请注意台阶”之类的提示语。尽量使整个程序流畅,自始至终做到笑容可掬、言语诚恳、礼貌周到、有礼有节、亲切随和,这样能加深顾客的好感。如果出于礼貌考虑让顾客走在前面,则会显得本末倒置,失去引导的意义。

引导至服务点时,如需推门,则应以左手轻轻推转门右侧方的把手、顺势进入,换右手扶住门,同时左手做出引客入门的姿势,侧身微笑着招呼顾客“请进”;等顾客进门后,面向顾客退出,并顺手将门轻轻关上。

引导的语言与迎送的语言要求一样,应礼貌,具有亲和力,但内容有所不同。引导的语气一般有肯定式和征询式两种,如“这边请”“请跟我来,好吗?”等。引导顾客进入护理区过程中,可简要介绍美容院的有关情况,如大体布局、功能分区等,但切忌让顾客感觉是在向其硬性推销某些服务。对于顾客的提问,应耐心细致地回答,尤其要注意揣摩顾客的心理需求,使引导这个过渡阶段成为良好服务的一个环节。

（二）介绍服务项目、产品

向顾客介绍服务项目是为了增强顾客对美容院的了解，也是能否留住顾客的重要环节。这一环节若把握得好，将有助于把顾客的潜在需求变为现实需求。顾客走进美容院，就是希望在美容院中找到最适合自己的护理项目，希望消费后能获得满意效果。专业、高水平的前台接待美容师如果能清楚明了地向顾客介绍本院的服务项目与特色，推荐适合顾客的服务巧目并讲明道理，便能增强顾客消费的信心。

1. 介绍前的准备 介绍前美容师应将美容院所提供的服务项目及所使用、出售产品的特色、效果、价格及适用于何种肤质等熟记在心，做到胸有成竹，向顾客介绍、讲解时方能应对自如，显得更加专业，让顾客产生信任感。要熟知美容院开设的主要服务项目，一般包括：

1）面部护理。包括美白护理、抗皱护理、除痘护理、淡斑护理唇部护理、芳香护理等。

2）身体护理。包括肩（颈）部皮肤护理、手部皮肤护理、腿部皮肤护理、足部皮肤护理、美胸、减肥、塑形、SPA 等。

3）美睫。包括烫睫毛、植假睫毛等。

4）脱毛。包括脱唇毛、腋毛、腿毛等。

2. 介绍时的基本要求 介绍前可先礼貌询问顾客，如果是新顾客，可这样委婉地问："您好，请问今天我能为您做点什么？请问您今天打算做什么样的护理？""请问今天您需要什么样的服务？"以此间接了解顾客消费需求，再投其所好地进行项目或产品介绍，介绍时主要遵循以下要求：

（1）介绍时要用语准确、简单明了、用浅显易懂的语言介绍该美容护理项目或产品的美容原理、特点及相应的美容效果，尽量让顾客听懂。

（2）需结合专业知识帮顾客分析皮肤，充分了解顾客的皮肤状况并讲解为其推荐该服务项目或产品的原因、让顾客信服地接受推荐。

（3）讲解服务项目或产品的效果时要客观、实事求是，语气要肯定，不能含糊其辞、模棱两可，多长时间能达到什么样的效果，要如实说明，不能夸大其词。

（4）为了获得较佳效果，美容师要提醒顾客做美容护理并非一次就能见效、而应说明护理是一种长期需求，让顾客了解仅一个多小时的护理或治疗无法治好经年累月所导致的皮肤问题，唯有长期坚持护理才能达到良好效果，引导顾客走出只重效果不重过程、希望一次或短期内见效的美容误区。此外，还应给予顾客一定的家庭护理方面建议，向顾客说明专业护理与家庭护理双管齐下才能收到更好的效果。

（5）介绍时要留意顾客神情，若顾客感兴趣并愿意继续听下去时，可详细介绍，否则最好立即停止或转换话题。

（6）介绍时要如实报价，详细说明收费情况。

（三）检测、分析皮肤

皮肤分析，即通过美容师的肉眼观察或借助专业的皮肤检测仪器对皮肤的厚薄、弹性、光泽、温度、湿润性、纹理、皮脂分泌情况及毛孔大小等进行综合分析、检测，从而对皮肤的类型及存在的问题作出较准确的判断。皮肤分析的过程是通过观察、交谈和检测进行的，并通过填写顾客资料登记表来完成。

通过皮肤检测，制订护肤方案。面部皮肤护理方案一般由皮肤护理计划和皮肤护理实施方案两部分组成，是由高级别美容师根据皮肤分析检测结果而制订的。护理美容师必须严格按照方案执行。方案中每一栏的具体内容会由于实际情况的不同而有所变化。美容师在阅读方案时应认真、仔细，熟悉各种产品、工具、仪器的名称及美容专业术语，如有不清楚或存在疑问的地方应及时向高级别美容师请教。

（四）填写顾客资料

填写美容院顾客资料登记表是美容接待服务工作中一个非常重要的环节、是开展专业护理的第一步。准确、翔实的美容院顾客资料登记表将为日后护理服务提供重要依据，同时美容院通过登记表所建立的顾客资料库也是美容院宝贵的无形资产。因此、精心设计、制作一份内容全面且合理的顾客登记表就显得尤为必要。

美容院顾客资料登记表应该较全面地反映顾客个人情况，如顾客的一般资料、现在健康状况、既往健康状况、检查结果、家族史、顾客的心理状况、社会情况、近期生活中的重大事件、饮食情况、运动情况、护理情况、美容经历、皮肤状况、皮肤诊断结果、护肤及饮食习惯、健康状况护理方案、效果分析、顾客意见等，以便为美容师选择正确的皮肤护理方案提供准确、详尽的信息。

四、美容院的前台咨询

（一）咨询职能之一——询问

1. 询问的作用　顾客进店后，美容师主动上前询问是职责所在，也是与顾客进行交流沟通的极好机会。上门的顾客形形色色，意图各异，美容师礼貌、友好、详细地询问，不但可以获得顾客的好感，还可以了解其消费目标，也是赢得顾客满意的第一步。

2. 询问的方法、技巧　关于询问的方法和技巧参见本书第二章美容心理学相关部分。

（二）咨询职能之二——讲解

1. 讲解美容项目的功效、原理　用既专业又通俗易懂的语言为顾客讲解美容项目的功效和原理，使顾客明白该项护理有科学合理性，会增加其信赖感。切忌只谈效果，不谈原理，说服力不强，给人不可信之感。

2. 讲解美容项目的方法、步骤　详细讲解美容项目的方法、步骤，讲明这样做的理由。如需使用仪器，还应将仪器的工作原理及功能讲清楚，以赢得顾客的理解和信任，更好的与美容师配合。

3. 介绍所用产品　向顾客介绍护理疗程中所要用到的产品的安全性、特性及功效，如获得过质量认证、以往顾客的反馈意见等，使其放心，让顾客明白为什么会给她选用该套产品。

4. 讲清美容护理的时间安排　向顾客介绍护理计划的时间安排，如每次护理所需时间及每次间隔的时间，让顾客配合。

5. 讲解美容项目的效果　向顾客讲解美容项目的效果时，应讲清大概多长时间能见效以及护理期间顾客应积极配合的理由，使之定期来做护理。

（三）咨询职能之三——解答疑难

通常顾客在治疗过程中会向美容师提出一些比较复杂的问题，即美容疑难问题，这就需要美容师综合运用美容专业知识为其分析、解答。很多顾客抱着立即或短时间内见效的心理去做美容，主观认为立杆见影才是做美容应该达到的奇效，否则就会提出质疑,如"我怎么没看出皮肤有变化呢? ……为什么色斑还是那么重?"等诸如此类的问题,甚至还会表现出不满。遇到这种情况,美容师应根据美容原理以及皮肤生理特性进行讲解,使顾客尊重科学。

(四)咨询职能之四——纠纷处理

通常情况下,出现纠纷的原因是效果不好或出现过敏反应等,若遇此种情况,顾客便会将她们的疑问和不满表达出来,有的顾客会情绪激动地向美容师"讨说法",纠纷便产生了。

1. 如何避免纠纷 当顾客对效果不甚满意或遇到暂时性反应时会提出退款甚至赔偿要求,在得不到满意答复下会产生负面情绪,与美容师发生争执,进而引起纠纷,如何才能有效地避免这种纠纷呢?

(1)礼貌待客,建立好感:美容师若与顾客建立了一定程度的感情,给顾客留有好印象,即使他(她)有不满情绪,也会心平气和、就事论事的处理,反之,则会态度强硬地提出不合理的要求。因此,美容师应力求使自己成为受顾客信任和喜欢的人。

(2)功效讲解适度,不宜夸张:对美容项目的功效介绍要客观适度,不能过于夸张,以免引起顾客过高的期望值,为出现纠纷留下隐患。

(3)随时观察、及时调整:在护理期间应随时观察顾客的皮肤状态,一旦发现问题,应及时向顾客解释原因,并做出妥当的处理。

2. 处理纠纷 任何一家美容院都难免遇到与顾客发生纠纷的事情,无论发生纠纷的原因是什么,责任在谁,美容师都应检查自己的工作,积极化解矛盾,以维护美容院的声誉,避免不必要的损失。

(1)让顾客发泄:顾客投诉时多带有怨气和对立情绪,需要进行发泄。有些美容师面对情绪激动的顾客,往往只想马上解决问题,而把顾客的发泄看作是浪费时间。但实际上,不先了解顾客的感觉就试图解决问题是难以奏效的。只有在顾客发泄完后,她们才会听你要说的话。从心理学上讲,这是所谓"心理净化"的一种现象。因此,当顾客在发泄时,美容师应给予热情接待,耐心倾听,体谅顾客心情,轻言细语地进行疏导。

(2)充分道歉,让顾客知道你已经了解她的问题:道歉的话语不要太吝啬,即使错误不是由美容师造成的,也应该道歉。道歉并不是主动承认错误,而是表明一种态度,道歉可以表明你的美容院对待顾客的诚意。一些美容师反对向顾客道歉,认为这样会"宠"坏顾客,使美容院显得很没面子,这种想法是错误的。也许,顾客并非想占美容院的"便宜",而是想看看你如何对待她的问题。

在服务行业中,有一句名言——"顾客永远是对的"。美容行业作为服务行业,也应该遵循这一原则。有时可能是顾客错了,但实际上,顾客是对是错又有多大关系呢?作为美容师,你的工作就是使顾客感觉到她自身的价值和重要性,并解决她的问题。

(3)收集信息:在倾听了顾客的抱怨,并及时进行道歉之后,美容师还应该通过提问的方式,收集足够的信息,以便帮助顾客解决问题。首先可以询问顾客的身份,如姓名、联系方式、顾客编号等,然后请顾客全面描述所发生的事情及前后经过。在顾客讲述时,你应该通过自己的专业知识,迅速从她的述说中捕捉与问题相关的信息。另外,你应该提供一些条件性的问题,要求顾客回答"是"或"否",这样有助于你发现问题的症结所在。

收集信息的过程还包括对事情进行核实、分析，找出引起纠纷的原因。弄清问题是由于美容师工作失误还是顾客对美容护理的误解而引起。若是顾客对美容护理的误解而引起，则应向顾客详细讲解美容项目的原理、过程以及可能会出现的问题和解决办法，让顾客放心地接受护理。若是前者，则必须拿出一个双方均可接受的解决问题的方案。

（4）及时给出解决办法：出现问题的原因若属美容师工作失误，美容师不应回避责任，应真诚道歉并迅速采取措施，并婉转地澄清事实，及时向顾客做出解释说明，求得顾客的谅解和合作，并提出处理办法，将处理时间告知顾客，使其安心。解决问题的办法包括：退（换）产品、打折、免费赠品等，应根据问题的严重程度及公司相关规定来处理。

（5）如果顾客仍不满意，询问她的意见：投诉的顾客其目的是要你解决问题，所以对于你的处理方案，她不一定觉得是最好的解决办法。这时你一定要问顾客她希望问题如何解决。如果顾客的要求可以接受，那就迅速愉快地进行解决。如果顾客的要求过高或提出无理要求，就需要采取一定的策略。

（张秀丽　米希婷）

第二节　表层清洁

皮肤清洁是利用水、洁面剂，通过人工或仪器等操作，去除皮肤表面的油脂、污垢、化妆品、老化角质等，恢复皮肤洁净的方法，是进行皮肤护理的第一步。做好皮肤清洁也是让后续的护肤步骤取得效果、使各种护肤品被皮肤良好吸收的前提。面部皮肤清洁一般分为表层清洁、深层清洁两个步骤。

表层清洁指去除皮肤表面的油脂、污垢、化妆品等。因此，表层清洁的第一步是清除面部妆容，即卸妆，然后使用洗面奶清洗面部，最后用清水将洗面奶清洗干净。

一、卸　妆

粉底、眼影、唇彩等化妆品都含油脂成分，黏附于皮肤表面，需专用的卸妆用品、用具才能彻底清除。

（一）卸妆用品的成分和特点

1. 卸妆油的成分和特点　卸妆油（图2-2-1）主要成分主要是鳄梨油、葵花籽油、芝麻油等纯植物油，利用相似相容原理，溶解皮肤表面的油性污垢。另外卸妆油中还添加乳化剂，这样使卸妆油遇水立即乳化，从而将油溶性污垢彻底清除，且便于清洗。

2. 卸妆水的成分和特点　卸妆水（图2-2-2）分强效型和弱效型两种。强效型卸妆水主要成分是去离子水、较强的表面活性剂、溶剂（苯甲醇），能快速溶解妆面，卸妆效果好，适合于卸除浓妆。但强效型卸妆水碱性强，刺激性大，不适合长期使用，不适合干性、敏感性、严重痤疮皮肤使用。弱效型卸妆水主要成分为去离子水、表面活性剂、保湿剂等，亲肤性好，且不油腻，便于清洗，但清洁力度相对较弱，适合卸除淡妆。

3. 卸妆啫喱的成分和特点　卸妆啫喱（图2-2-3）的主要成分是高分子胶体和卸妆水，分强效型和弱效型两种，分别适用于卸除淡妆和浓妆，其特点和卸妆水接近。

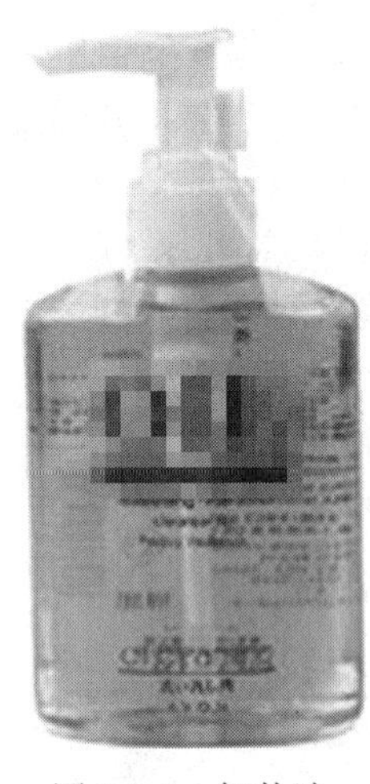

图 2-2-1　卸妆油

图 2-2-2　卸妆水

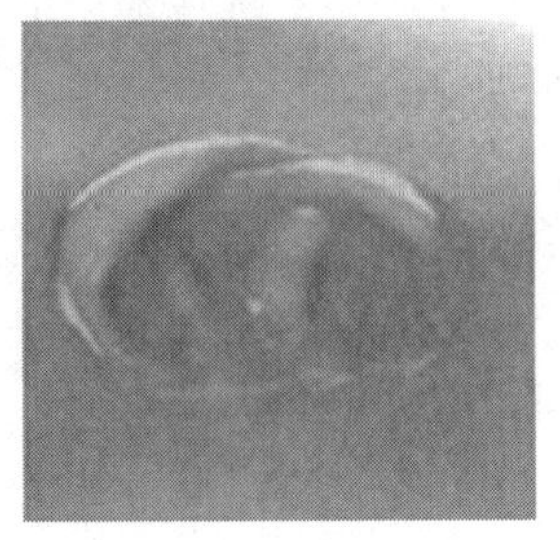

图 2-2-3　卸妆啫喱

4. 卸妆乳　卸妆乳(图 2-2-4)质地更加轻薄清爽,溶解彩妆,清洁力弱,一般用来清除日常淡妆。

(二) 卸妆用具的选择和使用

1. 洁面纸巾　应该选择柔软棉质的洁面纸巾,用于擦拭顾客面部水渍、污垢、洁面产品等,或深层清洁时垫于顾客面部四周,避免死皮脱落污染衣物、头发。洁面纸巾用于擦拭顾客面部是需要缠绕在手指上,并且动作熟练迅速,应该在 5 秒之内完成。

(1) 使用方法一:洁面纸巾对折成长条形,宽度不小于手指长度。一手掌面朝下,示指、中指夹持洁面纸巾下端,使纸巾下方露出 1~2cm(图 2-2-5a);另一手夹持纸巾缠绕并拢的四指一周(图 2-2-5b),并将多余的一端也塞入示指、中指间(图 2-2-5c)。

图 2-2-4　卸妆乳

a

b

c

图 2-2-5　洁面纸巾使用方法一

a. 食指、中指夹持纸巾下端;b. 上端包绕四指一周;c. 多余的纸巾塞入示指、中指间

(2) 使用方法二:洁面纸巾对折成三角形,放于一手掌面,三角形下边与掌指关节相平(图2-2-6a);另一手将三角形纸巾的两个下角包绕手指后分别塞入示指、中指间和中指、环指间,并以中指下压夹紧固定(图2-2-6b);最后将三角形纸巾顶端长过手指的部分折叠塞于中指下(图2-2-6c)。

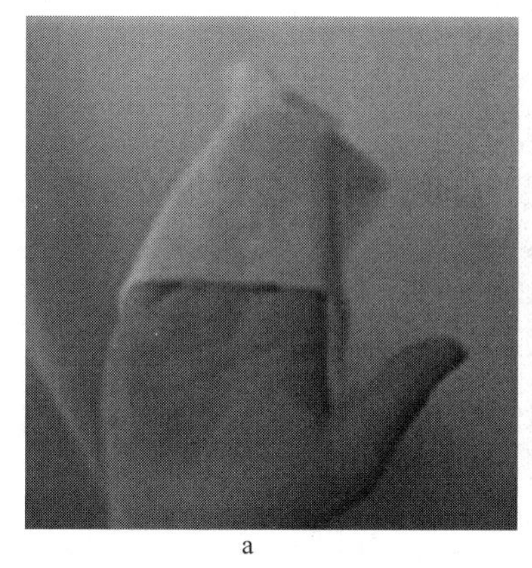
a

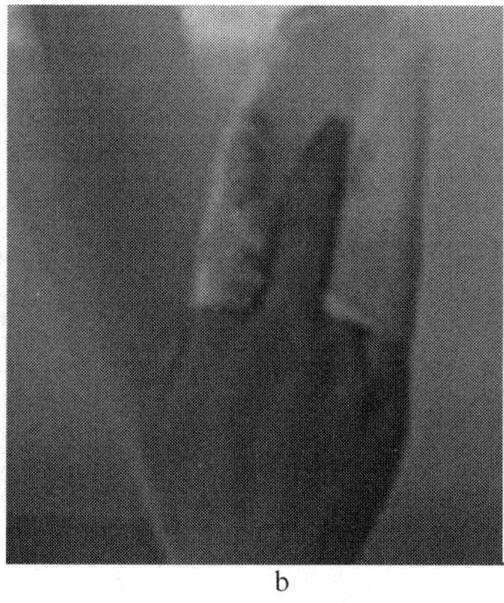
b

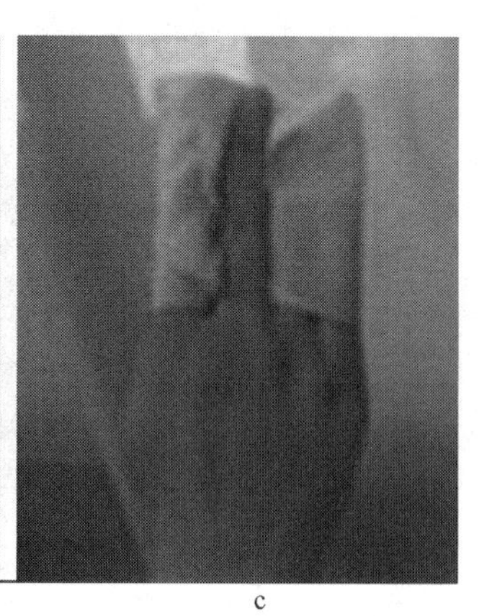
c

图2-2-6　洁面纸巾使用方法二

a. 纸巾对折呈三角形铺于掌面;b. 三角形纸巾两下角包绕手指后塞入中指下;c. 将三角形纸巾顶端长过手指的部分折叠塞入中指下

2. 洁面毛巾(小方巾)　用于擦拭顾客面部水渍、污垢、洁面产品等,使用方法同洁面纸巾。

3. 洁面海绵　用于擦拭顾客面部水渍、污垢、洁面产品等,以及冲洗式洁面时放置于顾客面部周围用来接水。使用过程中切忌甩水,并且使用后及时清洗消毒。

4. 清洁棉片　用于擦拭顾客面部水渍、污垢、洁面产品等。要选择符合卫生标准、质地良好的棉片,剪成5~7cm方形小棉片。使用时将棉片浸湿拧干,包裹住中指、环指的掌面,示指、小指夹牢棉片即可(图2-2-7)。

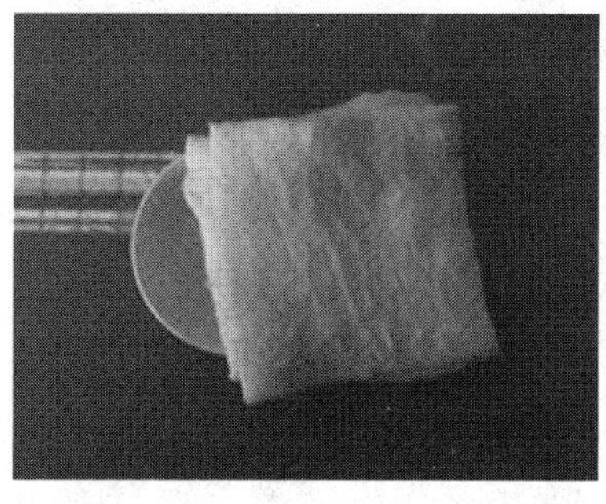

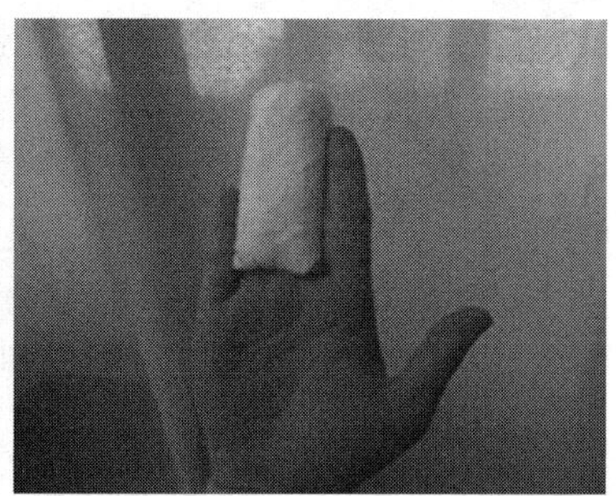

图2-2-7　清洁棉片及使用方法

5. 化妆棉　用于擦拭溶解的妆容,或沾爽肤水擦拭面部。使用方法同清洁棉片。

6. 棉签　用来卸除睫毛膏、眼线等比较细小部位的妆容,一般使用专用的双头小棉签。

(三) 卸妆的步骤和操作方法

首先要根据顾客妆容及皮肤类型选择相应的卸妆产品,其次卸妆的步骤应按照清除睫毛膏、清除眼线、清除眼影、清除眉色、清除唇膏、清除腮红、清除粉底的顺序进行。

1. 眼部卸妆

(1) 卸除睫毛膏:取一块化妆棉沾湿,垫于顾客下眼线处,嘱顾客闭眼。一手固定湿棉片,另一手持沾卸妆液的棉签顺睫毛生长方向自上而下滚抹,清除睫毛膏(图 2-2-8)。

(2) 卸除上眼线:一手食指、中指分开,分别放置于一侧眼睛内外眦处,充分暴露上眼线,一手持沾卸妆液的棉签由内而外滚抹清除上眼线(图 2-2-9)。

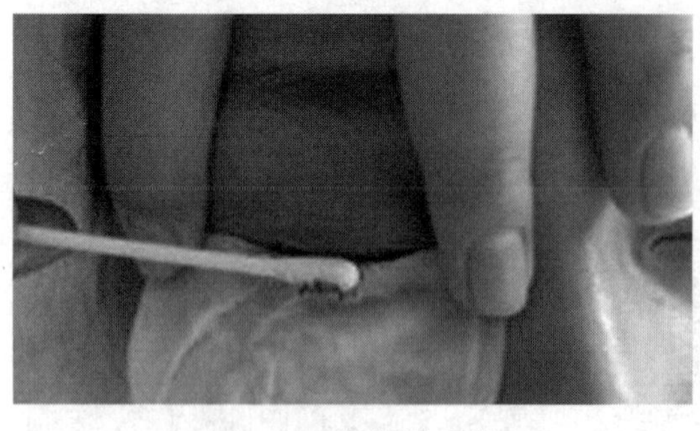

图 2-2-8 卸除睫毛膏

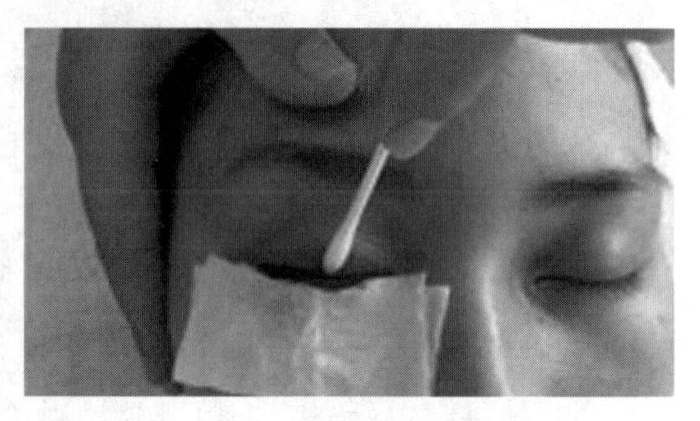

图 2-2-9 卸除上眼线

(3) 卸除下眼线:撤去沾有污物的棉片,并嘱顾客睁眼。一手将下眼睑略向下拉,一手持沾卸妆液的棉签由内而外滚抹清除下眼线(图 2-2-10)。

(4) 卸除眼影及眉色:嘱顾客闭眼,双手各夹持一片沾卸妆液的化妆棉由中间向两边抹除上下眼影及眉色(图 2-2-11)。

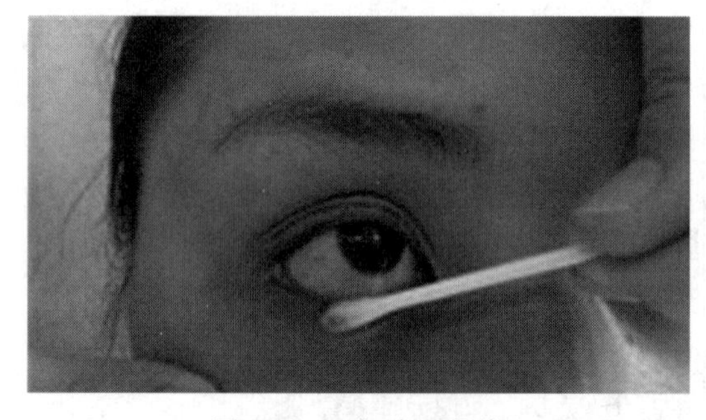

图 2-2-10 卸除下眼线

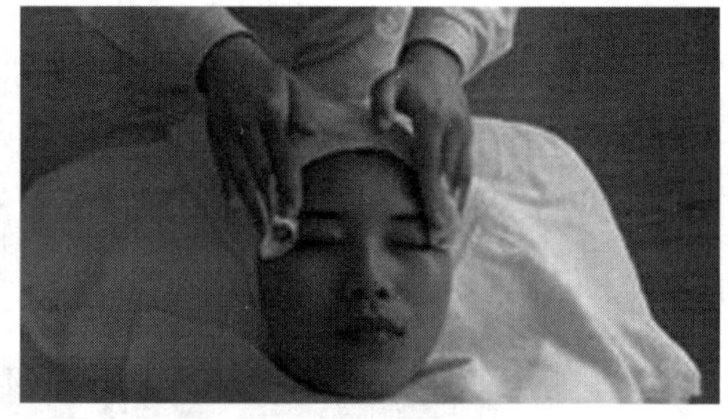

图 2-2-11 卸除眼影及眉色

2. 唇部卸妆 一手轻轻固定一侧嘴角,另一手夹持沾卸妆液的化妆棉从固定住的一侧嘴角沿上下唇拉抹向另一侧,清除上下唇的唇膏、唇线(图 2-2-12)。

3. 清除腮红 双手各夹持一片沾卸妆液的化妆棉自内而外抹除双颊腮红(图 2-2-13)。

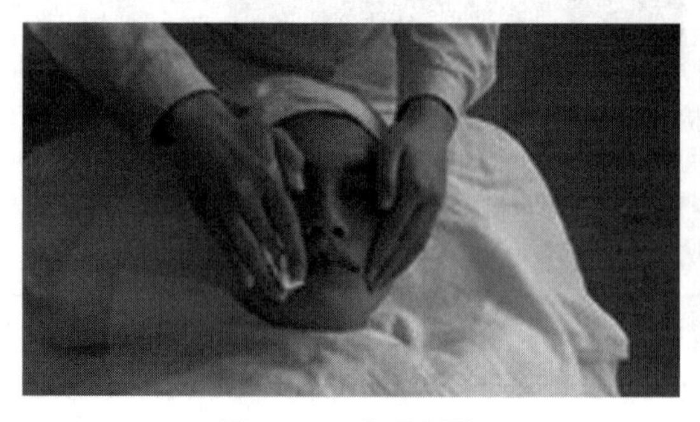

图 2-2-12 卸除唇妆

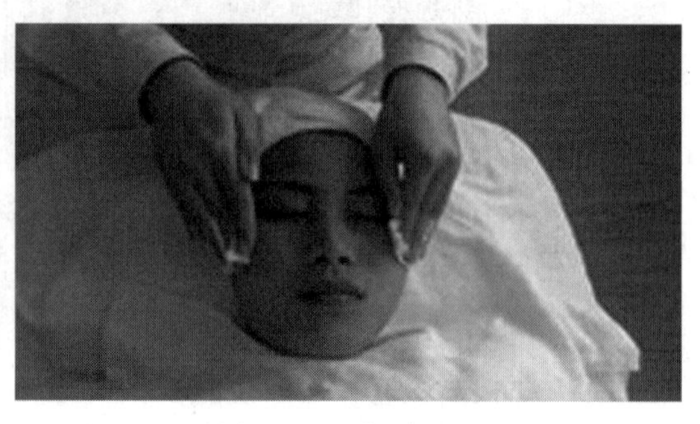

图 2-2-13 卸除腮红

4. 清除粉底 用沾卸妆液的化妆棉按自上而下、自内而外的顺序抹除面部粉底，先清除一侧，再换另外一侧（图 2-2-14）；也可将卸妆液涂抹于面部，待粉底充分溶解后，以纸巾或棉片擦除（图 2-2-15）。

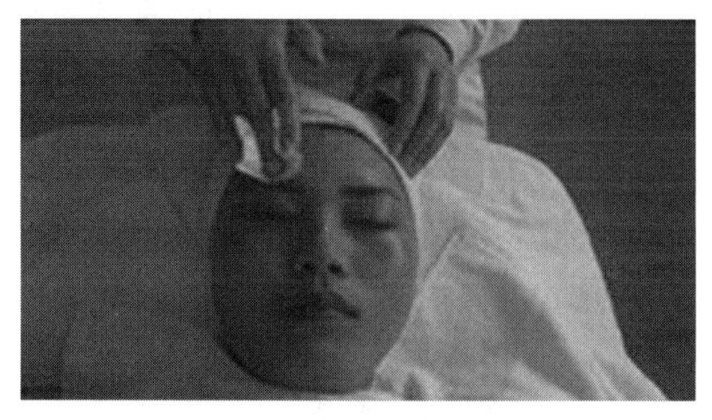

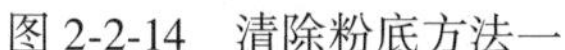

图 2-2-14 清除粉底方法一

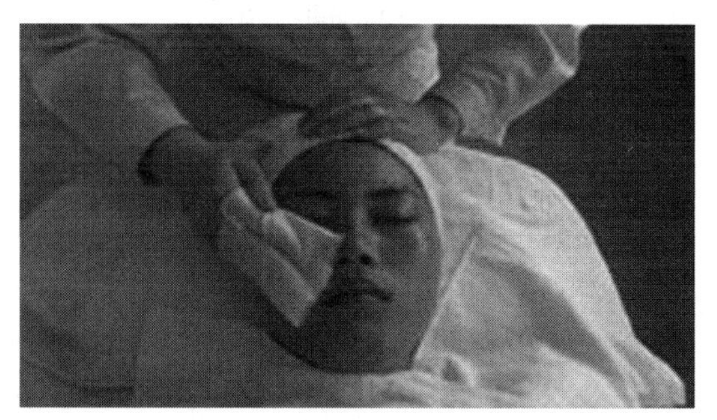

图 2-2-15 清除粉底方法二

（四）卸妆的注意事项

（1）根据顾客皮肤类型及妆容选择合适的卸妆产品，眼、唇部卸妆应该选用眼唇专用卸妆产品。

（2）卸妆过程中及时更换棉签、棉片等卸妆用具。

（3）卸妆应干净、彻底，勿使妆容残留。

（4）卸妆动作轻柔、细心，勿将卸妆液流入顾客眼、鼻、口中。

二、清 洗 皮 肤

运用洁面产品清洗面部皮肤表面的灰尘、油脂等污垢。

（一）洁面用水的选择

1. 水质的选择 自然界的水有软水和硬水之分。硬水是指含有钙镁离子多的水，如矿泉水、海水，这种水长期使用会使皮肤干燥，而且硬水中的钙盐、镁盐会与肥皂发生反应产生沉淀，影响其清洁能力。软水是指含有钙镁离子少的水，性质温和，对皮肤刺激性小，如蒸馏水、纯净水、经过软化的自来水等。

2. 水温的选择 皮肤护理最适宜水温为 34～38℃。水温过低（低于 20℃）能收敛皮肤，使人精神振奋，但不易清洁皮肤上的油性污垢，不适合油性、痤疮皮肤使用；水温过高（高于 38℃）会使毛孔充分张开，便于彻底清洁皮肤，但同时会扩张毛细血管，经常使用会使血管壁活力减弱，毛孔开大，皮肤脱脂、松弛无力、出现皱纹。另外，还可以采用不同水温交替洁面的方法，先用热水清洗面部，再以冷水冲洗。这样既能很好清洁皮肤，又能使皮肤紧致而有弹性。

（二）洁面产品的成分和特点

常用的洁肤品有洁面皂、洁面乳、洁面泡沫、洁面粉等。

1. 洁面皂 洁面皂（图 2-2-16）的主要成分是高级脂肪酸、碱剂、表面活性剂、润肤剂、保湿剂，其特点是质地细腻、泡沫丰富、清洁力强，适用于油性皮肤，不适合干性缺水性肌肤者使用。使用时应该先把洁面皂在手上打出泡沫，再用泡沫抹于面部轻轻揉搓，最后用水冲洗，切忌用洁面皂直接在面部皮肤上揉搓。

2. 洁面乳 洁面乳主要功效成分是表面活性剂，通过表面活性剂乳化油脂从而达到清洁目的，此类产品对水溶性污垢清洁效果较好。洁面乳按其性质可分为泡沫型和柔和型两种。泡沫洁面乳(图 2-2-17)泡沫丰富，性质温和，清洁效果较好，适合油性、混合性皮肤使用。使用时应取适量洁面乳置于手心，加以少量水，轻柔出丰富泡沫后清洗面部，最后用清水冲洗干净。柔和洁面乳(图 2-2-18)含碱剂少，另外含有较多的润肤剂，在清洁皮肤的同时，在皮肤上留下滋润保护膜，性质温和，对皮肤刺激性小，是美容院常用的洁面产品，适合中性、干性、敏感性皮肤使用。

图 2-2-16　洁面皂

图 2-2-17　泡沫洁面乳

3. 洁面泡沫 洁面泡沫(图 2-2-19)属于合成型表面活性剂，浓度一般为洁面乳的一半，利用特殊压头让空气与液体摩擦，产生绵密的泡沫，再以泡沫清除皮肤表面污垢。适合油性、混合性皮肤使用。

图 2-2-18　柔和洁面乳

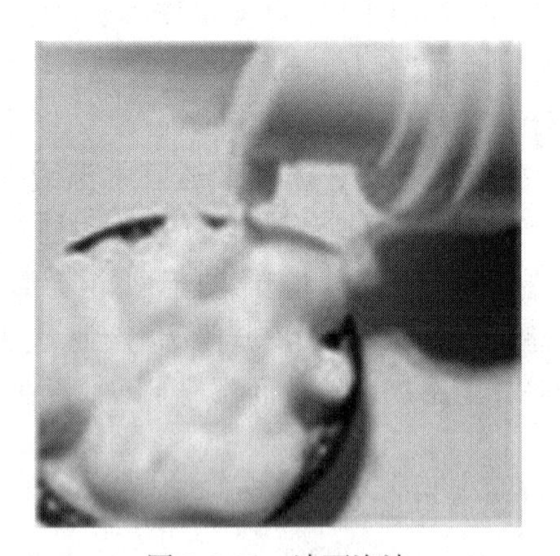

图 2-2-19　洁面泡沫

4. 洁面粉 与洁面泡沫相反，洁面粉属于 100% 浓度的合成型表面活性剂，用量极少即可打出温和绵密的泡沫，适合油性、混合性皮肤使用(图 2-2-20)。此外还有一种酵素粉末，起泡性及清洁力相对较弱，但性质温和，适合于中性、干性、敏感型皮肤使用。

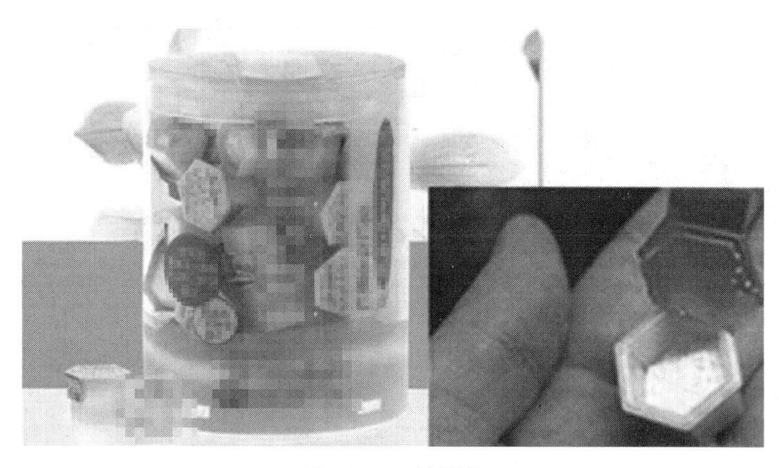

图 2-2-20　洁面粉

（三）清洗皮肤的步骤和操作方法

清洗皮肤时首先要根据顾客皮肤类型选择合适的洁面产品，动作熟练、连贯，整个过程在3~4分钟内完成。

1. 擦拭全脸　将洁面纸巾浸湿后自上而下擦拭全脸，除去面部表面的灰尘、污垢，并将面部打湿，便于洁面乳清洁。

2. 五点法放置洁面乳　取适量洁面乳，分别涂于额部、双颊、下颌、鼻部（图 2-2-21a、b），并迅速用中指、环指将其均匀抹开。

3. 轻柔打圈清洗全脸　按照额部、眼周、鼻部、口周、面颊、下颌、颈部的顺序轻柔打圈清洗全脸。具体步骤如下：

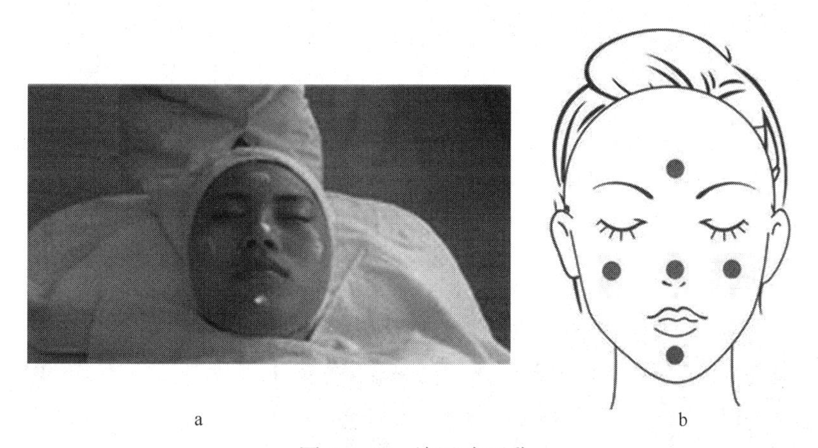

图 2-2-21　放置洁面乳

a. 手法图；b. 示意图

（1）洗额部：双手横位，以中指、环指指腹从额中部向两侧太阳穴处打圈，反复数次（图 2-2-22a、b）。额部打圈应该打竖圈，在打圈过程中，向上力量略重，向下力量轻，轻轻滑过即可。

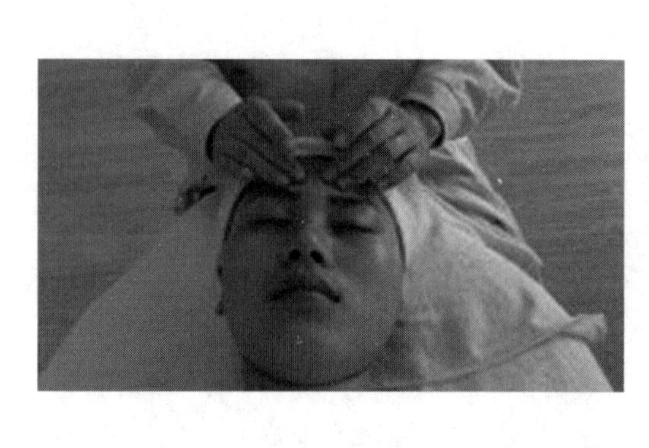

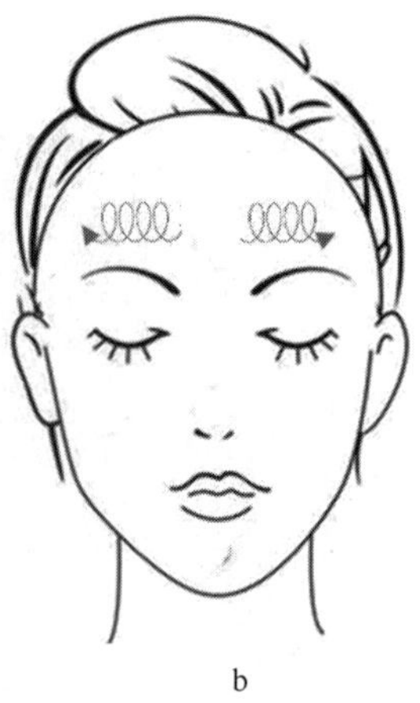

a　　　　　　　　　　b

图 2-2-22　洗额部

a. 手法图；b. 示意图

（2）洗眼周：接上手位，双手中指、环指从两侧太阳穴处开始，向内侧打圈至目内眦，清洗下眼眶（图 2-2-23a、b）。环指抬起，以中指指腹上拉至眉头（图 2-2-24a、b）；中指、环指并拢，再由眉头向太阳穴方向打圈，清洗上眼眶及眉部（图 2-2-25a、b）。最后以四指摩大圈（反圈）清洗整个眼部（图 2-2-26a、b），反复数次清洗上、下眼眶。

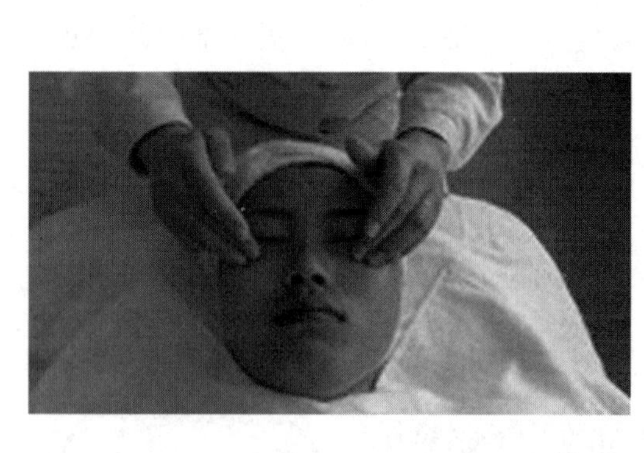

a　　　　　　　　　　b

图 2-2-23　洗下眼眶

a. 手法图；b. 示意图

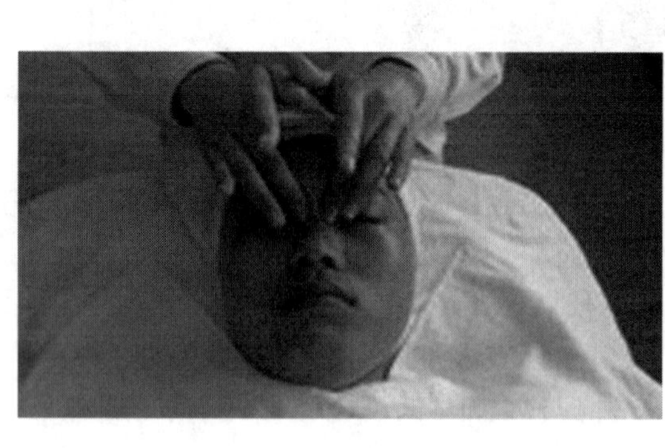

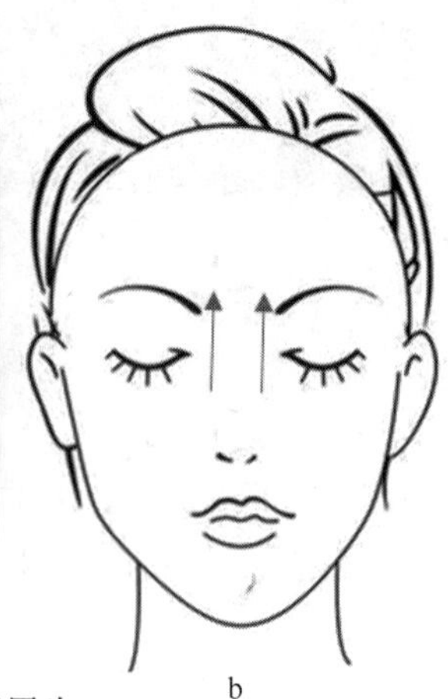

a　　　　　　　　　　b

图 2-2-24　中指指腹提拉至眉头

a. 手法图；b. 示意图

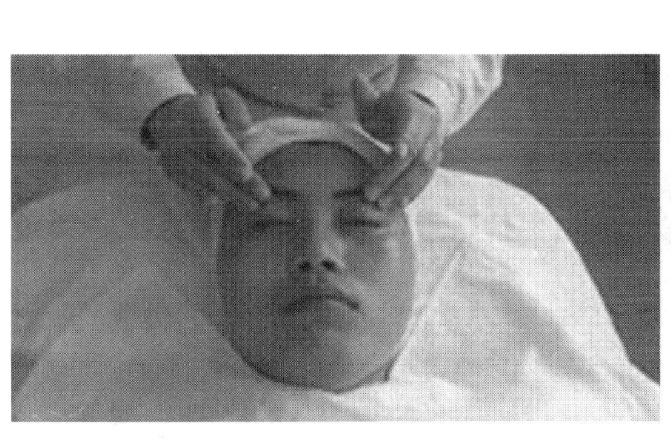
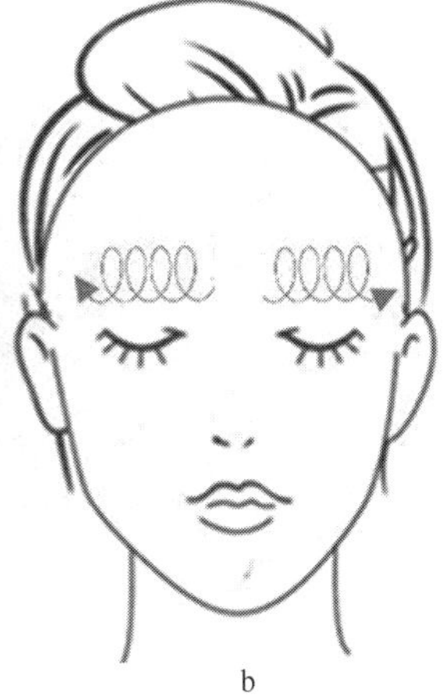

a　　　　　　　　　　b

图 2-2-25　清洗上眼眶

a. 手法图;b. 示意图

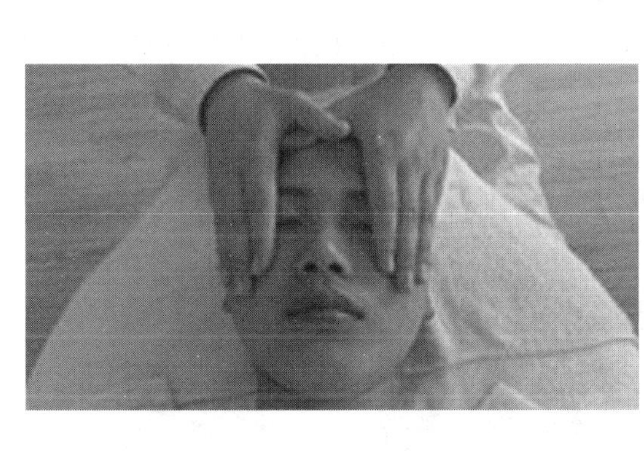
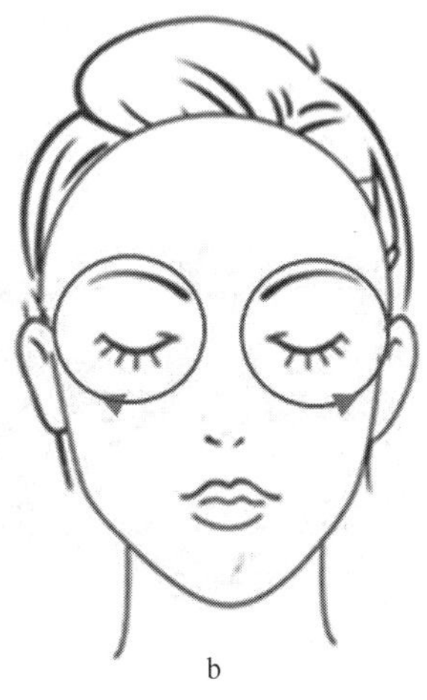

a　　　　　　　　　　b

图 2-2-26　四指摩大圈

a. 手法图;b. 示意图

(3) 洗鼻部:双手拇指、食指交叉,以中指、环指指腹沿鼻梁上下推搓,清洗鼻背部(图 2-2-27a、b);上下推拉数次后,以中指指腹在鼻头、鼻翼处向外打小圈,清洗鼻头、鼻翼(图 2-2-28a、b)。

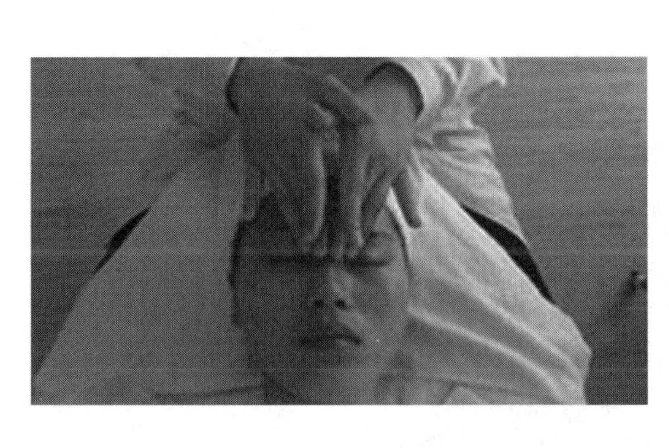
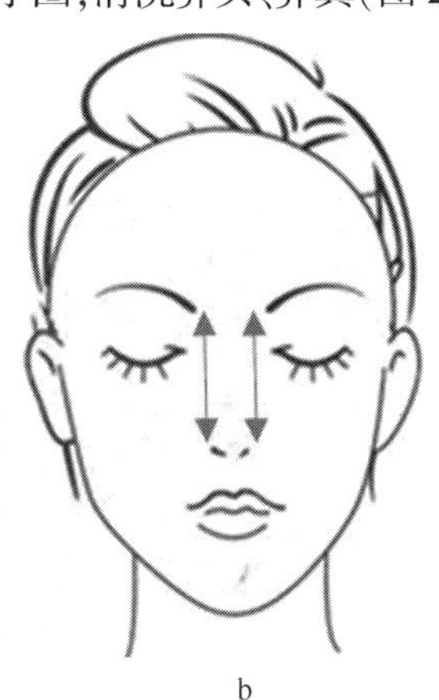

a　　　　　　　　　　b

图 2-2-27　上下推搓鼻梁

a. 手法图;b. 示意图

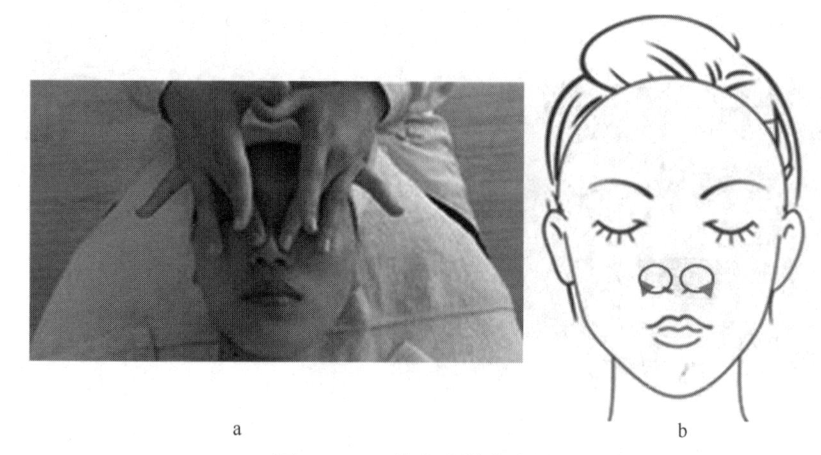

a　　b

图 2-2-28　鼻头鼻翼摩小圈

a. 手法图;b. 示意图

（4）洗口周:双手中指、环指并拢,交替推搓上下口周。上唇面积相对较小,因此推搓至上唇时,可将环指稍稍抬起,单以中指指腹推搓,待推至下唇时,两手指再次并拢(图 2-2-29a、b)。

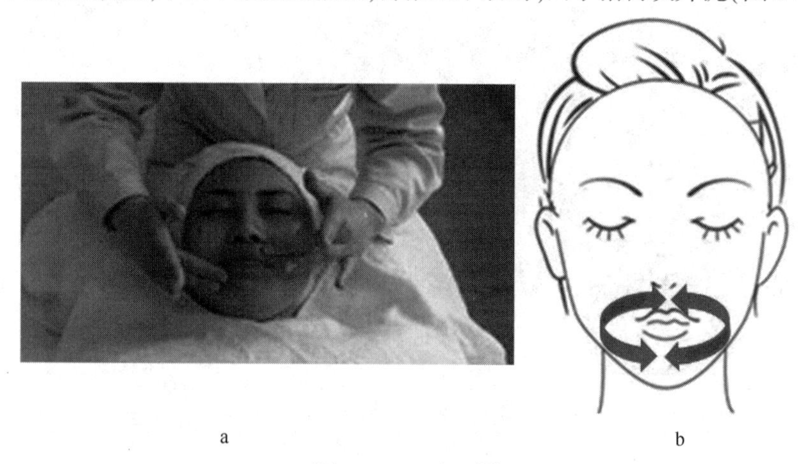

a　　b

图 2-2-29　洗口周

a. 手法图;b. 示意图

（5）洗面颊:双手中指、环指并拢,沿承浆至翳风、地仓至上关、迎香至太阳三线打圈清洗面颊(图 2-2-30a、b)。

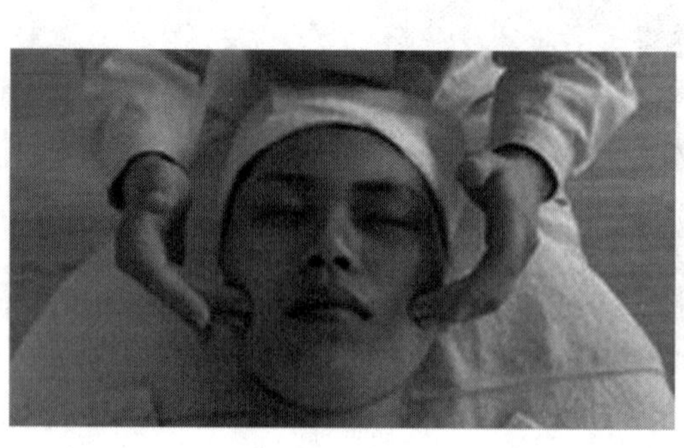

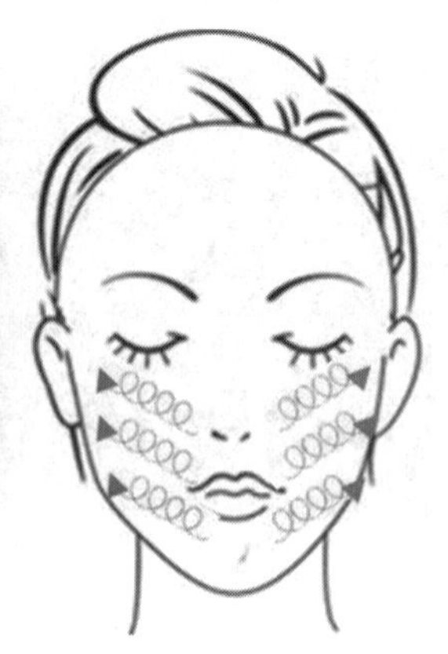

a　　b

图 2-2-30　洗面颊

a. 手法图;b. 示意图

(6) 洗下颌：双手横位，五指并拢，以全掌交替从一侧耳根拉横向抹至另一侧耳根，清洗下颌(图 2-2-31a、b)。

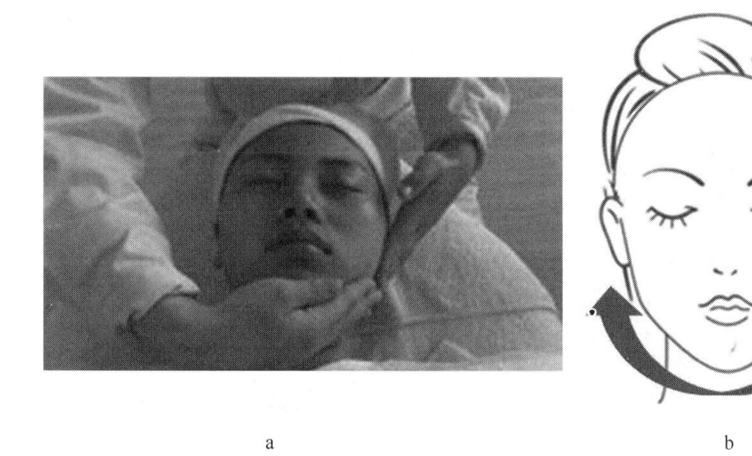

a　　　　b

图 2-2-31　洗下颌

a. 手法图；b. 示意图

(7) 洗颈部：双手横位，从颈部向下颌方向交替拉抹，清洗颈部(图 2-2-32a、b)。

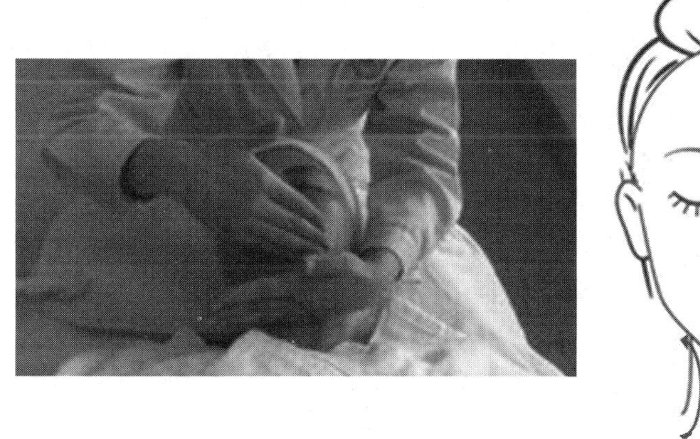

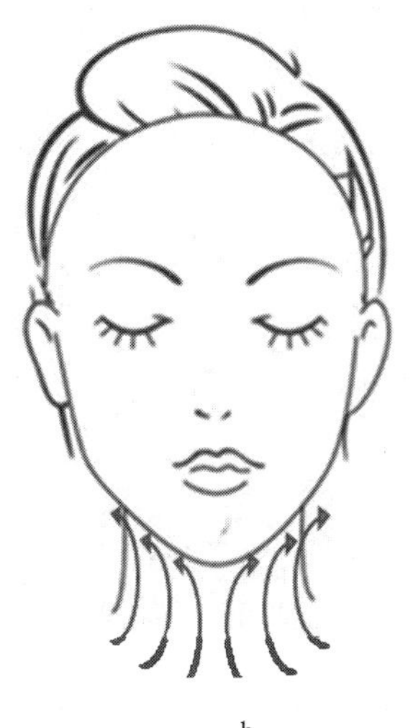

a　　　　b

图 2-2-32　洗颈部

a. 手法图；b. 示意图

4. 清洗洁面乳　用洁面纸巾擦除面部洁面乳，并以清水擦拭数次。

5. 爽肤　通过美容师双手蘸取肤水轻拍、通过喷雾将爽肤水喷出，或使用化妆棉蘸取爽肤水擦拭等方法将爽肤水涂于顾客皮肤，可使皮肤滋润收敛、调节 pH 值，并起到再次清洁的作用。

6. 润肤　若没有下一步的护理措施，在爽肤之后应该及时使用润肤乳，使用方法是取少许润肤乳分五点法置于面部皮肤，并轻轻涂抹均匀。取稍许眼霜，涂于眼周，轻轻按摩至吸收。

（四）清洁皮肤的注意事项

1. 动作熟练、自然、流畅，动作更替时要有过度动作，保证动作连贯。

2. 洁面过程中应该加强对 T 型区的清洁，两颧部皮肤较薄，切忌反复打圈摩擦。

3. 清除洗面奶时沿面部肌肉走向及肌肤纹理擦拭，不可上下反复。

4. 洁肤完成时，皮肤上的洁肤用品要彻底清洗干净，尤其是眼角、鼻孔、口周、耳边、发际等容易被忽略的部位。

5. 清洁皮肤时间不宜过长，整个过程应该控制在 3 分钟之内，以免洁面乳在皮肤停留时间过长而伤害皮肤。

（王　燕）

第三节　分析皮肤

一、常见的皮肤测试方法

1. 肉眼观察法　面部清洁后，用毛巾将水擦干，皮肤会逐渐出现紧绷感，不用任何护肤品，静静观察皮肤状况，计算紧绷感消失的时间，同时观察其肤色、皮脂分泌情况、湿润度、毛孔状态、纹理、肤质、皱纹、瑕疵、血液循环状况、敏感情况和特殊病变。

2. 纸巾擦拭法　彻底清洁皮肤后，不用任何护肤品，2 小时后用干净的面巾纸后吸油纸分别轻按额部、面颊、鼻翼和下颌等处，观察纸巾上油污的多少。只适合家庭自我检测方法参考使用。

3. 美容放大镜法　洗净面部，待皮肤紧绷消失以后，用放大镜仔细观察皮肤纹理及毛孔状况，操作时注意用棉片遮住顾客双眼。

4. 美容透视灯观察法（皮肤检测仪、活特灯）　清洁面部，用湿棉片遮住顾客双眼，以防紫外线刺伤眼睛，待皮肤紧绷感消失以后再进行检测。紫外线对皮肤有较强的穿透力，美容透视灯内装有紫外线灯管，可帮助美容师了解皮肤表面和深层的组织情况，不同类型皮肤在透视灯下呈现不同的颜色。

5. 美容光纤显微检测仪观察法（微电脑皮肤显示器）　该仪器利用光纤显微技术，采用新式的冷光设计，清晰、高效的彩色或黑白电脑显示屏，使顾客亲眼目睹自身皮肤或毛发状况，由于该仪器具有足够的放大倍数（一般为 50~200 倍以上），可直观皮肤基底层。

6. 触摸法　用手触摸顾客的皮肤，测试皮肤的柔润度、角质层的厚薄、皮肤的弹性、皮表的温度等。

7. 虹膜观察法　是一种新型的肌肤与身体亚健康的检测方法。专业检测分析系统利用专用虹膜检测仪将显微测试图像输入电脑，然后进行分析，可以观察到先天体质的强弱、推断身体在生化上的需求，推测目前的健康程度以及看到的药物、色素、毒素累积的一些情况，美容师根据分析出的健康状况为顾客提供护理的方法。

二、皮肤分析的程序

1. 询问。

2. 用肉眼观察。

3. 借助专业仪器观察。

4. 分析结果，制订护理方案。

三、注 意 事 项

1. 进行皮肤分析要以当时的皮肤状态为基准。
2. 在判断皮肤类型时应根据皮肤问题所占的比重做出相应的判断，以制订护理方案。
3. 超出美容范围的皮肤病不要擅自诊断，以免误诊。

四、各类型皮肤测试特点特征

1. 中性皮肤　油分和水分含量适中，既不干燥又不油腻，富有光泽，毛孔细致，柔软细腻，弹性良好，皮肤厚度中等比较耐晒而且不易过敏。中性皮肤受季节影响夏天偏油，冬天偏干。在放大镜下，观看这种皮肤，可以看到细密纹理，带有非常轻微的不规则。

不同方法的测试结果：

(1) 洗面观察法：皮肤紧绷感约在洗脸后30分钟左右消失，皮肤既不干也不油，面色红润，皮肤光滑细嫩，富有弹性。

(2) 纸巾擦拭法：纸巾上油污面积不大，显微透明状。

(3) 美容放大镜法：皮肤纹理不粗不细，毛孔细小。

(4) 美容透视灯观察法：皮肤大部分为淡灰色，小面积有橙黄色荧光块。

(5) 美容光纤显微检测仪观察法：皮肤纹理清晰，没有松弛、老化迹象，毛孔细小，所成相片反光度不强。

2. 油性皮肤　皮脂分泌旺盛，皮肤水分充足，表面油腻发亮，毛孔粗大，皮肤较厚，纹理较粗，易出现粉刺、暗疮。油性皮肤比较耐老化，如果日常清洁不彻底就容易长粉刺、暗疮。皮肤的pH值≤4.0。在放大镜下观看这种皮肤，这种皮肤看上去呈现厚厚的颗粒状的结构，而在吴氏灯下，则表现为青黄色。

不同方法的测试结果：

(1) 洗面观察法：皮肤紧绷感约在洗脸后20分钟左右消失，皮脂分泌量多而使皮肤呈现出油腻光亮感。

(2) 纸巾擦拭法：纸巾上大片油渍，呈透明状。

(3) 美容放大镜法：毛孔较大，皮肤纹理较粗。

(4) 美容透视灯观察法：皮肤上有大片橙黄色荧光块。

(5) 美容光纤显微检测仪观察法：表皮过油，纹理不清晰，毛孔粗大，可见堵塞后形成的白头或黑头。

3. 干性皮肤　皮肤角质层的含水量低于10%，皮脂分泌量不足，因此皮肤干燥，缺乏水分或油分。皮肤的pH值5.6~6.5。皮肤薄而易起细小皱纹，在眼周、嘴周和颈部，经常会出现褶纹和细纹，很容易长出皱纹，并常常是提前出现的皱纹。容易脱皮，容易过敏，皮肤表面没有光泽。这种类型皮肤的颜色通常是粉红色。在放大镜下观看这种皮肤，它会呈现为一种粗糙的鳞片状的结构。

不同方法的测试结果：

干性缺水：

(1) 洗面观察法：皮肤紧绷感约在洗脸后40分钟左右消失，皮肤较薄、干燥、不润泽，可见细小皮屑，皱纹较明显，皮肤松弛缺乏弹性，肤色一般较白皙。

(2) 纸巾擦拭法:纸巾上基本不沾油渍。

(3) 美容放大镜法:皮肤纹理较细,皮肤毛细血管和皱纹较明显。

(4) 美容透视灯观察法:大部分皮肤为青紫色。

(5) 美容光纤显微检测仪观察法:皮肤纹理明显,无湿润感,可见咖啡色斑点。

干性缺油:

不同方法的测试结果:

(1) 洗面观察法:皮肤紧绷感约在洗脸后40分钟左右消失,皮脂分泌量少,皮肤较干,缺乏光泽。

(2) 纸巾擦拭法:纸巾上基本不沾油渍。

(3) 美容放大镜法:皮肤纹理较细,毛孔细小不明显,常见细小皮屑。

(4) 美容透视灯观察法:大部分皮肤为淡紫色,有少许或没有橙黄色荧光块。

(5) 美容光纤显微检测仪观察法:皮肤纹理明显,毛孔细小不明显,稍有湿润感。

4. 混合性皮肤 是最常见的皮肤类型,其特点是:一个人面部皮肤有两种或两种以上的皮肤类型,通常额部、鼻部、口周皮肤较油,面颊较干燥或为中性皮肤,习惯上将额部、鼻部、口周组成的区域称作T型区。女性中约有70%~80%为这种皮肤类型。

不同方法的测试结果:

(1)肉眼观察法:在面部T型区呈油性,其余部位呈干性。

(2)纸巾擦拭法:T型区呈油性,其余部位干性。

(3)美容放大镜法:T型区毛孔粗大,皮肤纹理粗,其余部位毛孔细小,有细碎皱纹,常有粉状皮屑脱落。

(4)美容透视灯观察法:T型区常见大片橙黄色荧光块,其余部位呈淡紫色。

(5)美容光纤显微检测仪观察法:T型区的纹理看不清楚有油光,毛孔粗大,眼周及脸颊处纹理较明显,没有油光现象,鼻周及下颌处有颗粒阻塞物。

五、制订护肤方案的目的

1. 能够对不同类型的皮肤及皮肤问题进行有针对性的护理,做到有的放矢。

2. 通过面部皮肤护理方案中的专业记录,可以帮助美容师为顾客制定系统的护理计划。

3. 面部皮肤护理方案是护理美容师实施操作的重要依据。

六、参照格式及要求

1. 顾客的基本情况(姓名、年龄、职业、文化程度、家庭地址、联系电话等)

2. 既往美容护理情况(常用护肤品、常用洁肤品、常用化妆品)

3. 顾客护肤及日常饮食习惯(饮食爱好、易过敏食物)

4. 健康状况(是否怀孕、是否生育、是否服用避孕药、是否戴隐形眼镜、是否接受过手术、是否药物过敏、生理周期、既往病史等)

5. 面部皮肤基本情况(水分、肤色、弹性、皮肤瑕疵等)

6. 护理方案与计划

7. 护理记录或效果评价(主要护理程序及方法、护肤品选择与建议、家庭护理状况等)

8. 备注或顾客意见(记录顾客的要求、评价及每次所购买产品名称等)

皮肤诊断分析报告

姓名：郝××　　姓别：女　　年龄：23　　职业：教师

联系方式：022-2644××××　　地址：天津市河西区

顾客基本情况

1. 以前是否做过较大的手术：否
2. 是否曾患有严重的疾病：否
3. 目前的服药情况：无
4. 是否有相关过敏史：无
5. 平时面部护理方法及程疗：洗面、乳液
6. 以前接受过的面部美容护理情况：(包括美容整形手术)无
7. 日常面部化妆情况(化妆用品)：口红、画眉
8. 日常护肤品使用情况(品牌及用品)"植村秀
9. 日常饮食习惯(油腻、清淡或辛辣等)：油腻
10. 平时生活习惯(睡眠、工作状态等)：经常熬夜

面部皮肤基本情况

1. 皮肤油脂分泌量　较高 ☑ 适中 ☐ 较低 ☐
2. 皮肤水分　充足 ☐ 适中 ☑ 较低 ☐
3. 肤色　偏黑 ☑ 偏白 ☐ 偏黄 ☐ 偏红 ☐
4. 弹性　较好 ☐ 适中 ☑ 较差 ☐
5. 敏感情况　易敏感 ☐ 不敏感 ☑
6. 皮肤瑕疵　暗疮 ☐ 色斑 ☐ 红血丝 ☐ 毛孔粗大 ☑ 皱纹 ☐ 其他额部干，鼻部油

皮肤检测结果(特征性皮肤检测图)

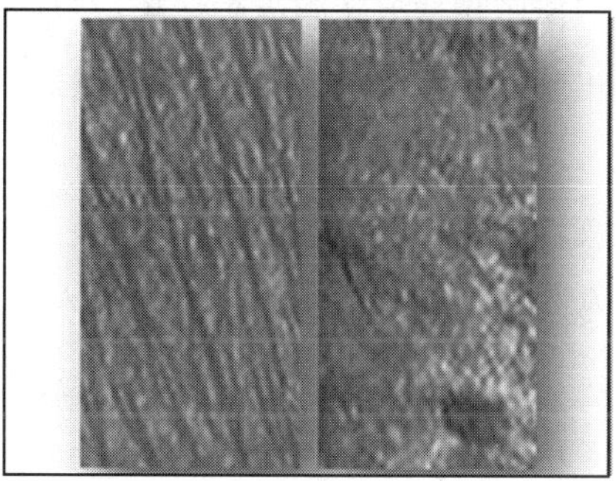

顾客皮肤类型	混合性皮肤	顾客的需求或需要改善的皮肤状况	减少T区油脂分泌、平衡水分

家庭护理计划：

1. 日间护理：油性洁面胶-爽肤水防晒乳液眼霜
2. 晚间护理：卸妆液+油性洁面胶爽肤水眼霜
3. 每周护理：消炎面膜右油脂平衡面膜，每周两次，可加眼膜，注意不同部位不同处理方法。

家庭护肤品的选择和使用建议：

用清洁霜或洁面啫哩清洁T型区油脂分泌旺盛部位，洗面乳清洁两面颊干性或中性部位；和型区选择平衡油脂分泌的收敛性化妆水，两面颊选择保湿滋润的柔肤水：T型区选择O/W型的清爽乳液，两面颊可选择营养霜或滋润霜。

起居生活配合方法：

定期使用面膜，不同的部位进行不同的选择，如T型区油脂旺盛，有黑头情况，可选择平衡油脂分泌、溶解黑头污垢的面膜；两面颊可用选干性皮肤使用的面膜。

美容顾问签名__________　诊断时间__________

（张秀丽）

第四节　深层清洁

深层清洁也称去角质、脱屑、去死皮，即去除表皮层过多堆积的，已经完全角化死亡的细胞。随着皮肤的自我更新，新生的细胞不断生长，最外层角化的细胞不断脱落，但随着年龄增长，皮肤的代谢速度变缓，角质细胞的脱落变慢，或日常护理方式不正确，角质细胞在皮肤表面堆积过厚，来不及脱落，皮肤会显得粗糙、晦暗，甚至出现粉刺，影响皮肤外观及健康。

一、脱屑方式的分类

皮肤脱屑方式可分为三类：自然脱屑、物理性脱屑和化学性脱屑。

（一）自然脱屑

表皮细胞经一定时间的生长，由基底层逐渐到达皮肤表面角质层，变为角化死亡的细胞而自行脱落，这是由皮肤自身新陈代谢过程来完成的，一般为 4 周。

（二）物理性脱屑

使用物理方法摩擦皮肤表层，使表皮的角质层细胞发生位移、脱落的方法，此脱屑方法对皮肤的刺激性较大，适用于健康皮肤。

（三）化学性脱屑

将去死皮膏、去死皮液、去死皮啫喱或果酸涂于皮肤表面，使角质细胞软化，从而易于挪去的方法，称为化学性脱屑。此脱屑方法对皮肤刺激性小，适用于干性、衰老性、敏感性的皮肤。

二、脱屑产品的成分与特点

（一）磨砂膏

磨砂膏（图 2-4-1）属于物理性脱屑用品，其主要功效成分是细小颗粒状的磨砂剂。磨砂剂呈圆形、椭圆形，于皮肤表面摩擦后使老化的角质细胞剥脱，对皮肤有刺激性。

（二）去死皮膏、去死皮液、去死皮啫喱

去死皮膏、去死皮液、去死皮啫喱（图 2-4-2）的主要功效成分是有机酸，可以融解和剥离角质，另外含有润肤剂和胶合剂，起润滑和保护作用。去死皮膏的性质温和，对皮肤刺激性小。目前还有去死皮膏使用酵素作为角质融解剂，性质更加温和，适合敏感性皮肤使用。

图 2-4-1　磨砂膏

图 2-4-2　去角质啫喱

三、脱屑的操作方法

在深层清洁去角质前应该先蒸面或敷面，使角质软化，同时使毛孔打开，便于清洁毛孔内污垢。

（一）蒸面与敷面

蒸面内容详见本章第五节仪器美容，本节主要讲述敷面。

1. 热敷　使用温热毛巾、棉片等敷压面部。

（1）热敷的作用

1）具有热蒸汽的所有作用。

2）毛巾、棉花等有吸附作用，可吸附皮脂污垢，达到清洁目的。

（2）热敷温度与时间

1）温度的选择：根据季节不同热敷温度应有所差异。秋冬季热敷温度为50～55℃；春夏为40～45℃，在选择温度时还要考虑到顾客的耐受力，但水温最高不宜超过55℃。

2）时间的选择：热敷时间通常为5～8分钟。不同的皮肤类型热敷时间有差异，中性、干性皮肤热敷时间为5分钟左右，油性皮肤热敷时间为7～8分钟，粗厚晦暗皮肤热敷时间为10～12分钟，总时间不超过15分钟。

（3）毛巾热敷的操作方法

1）消毒干毛巾置于温度适宜的热水中，充分浸湿后拧干；或直接取红外线烤箱中热毛巾。

2）先在美容师前臂内侧试温，以免烫伤顾客。

3）毛巾打开，对折成长条状，以中心对准下颌，向上包住下颌（图2-4-3a）；

4）两端反转沿面颊轮廓包绕，末端叠压于额部（图2-4-3b）。

5）毛巾紧贴面部四周皮肤，中间空出鼻孔利于呼吸，美容师双手压住周边区域以便保温（图2-4-3c）。

（4）热敷的注意事项

1）热敷温度不宜过高，高温度的热敷会造成皮肤脱水，甚至烫伤。

2）热敷毛巾、棉片的水分要充分拧干，以免水滴到顾客面、颈部。

3）动作熟练、迅速、轻柔，毛巾紧贴面部四周皮肤，中间空出鼻孔利于呼吸。

4）敏感性、严重痤疮皮肤、破损、皮下出血等皮肤等禁止热敷。

2. 冷敷　使用凉（冰）毛巾、凉（冰）棉片、冰水袋压敷面部。

（1）冷敷的作用

1）收敛毛孔，锻炼肌肤，振奋精神。

2）降低皮肤表面温度，收缩皮肤血管，消除炎症、红肿。

3）抑制黑色素细胞活性，淡化色斑。

4）降低皮肤的敏感性。

（2）冷敷的时间：毛巾或棉片冷敷时间一般15～20分钟，期间需更换2～3次。冰水袋敷面一般由美容师手持冰水袋，边压敷边移动，总时间不超过30分钟。

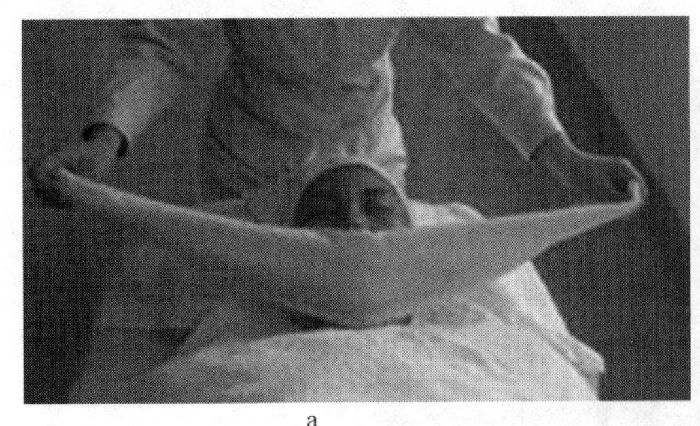

a

b

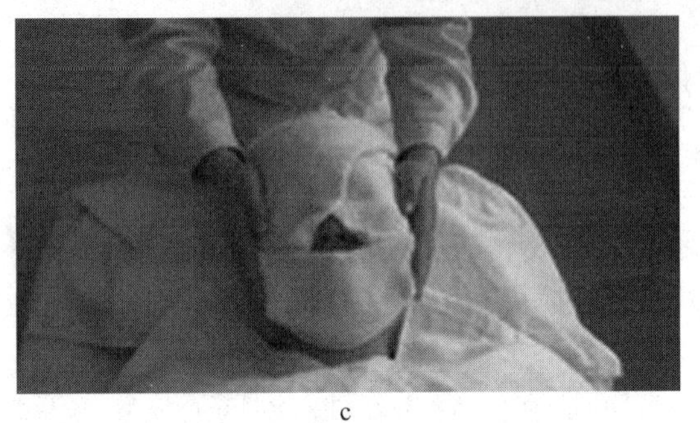

c

图 2-4-3 毛巾热敷

a. 毛巾对折,中心对准下颌;b. 两端反转包绕面颊;c. 毛巾紧贴面部四周皮肤,中间空出鼻孔利于呼吸

(3) 毛巾冷敷的操作方法与注意事项:冷敷操作方式同热敷。冰水袋敷面时要注意不断移动更换压敷部位,以免在同一部位停留时间过长,冻伤皮肤。

(二) 脱屑

1. 物理脱屑

(1) 洗面奶清洁面部,热蒸或热敷片刻。

(2) 取适量磨砂膏,五点法涂于面部,并迅速均匀抹开,注意避开眼周。

(3) 双手中指、环指并拢,沾湿,打小圈轻轻按摩额部、鼻部、口周、下颌、双颊。

(4) 最后将磨砂膏彻底清洗干净。

(5) 油性皮肤脱屑时间稍长,中性皮肤次之,衰老皮肤脱屑时间宜短;T 型区脱屑时间稍长,面颊视情况而定,眼周围皮肤不做脱屑。整个脱屑过程在 1~3 分钟。

2. 化学脱屑

(1) 洗面奶清洁面部,热蒸或热敷片刻,用纸巾垫于面部周围。

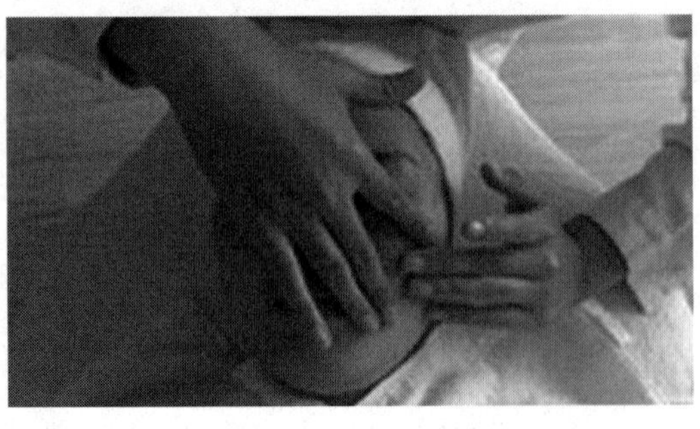

图 2-4-4 拉抹去角质

(2) 将去死皮膏(液)或去死皮啫喱均匀薄涂于面部,避开眼周。

(3) 停留片刻(以产品说明为准)。

(4) 以左手食指、中指将面部局部皮肤轻轻绷开,右手中指、环指指腹将该部位的去死皮膏(液)和软化角质等一同抹去(图 2-4-4)。拉抹方向应该以向上向外为主。

(5) 用清水将残留物彻底洗净。

四、脱屑的注意事项

（1）根据顾客皮肤性质选择相应的脱屑产品。

（2）脱屑前应该先蒸面或敷面，使角质软化，同时使毛孔打开，便于清洁毛孔内污垢。

（3）脱屑以T型区为主，两颊视情况而定，眼周禁止脱屑。

（4）动作熟练轻柔，脱屑后要彻底清除残留物。

（5）脱屑的间隔时间，要根据季节、气候、皮肤状态而定，不可过勤，以免损伤皮肤。油性皮肤每月可做1~2次，中性、干性皮肤每月做1次，敏感性肌肤慎做脱屑。

（王　燕）

第五节　仪器美容

随着社会经济的快速发展，科学技术的突飞猛进，美容仪器已成为美容市场上的一枝奇葩。人们利用电子、光学、化工、低温、运动、力学等先进的科学技术，开辟了美容崭新的领域。

美容仪器是美容养护和美容修复中不可缺少的辅助工具，只有依据不同皮肤性质及状况，选用适宜的仪器，才能达到预期效果。下面就介绍一些常用的美容仪器。

链接

皮肤检测美容仪

第一代：普通的放大镜，需要由外部环境光做光源，因此环境的光线不足对检测的影响很大。

第二代：光学仪器结合了电子技术，它由光学部件组成镜头，由电子元件完成信号采集/转换、甚至临时储存的功能，然后通过显示仪器显示出来。此时也出现了很多便携式测试仪系列，不需要连接电视或电脑，功能单一，使用方便，例如：SMH水分计、SCALAR电子数字皮肤水分计、CK的油分测试仪等，它们使用液晶显示屏，功能单一，数字显示精确直观从出现至今都深受欢迎。

第三代：智能皮肤测试仪，涵盖了小型数字化的测试仪，USB接口的便携式智能测试仪，台式专用电脑皮肤测试仪etude综合咨询指导系统，NAUplus智能化测试分析系统。无需专业培训：电脑自动诊察分析；可以储存客户档案、测试资料，并打印诊察报告；采用与计算机连接，无需外接电源，可配合手提电脑在各种环境下应用；可以自动推荐产品，并可做公司形象、产品宣传；开放式分析系统让使用者不断完善升级自己的系统。

第四代：在第三代的基础上发展而来，计算机的微型化也使得皮肤测试智能移动的时代，使外出的人可以方便的掌握皮肤的状态，但由于技术较新，现阶段的价格仍然昂贵，相信随着科技的进一步发展会使应用越来越广泛，并将会与3G移动技术结合。

一、美容放大镜

美容放大镜有手持式、落地式、台灯式三种（图2-5-1）。

（一）作用

1. 提供放大及不刺眼的照明光线，以便重复进行肉眼观察，详细检视皮肤之微小瑕疵。

2. 增加皮肤治疗的专业性，借助美容放大

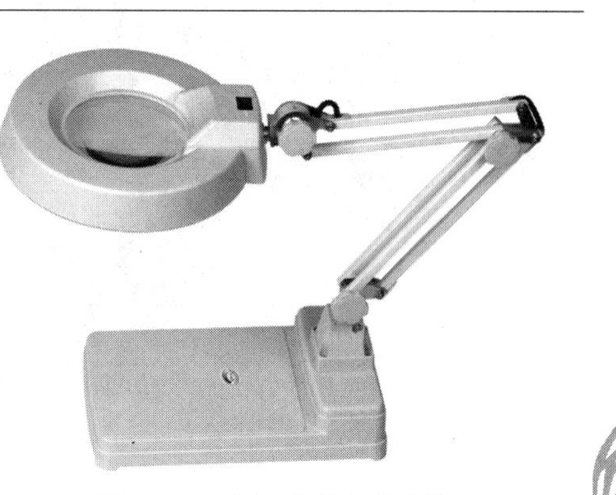

图2-5-1　台灯式美容放大镜

镜,可有效地清除面部黑头、白头粉刺等。

（二）操作方法

1. 清洁面部,待皮肤紧绷感消失后,请被测试者闭眼,再用清洁纱布块盖住双眼,以免双眼被放大镜折射的光线刺伤。

2. 将放大镜对准被测试者皮肤,操作者俯身近距离观察皮肤纹理、毛孔等情况。

（三）结果判断(表 2-1)

表 2-1 美容放大镜下不同皮肤的特点

皮肤类型		镜下特点
干性皮肤	干性缺水性皮肤	①肤色一般较白皙;②皮肤干燥松弛,缺乏弹性,不润滑,无光泽;③表皮纹路较细,毛孔小,皮肤毛细血管和皱纹均较明显;④常有粉状皮屑自行脱落
	干性缺油性皮肤	①皮肤干燥,但与干性缺水性皮肤比较,略有滋润感;②皮肤缺乏弹性并松弛,缺乏光泽;③表皮纹路细致,毛孔细小不明显,有皱纹,皮肤粗糙;④常见微小皮屑
中性皮肤		①面色红润而富有弹性,皮肤滋润光滑,既不干燥,也不油腻;②皮肤细嫩,无松弛老化迹象;③表皮部位纹理清晰,肌理不粗不细,毛孔较细,无粗糙及黏滑感;④未出现粉刺
油性皮肤		①皮肤油腻光亮,颜色粗黄;②毛孔明显,皮肤纹理较粗,但不易发现皱纹;③皮脂分泌过多堵塞毛孔,形成白头粉刺;④皮脂被空气氧化可形成黑头,若被感染,则可形成痤疮,甚至脓疱疮
混合性皮肤		在面部 T 型区(额、鼻、口周、下颌)呈油性皮肤特点,其余部分呈干性皮肤特点
敏感性皮肤		①皮肤毛孔紧闭细腻,表面干燥缺水;②皮肤薄,粗糙,有皮屑;③顾客自觉红肿发痒,多能看到丘疹,毛细血管表浅,可见不均匀潮红

（四）注意事项

1. 观察前,顾客必须彻底清洁面部皮肤。

2. 顾客的皮肤可能会受到季节、环境、气候以及本人的休息、健康状况等诸多因素的影响,观察时应以当时的皮肤状态为基准。

图 2-5-2 伍德灯

二、美容透视灯

（一）工作原理

美容透视灯又称滤过紫外线灯,是由美国物理学家罗伯特·威廉姆斯·伍德(Robert Williarms Wood)发明的,也被称为吴氏灯或伍德灯(图 2-5-2)。它是由普通紫外线通过含镍的玻璃滤光器制成,由于不同的物质在它的深紫色光线照射下,会发出不同颜色的光,由此判断皮肤情况。

（二）作用

1. 紫外线灯射出的光线能够穿透皮肤，帮助美容工作者仔细检查顾客皮肤的表面及深层组织情况，判定皮肤类型。

2. 根据观察结果，便于制订和采取适宜的养护方案及措施。

（三）操作方法

1. 清洁皮肤后，用清洁棉片盖住顾客眼睛。

2. 关闭观察室窗帘及灯源，打开透视灯开关，使灯源距离顾客面部约15～20cm，开始观察。

3. 根据观察所得资料进行分析判断（表2-2，表2-3）。

表2-2 美容透视灯下皮肤色泽情况

皮肤状况	美容透视灯下显示
正常皮肤	蓝白色荧光
皮肤角质层及坏死细胞	白色斑点
厚角质层	白色荧光
水分充足的皮肤	很亮的荧光
较薄的、水分不足的皮肤	紫色荧光
缺乏水分的皮肤	淡紫色
皮肤上的深色斑点	棕色
痤疮及油性部位	橙色、黄色或粉红色

表2-3 黄褐斑在肉眼观察和美容透视灯下的色泽对比

黄褐斑	肉眼观察	美容透视灯下观察
表皮型	灰褐色	色泽加深
真皮型	蓝灰色	不加深
混合型	深褐色	斑点加深

（四）注意事项

1. 检测前，皮肤应洗净，不可涂任何药物或护肤品。

2. 美容透视灯应在暗室内使用。

3. 透视灯使用时间不能过长，以免仪器过热，缩短使用寿命。

4. 透视灯不能直接接触皮肤及眼睛，更不能直视透视灯光源。

三、皮肤检测仪

（一）工作原理

皮肤检测仪主要用于检测皮肤的性质，以便为皮肤病的治疗或美容护肤提供依据。皮肤测试仪由紫外线光管和放大镜两个部分组成（图2-5-3）。它是基于不同物质对光的吸收、反射的差异原理以及紫光的特点工作的：不同性质的皮肤在吸收紫光后，会反映出各不相同的颜色，此时再用放大镜加以扩放，就能清晰鉴别出皮肤的不同性质。

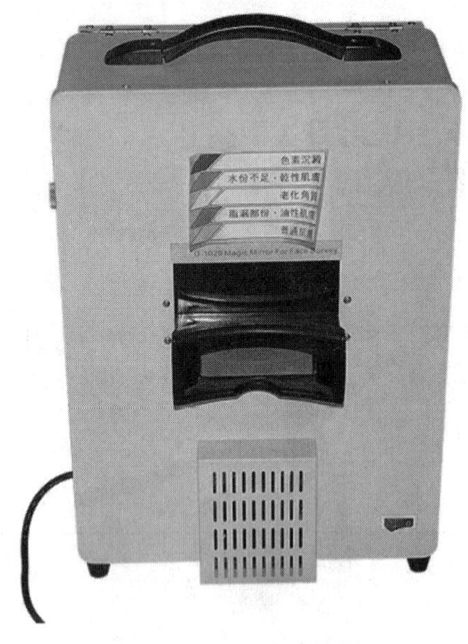

图 2-5-3　皮肤检测仪

(二) 作用

通过观察皮肤的颜色,可测试皮肤的性质,并根据其性质制定相应的治疗和护肤计划。

(三) 操作方法

1. 清洁皮肤后,请被测试者闭上双眼,再用湿棉片覆盖被测试者的眼部。

2. 美容工作者坐在被测试者对面,手持皮肤检测仪,灯管朝向被测试者,水平面置于被测试者面部,检测仪与面部间距为 15~20cm,打开紫光进行观察,测试时间不超过 2 分钟。

3. 仔细观察皮肤颜色特征,以便区别皮肤类型,检测完毕及时关闭开关,移开湿棉片后,再请被测试者睁开眼睛。

4. 根据颜色进行结果判断(表 2-4)。

表 2-4　皮肤检测判断标准

颜色	结果
青白色	健康中性皮肤
青黄色	油性皮肤
青紫色	干性皮肤
深紫色	超干性皮肤
橙黄色	粉刺皮脂部位
淡黄色	粉刺化脓部位
褐色、暗褐色	色素沉着
紫色	敏感性皮肤
悬浮的白色	表面角质老化
亮点	灰尘或化妆品的痕迹

(四) 注意事项

1. 测试前必须请被测试者闭上双眼,并用湿棉片覆盖其眼部,以防视觉疲劳。
2. 测试时间最多不能超过 2 分钟,避免出现色斑。
3. 面部有色斑者不宜使用检测仪,以免促使原有色斑加重。
4. 严格掌握检测仪与被测者面部之间的距离,不能少于 15cm,以免引起光敏性皮炎。

(五) 皮肤检测仪的日常养护

1. 使用时注意轻拿轻放,以免紫光管被损坏。
2. 不要使用刺激的清洁剂或有机溶剂清洁仪器。
3. 避免测试镜头接触油、蒸气和灰尘。
4. 不能直接用水清洗,每天用干布擦拭仪器,放置于常温通风处,防止受潮。

四、皮肤、毛发显微成像检测仪

（一）工作原理

该仪器是利用光纤显微技术，采用新式的冷光设计，再放大足够的倍数，通过彩色银幕，直接观察局部皮肤基底层的细微情况，微观放大，及时成像，顾客可以亲眼目睹自身皮肤与毛发的受损情况，因此，它又被喻为皮肤的CT（图2-5-4）。

图2-5-4 皮肤、毛发显微成像检测仪

（二）作用

同皮肤检测仪。

（三）操作方法

1. 接通电源，调整好镜头，用酒精棉球仔细消毒镜头。

2. 将镜头接近顾客受检部位，轻轻接触皮肤，显示屏即出现高清晰图像。

3. 如需留资料，可启动彩色影像印制机，使之印成相片。

（四）注意事项

1. 检测时皮肤应保持干燥，以免损伤镜头。

2. 受检部位皮肤不得涂抹任何化妆品。

3. 该仪器是光纤显微成像的精密检测仪，价格昂贵，需认真操作，轻拿轻放，避免碰撞使仪器受损。

五、专业皮肤检测分析系统

（一）工作原理

随着科学技术水平的提高，相继出现一系列高科技美容检测设备。专业皮肤检测分析系统就是利用专用皮肤电子数字水分计、皮脂测试仪、pH检测仪、色素测试仪、弹性分析仪及电子显微镜表面成像系统等，通过直接接触皮肤或将图像及相关参数输入电脑进行分析，准确而量化地诊断出皮肤的水分含量、油脂含量、皮脂膜的酸碱值、皮肤的色素含量、弹性强弱程度及皱纹、粗糙度等皮肤的综合状况，帮助美容工作者及时发现顾客皮肤的各种问题，从而选择正确的处理方法。

（二）作用

1. 检测皮肤油分水分 了解皮肤表面水分和皮脂分泌的状况，正确判断顾客皮肤的类型，判断皮脂腺是否分泌正常。

2. 检测皮肤酸碱度 人体表面的皮脂膜，属于弱酸性。通过该测试仪所提供皮肤pH的资料和数据，可以帮助选择适合皮肤pH的护肤品，制订合适的护肤疗程。

3. 检测皮肤黑色素及血红素 可准确测出这两种色素的含量，有助于美容工作者观察肤色、色斑及色素沉着的形成和变化，以便评定养护效果，进而找到有效的养护方法。

4. 测试皮肤水分流失情况 可以定量检测皮肤表面水分流失情况，以便确定保湿化妆品的效果,使皮肤处于最佳状态。

5. 检测皮肤弹性状况 该皮肤测试仪可正确分析顾客皮肤的弹性情况,也间接检测出各种增强皮肤弹性的方法是否有效。

6. 检测皮肤衰老状况 该皮肤检测仪可以通过分析皮肤表面的图像,提供皮肤皱纹、粗糙度等参数,从而分析皮肤衰老状况,为延缓衰老的美容护肤品及肌肤养护方法的功效评定提供科学依据。

(三) 操作方法

1. 先在测试点上作一标记。

2. 将双面胶圈粘在探头上,掀去覆盖物。

3. 将平面测试探头垂直压在皮肤上,选择测试模式。注意探头与皮肤的接触适当,不能在皮肤上压得过紧,否则皮肤压入探头时可能擦伤透镜或在透镜上擦上油脂。压得过紧也会影响皮肤血液循环,从而导致测量结果出现误差。如果需要在皮肤上多毛的部位进行测试,则需剃掉测试区域的毛发,防止玻璃镜头被毛发或其附着物擦伤。

4. 测试完毕后会直接出现数据或有一个结果曲线出现在相应的显示器上,利用相关软件即可分析该曲线。

5. 在探头使用完毕后及时盖上原来的保护盖。

(四) 注意事项

1. 测试前,避免使用酸性或碱性的洁肤用品,以免影响测试结果。

2. 电极探头只能用来检测未受伤的皮肤。

3. 测量常在相同的室内条件下进行,即温度和湿度要保持恒定,只有这样才能对测试结果作比较。较为理想的室内温度为20℃左右,湿度为40%~60%。

4. 测试者需要经过约10分钟的自我调节,以便让活动后的血压恢复到正常水平,强烈的情绪会引起出汗。过高的血压或出汗都会给测量结果带来误差。

(五) 仪器保养

1. 探头不能受震动或碰撞,以防其内的玻璃透镜被损坏。

2. 使用探头要十分小心,探头内部要保持清洁,任何物品与玻璃透镜的接触都将导致它的损坏,探头内部不干净将引起测量结果的不准确。

链接

皮肤CT测试仪怎样检测皮肤问题

皮肤CT测试仪由白光、紫外光和横截面偏振光三次三个角度高清成像,从不同侧面为肌肤的医学分析提供依据。其中,白光成像肌肤表面可见斑点、毛孔及细纹;紫外光曝露紫外色斑和面部感染度问题;偏振光通过对血红蛋白的成像展示分析肌肤的血管情况、肤色均匀度。

皮肤清洁美容仪

一、喷 雾 仪

喷雾仪又称离子喷雾仪,分热蒸汽和冷气雾两种喷雾,可为多功能一体机,也可单项功能机。两者均可带臭氧灯，产生臭氧。

（一）工作原理

热蒸汽喷雾仪由蒸气发生器包括烧杯和电热元件，工作时烧杯内盛自来水，电热元件经电解加热，使杯内水温逐渐升高，直至沸腾后产生蒸汽，从蒸气导管的喷口喷出。

冷汽喷雾仪是经过特殊设计的超声波震荡，产生出冷喷雾。如果带有水质软化过滤器的功能，则可将正常饮用水中的钙、镁等离子分离出，对皮肤的刺激减小。

普通蒸汽在臭氧灯作用下会产生具有杀菌消炎作用的蒸汽这就是奥桑喷雾（图 2-5-5）。

“奥桑”是英文“ozone”的译音。含义是臭氧（O_3）。在喷口附近装有臭氧灯，其产生的高压电弧或高频电场将空气中的氧气（O_2）激活成臭氧（O_3），臭氧极不稳定，可分解产生氧气（O_2）和负离子氧（O^-，也称游离态氧）。负离子氧更不稳定、活性更大，能对微生物的核酸、原浆蛋白酶产生化学变化致其死亡，从而起到杀菌消炎的作用。此外，负离子氧还极易复合成氧气，具有较强穿透能力，当其进入皮肤血管时，可增加血液的含氧量。水蒸气作为载体载着负离子氧喷射到面部就可以发挥杀菌消毒的作用。

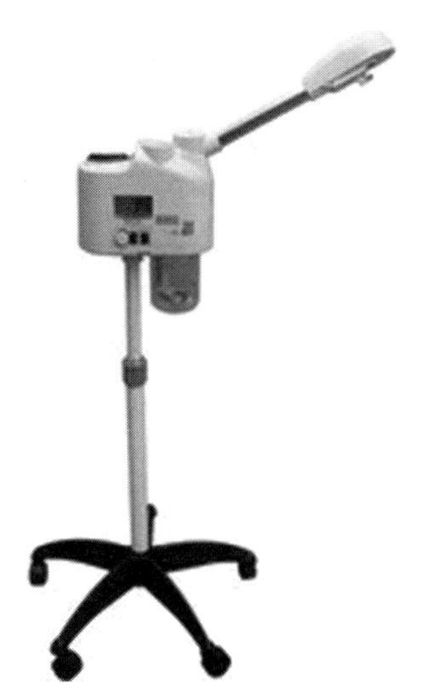

图 2-5-5　奥桑喷雾仪

（二）作用

热蒸汽喷雾仪的作用

1. 清洁皮肤　扩张毛孔，便于清除毛孔内的污垢。

2. 软化角质　蒸汽使皮肤表皮软化，便于清除皮肤的老化角质细胞。

3. 补充水分　增加皮肤通透性，补充细胞中水分。

4. 促进血液循环　可使面部皮肤温度升高，血液循环加速。

热蒸汽喷雾仪一般用于皮肤清洁过程中，主要用于油性皮肤，暗疮皮肤，中性皮肤的清洁。

冷汽喷雾仪的作用

1. 收缩毛孔　收细毛孔，使皮肤光滑细嫩。

2. 镇静皮肤细胞　降低皮肤温度，镇静皮肤细胞，抑制过敏反应，抑制黑色素细胞合成黑色素小体。

3. 补充水分　增加皮肤通透性，补充细胞中水分。

4. 促进血液循环　冷刺激改进了局部血管舒缩反应，促进血液循环，加速细胞新陈代谢。

冷汽喷雾仪一般用于做面膜或冷敷过程中，适合任何皮肤，尤其适用于色斑、松弛、过敏性皮肤和毛细血管扩张的皮肤。

臭氧的作用

1. 增加血液中含氧量　O^-穿透力强，可使血液中的含氧量增加，有利于营养皮肤。

2. 杀菌消炎，增强皮肤免疫功能　当含有臭氧的蒸气喷射于皮肤时，可杀死微生物，控制破损皮肤的炎症，加快伤口愈合，对暗疮皮肤有良好的养护效果。

（三）操作方法

1. 烧杯中注入自来水(水量不可超过上限水位指标或低于下限水位指标)。

2. 若需做药喷,可将电木盖揭起,拉开过滤塑料杯,将药物放入杯内再盖紧,推回蒸气室内。

3. 接通电源,打开红色开关,热喷要预热5~6分钟后即有雾状气体产生,冷喷打开开关就有气雾,如需杀菌消毒,则按下紫外灯开关,使之产生奥桑蒸气。

4. 根据需要调节喷雾时间(表2-5),通常情况下热喷喷雾为10分钟左右,冷喷喷雾为20分钟左右。

5. 为防止水滴入眼内,眼部应盖上湿润的消毒棉片,待蒸汽均匀喷出后再将仪器移至面部,调好喷口与面部的距离,其间距根据皮肤性质而定(表2-5),一般为30cm左右,施行喷雾养护。

6. 使用完毕后关闭开关,切断电源。

表2-5　不同类型皮肤的热喷蒸面时间和距离

皮肤类型	普通喷雾(min)	奥桑喷雾(min)	距离(cm)
油性皮肤	10	3~5	20~30
干性皮肤	5~8	2~3	30~35
中性皮肤	8	3	25~30

（四）注意事项

1. 加水时应按标准不能高于烧杯的红色标线或烧杯的4/5,以免产生喷水现象造成烫伤事故;最低水位要高于电热元件,防止电热元件被烧坏。

2. 喷雾仪的气体应从顾客额头上方向颈部方向喷射,避免雾体直射鼻孔,令人呼吸不畅而产生气闷的感觉,用冷喷时鼻孔用薄棉片盖住,以防感冒,并应调好喷口与面部的距离。

3. 依据皮肤性质掌握好喷雾时间,喷雾时间不能太长(热喷最多不超过15分钟),以免皮肤出现脱水现象。

4. 对于敏感皮肤、色斑皮肤、微细血管破裂的皮肤,不宜使用奥桑蒸汽,以免引起过敏或加重色斑。患有精神病、心脏病、呼吸系统疾病和静脉曲张的患者也不宜使用奥桑蒸汽,以防意外或加重病情。

（五）仪器的日常保养

1. 奥桑喷雾仪的喷口如果出现喷水现象,可能是水中有杂质将喷口堵塞,使蒸汽不能顺畅排出所致。处理的方法是:

(1) 更换烧杯内的水,再用纱布擦洗喷口。

(2) 将电热器浸泡于6∶4的白醋与水中,24小时后用手刷轻轻刷洗即可。

(3) 直接用软质金属线蘸清水轻轻刷洗。

2. 当蒸汽四散而不集中时,可能是烧杯口上的橡胶软垫老化所致,此时应更换老化的杯口垫圈,并在使用时将杯子旋紧。

3. 烧杯内应注蒸馏水,以避免钙、镁等矿物质沉积形成水垢,每周还应清洗烧杯两次,从而延长喷雾仪的使用寿命。

4. 连续使用需加水时，应先关闭开关，再加水。

5. 用毕及时关闭开关，切断电源，用干布擦拭机体。

二、真空吸喷仪

（一）工作原理

真空吸喷仪是由真空吸管装置和喷雾装置及其附件组成的多功能美容机（图2-5-6）。可以用来清除皮肤的污垢和毛孔皮脂，还可以滋润皮肤，调节皮肤的酸碱度。

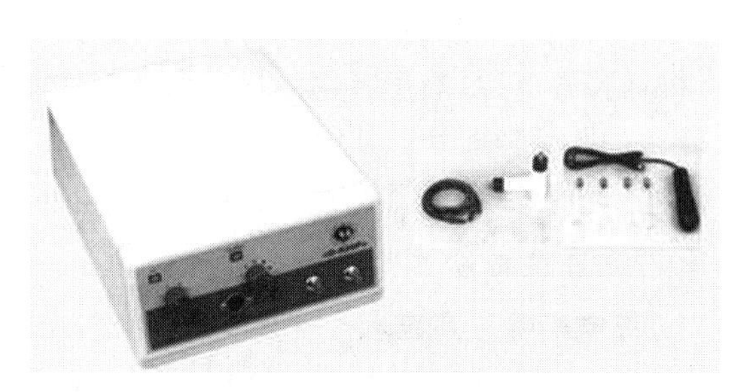

图2-5-6　真空吸喷仪

真空吸喷仪是由真空泵和电磁阀构成。工作时机器产生一连串脉冲，脉冲经二级放大后，由集电极接电磁阀输出。当处于正脉冲时有电极输出，使电磁阀移动，气流随即通过；当处于负脉冲时没有电极输出，电磁阀复位，气流截止。由此而产生真空吸喷作用。电磁阀的吸动周期由周期电位器控制，气流大小由电磁阀的动作力度旋钮进行机械调节，操作时可根据具体情况进行调整。

（二）作用

1. 真空吸附的养护作用

（1）通过吸管的吸啜作用，清除毛孔深层中的污垢和堵塞毛孔的皮脂，使皮肤毛孔通畅。

（2）能促进血液和淋巴循环，将血液引向表层，有利于表层细胞吸收营养。

（3）可提供深入渗透性的按摩方式，刺激纤维组织，增加皮肤弹性，减少皱纹。

2. 喷雾装置的养护作用　可根据皮肤护理的需要，分别装入调肤水、去离子水、杀菌消炎药水等，对面部皮肤均匀喷雾，起到调肤、补水、杀菌消炎等作用。

（三）操作方法

1. 真空吸啜

（1）用75%酒精消毒所选用的真空吸管后，将其套在塑料管上，与仪器相连。

（2）打开电源开关，操作者右手拿住吸管，中指按在吸管壁的小孔上，以控制吸管的密封程度，使吸管产生吸啜能力。

（3）操作者左手调节吸力强度控制旋钮，可在手背上测试吸啜强弱，标准是既能收到吸啜效果，又不损伤皮肤。

（4）将吸管移至顾客面部，根据不同性质的皮肤，选择不同的吸啜强度和方式开始吸啜。

1）连续吸啜：拇指和食指指腹捏住玻璃吸管，将管口对着皮肤，中指闭住吸管透气孔随吸管连续移动到边缘时再放松透气。此法吸啜力较强，适用于油脂较多，皮肤较厚的部位。

2）间断吸啜：捏玻璃吸管的方法同前，区别在于此时中指在玻璃吸管的透气孔上应频繁、有节奏的点按，形成间断吸啜效果，注意持吸管的手移动要快，吸放频率也要快而有节奏，此法吸啜力较弱，适用于面积较大、肤质细嫩、松弛、皮肤较薄的部位。

3）强力吸啜：始终不放松闭住透气孔的中指，管口对着油脂多的部位一吸一拨。此法吸啜力极强，适用于油脂特别多的部位，如鼻尖、鼻翼有黑头粉刺的部位。

（5）吸啜结束，应先将吸管移离皮肤后，再将吸力强度调节钮旋转至零。

（6）关上电源开关，取下吸管，清洗后用75%酒精消毒备用。

2. 冷喷

（1）将液态护肤品（如爽肤水）适量倒入塑料喷瓶内。

（2）将喷瓶套进塑料管，并与仪器相连。

（3）打开电源，操作者用中指和拇指捏住瓶身，食指按住喷瓶透气孔，使喷瓶内产生负压，液态护肤品随即呈雾状喷出。

（4）美容工作者手持喷瓶从顾客额头向面部喷洒，以防鼻孔进水。

（四）注意事项

1. 真空吸啜注意事项

（1）注意控制吸啜力的强度和频率，对油性、较厚皮肤及T型区部位皮肤应加强吸啜的频率和强度，对较薄皮肤则反之，以免过强吸力损伤皮肤，出现皮下瘀血。

（2）吸管移动速度要快，不能在同一部位长时间吸啜。

（3）玻璃吸管要保持清洁，使用前后必须用75%酒精消毒。

（4）眼周皮肤较薄，不能做真空吸啜，酒渣鼻等有炎症的皮肤也不宜使用，以免加重感染。

（5）顾客不可频繁使用真空吸啜，以免皮肤毛孔扩大。

2. 冷喷注意事项

（1）喷瓶应保持通畅。

（2）喷雾瓶内不可使用浓度过高的液体。

（3）注意控制喷雾量的大小。

（4）做冷喷时应由额头处向下颏方向喷，防止喷雾进入顾客鼻孔。

（五）仪器的日常保养

1. 各种配件轻拿轻放，使用完毕将其理顺，物归原处。

2. 玻璃吸管、塑料软管用后均要及时消毒。

3. 仪器应用干布擦拭，置于干燥通风处。

链接

其他的皮肤清洁仪器

1. 电动磨刷器：由插头、电源开关、转动方向调节钮、转速调节钮等组成，并配置有各种型号的毛刷。作用：深入清洁皮肤表面，除去皮肤表面不易洗去的污垢、皮脂、汗液和化妆品，转动可促进皮肤血液循环，起一定按摩效果，会除去部分皮肤表面的老化角质，使皮肤光滑、柔软。

2. 深层铲皮美容仪：通过超声波高频振动，将毛孔深层的污垢及油脂导出，起到深层清洁的作用。

3. 超微小气泡皮肤清洁仪：属深度清洁设备，深层清洁皮肤的同时也能完成对治疗部位的营养供给。治疗原理：通过形成真空回路，将超细微小气泡和营养液充分结合，通过特殊设计的螺旋形吸头直接作用于皮肤，且能够保持超细微小气泡长时间接触皮肤，促进剥离作用。超微小气泡与吸附作用相结合，在安全没有疼痛的状态下，深层洁面、祛除老化角质细胞、祛除皮脂、彻底清除毛囊漏斗部的各种杂质、螨虫及油脂残留物、同时使毛囊漏斗部充满营养物质，为皮肤提供持久的营养，使皮肤湿润、细腻有光泽。

皮肤修复美容仪

在全套面部皮肤养护中，仅仅依靠美容工作者的徒手操作是远远不够的，因此需要经常使用各种功能的美容仪器，以弥补徒手操作之不足。

一、超声波美容仪

物体在进行机械性振动时，空气中产生疏密的弹性波，其中，振动频率为 20～20 000Hz 的机械振动波，到达耳内能引起正常人的听觉，形成声音，我们称之为声波。超过 20 000Hz 的机械振动波，不能引起正常人的听觉，被称为超声波。

（一）工作原理

超声波是由高频振荡发生器和超声波发射器组成的仪器（图 2-5-7），其发射的波是一种疏密交替、可向周围介质传播的波形，比声波比一般声波能量更强大，此即为超声波。超声波具有频率高、方向性好、穿透力强、张力大等特点。当其传播到物质中，会产生剧烈的强迫振动，并产生定向力和热能。超声波作用于人体细皮肤时便会加强皮肤的血液循环，促进新陈代谢，改善皮肤的渗透性，同时促进药物或各种营养及活性物质经皮肤或黏膜透入，从而达到养护皮肤的美容目的，简称声透法。超声波美容仪输出的超声波一般有连续波和脉冲波两种波。连续波，即超声射束不间断地发射，其波形声波均匀，热效应明显。脉冲波，超声射束有规律地间断发射，每个脉冲持续时间很短，可以减少超声波产生的热效应。超声波主要有以下作用：

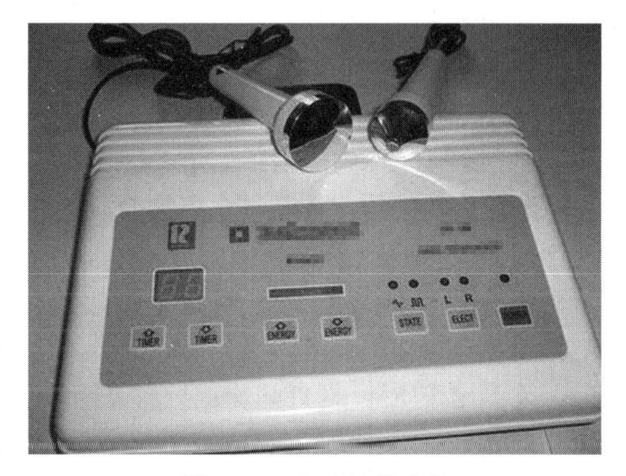

图 2-5-7　超声波美容仪

1. 机械作用　超声波具有比一般声波强大的能量，频率越高，振动速度就越快，提供的动能也就越大。当超声波作用于人体时，可引起组织中的细胞随之波动，组织得到微细而迅速的按摩，从而增强细胞膜的通透性，加强细胞新陈代谢，并提高组织的再生能力，从而使皮肤富有光泽和弹性。它还可使坚硬的结缔组织延长、变软，使细胞内部结构发生改变，引起细胞功能的变化。

2. 化学作用　超声波的化学作用主要表现为聚合反应和解聚反应。其聚合反应是将许多相同或相似的小分子合成一个较大分子的过程，小剂量超声波作用于机体时，能促进损伤组织的再生能力；解聚反应是使大分子黏度下降，分子量降低，超声波作用时，药物溶解黏度可暂时下降，利于药物透入和吸收，增强药物疗效。

3. 温热作用　超声波传入皮肤后，引起组织细胞间的摩擦而产生热能，同时声能被吸收的部分也转化为热能，促进血液与淋巴循环，新陈代谢加强，使细胞吞噬功能也增强，从而提高机体防御能力，促进炎症吸收。

（二）作用

1. 减轻或消除皮肤色素沉着 一方面超声波美容仪的声波冲击能破坏色素细胞内膜，干扰色素细胞的繁殖；另一方面利用其化学解聚作用帮助祛斑精华素渗透于肌肤，从而化解色素，使色斑变浅变小。常用于化学性皮肤剥脱术后、磨削术后、激光术后、外伤、冷冻、炎症及痤疮愈后遗留的皮肤色素沉着、黄褐斑和晒斑等。

2. 消除眼袋和黑眼圈 超声波加上机械按摩产生的能量，可加速血液和淋巴循环，促使皮下脂肪溶解，增加皮下吸收，或使积聚过多的水分和脂肪消散，眼袋也随之减轻或消失；并且还通过加快静脉血液循环，使血液流通正常，达到消退黑眼圈的目的。

3. 防皱除皱，散血去瘀 超声波本身具有机械按摩作用，可调节皮下细胞膜的通透性，使药物抗皱霜迅速渗透皮肤内；并可促进血液循环，增强新陈代谢，使皮肤缺水缺氧的情况得到改善，细小皱纹日渐消失，延缓衰老。机械按摩还可起到活血化瘀的作用，促使组织更快吸收，使瘀斑消退。

4. 软化血栓，消除“红脸” 超声波的机械作用按摩扭曲变形的血管，再配合使用活血化瘀药膏，从而软化血栓、扩张血管、促进血液回流，矫正变形的毛细血管，使之恢复正常，从而达到消除“红脸”的作用。

5. 治疗炎性硬结痤疮及其愈后瘢痕 超声波加痤疮消炎膏，再配合适当的按摩（可以先轻轻按摩痤疮表面，待皮肤适应后再稍加压力），促进局部血液和淋巴液的循环；并利用药物导入，使炎性痤疮的充血现象得到改善，皮下硬结逐渐软化，同时也避免了硬结的形成。

6. 改善皮肤质地，促进药物或护肤品吸收。

（三）操作方法

一般采用直接接触辐射法，即超声头与治疗部位的皮肤直接接触，然后超声头在治疗部位作均匀缓慢的直线往返式移动（“之”字形）或作均匀缓慢的圆圈式移动（螺旋形），移动速度以0.5~2cm/s为宜。

1. 连接电源线与仪器，并根据治疗面积的大小选择合适的超声头（一般面积小的部位或皮肤有凹凸、狭窄处选择1cm超声头，面积大且平坦的部位选择2cm超声头），插入输出端，接通电源。

2. 将仪器工作旋钮调至预热位置，时间为3~5分钟。

3. 清洁顾客面部皮肤、蒸气喷面清除黑头粉刺等。

4. 选择适量的药膏或精华素、油剂、水剂或霜膏等均匀地涂擦在面部和超声头上，以超声头操作时能灵活转动为准。

5. 根据顾客的肤质、年龄和个人感受情况调节超声波的强度，一般皮肤较薄的部位声波强度调为0.5~0.75W/cm^2，皮肤较厚的部位声波强度调为0.75~1.25W/cm^2。

6. 设定好治疗时间，一般为每次5~10分钟。将工作按钮由预热调至工作位“连续”或“脉冲”，即开始工作。

7. 美容工作者手持超声头，力度均匀地呈“之”字形或螺旋形缓慢移动。

8. 操作完毕，超声头离开皮肤，及时关掉电源。药物、精华素让其在皮肤上保留5~8分钟，使其充分渗透。

9. 取下超声头进行清洗、消毒，擦干后保存，以防交叉感染。

（四）注意事项

1. 超声波美容以前先要清洁面部，并涂上足够的面霜或药物后再使用，以防皮肤受损。使用的药物最好有一定黏度，黏度较好的介质可将超声头与皮肤较好地耦合起来，防止出现空隙，造成声能反射现象而不利于声能吸收。

2. 全脸治疗时间不超过15分钟，时间加长不会增加效果；每日或隔日治疗1次，或每周2次，10天为一个疗程，两个疗程之间间隔1～2周。

3. 如果局部面积小，可用小探头做，但声波输出要减至0.5～0.75W/cm^2，时间为8～10分钟。如果顾客皮肤敏感，则最初强度要低，力度要轻，逐渐调整声波强度，并询问顾客有没有灼热感和刺痛感（正常皮肤和敏感皮肤有温热感已足够）。超声头热度不代表声波输出功率，调得太高易灼伤面部皮肤。

4. 严禁将工作时的超声头置于顾客眼部，以免伤害眼球。

（五）仪器的日常保养

1. 禁止仪器打开后，超声波声头长时间（30分钟以上）不进行美容操作，以免超声头因过热而损坏。仪器连续使用时间也不可过长，若需连续使用，应按下暂停键，休息片刻。

2. 使用仪器时，也不能长时间使用最大输出功率，否则，容易损坏探头，如需大剂量输出功率时，应缩短设置时间，或两种工作方式交替使用。

3. 超声头用后应及时消毒、擦干，保持洁净干燥，仪器及配件置于干燥环境，避免与酸碱物资接触。

4. 超声头轻拿轻放，用后及时归还原处。

二、高频电疗仪

高频电即频率为100 000Hz以上的电流，高频电对人体的作用有热效应和非热效应。热效应随高频电应用的振荡频率、电压、电流强度和治疗方式的不同，可起到组织修复和组织破坏两种作用；非热效应主要起到组织修复作用，使人体在感觉不到热的情况下出现白细胞吞噬能力增强、细胞生长加速、急性炎症受抑制等现象。

（一）工作原理

高频电疗仪由高频振荡电路板和半导体器件、电容电阻构成（图2-5-8），安全的低电压通过振荡电路产生高频振荡电流，具有多种功能，能激发惰性气体发光，不同的光对组织产生不同的作用：当玻璃电极内充有氩气时，可产生紫色光线，当玻璃电极内充有氖气时，可产生橘红色光线；这种放电现象和光线可使人体局部的末梢血管交替出现收缩与扩张，从而改善血液循环；紫光还可使空气中的氧气电离产生臭氧，起到消炎杀菌的作用。

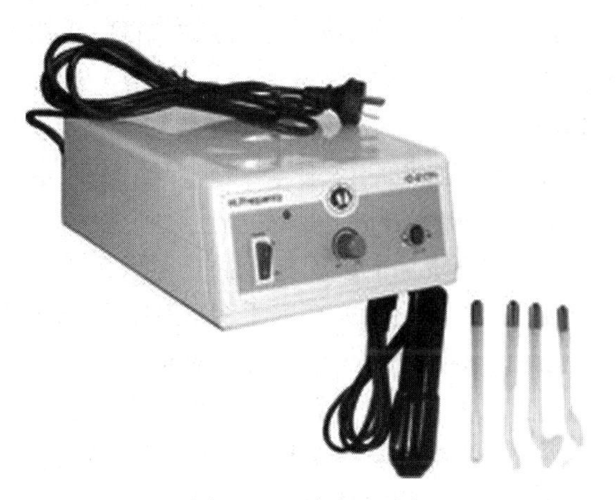

图2-5-8　高频电疗仪

（二）作用

组织修复的疗法　高频电疗仪直流电疗法电流作用于皮肤表层；间接电疗法电流作用于皮肤表层以下。具体作用如下（表 2-6）：

表 2-6　高频电疗仪直接和间接电疗法的作用

直流电疗法	间接电疗法
1. 杀菌消毒，治疗痤疮，促进痤疮痊愈	1. 提高皮肤吸收药物、营养物质和抵抗细菌的能力
2. 电流传导使电极振动，对皮肤有轻微的按摩、镇静作用	2. 增进腺体的活动，使按摩达到更佳的效果
3. 促进血液及淋巴循环，提高细胞的再生能力，防止皱纹产生	3. 促进皮肤血液循环，经常使用可增加皮肤弹性
4. 减少皮脂分泌，促进新陈代谢	4. 帮助皮肤排泄和吸收

（三）操作方法

1. 直接电疗法　常用于对痤疮处理之后的消毒杀菌。

（1）将电极棒插头插入电极插座中。

（2）根据所养护的皮肤面积及部位选择相应的电极；大面积（如面颊、前额、颈部）——蘑菇形玻璃电极；中面积（如下颌）——勺形玻璃电极；小面积（如鼻窝）——棒形玻璃电极。

（3）用 75% 酒精消毒电极后，插在电极棒上。

（4）美容工作者打开电源开关，调节振动频率旋钮，在顾客可以承受的范围内电流由弱开始逐渐增强。美容工作者也可以在自己的手上感觉仪器强度。

（5）将玻璃电极紧贴顾客皮肤，不留空隙，否则容易产生电火花而刺激皮肤，自上而下地呈螺旋式或“之”字形按摩，顺序为：前额-鼻梁-鼻翼-右面颊-下颏-左面颊-鼻翼-鼻梁-额头。

（6）干性皮肤，治疗时间宜短，约 2～5 分钟，强度宜低；油性、暗疮性皮肤时间稍长，约 8 分钟，强度可稍微偏高。

（7）处理暗疮性皮肤时，可用火花电疗法：先用湿消毒棉片遮住顾客眼部，美容工作者手持电极棒按下开关，调整电流强度，将电极稍微离开皮肤进行点状接触或轻拍皮肤，即可产生火花，点击炎症部位，这是治疗暗疮皮肤非常有效的方法。注意一个部位一次不超过 10s。

（8）治疗结束后，将振动频率归零，关上电源开关，取下玻璃电极。

2. 间接电疗法

（1）将消毒后的玻璃电极插进电极棒旋紧。

（2）用滑石粉涂顾客双手，使双手爽滑后，让其一只手握住电极。

（3）将按摩膏均匀地涂在顾客面颈部。

（4）美容工作者一只手紧贴顾客面部皮肤，另一只手打开电源开关。

（5）调节振动频率旋钮，在顾客可以接受的范围内逐渐增加电流。

（6）美容工作者缓慢而柔和地按摩顾客的面部皮肤，时间约为 10 分钟。按摩手法一般采用安抚法，以达到皮肤表面兴奋而深度松弛的效果。

（7）按摩停止后，美容工作者一只手紧贴顾客面部皮肤，另一只手将振动频率调至零，关上电源，撤离电极。

（四）注意事项

1. 打开电源前，应向顾客解释操作过程中的情况，以免电极中发出的声音及紫光惊吓顾客。

2. 应用直接电疗法时，面部皮肤要清洁、干爽，不能使用化妆品，以保证玻璃电极能顺利平稳地滑动。

3. 间接式电疗法操作时，美容工作者至少有一只手停留在顾客面部，以免电流中断，影响效果。

4. 应在玻璃电极紧贴顾客皮肤后方可打开电源，关闭电源时亦如此，然后再撤离电极。

5. 应用此仪器做皮肤养护时，顾客应将金属饰物全部摘去，体内有金属植入者不能使用此仪器。

6. 怀孕、酒渣鼻、敏感性皮肤、色斑性皮肤及患有严重皮肤病者禁用此法进行皮肤养护。

7. 仪器附件使用前后必须用75%酒精消毒，防止交叉感染。

8. 应用组织破坏法时，要严格掌握适应证与禁忌证，创面结痂要保持局部干燥，任其自然脱落，脱落后要防晒、防色素沉着，可配合生长因子促进局部修复。

（五）仪器的日常保养

1. 接通电源后工作显示灯不亮，无工作信号，处理方法是：

（1）检查仪器背后保险丝是否烧断，若烧断换上同样型号的保险丝即可。

（2）可能是电极棒的连接软线断裂，使电源被切断，应将线头重新焊接。

（3）查看电极棒内高压线包是否损坏，是否被击穿，是否出现局部短路现象，如有这些情况应由专业人员重新绕制或更换高压线包。

2. 接通电源后工作显示灯显示，但玻璃电极内无放电现象，可能是：

（1）玻璃电极的玻璃与电极顶端金属帽有裂纹，电极内不能形成真空，没有通电现象，应重新更换。

（2）电极把手内的铜片上有粘连物或生锈，都会影响电极的通电现象。应经常清理受潮生锈造成的污垢。排除污垢即可恢复其功能。

3. 经常检查电极管的密闭性，使用时轻拿轻放，并注意消毒。

4. 仪器用干布擦拭，并放置在干燥通风处保存，切勿用水浸湿。

三、丰胸美容仪

（一）工作原理

通过利用多种物理因子的协同刺激作用，能有效地刺激皮下组织，直至胸部肌肉群，从而修复乳房周围皮肤的弹性纤维；使血液循环加速，反射性刺激脑垂体性腺激素的分泌，激发乳房中脂肪细胞的堆积和涨大，促进乳房增大；同时由于胸部肌肉群得到充分按摩，支撑乳房的胸肌和韧带的强度与张力得到锻炼，从而矫正松弛下垂、低平的乳房，使乳房变得坚挺和富有弹性，恢复健美。

丰胸仪适用于因各种原因导致失去坚挺和结实的正常乳房（重而下垂）和发育不良的低平乳房（小而低平）。常用的丰胸仪有自动韵律按摩丰胸机和电脑丰胸仪（图2-5-9）。

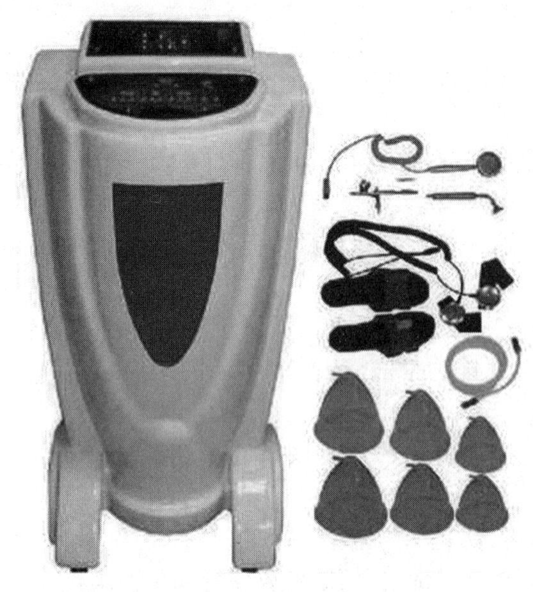

图 2-5-9 丰胸仪

（二）作用

1. 增加乳房结缔组织,改善发育不良乳房状态。

2. 使血液循环加速,性腺激素分泌增多。

3. 刺激胸肌纤维细胞活动,锻炼支撑乳房的胸肌和韧带,使乳房坚挺圆润而富有弹性。

4. 促进乳房海绵体蓬松,使乳房下垂得到改善。

（三）操作方法

1. 自动韵律按摩丰胸

（1）量胸围作记录。

（2）用洗面奶清洁胸部。

（3）热毛巾热敷双侧乳房或红外线灯局部照射 10 分钟,使毛孔扩张,血液循环加速。

（4）均匀涂擦健胸膏,以柔力按摩双侧乳房 10 分钟。

（5）用 75% 酒精棉消毒丰胸杯罩后,罩在双乳上,打开电源,产生负压,通过间歇负压吸引乳房,罩杯边缘无缝隙。

（6）调整吸力,从最小开始调整频率和幅度,至受术者接受为止。

（7）丰胸在 10～15 分钟完成,吸引时间太长会造成皮下出血。

（8）关闭开关,移开杯罩,清洗胸部,涂抹营养霜。

（9）量胸围作记录,并与健胸前记录相对比。

丰胸养护应坚持连续作,每日一次,10 次为 1 个疗程。一般年轻人乳房发育不良者见效快,中老年人或哺乳后乳房下垂者见效较慢。

2. 电脑丰胸 处方 N 是健胸、增大乳房;处方 K 是健胸、结实乳房。其操作方法如下:

（1）用温和清洁乳液清洁乳房,每侧胸部喷雾 5 分钟,并涂上丰胸膏,附以手法按摩或用毛巾等物热敷,打开毛孔,软化皮脂并促进血液循环。

（2）将电极(共三组)分别插入主极、副极插孔内,黑红电极插入两个专用乳罩电极插孔内(一红一黑),余下另一对电极不用。

（3）将丰胸膏涂在丰胸仪两个杯罩黑色部位,根据乳房大小将杯罩调节好后紧贴胸部,然后用文胸或绷带固定,确保接触紧密,不留空隙。如两侧乳房大小不均,可治疗单侧。

（4）打开电源开关,选择处方 N 或 K。

（5）调整按摩强度调节键至顾客有明显感觉为止,治疗时间也可随时调整。

（6）治疗结束,电脑自动复位,中间可手动复位,更换处方。

（7）20 天为 1 个疗程,每日 1 次,每次 15 分钟左右。

（四）注意事项

1. 吸力强度的调整要由弱渐强,皮肤细嫩、松弛者吸力稍弱一些,皮肤弹性好的人吸力可适当强一些。

2. 丰胸时每次应用时间最长不能超过15分钟，需要继续使用，要间隔10分钟。
3. 有皮肤病或皮肤溃疡者禁止做丰胸仪养护。
4. 摘除双侧卵巢或全部生殖系统的人没有必要做丰胸养护。
5. 做过填充术丰胸的人禁止做丰胸仪养护。
6. 女性怀孕期、哺乳期禁止做丰胸养护。

（五）仪器的日常保养

1. 丰胸杯罩每次使用后用75%酒精棉擦拭消毒，以免交叉感染。
2. 仪器轻拿轻放，用后以干布擦拭，置于干燥通风处。

四、射频美容仪

射频美容技术是一种非手术、准医学的全新美容方法，可以拉紧皮下深层组织和收紧皮肤，达到使下垂或松弛的面部重新提升的效果。

链接

RF、e光与IPL

RF（radio frequency），即射频电流，是一种高频交流变化电磁波的简称，表示可以辐射到空间的电磁频率（300kHz至30GHz），美容业主要利用其射频能量进行祛皱、美白等。

IPL（intense pulsed light），即强脉冲光，是一种很柔和、有良好光热作用的光源。基于光的选择性吸收和强热量原理，照射皮肤后会产生生物刺激作用和光热解作用，而被用于治疗痤疮、老年斑、色斑，改善皮肤等。

e光的核心技术主要是：射频+光能+表皮冷却，是射频能量与强光优势互补、结合进行治疗的技术，在光能强度较低的情况下强化靶组织对射频能的吸收，极大地消除了光能过强的热作用可能引起的副作用和顾客的不适。广泛用于祛斑、脱毛、祛除红血丝、除痣等。

（一）工作原理

RF射频美容仪利用每秒600万次的高速射频技术作用于皮肤，皮肤内的电荷粒子在同样的频率上会变换方向，随着射频高速运动后产生热能，真皮层胶原蛋白在60～70℃的温度时，会立即收缩，让松弛的肌肤马上得到向上拉提、紧实的拉皮效果，促使皮肤快速恢复到年轻健康的状态；同时皮肤组织在吸收大量热能后，使真皮层的厚度和密度增加，皱纹得以抚平，达到消除皱纹、收紧皮肤、延缓皮肤衰老的美容效果（图2-5-10）。

图2-5-10　立式RF射频美容仪

（二）作用

1. 收紧皮肤、提升面部。
2. 改善肌肤的新陈代谢、光嫩皮肤。
3. 祛除皱纹、修复妊娠纹。

（三）操作方法

1. 用适合顾客皮肤的洗面奶初步清洁皮肤。

2. 接通电源，开机预热。

3. 在顾客治疗部位涂上一层冷凝胶。

4. 连接 RF 射频探头和紧肤电流棒，设置工作时间，一般为 20～40 分钟。

5. 美容工作者分别用 RF 射频探头和紧肤电流棒在面部皮肤上轻轻滑动，操作手法由内向外，由下向上，与皱纹方向垂直、与肌肉走形相一致，重点集中在眼角、嘴角的表情纹和其他有皱纹的部位，每个部位养护时间约为 15 分钟。

6. 养护完毕，清洗凝胶，涂抹营养霜。

（四）注意事项

1. 安装心脏起搏器、有金属植入、怀孕、发热、晚期病证、出血性疾病、治疗区有严重皮肤病者以及有注射皮下填充物者禁止使用。

2. 通常情况下，RF 射频美容养护需要 20～40 分钟。如果顾客对疼痛或者热度敏感，可以在治疗部位涂抹一层具有镇静或者缓解疼痛的冷却凝胶或喷雾。

3. 少数顾客在养护后皮肤有微红现象，不必处理，可在几小时后自行恢复正常。

4. 加强皮肤保湿和防晒养护。

5. 一周内勿用热水（高于体温的水）洗脸，勿泡温泉及桑拿浴。

6. 做过手术拉皮、光子换肤或者祛斑类美容，须 2～3 个月以后才可使用 RF 射频仪器治疗；局部做吸脂手术须 1 个月后方可进行治疗；皮肤正在过敏或有痤疮，都需要好转后再进行治疗。

五、美体塑身减肥仪

美体塑身减肥仪常用的技术是：电子分解、电子机械运动、射频、超声波、制冷设备等。产生的效应是机械运动、局部加热、局部负压、局部脂肪组织损伤等，使局部组织代谢增强，促进局部血液及淋巴循环，刺激局部皮肤纤维结缔组织增生重组，脂肪细胞热溶解或冷损伤等，达到局部皮肤弹性增强，脂肪体积或数目减少塑形纤体的效果。

常见的美体塑身减肥仪有：电离子分解渗透治疗仪、电子肌肉收缩治疗仪、抽脂按摩仪、高震按摩仪、爆脂机，冰动力减肥仪等。

（一）电离子分解渗透治疗仪

1. 工作原理 主要是利用输出适度的电流，分解多余的脂肪，尤其是积聚于大腿、腹部、臀部等部位的脂肪。还可增加皮肤的通透性，清洁皮肤，帮助皮肤排泄废物。

2. 作用

（1）分解积聚局部的多余脂肪。

（2）清洁皮肤，增强皮肤的排泄功能。

3. 操作方法

（1）治疗前，受术者先做热身运动或先对治疗局部进行 5～10 分钟的人工按摩。

（2）清洁皮肤后，将减肥药膏涂于薄纱布，置于负极之金属垫下，贴于被治疗部位的皮肤上。

（3）再取一层纱布，蘸上温水，放在另一正极之金属垫下，贴于皮肤上，并将正、负极金属垫用束带固定。

（4）两块金属垫都用导线连接到治疗仪上，然后开机，由弱到强调节电流强度。

（5）治疗过程中，接受治疗者在金属垫覆盖的部位会有温热感，若无不适，可不予处理。

（6）初次治疗，开机时间以10分钟左右为宜，逐渐增至20~25分钟，每周2~3次。

4. 注意事项

（1）所用药物应有正、负极的明显标注，不可混用，治疗者应掌握所用药物的性能。

（2）烫伤、晒伤、皮肤破损、敏感性皮肤禁用此仪器；经期、皮肤血液循环失调、对热力敏感者也禁止使用。

（二）电子肌肉收缩治疗仪

1. 工作原理　电子肌肉收缩治疗仪有节奏调节和强度调节两种控制装置：节奏调节可控制肌肉收缩时间的长短；而强度调节可控制电流的强弱。机身带有8条不同颜色的电流输出带，每条带子连有两块导电的胶垫。因而又叫十六片减肥治疗仪，如果连有20个金属垫片，则称之为二十片电子减肥治疗仪。电子肌肉收缩治疗仪就是通过电流刺激肌肉收缩，使血液及淋巴循环也随着肌肉的活动而加快，从而促进细胞功能活动，排泄多余的脂肪和废物。该治疗方式可用于全身个别肌肉组织或多组肌肉组织。

2. 作用

（1）通过电流刺激肌肉收缩，消耗体内过剩的热能。防止过多的脂肪囤积，达到减肥目的。

（2）刺激局部组织，加速血液及淋巴循环，增强肌细胞功能活动，排泄废物。

3. 操作方法

（1）在电疗前，先用水蘸湿胶垫，以使电流分布均匀。

（2）根据治疗需要，将蘸水胶垫按于不同的肌肉组织上。胶垫通常采用全身分布法，让身体的两边同时接受同样的治疗，具体有长型和斜型等不同放置方法：

1）臂、臀、腹及腿部一般采用对称分布的方法放置。

2）背部肌肤一般采用多组橡皮筋带将胶垫分组系紧。

3）若胸部肌肤松弛，可将胶垫置于乳房之下及乳房之上端。

（3）打开电源，调节每一组胶垫的电流频率及强度，亦可个别操作。

（4）治疗结束，关闭电源，取下胶垫，及时用消毒药水及清洁剂洗净。

4. 注意事项

（1）应根据肌肉组织的活动原理，正确放置胶垫的位置，切忌将两组相连的肌肉做相反方向的收缩活动。

（2）电流应由弱逐渐加强，让顾客有一个逐步适应的过程，避免电流突然过强，使人产生强烈的刺激。

（3）孕妇、患有心脏病、高血压的顾客以及体内有金属支架者禁止使用。

（4）操作完毕后应将输出带理顺挂好，勿折叠扭曲受压。

（5）胶垫注意清洁消毒，防止交叉感染。

（6）仪器用干布擦拭后，放置于干燥环境中。

（三）抽脂按摩仪

1. 工作原理　抽脂按摩仪的原理是将抽空负压的胶杯由胶管连接至抽脂机上，把负压胶杯放置于脂肪积聚处，利用胶杯在身体淋巴系统活动，刺激血液及淋巴循环，强壮肌肉纤维,增强新陈代谢,从而达到消散脂肪的目的。

2. 作用

(1) 刺激血液及淋巴循环,增强新陈代谢,消散脂肪。

(2) 帮助排泄皮肤的废弃物。

3. 操作方法

(1) 接受治疗者先做桑拿浴或热身运动,使全身肌肉纤维温暖而松弛,提高抽脂效果。

(2) 在顾客拟抽脂部位的皮肤上涂抹一层按摩油。

(3) 选择型号合适的抽脂按摩杯连接在抽脂机上。

(4) 接通电源,打开开关,调整强度。胶杯内壁及杯口处均匀涂上按摩膏之后,扣于需治疗部位皮肤上。

(5) 将胶杯向最近的淋巴做有节奏的缓缓移动按摩。按摩部位可作轻微重复,以便减少不适及敏感。

(6) 一个部位治疗结束,操作者可将手指伸入杯内,破坏负压,再将杯移至另一部位,继续上述治疗。

(7) 各部位治疗时间不超过 30 分钟,每周 2 次为宜。

4. 注意事项

(1) 操作时胶杯与肌肤不宜吸得过紧,以免引起毛细血管破裂。

(2) 肌肤、脂肪抽起的程度不可过高,一般不超过胶杯高度的 1/5,否则皮脂抽空作用使皮肤过分隆起,会引起淤肿或不适。

(3) 治疗结束后,胶杯应清洁消毒处理。

(四) 高震按摩仪

1. 工作原理 高震按摩仪可在做圆形按摩的同时上下震动,既可运动肌肉,保持肌肉强健;又可促进血液循环,分解脂肪;还能使接受治疗者感觉舒适,松弛紧张的肌肉,缓解肌肉疲劳和疼痛,从而替代人手按摩,减轻人工按摩的负担。

高震按摩仪配有不同形状、质地的按摩头,以适应不同的按摩用途、按摩部位的需要。

2. 作用

(1) 分解脂肪,达到减肥目的。

(2) 促进血液循环,增强细胞新陈代谢,改善肤质。

(3) 运动肌肉,解除疲劳。

(4) 松弛肌肉,减轻肌肉疼痛。

3. 操作方法

(1) 在按摩之前,顾客应先进行热身运动,以使全身肌肉松弛、温暖。

(2) 将按摩油或爽身粉涂于欲按摩部位,方便按摩头的滑动。

(3) 选择光滑、柔软的按摩头,置于仪器导管的另一端。

(4) 接通电源,打开开关,一手持按摩头做长形缓慢推拉动作,另一手辅助推动肌肉配合按摩头的移动。

(5) 根据需要更换按摩头后,继续做移动式按摩。

1) 腿部按摩:腿部按摩可先用曲型按摩头或擦头按摩头做表层按摩,然后用圆粒按摩头做深入震按,震按应与人手按摩交替进行。

2) 腹部按摩:用擦头或大圆头做圆形按摩。可改善消化系统失调及肤质粗糙。

3）背及上臂按摩：可选用圆粒按摩头在有脂肪堆积的部位做较深层的按摩。背部按摩还可选用擦头或圆头按摩头，并采用滑动式的手法。但要避免在脊背上按摩，以免引起不适。

4）臀部按摩：按摩时可选用擦头或圆头按摩头。开始时可做短时间的推进按摩，然后加重力度。

4. 注意事项

（1）孕妇、女性经期及患有肿瘤、静脉曲张者禁止使用。

（2）臀部按摩时应注意避免刺激两股之间。因为此处有大神经通过，过分刺激，会造成神经发炎、疼痛或下肢暂时性肌肉失调。

六、激光医学美容仪

（一）工作原理

1. 激光器的构成 激光器是指受激光辐射放大而形成的光发生器（图2-5-11），它包括：

（1）工作物质：可以是固体如铬离子熔于氧化铝晶体（固体红宝石）、液体如若丹明染料或气体如二氧化碳，这些物质能使粒子反转，简称反转系统。

（2）激励源（泵浦源）：可以是用于固体激光的光泵浦，进行强光激励，如氙灯；或用于激励气体的放电源，泵浦源能使工作物质引起粒子数布尔反转，或在半导体注入电流等，简称激励系统。

（3）共振腔：于工作物质的两端加上两块互相平行的反光镜，其中一块为全反射镜，另一块就是半反射镜，在两个反射镜之间，就形成了光学共振腔。

（4）传导系统

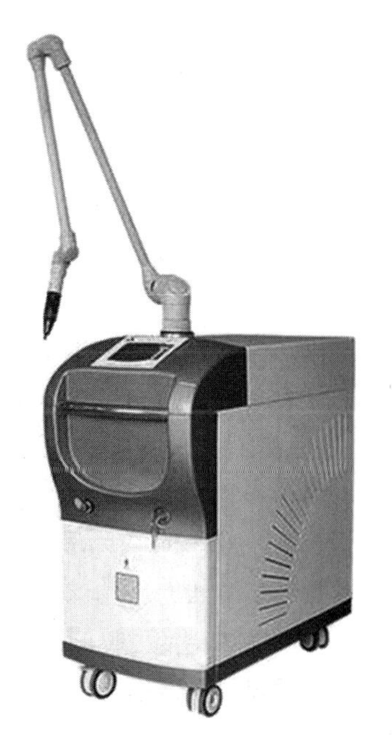

图2-5-11 激光美容仪

2. 激光器工作原理 激光器的工作方式就是由泵浦源（激励系统）给激光材料（工作物质）输入能量，工作物质受激辐射后产生光束，在光学共振腔中反射。从一定的泵功率开始，由激活的激光材料产生自激的无阻力的固有振荡，形成谱线很近的一系列的模。在两个反射镜之间，形成光波柱，其中有一个半透明的反射镜，激光就是从这个半透明的反射镜中输出相关的、高能量的激光束。

利用激光束和人体组织接触并被吸收后，大量的光转化为强烈的热能，这种热能使组织细胞干燥脱水，导致病变部位脱落、坏死，从而达到美容目的。

3. 激光的物理特性

（1）单色性：是指激光发射的光为单一波长或一个窄带波长的光。

（2）相干性：是指激光发射的光在行进时方向、时间、空间都保持一致，即光束聚焦很强，不易发散，可以被聚焦成类似波长本身一样窄的光斑大小。

（3）平行性：是指激光发射的光在长距离发射时可保持平行特性，不发生弥散或弥散极少，没有明显的能量损失。

（4）高能量：由于激光波长单一，相干性好，所以激光几乎能聚焦成一点，并具有非常高的能量。

4. 激光治疗基础知识

(1) 皮肤的吸光基团:水、血红蛋白、黑色素、文身色素。当激光照射皮肤时这些色素基团就吸收光,光能转化为热能。

(2) 激光选择性光热作用:选择性加热皮肤靶组织(吸光基团)。激光束照射靶组织并被吸收后,大量的光转化为强烈的热能,这种热能使组织细胞变性坏死,导致病变部位吸收、脱落,从而达到美容目的。加热温度必须保持大部分皮肤温度低于60~70°C,否则胶原变性明显,可能形成瘢痕。

(3) 穿透深度与波长相关:在280~1300nm范围,波长越长穿透越深;低于280nm,被蛋白质、尿酸和DNA吸收,穿透浅;高于1300nm,被水吸收,穿透力减弱。

(4) 热弛豫时间:加热组织通过弥散减少一半热量所需的时间

(5) 调控激光:组织效应的参数:

波　　长　　特定的,单一波长或倍频。

能量密度　　单位面积上照射的能量的数量,可调节。

能量强度　　单位面积上传输的功率,可调节。

光斑直径　　直径越小,穿透越浅;直径越大,穿透越深。可调节。

脉冲宽度　　激光照射时间,可调节。

(6) 皮肤冷却

冷却介质　　气体、液体、固体

前冷却　　治疗前的皮肤冷却:冷喷、冷敷、冷凝胶。保护皮肤。

平行冷却　　治疗中的皮肤冷却:冷凝胶、激光冷却系统、冷却蓝宝石。在皮肤上使用冷却蓝宝石可以安全传送非常大的能量密度。

后冷却　　治疗后的皮肤冷却:冷喷、冷敷、冰敷。减少疼痛和红斑。

(二) 激光的临床应用

激光在医学美容中主要应用于:剥脱性皮肤重建即激光换肤术、血管病变治疗、色素病变治疗和文身祛除、脱毛、非剥脱性嫩肤、局灶性光热作用等。

1. 剥脱性皮肤重建(激光换肤术)　治疗病变:光老化、瘢痕、汗管瘤、表皮痣、脂溢性角化等浅表性病变。

常用激光:

远红外波段短脉冲的CO^2(10 600nm)

铒掺钇铝石榴石(Er∶YAG)(2940nm)

原理:波长为10 600nm、2940nm均可被水强烈吸收,致高温瞬间气化导致热损伤,表皮受损剥脱,真皮胶原纤维受热收缩和重塑。

常见并发症:出血、瘢痕、色素沉着。

2. 血管病变治疗　治疗最佳波长:靠近542nm及577nm的波长,此为血红蛋白吸收峰值。

作用:毛细血管扩张、血管瘤、鲜红斑痣等血管病变。

原理:氧合血红蛋白吸收光导致热损伤凝固,阻断血流及小血管热损伤闭合。

常用激光:

1) 钕∶钇铝石榴石(Nd∶YAG)(585~600nm)

2) 585nm闪光灯泵浦脉冲染料激光:是目前血管病变的标准治疗。

副作用：紫癜

3）铜蒸气或溴化亚铜激光　　578nm

副作用：水肿、痂皮形成。

4）磷酸肽钾盐激光　　532nm

副作用：痂皮形成、水肿。

3. 色素病变治疗和文祛除身　黑色素可吸收紫外线到近红外线波长的光，故可用于治疗黑素的激光选择面很广，治疗波长的选择部分是避免其他色素基团吸收峰值，最佳脉宽是70~250ns，因此，Q开关激光非常适合针对黑素小体治疗，当达到黑素颗粒破碎的能量阈值后，色素细胞即死亡。

常用激光：

1）Q开关红宝石激光（694nm）：脉宽为20~40ns时，可治疗除红、黄亮色调的绝大多数颜色。炎症后色素沉着和黄褐斑对激光反应差。

2）Q开关紫翠玉激光（755nm）

3）Q开关Nd：YAG激光（1064nm）：治疗真皮黑素细胞增多症，如太田痣，对红、黄色有效，对绿色无效。

部分文身在激光治疗后会出现过敏反应，出现瘙痒、皮疹等。

4. 脱毛　永久性脱毛：破坏外毛根鞘隆突部的毛囊干细胞和（或）毛囊基地部的真皮乳头，这些非色素靶目标远离有色毛干的黑素基团，为了损伤非色素靶目标，热量需由含色素部位向周围弥散。故要用高能量，长脉宽的激光。

常用激光：

1）半导体激光（810nm）：目前脱毛效果最好，应用最广。少数治疗后出现色素沉着，一般3~6个月消退。

2）紫翠绿宝石激光（755nm）：不良反应为散在的结痂和毛囊炎，部分患者治疗皮肤色素沉着。

对较粗壮而较黑的毛发效果好于较细和浅色的毛发，对金色和白色毛发均无效。

激光对生长期毛发有效，对退行期、静止期的毛发无明显效果，只有等这些毛发转入生长期后激光才起作用，故激光脱毛需要多次治疗效果才明显。

并发症：损伤表皮。

5. 非剥脱性嫩肤　作用于真皮的轻微热效应，刺激真皮创伤愈合反应，消退皮肤不规则色素沉着。非剥脱性嫩肤效果是逐渐显现的。

6. 局灶性光热作用　激光照射形成微小的热损伤灶，刺激表皮和真皮更新，即局灶性换肤。

（三）操作方法

1. 氦氖激光器

（1）顾客取合适体位，暴露患部加以清洁。

（2）根据病情和激光功率调整适当的距离，启动开关，调节光斑大小，使光斑垂直照射病变部位。

（3）每日或隔日一次，每次10~20分钟，10次为1个疗程。

2. CO_2激光

（1）治疗前局部常规消毒后，用利多卡因或普鲁卡因作局部浸润麻醉。

(2) 打开开关,调整 CO_2 激光光束,使其对准患处照射,一边照射,一边用湿棉球擦掉表面炭化物,表浅病变一次即可治愈。若病变较深,可用 75% 酒精棉球擦掉硬痂,再次照射,直到深部病变组织凝固坏死。

3. Q 开关激光

(1) 治疗前,常规消毒,先用激光脉冲测试顾客对治疗的承受能力,以便确定是否需要麻醉。

(2) 顾客取合适体位,根据年龄、皮损部位、病变颜色及个体反应等调节波长和能量密度。

(3) 治疗后局部涂抗生素软膏。

4. 氩离子激光

(1) 治疗部位常规消毒后施行局部麻醉。

(2) 将激光输出孔对准病变部位,距离 2~4cm,以平均每平方厘米治疗区 400~900 脉冲,对准病灶进行均匀扫描。每次照射区以 $4\sim6cm^2$ 为宜。

(3) 照射后 6 个月内避免日晒,防止色素沉着。

(四) 禁忌证

相对禁忌证:曾做过化学剥脱、物理磨削、其他换肤术、皮肤放疗、吸烟、糖尿病、增生性瘢痕史、色素异常、不稳定个体。激光治疗操作时要慎重。

绝对禁忌证:自身免疫性疾病、瘢痕体质、光敏性、孕妇、治疗区炎症、最近一年内使用维 A 酸药物、不愿意术后 6 个月内进行防晒及接受磨削术风险等。

(五) 注意事项

1. 眼保护 近红外 Q 开关皮肤科激光对眼睛伤害最大,即使只有 1% 的光束遇到反光金属、眼镜或塑料表面反射入眼镜,也可迅速且不知不觉地致盲。故患者、医生、及相关人员都应防护,需遵循:了解所使用的激光波长,眼镜或眼罩提供的保护值在 4 或以上,正确使用激光和眼罩等。

2. 火灾防护 CO_2 激光和 Er 激光在皮肤磨削时引起火灾的可能性最大。最常见的原因是在未治疗患者时,没有将激光置于“待机”状态,在疏忽下触发了激光开关。

3. 激光术后皮肤护理

1) 保持创面清洁、干燥,避免水或化妆品污染创面。

2) 保护痂皮,让其自然脱落。使用细胞生长因子。

3) 防晒,防色素沉着。

4) 重复治疗间隔时间根据治疗项目一般为 1~3 个月。

5) 注意防感染、瘢痕、紫癜等并发症。

七、光子美容治疗仪

光子美容治疗仪即强脉冲光(intense pulsed light, IPL),属于普通光而不是激光,但同样遵循激光的治疗理论基础,即选择性光热作用原理。

(一) 工作原理

光子产生原理:是以一种强度很高的光源(如氙灯等),经过聚焦和初步滤光后形成一束连续波长为 400~1200nm 的强光,再在其治疗头放置一种特制的滤光片,将无治疗作用的光或低于某个波长的光滤掉，最后发出的是特定波段的光，该波段的光适合于某些皮肤美容性病变的治疗。使用的滤光片主要有480nm、515nm、530nm、550nm、640nm、695nm、755nm等。常见的功能有祛斑、嫩肤、脱毛、祛红血丝等功能，效果较好的是嫩肤、祛表皮斑和脱毛(图2-5-12)。

（二）作用

1. 通过分解皮下色素而淡化雀斑、黄褐斑、日晒斑以及痤疮印。

2. 闭合面部扩张的毛细血管，使皮肤发红以及毛孔粗大、细小皱纹、黑眼圈、晦暗皮肤和酒渣鼻引起的红鼻头等情况得到改善。

3. 破坏毛干和毛囊，阻碍和终止毛发的生长，且不损害周围正常的皮肤组织，从而除去多余的毛发。

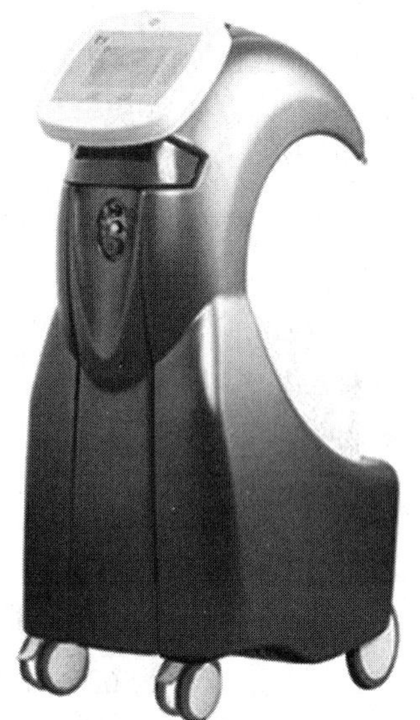

图2-5-12　光子嫩肤仪

（三）操作方法

1. 开机预热，观察顾客皮肤状态，根据其皮肤问题，确定治疗方案。

2. 应用专用洗面奶洁面，彻底清除面部的污垢和死皮，提高治疗效果；同时为肌肤设置一层保护膜，避免强光的刺激。

3. 打开控制面板，根据治疗需求及顾客耐受度设置脉宽、脉冲数等各项参数，并将它们调节到最佳组合状态。

4. 让顾客戴上光子嫩肤专用护目镜，防止眼睛遭受强光刺激。

5. 用专业工具将冷凝胶敷于需治疗部位的肌肤上，以防止强光灼伤皮肤，减轻顾客疼痛，同时也起光导入的作用。

6. 操作者自己也需配戴光子美容专用眼镜。

7. 将冷凝胶涂于仪器的光头上，从面部耳旁皮肤开始用光点击治疗，确定治疗能量，并均匀地向周围扩散。因为耳旁皮肤比其他部位更敏感，如出现过敏反应，可及时调整。根据不同部位调节治疗能量。治疗光头跟皮肤耦合良好。

8. 在治疗过程中可进行平行冷却，结束后冷敷，清洁肌肤。

9. 最后涂抹无刺激的眼霜、润肤霜和防晒霜。一方面皮肤可以充分吸收营养，达到理想的效果；另一方面也避免皮肤因日光照射引起过敏反应。

（四）注意事项

1. 治疗前应询问过敏史，避免服用引起过敏和抗凝的药物。

2. 治疗期间尽量不化妆，即使上妆，也尽量不用粉底，应用性质温和的护肤品。如果在治疗区出现裂口或结痂，应立即停止化妆并到医院就诊。

3. 配合内服一些维生素C、维生素E制剂，帮助色素减退。

4. 一个月内建议顾客外出时做好防晒工作，每天使用无刺激性的防晒品。

5. 夜间用冷水柔和地清洗皮肤，使用无刺激性的保湿护肤品。

八、红蓝光治疗仪

（一）工作原理

红蓝光治疗仪是运用了光动力疗法的原理，光动力反应的基本机制：生物组织中的内源性或外源性光敏性物质受到相应波长光（可见光、近红外线光或紫外线光）照射时，吸收光子能量，由基态变成激发态，产生大量活性氧，其中最主要的是单线态氧，活性氧能与多种生物大分子相互作用，产生细胞毒性作用，导致细胞受损甚至死亡，从而产生治疗作用。

蓝光治疗仪的治疗机理是：痤疮丙酸杆菌可产生卟啉，它主要吸收415nm波长的可见光，蓝光的波长正好在这一波段，照射后产生了光动力学反应，导致痤疮杆菌死亡，减缓或治愈痤疮。

红光治疗仪对卟啉的光动力效应弱，但能更深地穿透组织。在红光的照射下，巨噬细胞会释放一系列细胞因子，刺激纤维母细胞增殖和生长因子合成，细胞的新陈代谢加强，促使细胞的新生，同时也增加了白细胞的吞噬作用，提高了机体免疫功能，因而使炎症愈合、组织修复更快。

光动力治疗仪除了红蓝光头，还有黄光头、绿光头等。

（二）各光的临床应用

1. 红光：波长为635nm的红光具有纯度高、光源强、能量密度均匀的特点，在皮肤护理、保健治疗中效果显著，被称为生物活性光。红光能让细胞的活性提高，促进细胞的新陈代谢，使皮肤大量分泌胶原蛋白与纤维组织来自身填充。加速血液循环，增加肌肤弹性，改善皮肤萎黄、暗哑的状况，从而达到抗衰老、抗氧化、修复的功效，有着传统护肤无法达到的效果。

主要功效：美白淡斑、嫩肤祛皱、修复受损皮肤、抚平细小皱纹、缩小毛孔、增生胶原蛋白。

2. 蓝光：波长为415nm的蓝光具有快速抑制炎症的功效，在痤疮的形成过程中，主要是丙酸杆菌在起作用所致，而蓝光可以在对皮肤组织毫无损伤的情况下，高效的破坏这种细菌，最大限度减少痤疮的形成，并且在很短时间内使炎症期的痤疮明显减少至愈合。

3. 紫光：是红光和绿光的双频光，其结合了两种光的功效，尤其在治疗痤疮和祛痤疮印痕方面有着特别好的效果和修复作用。

4. 黄光：波长为590nm的黄光，对于敏感性皮肤及处于过敏期的皮肤有良好的缓解和治疗作用。

5. 绿光：波长为560nm。自然而柔和的光色，有中和、安定神经的功效，可改善焦虑或抑郁；调节皮肤腺体功能，有效疏通淋巴及去水肿，改善油性皮肤、暗疮等。

（三）操作方法

1 彻底清洁皮肤，消毒，清理痤疮，粉刺。

2. 根据治疗要求，选择治疗光头，置于顾客治疗部位上方，光板距离皮肤表面1~4cm，每次照射20分钟，每周2次，光照间隔至少48小时，8次为1疗程。

3. 痤疮皮肤以红蓝光交替治疗为主，炎性皮损较明显者先予以蓝光照射，炎症后期或炎症不明显者给予红光照射。

（四）注意事项

1. 禁忌证：卟啉症患者，孕妇，光过敏等。

2. 照射局部可出现轻微疼痛，照射后可出现持续数小时的头痛。

3. 照光部位光照后可能出现 24 小时的红斑、发红、干燥。

（贾小丽）

第六节　美容按摩

一、按摩的主要作用

美容按摩可以促进血液循环，给组织补充营养，增加氧气输送，促进细胞新陈代谢，减少油脂积累，延缓皮肤衰老，消除疲劳，减轻皮肤、神经、肌肉的紧张感，令人精神焕发。

二、美容按摩的基本手法

按摩可分为仪器按摩和人工按摩，仪器按摩指用电力按摩器利用高频振动刺激面部皮肤对面部进行按摩，可促进皮肤血循环，刺激深层组织，使皮肤紧致有弹性。人工按摩即指是美容师用双手进行按摩。

手竖位：双手指尖向下，手指垂直于两眼连线的手位。

手横位：双手指尖相对，手指平行于两眼连线的手位。

1. 按摩的基本要求

(1) 持久：按摩的每一手法应持续运用一段时间才能达到效果，穴位按摩应“按而留之”，遵循轻-重-轻的原则。

(2) 有力：按摩应具备一定力度，应达到真皮层甚至皮下肌层，可根据不同部位和体质决定。

(3) 均匀：按摩手法应动作节奏平稳，用力均匀。

(4) 柔和：手法的变换、衔接应顺畅连续，做到“轻而不浮，重而不滞”。

(5) 得气：穴位按摩时，应有酸、胀、麻等感觉，达到“气至而有效”。

2. 按摩基本手法操作要领及作用

(1) 按抚法(图 2-6-1)：用指端或手掌在面部皮肤上缓慢而有节奏地滑行，多用在按摩的开始和结束。

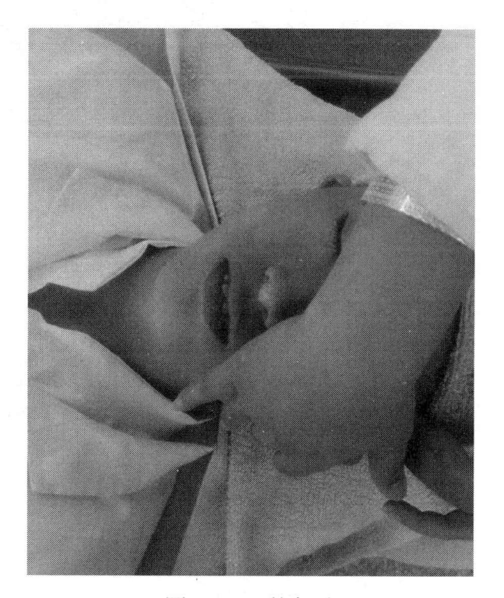

图 2-6-1　按抚法

(2) 摩圈法(图 2-6-2a、图 2-6-2b)：两手的中指还有无名指并拢，在面部做画圈运行，可以摩小圈也可以摩大圈，多用在面颊部及额部，要有一定的力度。

(3) 揉捏法(图 2-6-3)：大拇指与其他手指相配合，用指腹的力量，在松弛的肌肉上做指捏、轻推、滚动摩擦等动作，多用于颏部、面颊部，要力度适中，禁用于眼部。

(4) 提弹法(图 2-6-4)：大拇指与其他手指相配合，快速捏提肌肉，四指指尖在面部轻轻点弹皮肤，或由侧面向上弹拨皮肤，力度适中有节奏，适用于眼周。

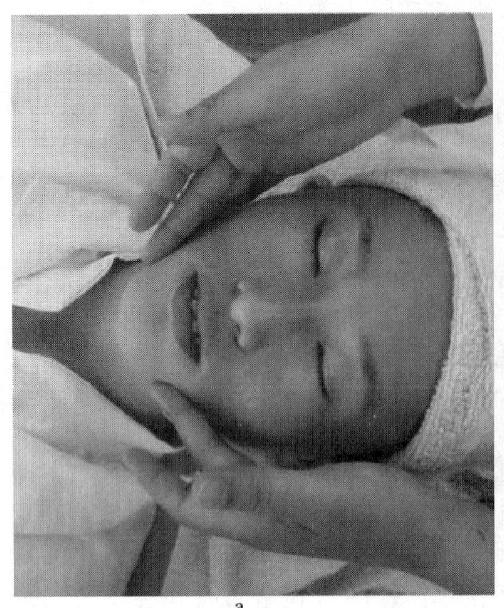
a

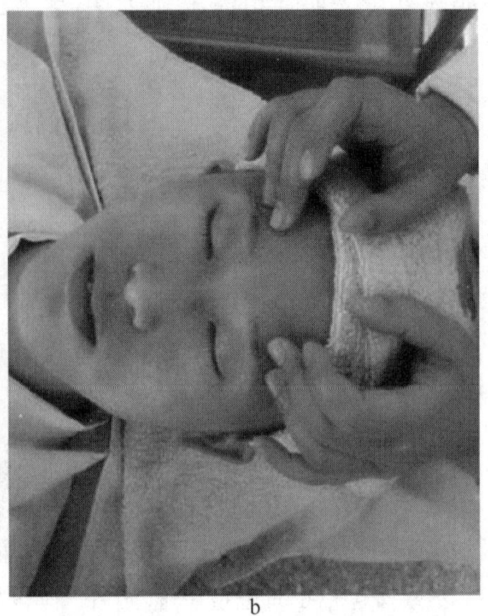
b

图 2-6-2　摩圈法

a. 颊部摩大圈;b. 额部摩小圈

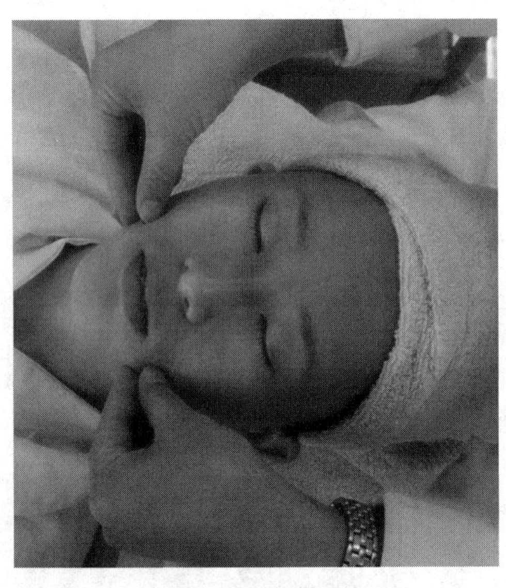

图 2-6-3　揉捏法

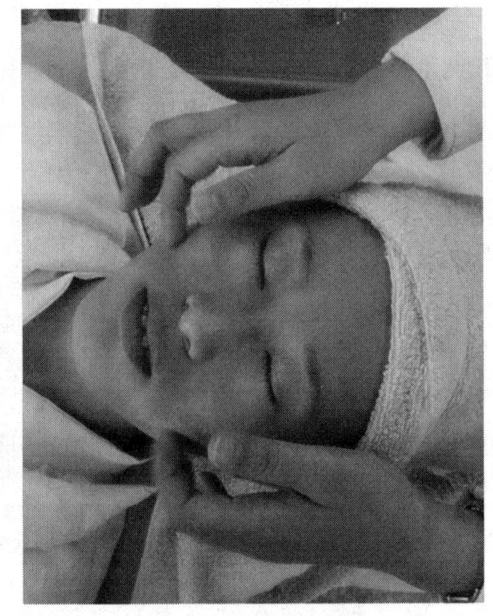
图 2-6-4　提弹法

(5) 扣拍法:多用空拳、手掌或小鱼际,在额部、头部、肩背部做一定力度的震动,手腕要放松,力量集中于手掌,使受力部位发生震动,频率要快,触点要有弹性。

(6) 抹法(图 2-6-5):以手指指尖或手掌,紧贴皮肤表面,来回摩擦,动作连续,一气呵成,如额头、全面部的上下拉抹、眼眶的轮刮等。

(7) 按法(图 2-6-6):用手指、手掌或肘尖在体表某部位的穴位上,逐渐用力下压,方向要垂直,用力呈轻-重-轻,是刺激充分到达机体组织深部,常与揉法结合使用。

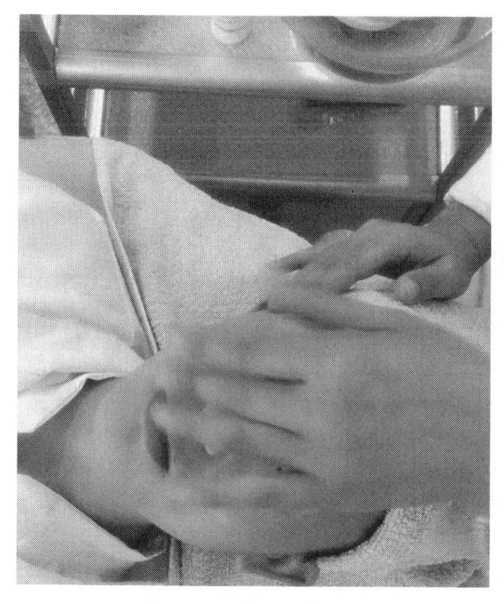

图 2-6-5　抹法

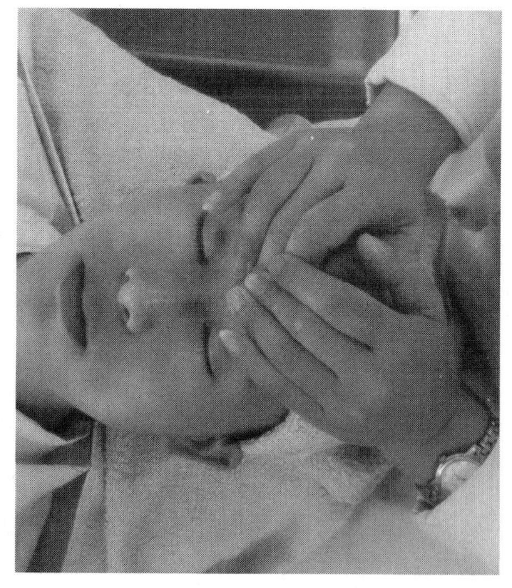

图 2-6-6　按法

（8）其他：其他常用的还有擦法、交剪手、走 V 形、压法、拿、搓、揉等。

三、按摩操作的要求

1. 按摩动作要熟练准确，要能够配合不同部位的肌肉形态变换手形。手指、掌、腕部动作应灵活、协调，以适应各部位按摩需要。
2. 按摩节奏要平稳。
3. 动作频率要适当，由慢至快，由轻至重，具有深透性和渗透性。
4. 根据皮肤的不同状态、位置，注意调节按摩力度，特别注意眼部周围用力要轻。
5. 根据不同部位的按摩要求，合理掌握按摩时间，整个按摩过程动作要连贯流畅自如。
6. 按摩时间不可太长，以 10~15 分钟为宜。
7. 点穴位置准确，手法正确。

四、按摩的基本原则

按摩要做到：力达深层，而表皮基本不动。
1. 按摩走向从下向上。
2. 按摩走向从里向外，由中间向两边。
3. 按摩走向与肌肉走向一致，与皮肤皱纹方向垂直。
4. 按摩时应尽量减少肌肤的位移。

五、按摩的注意事项

1. 按摩前一定要做面部清洁。
2. 最好在淋浴或蒸喷后，毛孔张开时进行按摩。
3. 按摩过程中要给予足够的按摩油。

六、按摩的禁忌

1. 严重的过敏性皮肤。

2. 特殊脉管状态，如毛细血管扩张，毛细血管破裂等。

3. 皮肤急性炎症、皮肤外伤、严重痤疮。

4. 皮肤传染病，如扁平疣、黄水疮。

5. 一些严重哮喘病的发作期。

6. 关节肿胀，腺肿胀等。

七、面部按摩的目的与功效

1. 增进血液循环，给组织补充营养。

2. 增加氧气的输送，促进细胞新陈代谢正常进行。

3. 帮助皮肤排泄废物和二氧化碳，减少油脂的堆积。

4. 使皮肤组织紧实而富有弹性。

5. 排除积于皮下过多的水分，消除肿胀和皮肤松弛现象，有效延缓皮肤衰老。

6. 使皮下神经松弛，得到充分休息，消除疲劳，减轻肌肉的疼痛和紧张感，令人精神焕发。

八、头面部常用穴位

如图 2-6-7 所示：

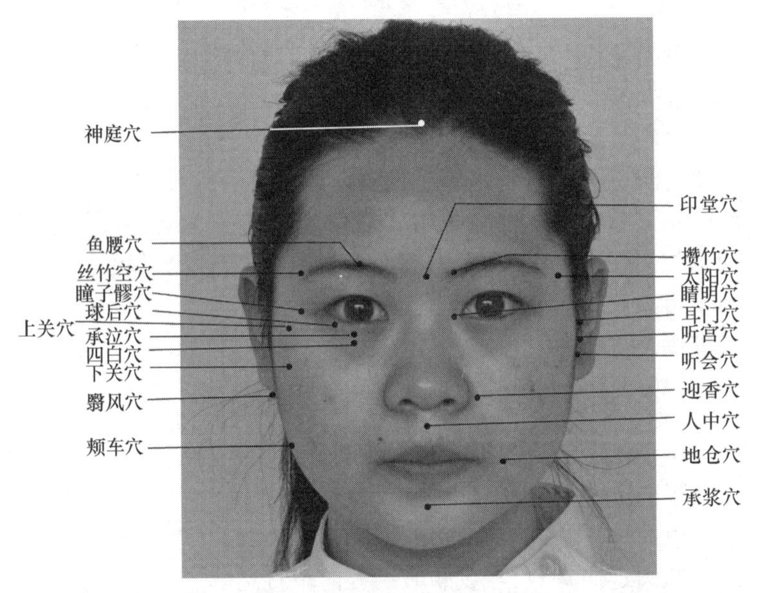

图 2-6-7 头面部常用穴位

1. 太阳穴：眉梢与外眼角连线的中点旁开 1 寸凹陷处。

2. 印堂穴：两眉头连线的中点，对准鼻尖处取穴。

3. 翳风穴：下颌角与颞骨乳突连线耳垂后方凹陷处。

4. 听宫穴：耳屏中点前缘与下颌关节间凹陷处。

5. 听会穴：听宫下方，与耳屏下切迹相平。

6. 攒竹穴：眉头内侧凹陷处。

7. 鱼腰穴：眉毛中点与瞳孔直对处取穴。

8. 丝竹空穴:眉梢外侧凹陷处。

9. 瞳子髎穴:眼外眦外侧,眶骨边缘。

10. 承泣穴:眼平视,瞳孔下方0.7寸取穴。

11. 迎香穴:鼻翼旁开0.5寸,鼻唇沟处取穴。

12. 地仓穴:口角外侧旁开0.4寸,与瞳孔直对处取穴。

13. 人中穴:鼻唇沟中,上1/3与下2/3交点处取穴。

14. 承浆穴:下唇下方,颏唇沟中点取穴。

15. 上关穴:耳前,颧骨上缘,当下关上方凹陷处。

16. 下关穴:颧骨下缘凹陷处,当下颌骨髁状突的前方取穴。

17. 颊车穴:下颌角前上方一横指凹陷中,咀嚼时咬肌隆起最高处。

18. 睛明穴:眼内眦内侧凹陷中取穴。

19. 四白穴:瞳孔直下1寸取穴。

20. 球后穴:眶下缘,内3/4与外1/3折点处取穴。

21. 神庭穴:前发际正中直上0.5寸。

22. 耳门穴:耳屏上切迹前,下颌骨髁状突后缘张口凹陷处。

九、美容师手操

第1节 甩手运动:双臂于胸前自然弯曲,前臂平端,十指指尖向下,双手手腕放松,在胸前快速上、下、左、右甩动。

第2节 抓球运动:双手曲肘、握拳,与胸平齐,掌心向外,假想手中各紧握一个小球,甩动前臂,用力将想象中的小球掷出。掷出时,手指尽量张开并向手背方向绷紧。

第3节 旋腕运动:双臂相对弯曲,十指相互交叉对握,分别向前、后、左、右旋转。

第4节 压掌运动:双手并拢,与胸平齐,双手指尖向上,在胸前合十,尽量用力弯曲左手腕,然后再换右手腕,如此交替左右压腕、推掌。

第5节 弹琴运动:五指自然分开,指关节微屈,掌心向下,从拇指开始分别以5个手指指端有节奏地轻弹桌面或膝盖,然后再由小指弹回拇指,动作要快速、连贯、指尖尽量抬高。

第6节 拉指运动:双手十指相互交叉于手指根部,肘部抬平,与肩平行,掌心向下,双手用力向两边拉开。

第7节 正向轮指运动:双手指掌关节微屈,手指绷直,在向内侧旋腕的同时,从食指依次至小指分别带向掌心,此后食指至小指均收入掌心,呈握拳状,拇指仍伸向手背部。

第8节 反向轮指运动:双手指掌关节微屈,手指绷直,在向外侧旋腕的同时,从小指依次至食指分别带向掌心,此后小指至食指均收入掌心,呈握拳状,拇指仍伸向手背部。

第9节 指关节运动:双手曲肘上举,与胸平齐,手指伸直,指尖向上,掌心相对,随着节拍从第一指关节开始向下弯曲,最后至掌心握拳,整个过程均需假想用力。

第10节 手腕绕圈运动:双手握拳,与胸平齐,在手腕处做绕圈动作,再以反方向做绕圈动作。

十、面部按摩操作流程

1. 拉抹下巴,两遍以后,点按翳风穴(图2-6-8)。

2. 口周按摩,拇指点三穴:人中、承浆、地仓(图2-6-9a、b)。

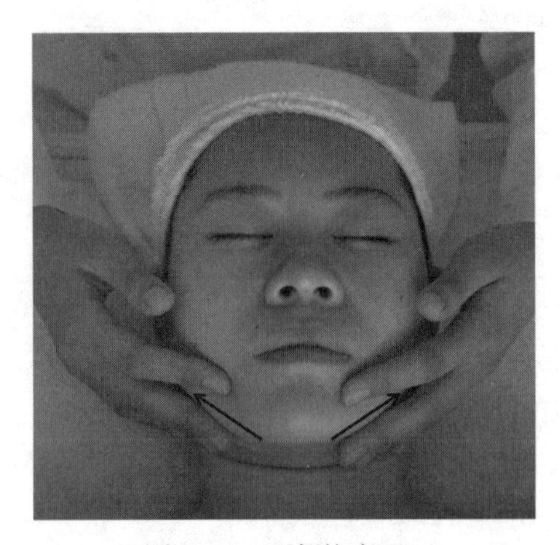

图 2-6-8　面部按摩(1)

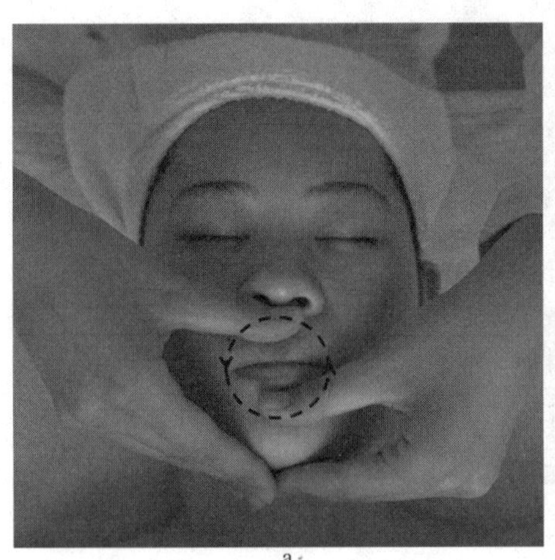

a

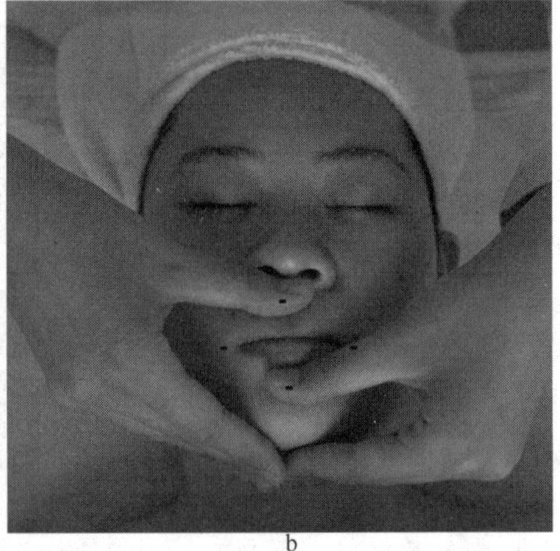

b

图 2-6-9 面部按摩(2)

3. 从承浆到翳风打圈按摩,不少于 12 个(图 2-6-10)。
4. 地仓到听宫打圈按摩,不少于 12 个(图 2-6-11)。

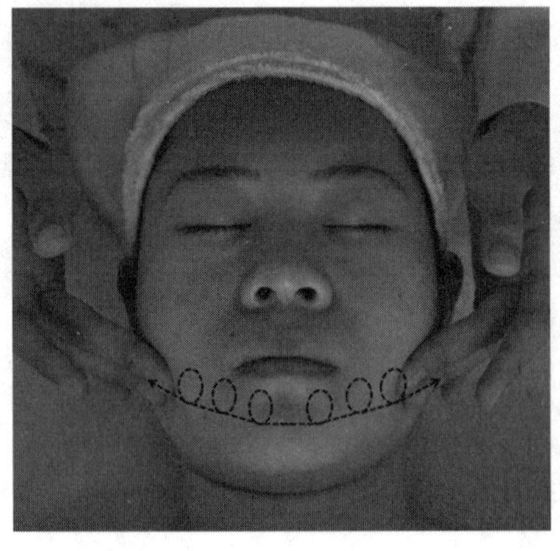

图 2-6-10　面部按摩(3)

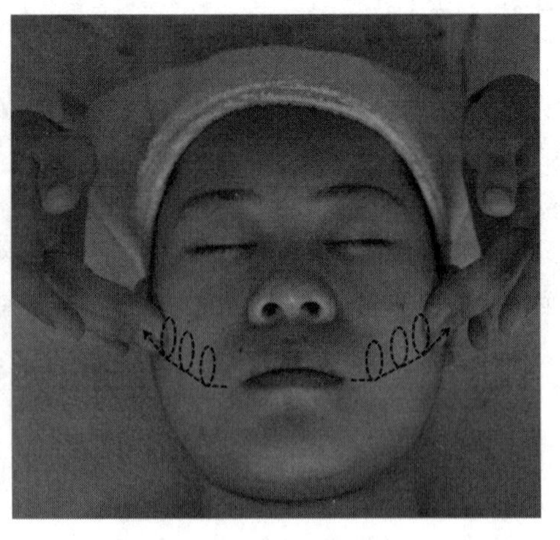

图 2-6-11　面部按摩(4)

5. 从迎香到太阳打圈按摩，不少于 12 个（图 2-6-12）。

6. 在鼻部按摩，从迎香到攒足（图 2-6-13）。

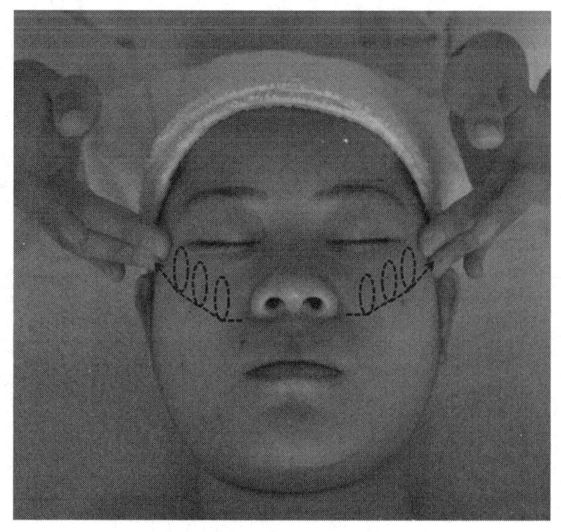

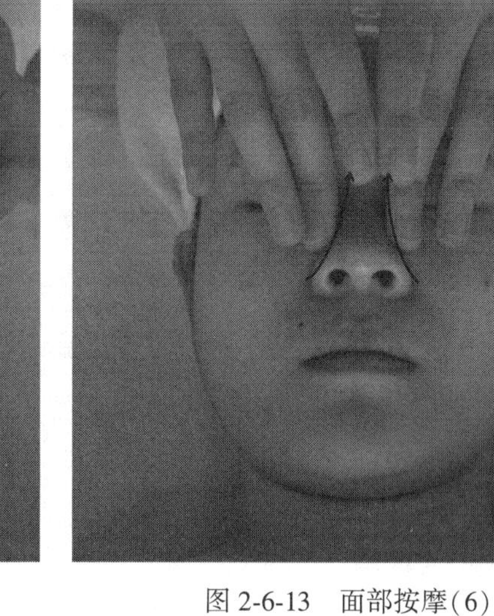

图 2-6-12　面部按摩（5）

图 2-6-13　面部按摩（6）

7. 双手中指、无名指放在太阳穴处，用中指单指沿下眼眶打圈，按摩至承泣、四白、睛明、攒足、鱼腰、丝竹空、瞳子髎、球后，回太阳穴（图 2-6-14）。

8. 眼部大八字按摩（图 2-6-15）。

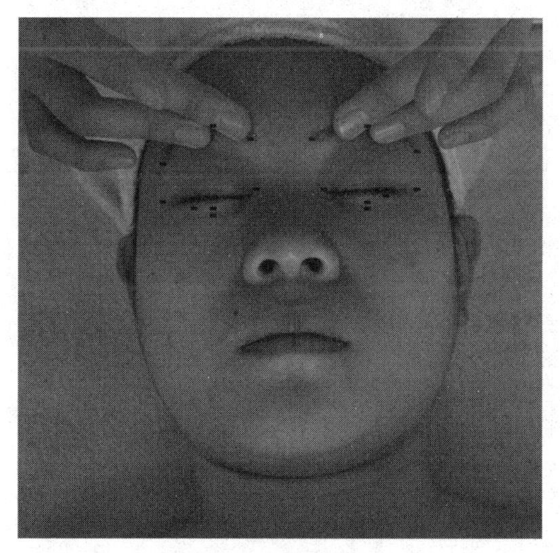

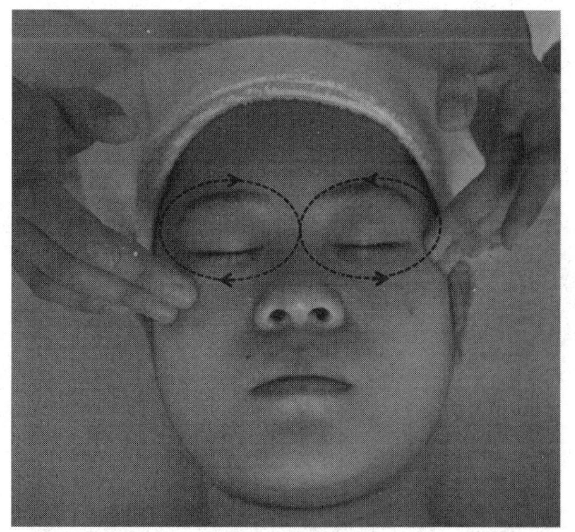

图 2-6-14　面部按摩（7）

图 2-6-15　面部按摩（8）

9. 做眼部小八字按摩（图 2-6-16）。

10. 做额头 V 字按摩（图 2-6-17）。

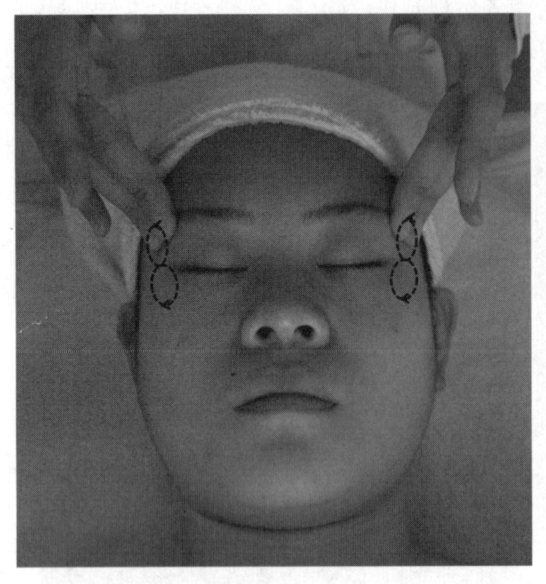

图 2-6-16　面部按摩(9)

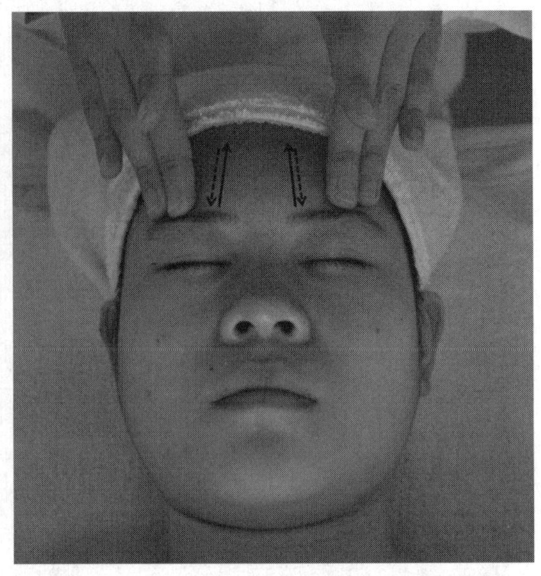

图 2-6-17　面部按摩(10)

11. 额头做小拉抹按摩(图 2-6-18)。

12. 左手竖位,食指、中指在印堂穴位分开,右手中指、无名指在左手食指、中指分开处打圈,按摩至神庭穴(图 2-6-19)。

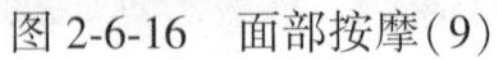

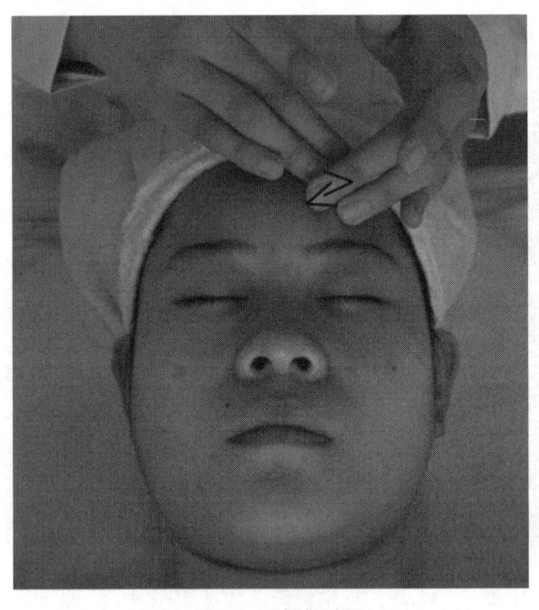

图 2-6-18　面部按摩(11)

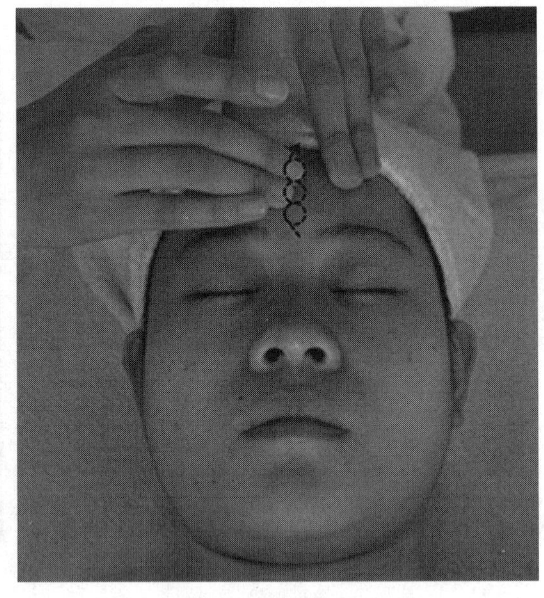

图 2-6-19　面部按摩(12)

13. 左手扣于额头,食指、中指在右侧太阳穴处分开,右手中指、无名指在左手食指、无名指分开的最大处打竖圈至左侧太阳穴处,然后双手按原路径返回(图 2-6-20)。

14. 做额头打圈按摩(图 2-6-21)。

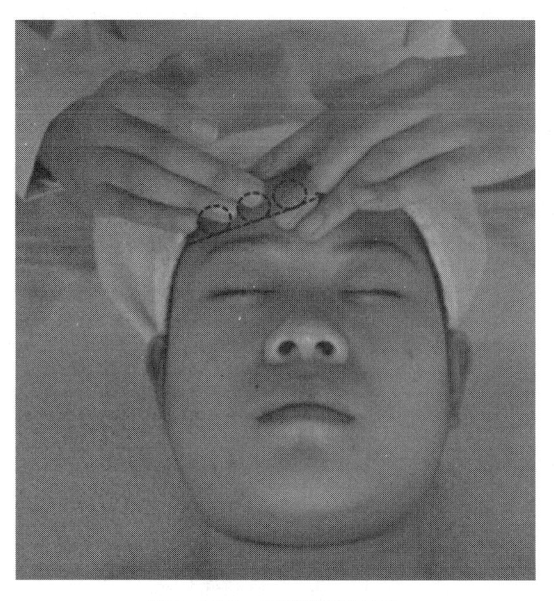

图 2-6-20 面部按摩(13)

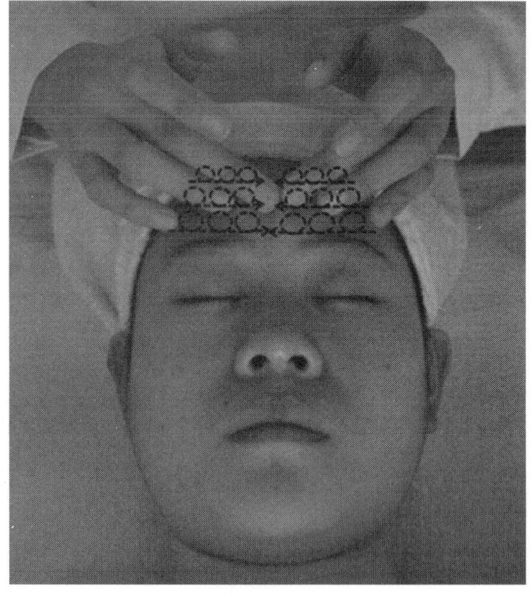

图 2-6-21 面部按摩(14)

15. 用双手小鱼际从眉骨向前额发迹线做拉抹按摩(图 2-6-22)。
16. 面颊双侧弹拨(图 2-6-23)。

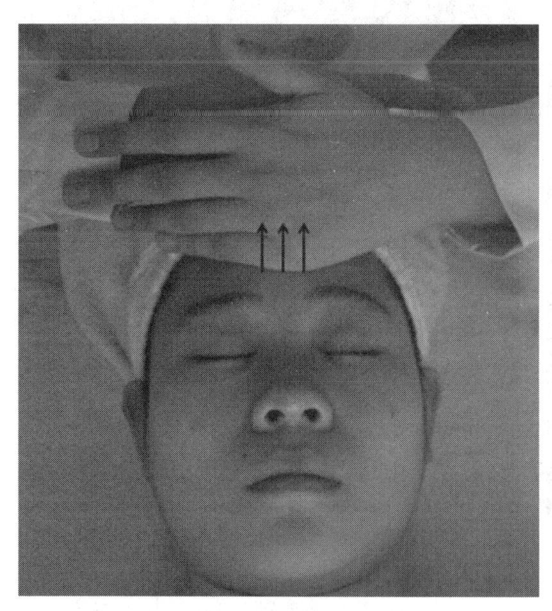

图 2-6-22 面部按摩(15)

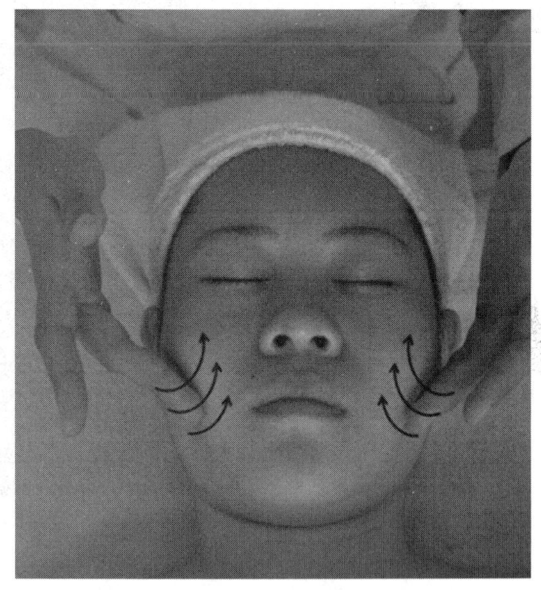

图 2-6-23 面部按摩(16)

17. 双手虎口向上,做中指、无名指、拇指三指提捏面颊皮肤(图 2-6-24)。
18. 做面颊单侧交替弹拨动作(图 2-6-25)。

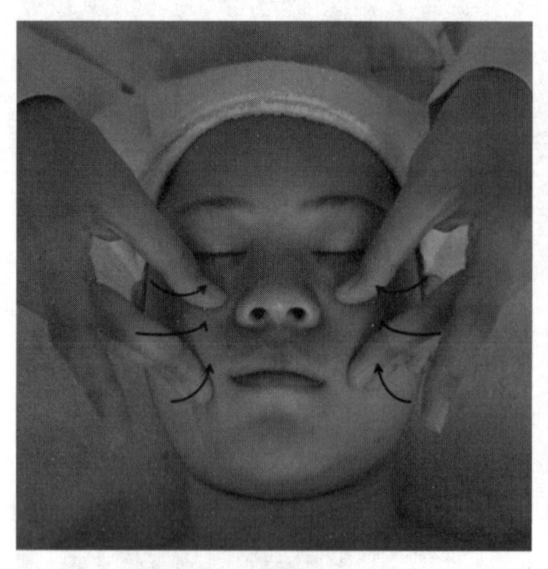

图 2-6-24　面部按摩(17)

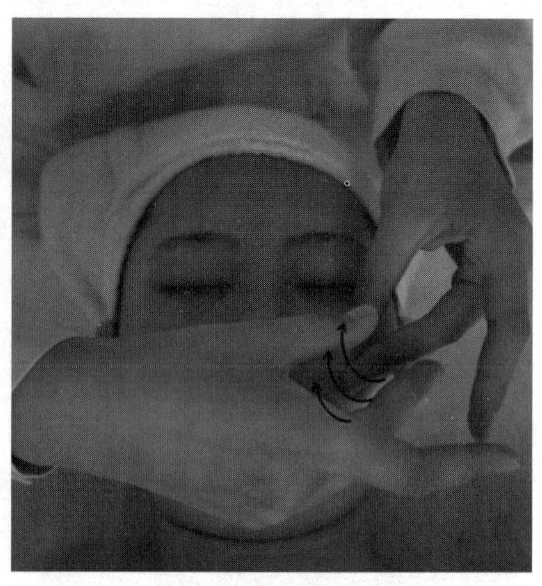

图 2-6-25　面部按摩(18)

19. 做面部整体拍弹动作(图 2-6-26)。
20. 做面部整体按摩结束动作(图 2-6-27)。

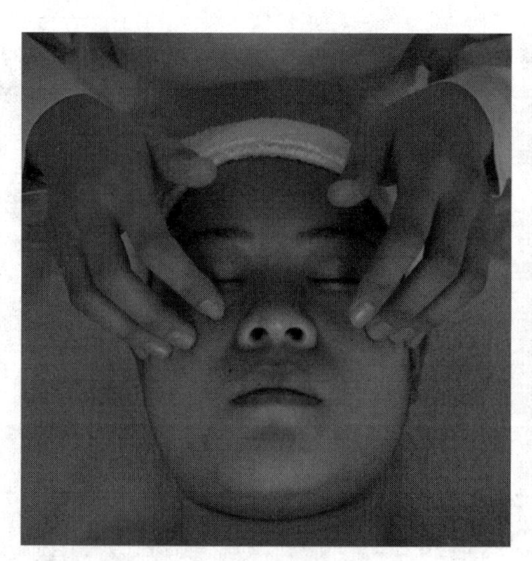

图 2-6-26　面部按摩(19)

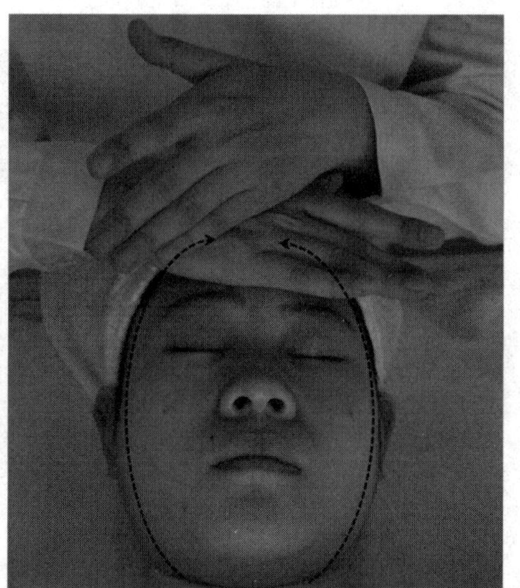

图 2-6-27　面部按摩(20)

(朱　薇　米希婷)

第七节　面　　膜

面膜是一种以药物、营养素混于一定基质中的涂面剂,使用时紧贴于面部皮肤,在面部与空间形成一层隔膜,增加皮肤温度与湿度,使涂在皮肤表面或面膜中的美容营养物质贴近皮肤,便于渗透和吸收,可起到清洁、营养、消炎、润肤、护肤等美容作用。

一、面膜的分类及作用

1. 面膜的分类 面膜的种类繁多，一般可按性状、功能、成分等方面进行分类。一般按性状分类，可分为硬膜、软膜和特殊类面膜。其中硬膜分为热膜和冷膜。软膜可分为粉状面膜、胶状面膜、膏状面膜。特殊类面膜包括：片状面膜、蜡状面膜、啫喱面膜、胶原面膜、果蔬面膜。

另有学者认为面膜按性状可分为：凝结性面膜、非凝结性面膜、电脑面膜、胶原面膜、中药纱布带压膜。凝结性面膜包括：硬膜、软膜、蜜蜡面膜、可干啫喱膜。非凝结性面膜包括：保湿啫喱面膜、矿泥面膜、粉膏面膜、油膏面膜、蛋奶面膜、果蔬面膜、中草药面膜。胶原面膜包括：海藻胶原面膜和骨朊面膜。

从功能上可分为保湿、美白、紧肤、祛痘、深层清洁面膜。

从成分上可分为中草药面膜、矿物质面膜、植物面膜、生物面膜等。

2. 各类面膜的作用

（1）凝固型面膜：指面膜可干燥结成整个膜体整体剥脱的面膜。作用：使用时其中的有效成分可充分渗透，滋润皮肤，在面膜干燥过程中还可收紧皮肤，加速血液循环，增强皮肤弹性，最后剥脱时可将面部皮肤老化细胞一起带下，清洁皮肤。

（2）非凝结性面膜：针对凝固型面膜而言，系指使用后不会干燥凝固的面膜，此类面膜取材广泛，使用方便，但大部分清除时需用清水反复漂洗。作用：软化角质细胞，给角质层补充水分和营养，滋润皮肤，增强皮肤张力，舒展细碎皱纹，透气性强，可充分利用纯天然物质，根据不同成分发挥不同作用。

（3）电离面膜：亦称电子面膜，是利用电流的热效应而发生作用，使用方便简捷。一般适用于油性皮肤、干性皮肤和衰老性皮肤，敏感皮肤、暗疮发炎皮肤、毛细血管明显扩张皮肤禁用，眼部应垫湿消毒棉片。作用：溶解堵塞于毛孔中的油脂污垢，便于清除；渗透营养，补充干性皮肤所需的水分及脂类物质。

（4）胶原面膜：指主要成分为胶原蛋白的一类面膜。发炎作用：补充皮肤水分、矿物质、维生素、胶原与弹力素等营养成分。

（5）中药纱布袋压膜：运用不同功效中药经过研制装入纱布袋内加以蒸煮，使达到一定温度后敷压于面部。作用：治疗痤疮、黄褐斑、皮肤粗糙或老化。

二、硬　　膜

用适量水将面膜粉调成糊状，涂用后5~8分钟凝固成形，美容护肤结束时可将面膜整体揭除，其形状如面廓模型，称为倒膜，这种美容护肤方法亦称面膜倒膜。倒膜在基质的基础上可再根据美容需要加入动物性、植物性、矿物性、中药等各种美容营养、润肤、护肤类物质，配置成不同的面膜材料，以供选择。

硬倒膜的基质主要是医用石膏粉，其成膜材料可有高岭土、滑石粉、氧化锌粉、淀粉、海藻酸钠、聚乙烯醇、羟甲基纤维素、二氧化钛、甲壳质等。

1. 硬倒膜的分类 由于添加剂成分的不同，硬倒膜可分为热膜和冷膜两种。

（1）热膜倒膜：主要通过热渗透的原理，促使面部皮肤血液循环加快，毛细血管和毛孔扩张，充分吸收膜粉中的营养物质，达到增白及减少色斑的作用。一般适用于干性、中性、油性皮肤，老化皮肤，雀斑、黄褐斑及有瘢痕的皮肤，也可用于身体的局部护理,如健胸、减肥等。

(2) 冷膜倒膜:指在倒膜中含有少量的清凉剂等物质,使受施者感到皮肤有凉爽的感觉但因为石膏倒膜的缘故使局部的皮温保持不变,同时对毛孔粗大的皮肤有明显的收敛效果,并可改善油性皮肤皮脂分泌过盛的状态,一般不会使毛孔扩张。冷膜倒膜主要用于暗疮皮肤、敏感皮肤、混合性皮肤和干性皮肤,夏季较冬季多用,南方较北方多用。

2. 硬膜的使用方式

(1) 准备:即皮肤护理面膜前的程序。求美者平卧位,毛巾包发,暴露面部。清洁面部、奥桑喷面或热毛巾敷面数分钟、面部按摩、面部涂倒膜底霜。

(2) 调膜:倒模粉 250g,加水 100ml 调成匀浆。调制时应迅速均匀,以免硬膜干掉无法使用。

(3) 敷膜:用棉布遮盖眼部,口部,用平滑的工具由颈部、下颌部、面颊、下巴、唇鼻之间、鼻、额头均匀地涂抹平坦。应空出鼻部,如鼻塞可空出口部,如求美者恐黑,应空出眼部。

(4) 揭膜:敷面 20~30 分钟后,即可揭膜。嘱顾客做一微笑动作以松动面膜,再双手掌贴于脸侧,均匀用力,由下至上将面膜整个剥下。除面膜时应轻柔操作,以免损伤皮肤。

(5) 润肤:清水彻底洗净,面部拍收缩水、柔肤水,涂营养霜。

三、软　膜

软膜是一种粉末状面膜,其主要基质为淀粉。软膜涂敷在皮肤上可形成质地细软的薄膜,性质温和,可将皮肤分泌物阻隔在膜内,为表皮补充足够的水分,使皮肤明显舒展,细碎皱纹消失。

1. 软膜的分类　软膜可分为粉状面膜、胶状面膜和膏状面膜。

(1) 粉状面膜:主要成分为高岭土、淀粉、滑石粉、氧化锌、保湿剂等。粉状面膜可吸收皮肤中过剩的油脂,对粉刺皮肤尤其有效。

(2) 胶状面膜:也称剥离型面膜,主要成分为水溶性高分子、保湿剂和醇类。此类面膜属于非凝结性面膜,可剥离,具有保湿、清洁、促进血液循环的作用。

(3) 膏状面膜:主要成分为高岭土、油分、保湿剂、营养剂等。膏状面膜油分含量丰富,利于皮肤吸收,还可添加中草药、动物性、植物性、矿物性原料等有效成分,营养皮肤,改善皮肤功能。

2. 软膜的使用方法

(1) 准备:同硬膜。

(2) 调膜:将适量膜粉置于清洁容器中,加入适量蒸馏水,用倒膜棒迅速朝一个方向调膜成均匀糊状。

(3) 敷膜:涂眼膜或眼部覆盖湿棉片。用倒膜刷将膜均匀涂于面部,顺序同硬膜,方向为从中间到两边,从下向上。

(4) 揭膜:15~20 分钟后,待其全部干透,从下向上轻揭膜。

(5) 润肤:同硬膜。

四、特殊类面膜

1. 片状面膜:也称面膜贴,是一种浸过含油性成分或保湿剂水溶液的无纺布按面部轮廓设计的薄片。可直接贴于面部使用，一般敷贴时间为15~20分钟，可快速补水保湿、改善肤质。

2. 蜡状面膜：也称石蜡面膜，是一种外观呈蜡状的面膜，其主要成分为石蜡和油剂。使用时需先将面膜加热至42~45℃，成为液状，再用美容刷敷在皮肤上，冷却固化15~20分钟后去除蜡膜。适用于油性非痤疮皮肤、敏感皮肤或毛细血管扩张皮肤。

3. 啫喱面膜：呈半透明黏稠状，具有补充皮肤水分和去除污垢的作用。分为可干啫喱面膜和保湿啫喱面膜。前者涂敷于皮肤后逐渐干燥形成薄膜，可整体揭除，清洁效果好，适用于油性及角质堆积性皮肤。后者涂敷皮肤后不变干，有较强的滋润作用，常用于眼部护理。

4. 胶原面膜：包括海藻胶原面膜和骨胶原面膜。海藻胶原面膜性质温和，含多种维生素、蛋白质胶原纤维和矿物质，可补充皮肤水分，增强细胞活力及皮肤弹性，适用于油性、干性及衰老性皮肤，痤疮皮肤禁用，敏感皮肤慎用。骨胶原面膜主要成分为胶原蛋白、维生素E、水解蛋白，营养性强、效果明显但成本较高，一般像一张弹性和伸缩性较强的软纸。可使皮肤光滑细腻恢复弹性、收缩毛孔、舒展皱纹、补充水分，适用于干性、油性、色斑及老化皮肤。但因其会使炎症部位增生，增加创伤程度，产生纤维瘢痕，因此禁用于发炎及创伤皮肤。

5. 果蔬面膜：因天然果蔬特性而效果有所差异。果蔬面膜可稳定皮肤的酸碱度及水分，作用于皮下深层部位，改善皮肤状况。如芦荟面膜可杀菌、解毒、保湿润肤，多用于油性、痤疮皮肤；黄瓜面膜对幼嫩皮肤及敏感皮肤有爽肤作用。

美容面膜种类繁多，其成分和功能各异，要根据皮肤状况、年龄、季节、美容目的选择适宜的面膜。敏感性皮肤应慎用或不用面膜美容，使用面膜后若皮肤出现红斑、瘙痒、脱屑等敏感状况，应即刻停止使用。

（米希婷）

第八节　爽肤、嫩肤及护肤整理

爽肤嫩肤是美容皮肤护理中非常重要的一个环节，一般在敷完面膜后或平时日常使用。美容皮肤护理中的爽肤嫩肤主要是使用美容护肤品。美容护肤品属于化妆品的一类，是指在医学美学理论指导下，为清洁、保护、营养和改善皮肤，以达到维持皮肤柔软、光滑、润泽、富有弹性等目的而外用的一些物品。

化妆品种类繁多，我国主要有两种分类方法：一是按产品的形状分类；另一种是根据产品的用途特点进行分类。

一、化妆品的分类

1. 按产品形状分类

（1）液体类：为透明状液体，包括化妆水、香水、保湿露。

（2）膏霜、乳液类：主要由油、脂、蜡、水和乳化剂组成的一种乳化体。按乳化性质可分为W/O型（油包水）和O/W型（水包油）两种。包括乳液、蜜、粉底霜、润肤霜、洁面霜、按摩膏等。

(3) 粉类:为粒度很细的固体粉末,或将粉末压缩成块状,包括香粉、胭脂、粉饼、眼影等。

(4) 凝胶类:由大分子溶液在一定条件下黏度增大形成的透明冻状半固体化妆品。可由液态和固态的油性成分适当混合而成,也可由油、水和表面活性剂的一些组分混合而成。特点是液体含量多,形成的半透膜可让一些小分子、离子通过,而大分子不能通过。包括眼凝胶、凝胶面霜、凝胶面膜等。

(5) 蜡类:是将颜料拌在黏度很高的油性成分中制成,包括唇膏、眉笔等。

(6) 膜类:由水溶性高分子化合物和填充材料加入溶剂调制而成,涂敷于皮肤表面可以形成膜状,包括面膜、眼膜、体膜等。

2. 按产品用途分类

(1) 清洁类化妆品:是指用于去除面部、皮肤上污垢的化妆品。包括美容皂、清洁霜、洗面奶、磨砂膏、去角质膏(液、霜)等。

(2) 护肤类化妆品:为滋润、保护、营养皮肤的化妆品。包括化妆水、乳液类、膏霜类、面膜类、精油、精华素类。

(3) 修饰类化妆品:是指涂敷于人体面部、指甲等部位,达到修饰矫形及美化外表作用的化妆品。包括粉底霜、香粉、唇膏、眉笔、胭脂、眼影、睫毛膏、指甲化妆品、香水等。

(4) 特殊用途化妆品:指用于防晒、祛斑、除臭、美乳、健美、脱毛、育发、染发、烫发等的化妆品。

二、爽肤嫩肤常用护肤品的选择

1. 护肤类化妆品的分类

- 护肤类化妆品
  - 化妆水
    - 柔软性化妆水:柔肤水、营养水
    - 收敛性化妆水:紧肤水、爽肤水
    - 清洁性化妆水:清洁水
  - 乳液类
    - 天然型:柠檬蜜、杏仁蜜
    - 营养型:人参蜜、珍珠蜜
    - 疗效型:美白蜜、保温蜜
  - 膏霜类
    - 凝胶
    - 雪花膏类
    - 润肤霜类:中性膏型、油性膏型
    - 冷霜类
    - 无水膏霜
  - 面膜类
    - 硬膜
    - 软膜
    - 特殊面膜类
  - 精油、精华素类

2. 不同类型皮肤护肤品的选择

(1) 中性皮肤:皮脂(油分)、汗(水分)的分泌平衡,是最理想的皮肤。但易受季节变化影响,冬天稍感干燥,夏天稍觉油腻。护肤品的选择较广,可选用以增加皮肤的营养物质,促进皮肤的血液循环为主的化妆品。

(2) 干性皮肤:毛孔不明显,皮脂分泌少而均匀,角层含水量10%以下。不易生粉刺和起疙瘩,易有皮屑。应选择以保湿为主、油包水的化妆品。

(3) 油性皮肤:皮脂分泌多,毛孔扩大,角层水分正常,雄激素分泌多。可选用硫黄等偏碱性香皂,宜用啫喱、水剂或含油少的乳剂化妆品。

(4) 混合性皮肤:T型区油性,另外区域呈中性或干性皮肤的特点。一般选用中性化妆品。

(5) 老化皮肤:皮肤干燥有皱纹。宜选用有营养、保湿、防晒和类激素作用的化妆品。

(6) 敏感性皮肤:对不利因素反应性过强,导致组织损伤或生理功能紊乱,易发生病损或过敏反应。宜选用弱酸性、不含香料、无刺激性化妆品,也可采用防晒和中性化妆品交替使用。

3. 化妆品选择的注意事项

(1) 适度使用化妆品,不宜浓妆艳抹,以免干扰或破坏皮肤的自然防御功能。

(2) 要根据皮肤特点选用相适宜的化妆品,要求选择时必须对其基本成分及性能有清楚的认识。

(3) 严重痤疮、皮肤有破损、敏感、发炎等异常情况时,应停用化妆品,以免产生刺激加重损害。

(4) 入睡前应卸掉易堵塞毛孔的化妆品,使用夜晚专用护肤品。

三、化妆品使用的安全性

1. 使用经过有关部门检验、鉴定合格的化妆品　使用前应注意生产企业的质量检验合格标志、厂名、卫生许可证编号、生产许可证编号、生产日期和有效期等内容。对于进口化妆品应注意鉴别真伪,以防假冒伪劣产品。

2. 优质化妆品的识别　注意化妆品的成分,好的化妆品不应含有国家卫生部颁发的《化妆品卫生规范》中规定的禁用于化妆品原料的421种(类)物质和73种中草药。一般来说,优质化妆品应颗粒细腻,黏度和湿度适当,色泽纯正,均匀一致,香气淡雅,无异味,接触皮肤后感觉自然、舒适、滑爽。一般敏感皮肤专用的化妆品因不含香精几乎没有香味。美白、抗过敏等有特殊功效类产品效果特别明显的应慎用,若某产品用过后除此产品外对其余产品均敏感也应慎用,以免化妆品里含有重金属、糖皮质激素等物质。

3. 正确使用化妆品　绝对安全的化妆品是没有的,应按化妆品使用原则正确选择和使用适合自己肤质的化妆品。

4. 防止化妆品的二次污染　由制造过程中引起的微生物污染,称为一次污染,由使用者在使用过程中造成的污染,称为二次污染。

化妆品受微生物污染后的现象可表现为变色、发胀、发霉、酸败、乳化性破坏等。

5. 正确保存化妆品　化妆品不宜长期保存,应随买随用,保存时应注意:防污染、防晒、防热、防冻、防潮、防挤压等。

(米希婷)

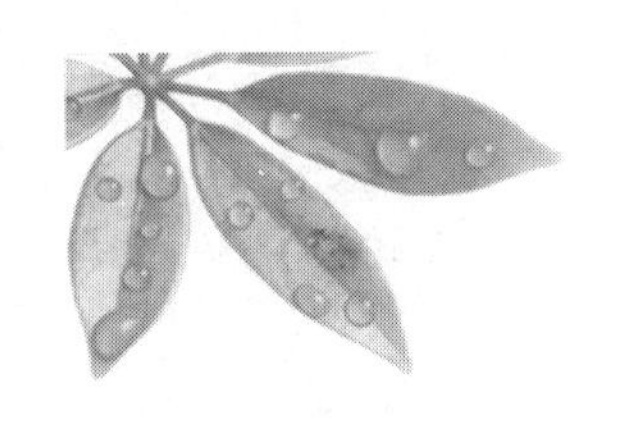

第3章 不同类型皮肤的养护技术

第一节　中性皮肤养护

一、中性皮肤的特点

中性皮肤是健康理想的皮肤类型，皮脂腺、汗腺的分泌量适中，皮脂和水分经常保持平衡状态，皮肤既不干燥也不油腻，红润细腻而富有弹性，薄厚适中，毛孔较小，对外界刺激不敏感，皮肤 pH 在 5 ~5.6，皮肤的含水量约为 25%，多见于青春期前的儿童。

目测观察：皮肤的紧绷感约在洗脸后 30 分钟左右消失，皮肤既不干也不油，面色红润，光滑细腻富有弹性。

美容放大镜观察：皮肤纹理不粗不细，毛孔较小。

纸巾擦拭法：纸巾擦脸后油污面积不大，呈微透明状。

皮肤测试仪观察：皮肤大部分为青白色，小面积呈青黄色块。

二、中性皮肤的护理目的

1. 增进血液循环，给组织补充营养。
2. 增加氧气的输送，促进细胞新陈代谢正常进行。
3. 帮助皮肤排泄废物和二氧化碳，减少油脂的积累。
4. 使皮肤组织密实而富有弹性。
5. 排除积于皮下过多的水分，消除肿胀和皮肤松弛现象，有效地延缓皮肤衰老。
6. 使皮下神经松弛，得到充分休息，消除疲劳，减轻肌肉的疼痛和紧张感，令人精神焕发。
7. 通过定期养护，去除和防止面部皮肤出现痤疮、色斑等各类皮肤问题。
8. 通过对皮肤的按摩、各类护肤品的使用以及各种养护手段、方法，强健肌肤，增强皮肤活力，延缓衰老。
9. 通过皮肤护理，增强肌肤弹性、光泽，使人精神焕发，并增强自信心。

三、中性皮肤的护理程序

1. 美容师做好准备工作。
2. 清洁面部皮肤。
3. 分析皮肤，判断皮肤类型，选择适合的护肤品。

4. 蒸面，奥桑蒸汽仪蒸面 3~5 分钟，距离 25~30cm。

5. 脱屑，使用磨砂膏、去死皮膏脱屑。

6. 使用美容电疗仪器进行护理。

7. 按摩，使用按摩膏面部按摩约 15 分钟。

8. 面膜，选用营养性面膜进行面膜疗法约 15~20 分钟。

9. 爽肤，喷涂爽肤水。

10. 润肤，涂营养霜。

11. 结束工作。

（1）为顾客除去包头毛巾。

（2）为顾客除去胸部毛巾。提起左侧毛巾一角至右侧，提起另一角，同时提两端两角将毛巾提起，把污物抖至污物桶内。

（3）撤去盖在顾客身上的毛巾被。

（4）帮顾客整理好衣、物、头发。

（5）如果顾客需要，可为顾客化妆。

（6）征求顾客意见。

（7）送走顾客后整理内务。

①拧紧护肤品瓶盖。

②洗净工具、器皿，并彻底消毒。

③切断仪器电源，并进行简单养护。

④整理美容床及周围环境。

⑤换上干净的毛巾，做好迎接下一位顾客的准备。

清洁面部

↓

分析皮肤，判断皮肤类型、选择适合的护肤品

↓

奥桑蒸汽仪蒸面

↓

用去死皮膏脱屑

↓

按摩，有重点地按摩 15~20 分钟

↓

用阴阳电离子仪或超声波美容仪导入精华液

↓

敷面膜

↓

喷化妆水

↓

涂面膜、眼霜及颈部护理霜

四、中性皮肤护肤品的选择

中性皮肤对护肤化妆品的选择范围较广,重点是保湿。

1. 洁肤,选择滋润营养型洗面奶。
2. 去角质,选择细颗粒磨砂膏。
3. 按摩,选择按摩乳或按摩膏均可。
4. 面膜,选择补充水分又温和的软膜。
5. 爽肤,选择营养性化妆水。
6. 护肤,选择保湿性较强又不油腻的润肤霜。

五、中性皮肤美容仪器的选择与注意事项

使用奥桑喷雾机蒸面时要调整机器与面部的距离,中性皮肤距离控制在25~30cm,喷雾机的气体应从客人头部的上方向下喷射,时间控制在3~5分钟。

六、注意事项与禁忌

1. 在按摩前一定要做好面部清洁。
2. 最好在淋浴或蒸喷后,毛孔张开时进行按摩。
3. 按摩过程中要给予足够的按摩膏。
4. 严重过敏性皮肤。
5. 特殊脉管状态,如毛细血管扩张、毛细血管破裂等。
6. 皮肤急性炎症、皮肤外伤、严重痤疮等。
7. 皮肤传染病,如扁平疣、黄水疮等。
8. 一些严重哮喘的发作期。
9. 骨节肿胀、腺肿胀者。

七、中性皮肤的日常护理

1. 加强锻炼身体,保证身体健康,使之保持良好的新陈代谢功能。
2. 合理的饮食结构,不挑食、偏食,摄入足够且适量、均衡的营养。
3. 保持生活环境的空气清新,保证充足、合理的睡眠。
4. 劳逸结合,保持乐观良好的心境。
5. 不长时间、长期在光线昏暗的环境中工作、学习。
6. 防止不合理的快速减肥。
7. 在气候恶劣的环境中,注意肌肤的保暖,防大风沙吹,防烈日晒。
8. 合理、正确地选用化妆、护肤用品。
9. 注意皮肤的日常保湿,使之保持滋润,保持肌肤的弹性。
10. 不吸烟、少饮酒。

(刘君丽)

第二节 干性皮肤养护

一、干性皮肤特征

肤质细腻、较薄，毛孔细小，皮肤皮脂分泌较少，角质层皮肤含水量低于10%。皮肤易干燥，易产生细纹或皱纹，易发生脱屑现象，缺少光泽。对外界刺激敏感，不耐晒，易产生色斑，皮肤弹性较差。干性皮肤的pH值在4.5~5.0。

二、干性皮肤的鉴别

1. 观察法 皮肤的外观没有光泽，有细纹、皱纹和皮屑等现象。皮肤的毛孔细小，皮肤缺乏弹性，容易衰老。

2. 仪器检查法 通过放大灯可以观察到干性皮肤表面纹理细腻，毛孔细小，有细纹或皱纹，缺水较严重时可观测到皮屑。使用吴氏灯观察干性皮肤，在灯光下皮肤呈现青紫色，特别干燥的皮肤呈深紫色。

三、干性皮肤的护理程序

1. 消毒 取酒精棉球对使用工具、器皿、产品封口处及美容师双手进行消毒。

2. 卸妆 干性皮肤一般角质层较薄、皮肤易脱屑，有的甚至过敏，因此在选择卸妆品时可选择性质温和的卸妆油或卸妆乳。卸妆时动作轻柔，勿将产品弄进眼睛里。

3. 清洁 选用保湿洁面乳液，动作轻柔，T形区部分清洁时间稍长。

4. 爽肤 选用保湿柔肤水，用棉片蘸柔肤水擦拭2~3遍，进一步清洁皮肤，平衡pH值。

5. 观察皮肤 分析判断皮肤性质，操作有的放矢。

6. 蒸面 用棉片盖住双眼，不开臭氧喷雾，喷口与皮肤的距离在35cm以上，时间3分钟。由于干性皮肤较敏感，距离过近会产生刺激感，不宜进行奥桑喷雾。

7. 去角质(必要时) 选择柔和的去死皮膏进行去角质处理，动作要轻柔，时间控制在3分钟内。避开眼部，每次护理间隔3~4周。

8. 按摩 选用滋润保湿按摩膏可加精华素，手法以安抚法和穴位揉按为主，刺激血液循环和促进腺体的分泌，达到营养滋润的效果。按摩的时间视情况控制在20分钟以内。

9. 仪器护理 选用营养精华素或保湿精华素，脸部用连续波导入精华素，全脸时间不超过8分钟。

10. 敷面膜 面膜的选择以补充水分和保湿性强的高效滋润面膜为主，也可用营养性软膜。可用高级滋润面膜作底霜，再加热膜10~15分钟，增强产品渗透效果。

11. 爽肤 选用营养保湿柔肤水。用棉片蘸柔肤水擦拭皮肤。

12. 涂营养霜，滋润皮肤 选用保湿日霜，夏天可以选择清爽乳液，秋冬季选择滋润乳霜。还需注意加防晒霜。为了延缓皱纹的出现，应加强眼部的护理和紫外线的防护。

四、日常保养

干性皮肤的护理原则是滋润保湿，避免外界因素刺激，保持皮肤健康。尤其要经常补充水分和油分。干性皮肤每天洗脸次数应适当减少,温水洗脸,选择温和、无刺激性的洗面奶。不能滥用美容化妆品。此外,还应注意防晒。坚持使用含保湿因子成分的护肤品。特别是在秋季和冬季更要注重干性皮肤的保养。多喝水、多吃蔬菜和水果,少喝酒、少喝咖啡、忌烟。做到合理的饮食结构,摄入足够量、均衡的营养。保持良好充足的睡眠,杜绝不合理的快速减肥。在空调房内随时注意增加室内湿润度。一定要提醒顾客尽量不要使用电热毯。使用护肤品前要用营养水,以保持皮肤的润泽。

(薛久姣)

第三节　油性皮肤养护

一、油性皮肤特征

油性皮肤的皮脂腺分泌旺盛,毛孔粗大,肤质油腻光亮,肤色较深,纹理较粗糙,对外界的刺激不敏感,不易长皱纹,不易长斑,但容易长黑头粉刺。油性皮肤多见于青春期至25岁年轻人。pH 值为5.6 ~6.6。

二、油性皮肤的缺点

1. 易长粉刺　油性皮肤由于皮脂分泌过多,使毛孔堵塞,皮脂淤积于毛囊内形成粉刺。粉刺周围由于炎症反应微生物或毛囊虫的作用,可演变为丘疹、脓包、囊肿及瘢痕。粉刺又分为以下两种:白头粉刺也称闭合性粉刺。堵塞时间短,为灰白色小丘疹,不易见到毛囊口,表面无黑点,挤压出来的是白色或微黄色的脂肪颗粒。黑头粉刺也称开放性粉刺。主要由角蛋白和类脂质形成毛囊性脂栓,其表面脂肪酸经空气氧化和外界灰尘混杂而成黑色,挤压后可见有黑头的黄白色脂栓排出。

2. 易长痤疮　痤疮是青春期常见的一种毛囊皮脂腺慢性炎症性皮肤问题。痤疮的发生主要与皮脂分泌过多、毛囊皮脂腺导管堵塞、细菌感染和炎症反应等因素密切相关。多发于面、背、胸部等含皮脂腺较多的部位。主要以粉刺、丘疹、脓包、结节、囊肿及瘢痕等多种损害为特征。

3. 易长脂肪粒(医学上又称粟丘疹)　脂肪粒是针尖至粟粒大小的颗粒状白色或黄色硬化脂肪,表面光滑,呈小片状,孤立存在互不融合,甚似珍珠埋于皮内,容易发生在较干燥、易阻塞或代谢不良的部位,如眼睑、面颊及额部。

三、油性皮肤护理的目的

1. 及时清除污垢、老化角质细胞、多余的皮脂,保持毛孔通畅,减少痤疮的生长机会。
2. 调节皮脂的分泌,抑制皮脂过分溢出。
3. 定期对皮肤进行消炎杀菌,避免细菌的滋生。
4. 油性皮肤也会出现缺水现象,及时补水、保湿。

四、油性皮肤护理的基本方法及化妆品的选用

1. 卸妆　油性皮肤皮脂分泌旺盛,卸妆是护肤过程中非常重要的一步。因为人体汗

腺、皮脂腺的分泌以及组织细胞的代谢产物经毛孔、皮脂腺开口排于皮肤表面,涂化妆品后开口被堵塞,使上述物质排泄不畅,结果影响皮肤的呼吸与体温调节功能。另外,化妆品中的营养物质与皮脂、汗腺中的蛋白、脂类物质及尖埃、污垢等构成微生物生长的适宜环境,这种环境时间越长,对肌肤产生的危害就越大,更容易长痤疮粉刺。卸妆注意脆弱部位分开卸妆,最好使用最亲肤的卸妆油。

2. 清洁 油性皮肤的保养重点就是清洁,一定要保持毛孔通畅,皮肤洁净,才能预防痤疮的产生。水根本不能清洁油性皮肤毛孔中多余的皮脂、污垢、老化和死亡细胞。只有清洁类产品才可以溶解污垢并使其可以被水洗掉,如果清洁性能过强,则会破坏皮脂膜,但清洁不彻底,皮肤又会黯淡无光或容易发炎。因此,应选择适宜的清洁产品,且可借助磨砂膏进行清洁。

油性皮肤的程度也有差别,在选择清洁产品时可根据实际情况选择泡沫、凝胶、清洁霜类产品,最重要的是用后皮肤不紧绷、清爽、舒适,适合自己的皮肤状况。冬天早、晚2次,夏天早、中、晚3次为宜。平时,皮肤如果出油过多,可用吸油纸去除多余油脂,但不可太勤,否则水油失衡会造成皮脂分泌更加旺盛。

3. 爽肤 易选用植物收敛水收敛毛孔,调节皮肤的酸碱度。油性肌肤也可适量使用含酒精的化妆水,可以帮助皮肤抗菌抑菌,提高肌肤的抵抗力,有利于预防痘痘。

4. 眼霜 油性皮肤虽然油脂分泌旺盛,但眼周的油脂总是较少,同样需要额外补充。所以,油性皮肤一年四季,每天早、晚都需用眼霜。

5. 精华液 含有高度营养但不含油脂的精华素,是油性皮肤晚间保养最好的选择,因为精华素内的营养成分,可以在不增加皮肤油脂负担的情况之下,给予皮肤良好的修复和滋养。油性肌肤最好选用能够控制油脂分泌、收缩毛孔的精华液。

6. 日霜+隔离霜/防晒霜 适合油性皮的使用的日霜应清爽少油,以补充水分或控油产品为主,但还应根据季节情况而定。夏天和特别油腻的皮肤只用柔肤水或无油防晒霜即可。如果油性皮肤因角质层功能失调而导致皮肤缺水、脱皮,应及时补充能锁住水分的保湿产品。

7. 晚霜 油性皮肤的护理重点是保湿,晚间只需用柔肤水及具控油成分的精华素,如维生素C即可。

8. 深层清洁 除了以上保养方案外,油性皮肤者应定期到美容院做深层清洁,日常的表层清洁很难彻底清除多余油脂、老化角质细胞,应注意保持毛孔通畅。日积月累,皮肤就会发黄、粗糙、无光泽,很容易引发痤疮。

9. 注意饮食 油性皮肤的应特别注意饮食结构,要减少油脂摄入量,不要吃油腻、辛辣、刺激类的食物,如油炸食品、烧烤、巧克力、奶油、咖啡、海鲜及烟酒等应尽量避免,建议多吃新鲜水果、蔬菜、纤维食物、多喝水、保持肠胃功能正常,防止便秘。

五、实训案例

油性皮肤护理

1. 根据顾客的实际情况,填写顾客面部分析表(表3-1)。

表 3-1 面部分析表

顾客姓名：王丽丽　性别：女　年龄：24 岁

住址：________　电话：________

职业：护士　文化程度：大学

皮肤状况分析	皮肤吸收状况	冬天☐差　√良好　☐相当好 夏天　☐差　√良好　☐相当好
	皮肤湿润度	☐不足　√平均　☐过盛 部位________　部位________　部位________
	皮脂分泌	☐不足　☐适当　√过盛 部位：________部位：________部位 T 形区________
	皮肤厚度	☐薄　√较厚　☐厚
	皮肤质地	☐光滑　√粗糙　☐较粗糙　☐极粗糙
	毛孔大小	☐很细　☐细　√比较明显　☐很明显 部位________部位________部位________部位________
	皮肤弹性	☐差　☐一般　√良好
	肤色	☐良好　☐一般　☐偏黑　√偏黄　☐苍白，无血色　☐较晦暗
	颈部肌肉	√结实　☐有皱纹　☐松弛
	眼部	√结实紧绷　☐略松弛　☐松弛　☐轻度鱼尾纹　☐深度鱼尾纹　☐笑纹 ☐轻度黑眼圈　☐重度黑眼圈情　☐暂时性眼袋　☐永久性眼袋　☐浮肿　☐脂肪粒　☐眼疲劳
	唇部	☐干燥，脱皮　☐无血色　☐肿胀　☐皲裂　√唇纹较明显　☐唇纹很明显
	结论（皮肤类型）	☐中性皮肤　√油性皮肤　☐混合性皮肤 ☐缺乏水分的油性皮肤　☐缺乏水分的干性皮肤　☐ 缺乏油脂的干性皮肤
皮肤问题	皮肤瑕疵	☐色斑　√痤疮　☐老化　☐敏感　☐过敏　☐毛细血管扩张 ☐萎缩　☐日晒伤　☐瘢痕　☐风团　☐红斑　☐淤斑　☐水疱 ☐抓痕
	斑点、色素分布区域	☐额头　☐两颊　☐鼻翼
	色斑类型	☐黄褐斑　☐雀斑　☐晒伤斑　☐瑞尔黑变病　☐炎症后色素沉着 其他：
	皱纹分布情况	√无　☐眼角　☐唇角　☐额头　☐全脸
	皱纹深浅	☐浅　☐较浅　☐ 深　☐较深
	皮肤敏感反应症状	☐发痒　☐发红　☐灼热　☐起疹子
	痤疮类型	☐白头粉刺　√黑头粉刺　☐丘疹　☐脓包　☐结节　☐囊肿 ☐疤痕
	皮肤疾病	√无　☐太田痣　☐疖　☐癣　☐扁平疣　☐化妆品皮肤病 ☐寻常疣　☐单纯疱疹　☐带状疱疹　☐毛囊炎　☐接触性皮炎 其他________

2. 护理实施方案（表 3-2）。

表 3-2　油性皮肤护理实施方案

步骤	过程	产品	所用工具、仪器	操作说明
1	消毒	70%酒精	棉片	取酒精时应远离顾客头部,避免溅到顾客眼睛里或皮肤上,对使用的工具、器皿及产品封口处进行消毒
2	卸妆	卸妆液、洁面霜或卸妆乳	小碗 1 个、棉片 8 张、棉棒 8 根	动作小而轻,勿将产品弄进眼睛里,棉片、棉棒用一次即丢掉
3	清洁	油性洗面凝胶	小碗 1 个、洗面巾或小方巾、洗面盆	动作轻快,时间 2~3min,毛孔粗大部位多清洗 2 次
4	爽肤	保湿柔肤水	棉片	用棉片蘸柔肤水擦拭 2~3 遍,进一步清洁皮肤,平衡 pH 值
5	观察皮肤	—	肉眼观察或用美容放大镜	看清皮肤问题,操作有的放矢
6	蒸面	—	奥桑喷雾仪	用棉片盖住双眼,蒸面时间 5min,喷口与皮肤的距离为 25cm,臭氧喷雾时间 5min
7	去角质	磨砂膏(或去角质膏)	纸巾若干张	操作之前需重新包头并注意将耳朵包进去,避开眼部,动作轻柔,用纸巾保护好脸周围、颈部,避免产品进入发际,每月可做 2 次
8	☆仪器护理(该步骤与下一步骤只选其一)	—	真空吸啜仪、高频电疗仪	有真空负压吸出黑头和毛孔中的污物,约 3~5min,有高频电疗仪直接对皮肤进行消炎杀菌,平衡过多的油脂,每月 2 次
9	清白头、黑头、脂肪粒	70%的酒精	棉片或暗疮针、美容放大镜	油性皮肤常伴有黑头、白头、脂肪粒,如不及时清除会使痤疮恶化。清除时,应先用酒精消毒局部皮肤,再采用手清或针清方式清除,最后再次进行局部消毒
10	按摩	水分按摩膏或青瓜薄荷按摩膏	徒手按摩	摩擦生热,时间过长会加速皮脂腺分泌,时间不超过 10min,手法以点穴按摩为主
11	仪器护理	—	高频电疗仪	用高频电疗仪对皮肤进行消炎、杀菌,预防感染
12	敷面膜	油脂平衡面膜、冷膜	调棒、调勺、面膜碗、纱布	敷油脂平衡面膜 10~15min,如需加冷膜一定有纱布隔离
13	爽肤	收缩水	—	手拍即可,暂时可收缩毛孔,平衡油脂分泌
14	日霜	水分日霜(防晒霜)	—	注意选用清爽无油的产品
家庭护理计划	日间护理	洁面(油性洁面凝胶)→ 爽肤(植物收敛水)→眼霜+水分日霜+无油防晒霜		
	晚间护理	卸妆(卸妆液)+洁面(油性洁面凝胶)→爽肤(植物收敛水)→精华液→眼霜+水分日霜(无需用晚霜)		
	每周护理	自我按摩(或使用油脂平衡面膜)+眼膜,每周补充 1~2 次,每次 10~15min		

六、清除痤疮、黑头、白头及脂肪粒的方法与操作

1. 清除黑头的常用方法

(1) 使用去黑头贴

去黑头贴的表面一般都附有水溶性胶,使用时将去黑头贴贴在黑头部位,借助粘力将黑头去除。该方法的特点是简单方便,但对深层黑头作用较小。

(2) 使用真空吸啜仪

借助真空吸啜仪去除黑头,特点是吸力大,清除较为彻底,但若反复使用或使用方法不当,易导致毛孔扩大,对肌肉组织弹性也有一定影响。

(3) 手清

手清是最为传统的去黑头方法,它比暗疮针更能减少对囊壁的破坏,从而减少粉刺色素及瘢痕的形成,比针清更为彻底。也有专家认为该方法容易造成粉刺向炎症损害转化,不宜采用。

(4) 针清

针清是目前运用较多的方法,特点是清除较为彻底,但容易造成囊壁破裂及感染。

(5) 使用黑头导出液

将黑头导出液浸湿棉片敷于黑头部位10~15min,乳化黑头,并使之自然浮出皮肤表面,再用暗疮针有小圆环的一端轻轻刮去,是一较新的去黑头方法。

2. 手清痤疮、黑头

(1) 工具

手、清毒棉片或纸巾、70%酒精或其他有效消毒杀菌剂、收敛水。

(2) 方法

1) 清洁,包括卸妆和洁面。

2) 蒸面。

3) 去角质。

4) 观察痤疮成熟情况。

5) 用酒精对局部皮肤进行清洁。

6) 挤压。

①将浸透收敛水的薄棉片挤干水分后包缠在双手食指上(指甲部分务必包好),也可用消毒后的洁面纸巾,将其对折后包住食指。

②双手指尖对称地在痤疮四周从底部往上轻挤,直到看见堵塞的脂肪颗粒或脂栓被挤出为止。如果挤压不出,证明尚未成熟,可等成熟后再清除。

③注意不要用指甲用力,否则可能会因刺激过大而留下色素及瘢痕。

④处理完一个部位之后必须将棉片移动至干净的一面或更换棉片,再继续进行操作。

⑤注意不可在鼻梁的软骨上以水平方向挤压,而应以垂直方向挤出鼻部的黑头。

⑥面部危险三角区的痤疮不可挤压。

7) 清洗。新鲜的创面不宜用酒精消毒,它对皮肤的刺激较大。可先用收敛水局部收敛皮肤,并用干的消毒棉球吸干水分后,再用高频电疗仪进行消毒,最后敷具有消毒杀菌功效的面膜或用消毒棉签在创面涂抹痤疮膏之类的产品。用过的棉签及时丢弃。

3. 手清白头、脂肪粒 其程序与手清痤疮一样,但由于白头及脂肪粒表面被皮肤所覆

盖,无法直接挤出,因此,在挤压之前最好先用消毒后的暗疮针或医用一次性针头从白头侧面轻轻挑开毛囊口或表皮,再用挤痤疮的方法多次重复地将内含物压出。这样,会减少挤压对皮肤的损害及减轻顾客的疼痛感。但也有一些白头长得很深,针难以刺破,可建议顾客去医院用医疗方法帮助清除。

4. 针清痤疮、白头、黑头

(1) 工具

暗疮针(清理粉刺的一种工具)、70%酒精、收敛水、消毒棉球。

(2) 方法

1) 清洁,包括卸妆和洁面。

2) 蒸面。

3) 去角质。

4) 观察痤疮成熟情况。

5) 用 70%酒精棉球擦试暗疮针,并用适量酒精对粉刺处皮肤进行清洁消毒。

6) 刺破。白头粉刺或脂肪粒必须先刺破,黑头粉刺则不必。以近乎平行于皮肤的角度,顺毛孔方向(因为汗毛的生长方向是倾斜的,粉刺的形成方向也是如此)用暗疮针尖锐的一端,从粉刺顶端最薄最白的部位将其轻轻刺破,迅速拔出。切忌与皮肤成直角进针,否则无法将毛囊内堵塞的脂肪颗料或脂栓彻底刮出。

7) 挤压。将暗疮针有小圆环的一端轻轻压住粉刺附近的皮肤或进针部位的对侧皮肤,向针眼处平移暗疮针并加力,使堵塞的脂肪颗粒或脂栓顺针眼挤出。应小心地从各个角度用力,这样,脂肪颗料或脂栓才会被挤压出来,同时还可以减轻疼痛的感觉。

8) 清洗。用消毒棉球将挤出的脂肪颗料或脂栓擦干净,可用收敛水局部收敛皮肤,并用消毒棉球吸干水分后,再用高频用电疗仪进行消毒,最后敷具有消毒杀菌功效的面膜或用消毒棉签涂抹痤疮膏之类的产品。操作完毕,应及时将暗疮针彻底清洗、消毒。

5. 清除痤疮、黑头、白头及脂肪粒的注意事项

(1) 无论是黑头粉刺还是白头粉刺,都不宜过分挤压,否则会使粉刺情况恶化。

(2) 当粉刺向丘疹转化时,颜色发红,则表示已有炎症发生,此时,绝对不能再按照常规办法进行清除。

(3) 针清前,必须做好器械及皮肤的清洁、消毒。暗疮针每挑一个部位,必须再用酒精消毒,以免造成交叉感染。

(4) 长在面部危险三角区的粉刺不能再用手挤,以免炎症扩散入脑。医学上把从口的两侧角到眼内眦(眼部内侧角)所连成的三角形区域称为危险三角区。这是因为鼻部静脉无静脉瓣,当在危险三角区内发生痤疮、疖肿时,如果挤压或处理不当,细菌或病毒可循上、下静脉,面深静脉或经翼静脉丛扩散到颅内海绵窦,引起严重并发症。因此,在处理痤疮时应严格做到无菌操作。

(5) 注意刺破时务必在皮肤表面,千万不可刺破深部的囊壁,使皮脂及细菌侵入真皮,导致粉刺情况恶化。

(肖杰华)

第四节　混合性皮肤养护

一、混合性皮肤的特点

混合性皮肤由两种或两种以上的皮肤类型组成,是一种最常见的皮肤类型。其中在T型区为油性皮肤,两颊为中性或者干性皮肤的类型又是混合性皮肤中最为常见的。

二、混合性皮肤的分析方法

根据干性、中性、油性皮肤的分析判断方法,分区域进行皮肤的分析判断即可。

三、混合性皮肤的护理重点

混合性皮肤的护理要点是根据皮肤情况分区域进行护理,选择合适的护理产品、护理仪器和护理方法。

四、混合性皮肤的专业护理程序

1. 面部清洁　可选用清洁霜或洁面啫哩清洁T型区油脂分泌旺盛部位,洗面乳清洁两面颊干性或中性部位。

2. 喷雾　可将两面颊用棉片湿贴后进行热喷,如此可均衡皮肤受热程度,热喷时间控制在5~8分钟,喷雾距离30cm左右。

3. 去角质　选择磨砂膏在油脂分泌旺盛部位进行,去角质霜或去角质啫喱在两面颊进行,也可视情况只针对T型区进行去角质处理。

4. 面部按摩　如整个T型区非常油腻,应选用油性皮肤使用的按摩膏,如只是鼻部较油腻,其他部位均偏干,则应选用干性皮肤使用的按摩膏。按摩时间视情况控制在20分钟左右。

5. 面膜　面膜的选择应按不同的部位进行不同的选择,如T型区油脂旺盛,有黑头情况,可选择平衡油脂分泌、溶解黑头污垢的面膜;两面颊可用选干性皮肤使用的面膜。

6. 爽肤　T型区应选择平衡油脂分泌的收敛性化妆水;两面颊选择保湿滋润的柔肤水。

7. 润肤　T型区可选择O/W型的清爽乳液,以保持毛孔的通透性;两面颊可选择营养霜或滋润霜。

（朱　薇）

第五节　痤疮性皮肤养护

一、痤疮的定义

痤疮是青春期常见的一种毛囊皮脂腺的慢性炎症性疾病。多发于面、背、胸部等含皮脂腺较多的部位。主要以粉刺、丘疹、脓疱、结节、囊肿及瘢痕多种皮损为特征。

二、痤疮的成因与发病机制

痤疮的形成受多种因素影响，目前对于痤疮的发病机制尚未完全明了，一般认为，与以下因素有关。

1. 遗传 据研究表明，73%的痤疮患者与遗传有关。遗传是决定皮脂腺大小及其活跃程度的一个重要因素。

2. 皮脂腺增大、皮质分泌增多 皮脂是痤疮发展过程中的关键因素。皮脂腺不停地产生皮脂，通过毛囊漏斗部排除到表皮表层。由于雄激素、黄体激素、肾上腺皮脂激素、下丘脑垂体激素等可促进皮脂腺分泌，尤其是青春期，雄性激素分泌增加，刺激皮脂腺细胞脂类合成，引起皮脂增多，皮脂淤积于毛囊口而形成脂栓。同时，皮脂又是痤疮丙酸杆菌的养料，促使其排泄大量炎性副产物，促进痤疮发展。此外，女性在月经前期，由于体内黄体激素的增加也会刺激皮脂腺，导致痤疮增多。

3. 毛囊漏斗部角质细胞粘连性增加，在开口处堵塞 毛囊漏斗部比较狭窄，再加上受激素影响，诱发该处角质细胞粘连性增加（角化），使管口变得更窄，甚至闭塞，导致过度合成的皮脂不能顺利排出，淤积于毛囊口形成脂栓，即白头粉刺。

4. 痤疮丙酸杆菌大量繁殖，分解皮脂 在痤疮的形成过程中，由于皮脂腺管口角化或毛囊漏斗部被堵塞而形成一个相对缺氧的环境，使厌氧的痤疮丙酸杆菌被困在毛囊里，大量繁殖，并分解皮脂，排泄具有毒素的副产物。这些副产物在痤疮的发炎过程中起着关键作用。

5. 毛囊皮脂腺结构内炎症剧烈破坏毛囊 当毛囊口闭塞时，大量皮脂堆积拍不出去，痤疮丙酸杆菌将皮脂转化为游离脂肪酸，游离脂肪酸作用于毛囊上皮，产生的各种酶将毛囊壁破坏，引起毛囊周围结缔组织的炎症。

三、痤疮发生的诱因

1. 饮食 脂肪、糖类、可可、干酪、花生等油腻或刺激性食物会导致痤疮加重。

2. 药物 皮脂类固醇激素、溴制剂、碘制剂等可引起痤疮。

3. 精神因素 精神紧张、压力过大，生活不规律、情绪低落，会导致肾上腺皮质激素变化，可令皮脂分泌增加，形成痤疮。

4. 胃肠功能失调 胃肠功能不良，便秘等，维生素A、维生素B_1、维生素B_6、锌缺乏。

5. 环境 外界环境条件恶劣，个人清洁卫生差也可以引起痤疮。

6. 化妆品 不当使用含油脂、粉质类化妆品，可能会诱发痤疮或使痤疮加重。

7. 疾病 一些与内分泌有关的疾病，如女性顾客患有多囊卵巢综合征可导致严重痤疮。

四、痤疮的分类与临床表现

1. 粉刺 由于毛囊口角化过度或皮脂腺分泌过盛、排泄不良，老化角质细胞堆积过厚，导致毛囊堵塞而局部隆起。粉刺周围由于炎症反应及微生物的作用，可演变为丘疹脓疱、囊肿及瘢痕。

（1）白头粉刺（闭合性粉刺）：堵塞时间短，为灰白色小丘疹，不易见到毛囊口，表面无黑点，挤压出来的是白色或微黄色的脂肪颗粒。

（2）黑头粉刺（开放性粉刺）：为角蛋白和类脂质形成的毛囊性脂栓，表面呈黑色，挤压后可见有黑头的黄白色脂栓排出。

2. 丘疹 以红色丘疹为主，丘疹中央有变黑的脂栓，即黑头粉刺，属于炎症性痤疮。肉眼观察，可以看到丘疹一般位于毛囊的顶部，是在表皮下产生的一个小而硬的红肿块。

3. 脓疱 以红色丘疹为主，丘疹中央可见白色或淡黄色脓疱，破溃后可流出黏稠的脓液，常为继发感染所致。由于脓疱的囊壁破裂处较接近皮肤表面，如果处理得当，治愈后一般不会留下瘢痕。

4. 结节 炎症向深部发展，皮损处呈硬结状，初期触摸较痛，与丘疹及脓疱不同的是它的囊壁破裂在皮肤较深处，这表示炎症较重，而且涉及更多组织。结节化脓破溃后，通常会将炎症扩散到邻近的毛囊，并留下瘢痕。

5. 囊肿 皮损处多为黄豆大或花生米大小，暗红色，按之有波动感，呈圆形或椭圆形囊肿。肉眼观察，囊肿就像一个覆了膜的凹洞。通常，囊肿会随着时间的延长而慢慢扩大，膨胀后的囊壁变得更薄，非常容易因外伤而破裂。当囊壁破裂时将导致严重的炎症，而且此炎症反应很强，散布很广。如果囊肿在组织下破裂，愈后皮肤会留有明显瘢痕。

6. 瘢痕 炎性丘疹受到损害，使真皮组织遭到破坏，形成了瘢痕。痤疮护理得当是不会留有瘢痕的，但由于采取了错误的处理方式可能会留下瘢痕。痤疮瘢痕一般有以下三种：

（1）表浅性瘢痕：是指皮肤上一种表浅的瘢痕。这类瘢痕外观较正常皮肤粗糙，多以小环状或线状出现，与其他类似瘢痕不同的是，表浅性瘢痕组织较柔软、平整，瘢痕周围的皮肤可以被捏起，随时间延长瘢痕会逐渐变平。

（2）萎缩性瘢痕：在炎性丘疹、脓疱损害吸收后或处理方式不当而留下的瘢痕，为不规则，较浅的瘢痕，也称冰锥样瘢痕，这种瘢痕将伴随终身。

（3）瘢痕疙瘩：在炎性丘疹、结节、囊肿等皮损愈后，或属于瘢痕体质的人在发生过痤疮的部位上形成高出皮肤表面，既坚实又硬的肥大性、增生性瘢痕。它们表面发光且没有毛囊开口，常发生于下颌、颈、肩、背、胸，也发生于面部。

五、化妆品的选择

根据痤疮的成因，在治疗痤疮的化妆品中添加有多种功能性原料，如：对于皮脂过度分泌，可以使用皮脂抑制剂；对于角化过度引起的毛囊堵塞，可以用交织剥离剂；要一直细菌的繁殖可以使用杀菌剂。

1. 皮脂抑制剂 皮脂的分泌亢进是由雄性激素所支配，因此，从体内控制皮脂分泌是有效的，一般采用抗脂溢作用的维生素 B_6，国外使用雌二醇、雌酮、乙炔雌二醇。

2. 角质溶解剥离剂 包括硫黄、水杨酸、乙醇酸、间苯二酚等。硫黄的浓度可在 1% ~ 10% 的范围内。水杨酸对较轻的粉刺有效，0.5% ~ 3.0% 浓度的水杨酸对炎症部位的治愈速度较快，实用更高浓度时，有防止痤疮的作用。

3. 杀菌剂 主要有氯苄烷胺、甘草酸、过氧化苯甲酰、壬二酸等。

4. 植物精油类 包括茶树、月桂树、金盏花、百合、紫草、薄荷精油等。

5. 中草药类 常用的有黄柏、小连翘、甘菊、杏仁、紫草根、大黄、金盏草、菟丝子、金缕梅、牡丹皮、七叶树、杨梅、龙胆草等。

六、医院处方药物治疗

（一）口服

1. 西药口服　包括米诺环素、甲硝唑、维A酸、硫酸锌片。

2. 中药口服　肺经风热型：清肺散热。枇杷清肺饮加减。组成：枇杷叶、桑白皮、黄芩、栀子、野菊花、苦参、赤芍、黄连、白茅根、生槐花。

脾胃湿热型：清热利湿通腑。茵陈蒿汤合平胃散加减。组成：茵陈蒿、栀子、黄芩、益母草、大青叶、白鲜皮、制大黄、苍术、厚朴、陈皮、炙甘草。

气血瘀滞型：行气活血，化瘀散结。血府逐瘀汤。组成：桃仁、红花、当归、生地黄、川芎、赤芍、川牛膝、桔梗、柴胡、枳壳、炙甘草。

（二）外用

1. 西药外用

(1)3%双氧水：由于痤疮杆菌为厌氧菌，所以临床上常用双氧水作为杀菌剂，多用在有脓性分泌物的创面或囊肿性、结节性痤疮电针穿刺后的创面深部，使用时注意勿进眼睛，每处理完一个创面，应更换新的双氧水棉签，以防交叉感染，尽量避开正常皮肤。

(2)0.5%甲硝唑软膏：甲硝唑是目前治疗厌氧杆菌感染较好的药物，适用于丘疹型、脓疱型痤疮顾客，可直接涂抹于局部或用在面膜里。

(3)庆大霉素针剂：对创面有良好的消炎作用，在创面表面湿敷2～3min，或敷面膜前抹在创面上。

另外，还有0.05%～0.10%维A酸霜、2%红霉素软膏、1%四环素软膏、5%～10%过氧化苯甲酰、1%～2%硫酸锌、5%硫磺霜等。

2. 中药外用　外洗液：主要成分包括七叶一枝花、蛇麻草、皂角刺、野菊花、腊梅花、金银花、月季花、大黄、丹参。

颠倒散：主要成分包括大黄、硫黄。

玉露膏：主要成分有芙蓉叶。

七、痤疮皮肤的护理

（一）痤疮皮肤的护理原则

1. 白头、黑头粉刺型　用手清或针清等方法及时彻底清除即可

2. 丘疹、脓疱型

(1) 彻底清除脓性分泌物，创面消炎杀菌。

(2) 需到美容院做相关治疗。

(3) 需配合内服药物治疗。

3. 囊肿型

(1) 需在医院用电针做囊肿穿刺、注药或引流。

(2) 配合美容院定期护理，以加快愈合。

(3) 需口服药物，内部料理。

4. 结节型

(1) 对柔软可移动的结节,可在医院做电针穿刺。

(2) 配合美容院定期护理。

(3) 需配合内服药物治疗。

(二) 痤疮皮肤的护理程序

洁肤→蒸面→脱屑→仪器养护和排痘→按摩→面膜养护→爽肤润肤→整理内务。

(三) 痤疮皮肤护肤卡的制作

对于存在痤疮问题的顾客,美容师应先为其进行皮肤分析,将分析结果记录在美容院顾客资料登记表上(表 3-3),并按照检测结果制订合理的护理方案。护理结束后,应填写护理记录及相关备注,并向顾客提出家庭保养建议。

痤疮皮肤护肤卡制作案例:

表 3-3 美容院顾客资料登记表

检定编号:　　建卡日期:

顾客姓名:刘洋　　性别:女　　年龄:20

生育情况:未生育　　体重:48kg　　血型:AB

住址:______　　电话:______

职业:学生　　文化程度:大学

皮肤状况分析	1. 皮肤类型　□中性皮肤　油性皮肤　□混合型皮肤 □缺乏水分的油性皮肤 □缺乏水分的干性皮肤 □缺乏油脂的干性皮肤 2. 皮肤吸收状况　冬天　□差　■良好　□相当好 夏天　□差　■良好　□相当好 3. 皮肤状况 ① 皮肤湿润度　□不足　□平均　■良好 部位______　部位______　部位______ ② 皮脂分泌　□不足　□适当　■旺盛 部位______　部位______　部位______ ③ 皮肤厚度　□薄　■较厚　□厚 ④ 皮肤质地　□光滑　■较粗糙　□粗糙　□极粗糙 □与实际年龄成正比　□比实际年龄显老　■比实际年龄显小 ⑤ 毛孔大小　□很细　□细　□比较明显　■很明显 ⑥ 皮肤弹性　□差　□一般　■良好 ⑦ 肤色　□红润　□有光泽　□一般 ■偏黑　□偏黄　□苍白,无血色　□较晦暗 ⑧ 颈部肌肉　■结实　□有皱纹　□松弛 ⑨ 眼部　■结实紧绷　□略松弛　□松弛 □轻度鱼尾纹　□深度鱼尾纹 □轻度黑眼圈　□重度黑眼圈 □暂时性眼袋　□永久性眼袋 □浮肿　□脂肪粒　□眼疲劳 ⑩ 唇部　□干燥、脱皮　□无血色　□肿胀　□皲裂 □唇纹较明显　□唇纹很明显

续表

皮肤状况分析	4. 皮肤问题 □色斑　■痤疮　□老化　□敏感　□过敏　□毛细血管扩张　□日晒伤 □瘢痕　□风团　□红斑　□瘀斑　□水疱　□抓痕　□萎缩 其他________ ①色斑分布区域　□额头　□两颊　□鼻翼 ②色斑类型　□黄褐斑　□雀斑　□晒伤斑　□瑞尔黑变病　□炎症后色素沉着 其他________ ③皱纹分布区域　□无　□眼角　□唇角　□额头　□全脸 ④皱纹深浅　□浅　□较浅　□深　□较深 ⑤皮肤敏感反应症状　□发痒　□发红　□灼热　□起疹子 ⑥痤疮类型　□白头粉刺　■黑头粉刺　□丘疹　□脓疱 □结节　□囊肿　□瘢痕 ⑦痤疮分布区域　■额头　□鼻翼　□唇周　□下颌　□两颊　□全脸 5. 皮肤疾病　■无　□太田痣　□疖　□癣 □扁平疣　□寻常疣　□单纯疱疹　□带状疱疹 □毛囊炎　□接触性皮炎　□化妆品皮肤病 其他________
护肤习惯	1. 常用护肤品　□化妆水　■乳液　□营养霜　□眼霜 □精华素　□美白霜　■防晒霜　□颈霜 其他________ 2. 常用洁肤品　□卸妆液　□洗面奶　□深层清洁霜　□香皂 其他________ 3. 洁肤次数/天　□2 次　■3 次　□4 次 其他________ 4. 常用化妆品　□唇膏　■粉底液　□粉饼 □腮红　□眼影　■睫毛膏 其他________
饮食习惯	1. 饮食爱好　□肉类　□蔬菜　□水果　□茶 □咖啡　□油炸食物　■辛辣食物 其他________ 2. 易过敏食物　无________
健康状况	1. 是否怀孕　□是　■否 2. 是否生育　□是　■否 3. 是否服用避孕药　□是　■否 4. 是否戴角膜接触镜(隐形眼镜)　□是　■否 5. 是否进行过手术治疗　□是　■否 手术内容________ 6. 易对哪些药物过敏　无________ 7. 生理周期　□正常　■不正常 8. 有无以下病史　□心脏病　□高血压　□妇科疾病　□哮喘 □肝炎　□骨折且有钢板　□湿疹　□癫痫 □免疫系统疾病　□皮肤疾病　□肾疾病 其他　无________
护理方案	

续表

护理记录	日期	护理前皮肤主要状况	主要护理程序及方法	主要产品	护理后状况	顾客签字/美容师签字
备注	(记录顾客的要求、评价及每次所购买的产品名称等相关事宜)					

(四) 痤疮皮肤的护理方案

1. 护理目的

(1) 清洁皮肤,去除表皮的坏死细胞,减少油脂分泌,保持毛孔通畅。

(2) 及时清除黑头、白头粉刺。

(3) 对已经发炎的皮肤进行消炎杀菌。

2. 护理步骤

(1) 消毒:用75%酒精棉球消毒。取酒精时远离顾客头部,避免碰到顾客的皮肤和眼睛,对需使用的工具、器皿及产品的封口处进行消毒,暗疮针最好提前浸泡半小时消毒。

(2) 卸妆:用棉片或棉棒蘸取卸妆液进行卸妆,动作小而轻,勿将产品弄进顾客眼睛,棉片、棉棒一次性使用。

(3) 清洁:选择油性洗面凝胶洁面,注意对发炎部位动作应轻柔,不能过多摩擦;用过的清洁棉片应丢弃,以免传染。

(4) 爽肤:用棉片蘸取双重保湿水,轻轻擦拭。

(5) 观察皮肤:肉眼观察或皮肤检测仪器仔细观察皮肤问题所在。

(6) 蒸面:用棉片盖住眼睛,喷雾仪蒸面8min或冷喷仪冷喷20min,距离25cm,皮肤有严重问题者不能蒸面。

(7) 去角质:用去角质霜,痤疮部位不做,严重者不做。

(8) 清白头粉刺和黑头粉刺:先用酒精对局部皮肤消毒,然后选择采用手清或针清方式清除,再进行局部消毒并涂抹消炎膏。

(9) 按摩:选用暗疮膏徒手按摩,时间5~10min。一般应避免在痤疮创面上按摩,痤疮较多者不做按摩。

(10) 仪器:清除痤疮后,用火花式高频电疗仪对创面进行消炎杀菌,以防感染,每个创面10s。

(11) 面膜:消粉刺软膜或痤疮面膜、冷膜。痤疮部位也可用甲硝唑涂敷打底后涂冷膜,或痤疮面膜打底后涂冷膜。

(12) 爽肤:用痤疮消炎水敷面,暂时可收敛毛孔,平衡油脂。

(13) 润肤:痤疮部位涂痤疮膏,其他部位涂乳液。

3. 家庭护理计划

(1) 日间护理:油性洁面凝胶→爽肤水→防晒乳液,有痤疮部位涂暗疮膏→眼霜。

(2) 晚间护理:卸妆液+油性洁面凝胶→爽肤水→眼霜→暗疮部位涂暗疮膏。

(3) 每周护理:消炎面膜或油脂平衡面膜每周两次,可加眼膜。

（五）痤疮皮肤护理的注意事项与禁忌

1. 在护理期间，痤疮会有加重现象，这是由于感染向皮肤表层转移，过一段时间后，情况就会稳定下来。有痤疮问题的客人应每周做2次专业美容护理，并在家里严格执行自我保养措施，直到皮肤彻底痊愈。美容师必须让顾客直到痤疮是一个持续性问题，要不断加强护理、保养。

2. 一般情况下，按摩或挤压发炎部位的皮肤，会使炎症扩散。但是，对于不太严重的痤疮皮肤，采用温和的按摩却可以软化皮脂腺的角质硬块，使发炎部位的脓更容易挤出来。同时，采用淋巴引流按摩手法，还可以促进血液循环，帮助淋巴排除发炎产物，促进痤疮痊愈。

八、痤疮的其他治疗方法

1. 激光治疗：强脉冲光通过光热反应，诱导痤疮丙酸杆菌发生不可逆的功能丧失和死亡，同时可使皮脂腺萎缩，刺激胶原增生和重新排列，适用于寻常型痤疮。超脉冲二氧化碳激光、铒激光、氦-氖激光等对痤疮后色素斑、痤疮瘢痕也有良好的疗效。

2. 皮肤磨削术：是通过机械磨削，使堵塞的皮脂腺开口，丘疹或囊肿开放引流，瘢痕变浅变平。对浅表性瘢痕效果较好。硬结性痤疮、瘢痕疙瘩性痤疮、瘢痕体质及患有心、肝、肺、脑、肾等重要脏器疾病者不适合进行磨削术治疗。

3. 美容仪器治疗：超声波导入0.025%维A酸、复方酮康唑、氯霉素、莫匹罗星、甲硝唑等药物治疗痤疮，疗效较好。

4. 注射填充：胶原蛋白注射填充，对痤疮留下的凹陷性瘢痕疗效较好。

九、痤疮皮肤的预防

1. 饮食宜忌　多食蔬菜、水果、薯类及纤维素含量高的食物如韭菜、芹菜、香蕉等，保证大便通畅，使积聚在肠道内的毒素排出体外；忌食高脂、高糖、辛辣刺激性强的食物及水生贝壳类食物，少饮可乐、茶、咖啡等饮料。

2. 皮肤防护

（1）面部忌搽油性护肤品及含有粉质的化妆品，避免堵塞毛孔，皮肤排出不畅，易导致细菌感染，从而加重炎症。

（2）不要用手挤压痤疮，以免炎症扩散，愈后遗留凹陷性瘢痕。

（3）不要随便使用外用药物，尤其不要使用含类固醇皮质激素的药物。

3. 皮肤养护　每日清洁面部2~3次，常用温水洗脸，使用性质温和的洗面奶或硫磺皂。选择面部护肤品时，注意选油少水多的“水包油”型的膏霜，有助于痤疮的康复。每周进行1~2次专业治疗和护理。

4. 调畅情志　保持心情舒畅，注意劳逸结合，保证每天睡眠充足，使面部肌肉得到有效的放松与自我修复。

（赵　丽）

第六节　色斑性皮肤养护

一、定　　义

色斑是指由于多种内外因素影响所致皮肤黏膜色素代谢失常(主要是指色素沉着),是生活美容界最常见的损美性皮肤问题。

分为内在色素(由人体皮肤自身产生,如黑素、脂色素、含铁血黄素、胆色素等)和外在色素[由外界带来的,如胡萝卜素、药物、重金属(如砷、铋、金、银等)]。

二、成　　因

1. 色素代谢的生理过程

$$\text{酪氨酸}\xrightarrow[\text{加 } O_2]{\text{酪氨酸酶}}\text{多巴}\longrightarrow\text{多巴醌}\xrightarrow[\text{加 } O_2]{\text{酪氨酸酶}}\text{黑素}$$

2. 影响色素生成的因素　皮肤颜色主要由四种色素组成:黑素(黑褐色)、氧化血红蛋白(红色)、还原血红蛋白(蓝色)及胡萝卜素(黄色)。

(1) 硫氢基理论

(2) 氨基酸及维生素

(3) 细胞因子

(4) 内分泌、神经因素:促黑色素细胞激素、肾上腺皮质激素、性激素、甲状腺素、神经因素等。

三、色斑性皮肤的临床表现

1. 黄褐斑　黄褐斑俗称肝斑、蝴蝶斑、妊娠斑,是一种长于中青年女性面部,基本对称的黄褐色或深褐色斑片。形状不规则,大小不定,边界清楚,表面无鳞屑,常分布于颧、颈、鼻或嘴周围,但不涉及眼睑,夏季颜色加深,无任何自觉症状。

病因:

(1) 生理性因素:妊娠 3~5 个月出现,一般可于分娩后自行消失,但有部分人终身不退。

(2) 病理性因素:妇科疾病如痛经、月经不调、子宫卵巢炎症等。

(3) 化妆品因素:化妆品中含香料、脱色剂、防腐剂、重金属等。

(4) 日光因素:波长 290~400nm 的紫外线可提高黑素细胞的活性,引起色素沉着。

(5) 营养因素:食物中缺少维生素 A、维生素 C、维生素 E、烟酸或氨基酸时。

(6) 遗传因素:30% 有家族史。

2. 雀斑　雀斑是极为常见的、发生在日光暴露区域的褐色、棕色点状色素沉着斑,多为圆形或椭圆形,表面光滑,不高出皮肤,互不融合,分布左右基本对称,无自觉症状,有随着年龄增长减轻的倾向。雀斑可在 3 岁出现,多在 5 岁时发病,青春期前后皮疹加重,女性居多。

病因:

常染色体显性遗传性色素沉着病,与日光照射有明显关系,其斑点大小、数量和色素沉着程度,随日晒而增加或加重。X 射线、紫外线照射可引发本病症加剧,黑素增加主要位于表皮内。

3. 炎症后色素沉着　炎症后色素沉着是皮肤急性或慢性炎症后出现的色素沉着，浅褐色或深褐色，散状或片状分布，表面平滑，若局部皮肤长期暴露于日光中和受热刺激，色素斑可呈网状，并有毛细血管扩张现象。

病因：

(1) 接触沥青、煤焦油、含光敏物的化妆品等。

(2) 各种理化因素如摩擦、温热、放射线、药物、炎症刺激等。

(3) 某些皮肤病如痤疮、湿疹、脓包、带状疱疹、丘疹性荨麻疹等，愈后遗留色素沉着。

(4) 化妆品中的超标金属如铅、汞等刺激。

(5) 紫外线照射而受到 UVB 损伤引起色素沉着。

四、护理方案

1. 护理目的

(1) 加强按摩，促进新陈代谢，增加血液循环，帮助色斑淡化。

(2) 补充美白祛斑产品，淡化色斑，抑制黑色素形成。

(3) 保持皮肤充足的油分和水分，有利于皮肤的改善。

2. 护理步骤及要点(表 3-4)

表 3-4　色斑性皮肤的护理步骤及要点

步骤	产品	工具、仪器	操作说明
消毒	70%酒精	棉片	取酒精时远离顾客头部，避免碰到顾客的皮肤和眼睛，对需要使用的工具，器皿及产品的封口处理行消毒
卸妆	卸妆液	小碗一个，棉片 8 张，棉棒 8 根	动作小而轻，勿将产品弄进顾客眼睛，棉片、棉棒一次性使用
清洁	美白保湿洁面乳	小碗一个，洗面巾、小毛巾、洗面盆	眼睛不需要再清洁，动作轻柔快速，时间 1min，T 型区部位时间稍长
爽肤	爽肤水	棉片	轻轻擦拭两遍
观察皮肤判断类型		肉眼观察或皮肤检测仪	仔细观察皮肤问题的所在
蒸面		喷雾仪	用棉片盖住眼睛，蒸面 3min，距离 35cm，不开臭氧灯
去角质	去角质霜	纸巾若干张	每月 1 次
仪器	美白祛斑精华素	超声波美容仪	采用低档位，时间不超过 10min，色斑部位 2min
按摩	滋润按摩膏、美白精华素	徒手按摩	按抚法可促进皮脂腺分泌，扣抚振颤法可激活维生素 C，重点是按摩色斑部位
面膜	祛斑面膜、热膜	调棒、调勺、面膜碗、纱布	祛斑面膜+热膜，可加强产品吸收
爽肤	美白水		
润肤	祛斑霜、美白霜		加强防晒

3. 家庭护理计划　日间护理：美白洁面乳——美白保湿水——美白精华素——美白霜(防晒霜)+眼霜。

晚间护理:卸妆液+美白洁面乳-美白保湿水-晚霜+眼霜。

每周护理:自我按摩+美白祛斑精华素(捏按)+美白面膜+眼膜+颈膜(每周2次)。

4. 家庭保养建议　选择美白、保湿、滋润的产品淡化色素,不要寄予过高期望。

五、色斑性皮肤的几种处理方法

1. 中医中药
2. 激光治疗
3. 氢醌脱色
4. 左旋C原液

(张秀丽)

第七节　衰老性皮肤养护

一、衰老性皮肤的定义

人体皮肤老化,是指皮肤在外源性或内源性因素的影响下引起皮肤外部形态、内部结构和功能衰退等现象。

衰老性皮肤的特征:肌肤组织功能减退,弹性减弱,无光泽,皮下组织减少、变薄,皮肤松弛、下垂,皱纹增多,色素增多等。

二、皮肤老化机制

1. 皮肤老化因素　人体各部分受遗传因素(基因)所控制而出现的一系列衰老现象是不可避免的。人出生后皮肤组织日益发达。皮肤组织的成长期一般结束于25岁左右,有人称此期为"皮肤的弯角",自此后生长与老化同时进行,皮肤弹力纤维渐渐变粗,40~50岁初老期,皮肤的老化慢慢明显,但老化程度因人而异。

由于人们的生活环境、生活方式、皮肤护理方法、遗传等诸因素的不同,使得每个人的衰老程度、速度具有很大差异,它不仅与年龄有关,还受一些其他因素的影响。

(1) 加速皮肤衰老的主要内因

1) 皮肤附属器官功能的自然减退:由于皮肤的新陈代谢减慢,汗腺、皮脂腺功能降低,分泌物减少,使皮肤缺乏滋润而干燥;皮肤张力与弹力的调节作用减弱,造成皱纹增多。

2) 皮肤的营养障碍:面部的皮肤较身体其他部位的皮肤薄,由于皮肤的营养障碍,使得皮下脂肪储存逐渐减少,细胞和纤维组织营养不良,性能下降,而使皮肤出现皱纹。导致营养不良的原因主要有:饮食结构不合理,营养摄入量不足,消化、吸收功能障碍,疲劳过度、消耗过量、多愁善感等。这些因素都会加速皱纹的增加,导致皮肤的衰老。

(2) 加速皮肤衰老的主要外因

1) 过多及过于丰富的面部表情:面部皮肤是由面部肌肉所支撑。如果面部的表情变化过多,平时多愁善感、急躁易怒、郁闷不乐等,经常在脸上出现愁苦、紧张、拘谨的表情,面部表情肌会不断地收缩、舒张,并牵动面部皮肤一起活动。在皮肤的弹性和张力不佳的状态下，会加速皱纹的增多。

2）长期睡眠不足：睡眠不足可使皮肤调节功能降低，出现皱纹，加速衰老。

3）长期在光线暗的环境下工作：在光线暗的环境下看书、写字、工作时，面部肌肉常呈紧张的收缩状态。久之，会由于皱眉而在眉间及眼尾出现皱纹。

4）不当的迅速减肥或缺乏体育锻炼：由于平时的体育锻炼少或因体重的迅速减轻，都易使皮肤松弛而形成皱纹。

5）皮肤水分补充不足：皮肤水分补充不足，会使皮肤缺乏滋润，失去弹性而出现皱纹。

6）环境突然改变或环境恶劣：环境的突然改变，如气候冷、热骤变，或长时间地使皮肤暴露在烈日下、寒风中，皮肤难以适应，使其变得粗糙，加速衰老，出现皱纹。

7）化妆品使用不当：由于化妆品的选择不当，造成劣质化妆品对皮肤的刺激，或过多的扑粉吸去了皮肤表层的水分，都极易使皮肤粗糙、老化，出现皱纹。

8）烟、酒等用品的刺激：过度吸烟、饮酒，喝太浓的茶、咖啡、含酒精的饮品等，都易对皮肤产生刺激而促使其衰老，产生皱纹。

皮肤老化的因素无外乎内因和外因两大类。事实上，无论是内因性还是外因性皮肤老化，它们之间既有本质区别又有必然联系。有些关系和机制至今还没有完全搞清楚，特别是对皮肤老化的生理、生化和组织形态学变化进程以及这些过程中出现的一系列分子生物学方面的变化还了解较少，这充分说明皮肤老化在分子和基因水平上变化的复杂性。

2. 皮肤老化现象主要表现在两个方面

（1）皮肤组织衰退

1）表皮变薄：皮肤的厚度随着年龄的增加而有明显改变。人的表皮20岁时最厚，以后表皮增殖能力减退，到老年期颗粒层可萎缩至消失，棘细胞生长周期缩短，表皮逐渐变薄。

2）肤色变化：皮肤的色素调节失调会造成黑色素增加，脂褐质沉积，而产生黑斑。或者由于黑色素细胞退化，而产生雨滴状白点的色素脱失。另外表皮细胞不正常的角化，会产生脂漏性角化症或俗称的老人斑。

3）失去光泽：角质层细胞脱落减慢，产生不规则角化，已衰老死亡的细胞堆积于表皮角质层，使得皮肤表面粗糙不光滑。

4）失去弹性：真皮结缔组织在30岁时最厚，以后渐变薄并伴有萎缩。皮下脂肪减少，并由于弹力纤维与胶原纤维发生变化而渐失皮肤弹性和张力，更进一步导致皮肤松弛与皱纹产生。

5）失去血色：真皮层变薄，真皮乳头层血管减少，血流量降低，皮肤缺乏红润色泽，出现萎黄。

（2）生理功能低下

1）腺体分泌减少：皮脂腺分泌减少，皮肤失去光泽，汗腺功能衰退，汗液排出减少，皮肤干燥，出现皱纹。

2）血液循环功能减退：毛细血管开放面积减少，血流不畅通，血流量减少，皮肤得不到足够的营养而干燥、起皱、无光泽。血液循环功能减退不足以补充皮肤必要的营养，因此老年人皮肤伤口难愈合。

总之，衰老性皮肤是由于表皮、真表皮交界处、真皮及附属器发生退行性改变，导致皮肤形态、弹性、色泽等方面的改变，外观特征主要表现为皮肤干燥粗糙无泽、皱纹增加及松弛下垂伴随黑斑、老年斑、毛细血管扩张、血管瘤等的出现。

三、皮肤皱纹的分类

皱纹是指皮肤表面因收缩而形成一凸一凹的条纹，是皮肤老化的最初征兆。25 岁以后，皮肤的老化过程开始，皱纹渐渐出现。出现的顺序一般是前额、上下眼睑、眼外眦、耳前区、颊、颈部、下颏、口周。

1. 自然性皱纹 又称为固有皱纹或者体位性皱纹。多呈横向弧形，与生理性皮肤纹理一致。自然性皱纹与皮下脂肪规律有关，伴随年龄增大皱纹逐渐加深，纹间皮肤松垂。如颈部的皱纹，为了颈部能自由活动，此处的皮肤会较为充裕，自然形成一些皱纹，甚至刚出生就有。早期的体位性皱纹不表示老化，只有逐渐加深、加重的皱纹才是皮肤老化的象征。

2. 动力性皱纹 面部表情肌与皮肤相附着，表情肌收缩，皮肤在与表情肌垂直的方向上就会形成皱纹，即动力性皱纹。动力性皱纹是由于表情肌的长期收缩所致。早期只有表情收缩，皱纹才出现，以后表情不收缩，动力性皱纹亦不减少。如长期额肌收缩产生前额横纹，在青年即可出现；而鱼尾纹是由于眼轮匝肌的收缩作用所致，笑时尤甚，也称笑纹。主要表现在额肌的抬头纹、皱眉肌的眉间纹、眼轮匝肌的鱼尾纹、口轮匝肌的口角纹和唇部竖纹、颧大肌和上唇方肌的颊部斜纹等。

3. 重力性皱纹 重力性皱纹是在皮肤及其深面软组织松弛的基础上，再由于重力的作用而形成皱襞和皱纹，重力性皱纹多分布在眶周、颧弓、下颌区和颈部。如常见的如眼袋、老年性上睑皮肤松垂、双下颌等。

（1）眼睑部位：由于重力关系，在上睑可随着眼皮和皮肤轮匝肌的逐渐松弛而发生皮肤下垂，多见于上睑外 1/3 处。下睑亦会逐渐下垂，同时还会由于眶隔脂肪从隔膜疝出而形成眼袋。

（2）面部：此类皱纹多发生于面下部，由于睑下脂肪垫的脂肪减少，睑颊部皮肤变得松弛，从而出现皱纹。

（3）颌部：此类皱纹多发生于颌下部，由于皮下脂肪减少，下颌皮肤松弛形成垂下颌。

（4）颈部：颈部的体位性皱纹发生在中年以后，由于皮下组织逐渐萎缩减少，皮肤松弛，加上重力作用而加多加深，特别在颈前部，常会在两侧颈阔肌的颈中缘形成两条下垂的皮肤皱纹。

4. 混合性皱纹 由多种原因引起，机制较复杂，如鼻唇沟、口周的皱纹。

从皱纹形成状态划分，皱纹又可分为两类，即假性皱纹和定性皱纹。

（1）假性皱纹：假性皱纹是面部出现的不稳定的、可自行消退的皱纹。它是由于皮肤暂时性缺水或缺乏油脂滋润引起的。这种皮肤的胶原纤维、弹力纤维性能尚好，皮肤的腺体功能正常。一般情况下，这类皱纹可以通过皮肤弹性的自我调节，或通过一般非手术性皮肤护理，在一定时间内自行消退。

（2）定性皱纹：定性皱纹是面部形成的、非手术而不能除去的、具体稳定性的皱纹。此种皮肤由于胶原纤维和弹力纤维性能下降，导致皮肤的韧性和弹性降低。

假性皱纹是形成定性皱纹的前期；而定性皱纹是假性皱纹发展的结果。若减少假性皱纹存在的机会，则减少了定性皱纹形成的可能性。

四、衰老性皮肤的护理原则

1. 保持对肌肤水分和营养的补充。

2. 刺激皮肤血液循环,促进新陈代谢,加强皮肤的自我保护能力。

3. 清洁皮肤要彻底,防止残留污物侵害皮肤,所使用的清洁产品性质温和,避免剥夺皮肤天然的油分。

4. 促进皮脂腺与汗腺的分泌,使皮肤滋润、有弹性。

五、衰老性皮肤的护理方法

1. 护理程序　清洁霜-喷雾5~8分钟(视不同肌肤及季节而定)——按摩——除皱精华液导入-敷保湿美白面膜-保湿美白水-保湿除皱乳液-保湿除皱营养霜、眼霜、唇霜-隔离霜。

2. 护理步骤(图3-7-1)

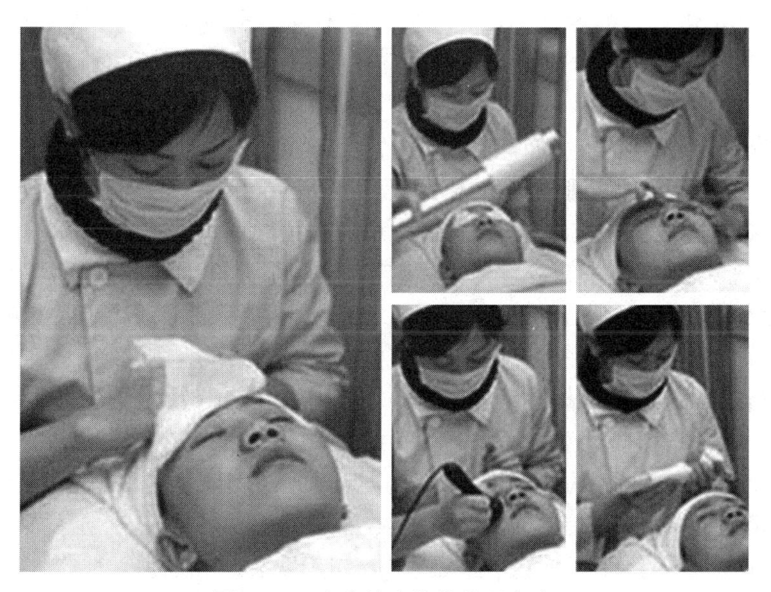

图3-7-1　衰老性皮肤的护理方法

(1) 清洁面部:选择干性皮肤使用的滋润轻柔的清洁霜或洗面乳进行面部清洁,除去表皮的尘埃、汗渍等污物。避免使用泡沫型的洁面膏,防止过度的清洁而产生皮肤的脱水现象。

(2) 分析皮肤,填写皮肤护理卡。

(3) 去角质:去除角质层老死细胞。衰老性皮肤建议2个月做一次。由于衰老皮肤的角质层含水量下降,皮肤的新陈代谢减慢,因此需选择去角质啫喱进行去角质处理,在去除老化角质的同时可以给皮肤补充水分。

(4) 喷雾:选择热喷护理可达到补充皮肤水分、舒展皱纹的作用,时间可控制在10分钟左右,蒸气喷口与面部间的距离为35mm。禁止使用冷喷和奥桑喷雾。

(5) 面部按摩:根据不同部位的不同衰老状况,可选择滋润性强的按摩膏或晚霜,有重点地进行按摩,每次15~20分钟,提高皮肤的温度、促进血液循环,补充皮肤的氧气和养分。

（6）导入：利用超声波美容仪或阴阳离子导入仪将具有补水去皱、淡化色素、抗衰老精华素等作用的精华素导入皮肤，每次5~8分钟。

（7）面膜：为提高皮肤的弹性和滋润度，可选择海藻或骨胶朊面膜或人参、珍珠等补水去皱软膜，如需要还可使用倒热膜或蜜蜡面膜疗法，时间为20分钟。

（8）爽肤：使用保湿滋润性的柔肤水，有助于保护皮肤的天然pH值，使毛孔收缩。

（9）润肤：选择具有滋润营养皮肤的润肤乳或霜。

3. 按摩手法 面部按摩是个十分有效的抗衰老方法。不但促进肌肤的血液循环，加速肌肤的新陈代谢，同时还能改善肌肤松弛现象。针对衰老性皮肤进行面部按摩时要注意动作轻柔、缓慢、伏贴，防止过度拉扯皮肤。

4. 仪器选择

（1）超声波美容仪。

（2）阴阳离子导入仪。

二者均可进行营养素导入护理。先在脸部抹适量的活细胞精华素或保湿精华素，使用上述仪器在全面部进行营养导入，每月2次，每次15~20分钟。

5. 面膜选用 根据皱纹的不同部位，可选用眼膜、颈膜、唇膜和面膜，其主要产品可为生化活性产品、高效滋润产品、胶原紧肤产品及热膜产品。

6. 日常防皱抗皱品选择 日常保养使用营养丰富、保湿功能强的祛皱产品，为皮肤补充所需的养分和水分，减缓皮肤老化的速度，重现皮肤光洁。护肤品选择原则：35岁以前以补水为主，35岁以后油水共补。同时还要留意眼角、下眼睑和鼻翼旁不知不觉中出现的些许小细纹，使用一些具有舒展皱纹疗效作用的护肤品，来促进细胞的新陈代谢，增强皮肤胶原纤维的重排和收缩，增加肌肤弹性，舒展皱纹，令肌肤重现年轻活力。常见的除皱保湿系列有人参、鹿茸、珍珠、胶原蛋白、透明质酸、保湿因子、EGF等。

（1）人参化妆品：这是一种高级美容中草药，可防止皮肤脱水干燥，保持皮肤光洁、滋润，预防和延缓人体皮肤衰老。

（2）鹿茸、珍珠化妆品：可促进皮肤血液循环，增强皮肤抵抗力，促进皮肤营养吸收。若连续使用，可使面部皮肤细腻滋润，减少皱纹。

（3）含水解蛋白及维生素E的化妆品：可延缓皮肤衰老，舒展皱纹。

（4）胶原蛋白原液：它内含的胶原蛋白成分是一种弹性纤维蛋白质，为支撑肌肤弹性的主要成分。当皮肤缺少胶原物质时就开始产生老化现象。所以针对老化肌肤补充胶原蛋白有卓越改善效果。

（5）透明质酸（玻尿酸）：具有特殊的保水作用，是目前发现的自然界中保湿性最好的物质，被称为理想的天然保湿因子。它可以改善皮肤营养代谢，使皮肤柔嫩、光滑、去皱、增加弹性、防止衰老，在保湿的同时又是良好的透皮吸收促进剂。与其他营养成分配合使用，可以起到促进营养吸收的更理想效果。

（6）保湿因子：保湿因子是一种吸收快，活性高的新型保湿剂，在个人护理产品的应用中，能迅速改善肌肤和头发的水分保持力，激发细胞的活力，具有保持肌肤滋润、光滑，防止皮肤干燥和发暗的效果。

（7）表皮细胞上皮生长因子（EGF）：人体内的一种活性物质，能促进受损表皮的修复与再生。其最大特点是能够促进细胞的增殖分化，从而以新生的细胞代替衰老和死亡的细胞。

六、衰老性皮肤的治疗

改善衰老的状态,去除面部皱纹,可以通过非手术和手术等方式来实现。

1. 非手术方法　包括药物疗法、化学剥脱法、微波疗法、化妆品等,可用于轻、中度的面部皱纹。

(1) 药物疗法:主要是对皮肤细胞进行生物活性调控以改善皮肤营养状况。

(2) 化学剥脱:其主要作用是除去老化的表皮角质层,促进基底细胞增生,修复老化胶原纤维,提高皮肤张力和弹性。化学剥脱常用药物:α-羟基酸、维A酸、石炭酸或三氯乙酸。化学剥脱对颊部、前额和眼周的细微皱纹及口周的垂直皱纹特别有效。

(3) 微波拉皮除皱疗法(图3-7-2):其原理是不同波长的微波作用于皮肤和皮下各层次,可促进恢复皮肤弹性活力,刺激胶原纤维增生修复。此外,还可通过电离渗透作用,促进皮肤吸收水分营养,促进腺体活动、微循环和新陈代谢。

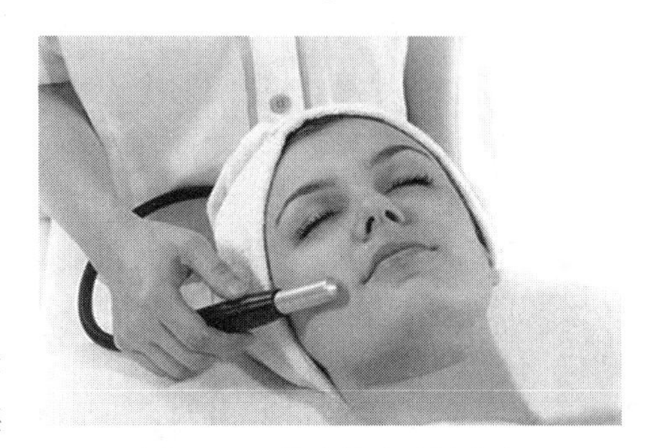

图3-7-2　微波拉皮除皱疗法

(4) 抗衰老护肤品:一是根据自由基衰老学说清除过量的自由基,维生素C、维生素E、辅酶Q为代表。二是根据光老化学说预防紫外线,如日常隔离防晒产品。三是促进皮肤细胞新陈代谢,补充胶原蛋白和弹性蛋白,保湿和修复皮肤屏障功能等产品。

2. 手术方法　包括皮下填充、肉毒素注射、激光除皱、皮肤摩削术和面部手术除皱等。

(1) 皮下填充法包括自体脂肪注射、皮下胶原注射、玻尿酸注射和种植体植入,目的在于利用皮内填充物进入真皮皱折凹陷或希望丰润的部位后,达到除皱纹与修饰脸部的效果。但皮下填充法效果不持久,半年后往往被吸收。

(2) 肉毒素又称肉毒杆菌内毒素(图3-7-3),又名"Botox"和"Myobloc",是肉毒杆菌在繁殖过程中分泌的毒性蛋白质,具有很强的神经毒性。肉毒素作用于胆碱能运动神经的末梢,以某种方式拮抗钙离子的作用,干扰乙酰胆碱从运动神经末梢的释放,使肌纤维不能收缩致使肌肉松弛以达到除皱美容的目的。局部注射肉毒素一般适合于早期的、不太明显的皱纹。

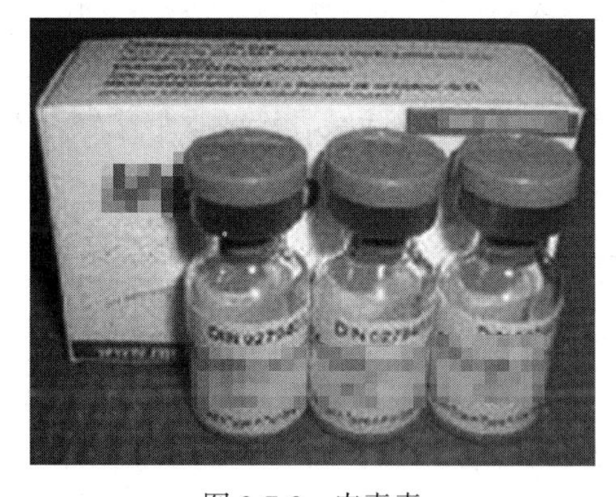

图3-7-3　肉毒素

(3) 激光除皱:又称激光摩擦术,激光换肤术,激光在瞬间使靶组织气化,对正常皮肤的热损伤极小,激光除皱能有效改善面部皮肤松弛、去除深层皱纹,使面部整体提升。

(4) 皮肤磨削术:又称皮肤磨擦术,是利用机械磨擦去除皮肤浅层的病变,使粗糙不平的皮肤愈合后变得平坦光滑并恢复正常色泽的一种手术方法。常用于光老化皮肤、细小皱纹。

(5) 拉皮除皱手术:通过手术将额颞部或面颈部松弛皮肤提紧,使面部皱纹变浅,甚至消失。该方法瘢痕隐秘,除皱明显、效果持久,但因手术创伤范围较大,消肿等康复时间相对较长,常用于中老年人的除皱。

七、衰老性皮肤的预防

每个人都将走向衰老,这是自然界的必然规律。人的肌肤也具有同样道理,但如果及早地注意加强皮肤的护理,特别是日常护理,就可以延缓人的肌肤衰老过程。因此,在适时适度地进行专业皮肤护理的同时,在日常生活中,还应注意:

1. 保持充足的睡眠时间,保证睡眠质量,忌熬夜。

2. 临睡前少喝水,以免面部出现水肿症状。

3. 讲究饮食营养,不偏食,均衡体内的营养结构。多吃胡萝卜、番茄、动物肝脏、豆类等富含蛋白质和维生素 C、维生素 E、维生素 A 的食物,少食白米、白面,限制食盐。

4. 注意保护皮肤,避免受到创伤、阳光、强风、寒冷、热浪与化学品的伤害。

5. 合理、正确的选用化妆、护肤用品,使之保持滋润,选用弱酸性洗面用品,以免皮肤过于干燥而过早出现皱纹。

6. 皮肤护理注意保湿、滋润。经常正确的按摩皮肤,保持肌肤的弹性。

7. 防止不合理的快速减肥。

8. 控制烟酒的摄入,维护身体的健康。

9. 改变大笑、皱鼻、皱眉、眯眼等不良动作。

10. 保持开朗乐观的情绪,调整不良的心理状态,忧愁、焦虑、压抑等均是美容大敌,日积月累会使人过早衰老。

八、家居护理建议

日间护理程序:洗面奶——保湿水——保湿除皱乳液——保湿除皱营养霜——眼霜、唇霜——隔离霜——防晒霜。

夜间护理程序:洗面奶——保湿水——祛皱精华素——保湿除皱乳液或保湿除皱营养霜——眼霜、唇霜。

九、护肤卡的制作

对于存在皮肤老化问题的顾客,美容师应先为其进行皮肤分析,将分析结果记录在美容院顾客资料登记表上(表 3-5),并按照检测结果,正确合理地制订护理方案。待护理结束后,应填写护理记录及相关备注,并向顾客提出家庭保养建议。

表 3-5　美容院顾客资料登记表

检定编号：____　　建卡日期：____

顾客姓名：____　　性别：________　　年龄：________

生育情况：________　　体重：________　　血　　型：________

住址：________　　电话：________

职业：________　　文化程度：________

皮肤状况分析

1. 皮肤类型

□中性皮肤　□油性皮肤　□混合性皮肤　□缺乏水分的油性皮肤

□缺乏水分的干性皮肤　□缺乏油脂的干性皮肤

2. 皮肤吸收状况

冬天　□差　□良好　□相当好

夏天　□差　□良好　□相当好

3. 皮肤状况

① 皮肤湿润度　□不足　□平均　□良好

部位________部位________部位________

② 皮脂分泌　□不足　□适当　□过盛

部位________部位________部位________

③ 皮肤厚度　□薄　□较厚　□厚

④ 皮肤质地　□光滑　□较粗糙　□粗糙　□极粗糙

□与实际年龄成正比　□比实际年龄显老　□比实际年龄显小

⑤ 毛孔大小　□很细　□细　□比较明显　□很明显

⑥ 皮肤弹性　□差　□一般　□良好

⑦ 肤色　□红润　□有光泽　□一般

□偏黑　□偏黄　□苍白，无血色　较晦暗

⑧ 颈部肌肉　□结实　□有皱纹　□松弛

⑨ 眼部　□结实紧绷　□略松弛　□松弛　□轻度鱼尾纹　□深度鱼尾纹

□轻度黑眼圈　□重度黑眼圈　□暂时性眼袋　□永久性眼袋

□水肿　□脂肪粒　□眼疲劳

⑩ 唇部　□干燥，脱皮　□无血色　□肿胀　□皲裂

□唇纹较明显　□唇纹很明显

4. 皮肤问题

□色斑　□痤疮　□老化　□敏感　□过敏　□毛细血管扩张

□瘢痕　□风团　□红斑　□淤斑　□水疱　□抓痕

□萎缩　□日晒伤

其他________

① 色斑分布区域　□额头　□两颊　□鼻翼

② 色斑类型　□黄褐斑　□雀斑　□晒伤斑

□里尔黑病变　□炎症后色素沉着

其他________

③ 皱纹分布区域　□无　□眼角　□唇角　□额头　□全脸

④ 皱纹深浅　□浅　□较浅　□深　□较深

⑤ 皮肤敏感反应症状　□发痒　□发红　□灼热　□起疹子

⑥ 痤疮类型　□白头粉刺　□黑头粉刺　□丘疹　□脓包

□结节　□囊肿　□瘢痕

⑦ 痤疮分布区域　□额头　□鼻翼　□唇周　□下颌　□两颊　□全脸

5. 皮肤疾病　□无　□太田痣　□疖　□扁平疣

□寻常疣　□单纯疱疹　□带状疱疹

□毛囊炎　□接触性皮炎　□化妆品皮肤病

其他________

续表

护肤习惯	1. 常用护肤品　□化妆水　□乳液　□营养霜　□眼霜 □精华素　□美白霜　□防晒霜　□颈霜 其他______ 2. 常用洁肤品　□卸妆液　□洗面奶　□深层洁面霜　□香皂 其他______ 3. 洁肤次数/天　□2 次　□3 次　□4 次 其他______ 4. 常用化妆品　□唇膏　□粉底液　□粉饼 □腮红　□眼影　□睫毛膏 其他______
饮食习惯	1. 饮食爱好　□肉类　□蔬菜　□水果　□茶 □咖啡　□油炸食物　□辛辣食物 其他______ 2. 易过敏食物______
健康状况	1. 是否怀孕　□是　□否 2. 是否生育　□是　□否 3. 是否服用避孕药　□是　□否 4. 是否戴角膜接触镜(隐形眼镜)　□是　□否 5. 是否进行过手术治疗　□是　□否 手术内容______ 6. 易对哪些药物过敏__________ 7. 生理周期　□正常　□不正常 8. 有无以下病史　□心脏病　□高血压　□妇科疾病　□哮喘 □肝炎　□骨头上钢板　□湿疹　□癫痫 □皮肤疾病　□肾疾病　□免疫系统疾病 其他______
护理方案	

护理记录	日期	护理前主要状况	主要护理程序及方法	主要产品	护理后状况	顾客签字/美容师签字
			(是否对原方案进行调整,调整理由等)	(是否对原用产品进行调整,调整理由等)		______/______ ______/______ ______/______ ______/______

备注	(记录顾客的要求、评价及每次所购买的产品名称等相关事宜)

根据表 3-5 顾客皮肤的分析资料,制订老化皮肤的护理方案(表 3-6)。

表 3-6　老化皮肤的护理方案

护理目的:(1) 加强深层按摩,增加血液循环,促进新陈代谢
(2) 加强按摩刺激皮脂腺分泌,保持皮肤滋养,紧实面部肌肉,保持皮肤弹性
(3) 补充水分、油分、高效营养物质、生长因子,激发活力,延缓衰老

步骤	产品	工具、仪器	操作说明
消毒	70%乙醇	棉片	取乙醇时远离顾客头部,避免碰到顾客的皮肤和眼睛,对需使用的工具、器皿及产品的封口处进行消毒
卸妆	卸妆液	小碗一个,面片8张,棉棒8根	动作小而轻,勿将产品弄进顾客眼睛,棉片、棉棒一次性使用
清洁	保湿润肤洁面乳	小碗一个,洗面巾、小毛巾、洗面盆	眼睛不需再清洁,动作轻柔快速,时间5~8min,T型区部位时间稍长
爽肤	双重保湿水	棉片	主要目的是用棉片再次清洁2~3次,同时可以平衡pH值
观察皮肤		肉眼观察或皮肤检测仪器	仔细观察皮肤问题所在
蒸面		喷雾仪	用棉片盖住眼睛蒸面时间5~8min,距离35cm,不开臭氧灯
去角质	瞬间去角质凝胶	纸巾若干张	每月最多1次,轻柔,避免牵扯
按摩	滋润按摩膏、活性精华素	徒手按摩或微电脑除皱机按摩	以安抚为主的按摩,时间15~20min
仪器	活细胞精华素、保湿精华素	超声波美容仪或阴阳离子导入仪	全脸,每月2~4次,时间15~20min
面膜	生化活性面膜或高效滋润面膜,抗皱面膜,拉皮面膜	调棒、调勺、面膜碗、纱布	可用高效滋润面膜打底,再用热膜15~20min,包括施用眼膜、颈膜、唇膜
爽肤	双重保湿水		
润肤	活力再生霜,眼霜		
家庭护理计划	日间护理:保湿嫩肤洁面乳→双重保湿水→眼霜→活力再生霜+防晒霜 晚间护理:卸妆液+保湿嫩肤洁面乳→眼霜→双重保湿水→营养晚霜 每周护理:自我按摩+除皱精华素(捏按)+高效滋润面膜+眼膜(每周2~3次)		

(林　颖)

第八节　敏感性皮肤养护

一、定　义

面部敏感性皮肤是指皮肤较薄,面颊及上眼睑处可见微细的毛细血管,对外界如花粉、灰尘、化妆品中的某些成分等刺激易出现过强反应性,产生不同程度的瘙痒、灼热、疼痛、红

斑、丘疹、水疱甚至水肿、糜烂或渗出等症状。

二、敏感皮肤产生的原因

因为皮肤细胞受损而使皮肤的免疫力下降,角质层变薄导致皮肤滋润度不够,皮肤的屏障功能过于薄弱,无法抵御外界刺激,皮肤的神经纤维由于受到外界刺激处于过于亢奋状态,皮肤产生泛红、发热、瘙痒、刺痛、红疹等不适现象的产生。具体原因如下:

(1) 环境因素:长期暴露在阳光下或是被污染的空气中,导致皮肤的脂质保护层被破坏,影响皮肤的健康。

(2) 年龄:年轻健康的皮肤表面有一层弱酸性的皮脂膜,保持水分,以保护皮肤不受到外界侵害,但是随着年龄的增长,皮肤分泌功能减退,以至于一些敏感物质容易入侵皮肤。

(3) 遗传因素。

(4)生理因素:内分泌失调。

除以上因素外,季节变换、气温忽冷忽热变化、换肤术后、长期使用激素类药膏、使用劣质护肤品和碱性较强的洗涤用品及搔抓摩擦等都是敏感皮肤产生的原因。

三、敏感皮肤的特征

1. 看上去皮肤较薄,脸上的红血丝明显(扩张的毛细血管)。

2. 随气温的变化,过冷或过热刺激,皮肤都容易泛红、发热。

3. 容易受环境因素、季节变化及面部保养品刺激,通常归咎于遗传因素,但更多的是由于使用了激素类的化妆品导致成为敏感皮肤,并可能伴有全身的皮肤敏感。

四、敏感皮肤的养护

补水是面部敏感皮肤最重要的保养措施。补水同时配合使用增强免疫力的护肤品,增加皮肤含水量和加强皮肤屏障功能,减少外界物质对皮肤的刺激,这可以让皮肤随时处于最佳状态,高效阻挡外界刺激。除此以外,高纯度的白藜芦醇,起着强大的抗炎杀菌效果,可以使炎症皮肤得到最充分的镇静和舒缓。

换季护理

1. 避免各种刺激性因素。过冷过热的水,碱性较强的洗涤用品,致敏的药物或食物,空气中的粉尘、异味,无论是哪种因素,都应立即远离。

2. 尽量选择不含酒精、香料、防腐剂的护肤品。

3. 选择弱酸性的洁面用品　应以温和而偏微酸性,尤其是以低泡的洁面产品为佳。如果长期为皮肤问题困扰,甚至可不用洁面产品,直接以清水洗脸。此外,洁面时亦不应使用洁面刷、海绵等,以免因磨擦而造成敏感。

夏季护肤

1. 做好保湿,停用卸妆油。

2. 防晒避高温。夏季防晒,以免诱发或加重敏感。如墨镜、太阳伞、护肤水一定必备。

3. 过敏后的皮肤要经常降温镇定,定时使用温水轻轻拍打令皮肤镇定。

4. 护肤品也要尽可能地选择带有舒缓功能的,这样可以辅助皮肤重建皮脂膜。

5. 每次外出归来都做全面清洁,不让刺激物停留时间延长。

6. 提高皮肤自身的抗敏能力。

五、敏感性皮肤的专业护理

1. 洁面：选用温水清洁或使用防敏洗面奶。
2. 冷喷：使用冷喷机喷面部皮肤10~15分钟。
3. 爽肤：使用柔和爽肤水。
4. 按摩：使用防敏按摩膏按摩，时间15分钟，手法轻柔。
5. 面膜：防敏冰膜或骨胶原膜，约20分钟。
6. 拍防敏收缩水。
7. 外抹防敏面霜。

（聂　莉）

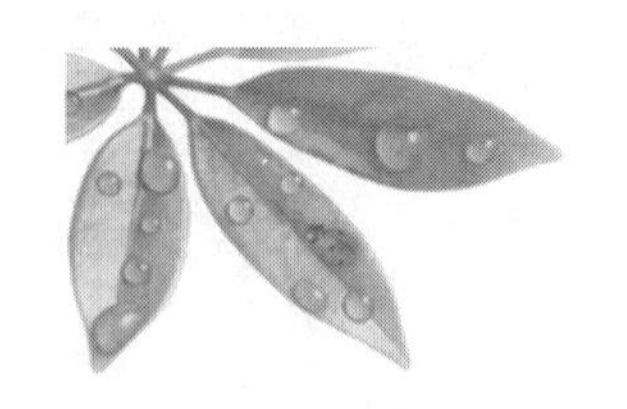

第 4 章 不同部位皮肤的养护技术

第一节　面部皮肤养护

一、面部皮肤护理的步骤与方法

（一）准备工作基本程序

1. 调整好美容床的位置、角度，使床头部稍微抬升（不超过水平30°），整理床上用品。

2. 检查美容仪器、设备的电源情况，是否接电正常、运转是否正常，并将仪器设备配件、附属用品配齐、消毒、就位。

3. 将皮肤护理所用所需用品、用具摆放整齐、有序地码放在工作台上或机械车上。用具的摆放注意以下三方面：

（1）工作台或机械车的桌面从左至右按皮肤护理的流程以此摆放：70%乙醇或其他消毒杀菌液→卸妆产品→清洁产品→ 化妆水→去角质产品→按摩膏→精华素→面膜→眼霜→日霜→防晒霜。

（2）在工作台面先放一条消毒过的毛巾，再在毛巾上面放置两张清洁的纸巾作为消毒工具摆放范围。将产品以此摆放在毛巾上后，将所有经过消毒清洁的操作工具及用品整齐的摆放在纸巾上或者消毒过的容器盛装。用过的用品不可再放在纸巾上的消毒工具范围内，每次护理完为客人更换纸巾。要求：一人（客人）一套，每次使用前后，均应经过清洁、消毒。

（3）摆放的消毒工具及用品包括：镊子、卸妆棉棒、调勺、面膜碗、棉片、纸巾、暗疮针、一次性洗面巾、海绵等相关工具。

4. 引导客人进入皮肤护理前的准备事项。帮助客人填写“护肤档案卡”。为了防止使用美容电疗仪器过程中发生意外，请客人除去所佩戴的金属饰品，帮助客人收存好私人贵重用品，等待客人换好美容服、准备就绪之后，请客人脱鞋、仰卧于美容床上，在客人胸前放一条毛巾，作为肩巾，再用干净柔软的毛巾被盖好全身，客人鞋放置美容床下。

5. 美容师按照洗手程序严格清洁、消毒双手，并用面盆准备好洁面用水。

6. 为客人包头。

在护理之前先将客人的头发、衣襟保护好，同时也便于操作。包头可用一次性头罩、宽边发带或者毛巾。

（二）面部护理的基本步骤

1. 洁肤　洁肤有人工徒手清洁和美容仪器清洁两种方式。而在实际操作过程中，依据客人皮肤的属性、特点的不同而定。例如：油性皮肤主要是油脂的清洁，需要借助磨砂膏进行清洁;而对于干性皮肤表面皮质薄,用磨砂膏会加重对皮肤的刺激,除去皮质使皮肤更加干燥;敏感性、暗疮皮肤等使用磨砂膏清洁容易引起皮肤发炎、感染。故而,对于干性皮肤和敏感性皮肤应禁止使用刺激性强的磨砂膏。

2. 分析皮肤的特点,制定护理方案。

3. 热敷蒸面 用奥桑蒸汽仪蒸面或者热毛巾敷面。

蒸面目的主要是促使是毛孔打开,便于深入清洁毛孔里的污垢、油脂、表皮坏死细胞等,促进皮脂腺、汗腺的正常分泌、排泄,促进脸部血液循环,皮肤柔软、红润,客人也感觉到轻松、舒适。热毛巾敷面的关键是温度、选择合适的热度,准备两条已经消毒干净,质地较厚、不易散热,大小以可以覆盖整个面部为宜的毛巾,交替使用。具体操作步骤如下:

(1) 毛巾对折两次。将毛巾卷成筒状,用热水浸泡,拧干后放入消毒柜中,或者将毛巾卷成筒状放在热水口出水加热。

(2) 将毛巾折起盖住下颌、颚部及颈部,再将毛巾两边向上拉覆盖于脸的上半部,留出嘴和鼻孔。

(3) 双手将毛巾压贴脸部约2分钟左右,两条毛巾交替使用,整个敷面5~10分。此法注意不适用敏感、严重痤疮等问题皮肤。

4. 去角质(脱屑) 操作时,依据不同性质的皮肤,注意操作时间的长短和力度的强弱来掌控整个去角质过程。

(1) 油性皮肤。可使用磨砂膏或电动磨面刷轻微去角质,使附于皮肤表层的角质老化或凋亡细胞脱落,此方法刺激性较大,仅适用油性皮肤,不方便清洗,尽量不用或少用。

(2) 干性皮肤。可使用含有化学成分的去死皮膏、去角质液涂抹于皮肤表面,软化或者分解皮肤表面角质老化或死亡细胞,进行去角质。

(3) 中性皮肤。介于干性、油性皮肤之间,视情况几种方法选择使用。

(4) 特殊皮肤。皮肤发炎、创伤、严重痤疮、特殊脉管状态等问题皮肤,均不宜选用去角质。

5. 爽肤 清洁皮肤之后,应及时给皮肤进行爽肤,主要可以再次清洁皮肤,又调节皮肤的pH值,使得客人感到舒适。

用棉片蘸温和的化妆水以面部按摩基本方向来擦拭面部,再用点弹、轻拍的手法按摩,使其渗透,促进吸收,可增加皮肤弹性。也可用喷雾喷脸,特别是对缺水性皮肤很有效。

6. 使用美容电疗仪进行护理 皮肤护理过程中常常要用美容电疗仪来辅助美容师徒手操作的不足。

7. 面部按摩护理

8. 敷面膜护理

9. 润肤 在操作时,应首先根据客人的年龄、皮肤类型及季节、气候相应选择护肤化妆水、润肤营养霜、眼霜、防晒霜等。以面部按摩基本方向擦拭面部、轻拍、点弹的手法按摩直至吸收。

10. 结束工作

(1) 告知客人护理流程已结束,并询问还需要什么帮助。

(2) 解开客人头上的包巾,不要污物弄脏客人的衣服。

(3) 去除客人身上的毛巾及外罩,扶客人起身,帮助客人整理好衣、物、头发。

如客人有需要,可为客人补妆。

(4) 询问客人的对服务的感受,征求意见,有不妥之处,随时改进。

(5) 送客人走。立即整理内务,归整用品、用具,做好工作区域清洁工作,清洁、消毒用品、用具,换上干净毛巾,准备迎接新顾客。

洗面基本步骤图示(图 4-1-1~ 图 4-1-9):

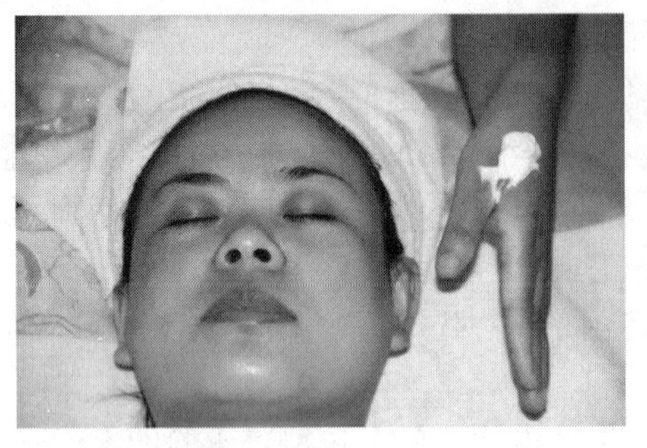

图 4-1-1　放置洗面奶

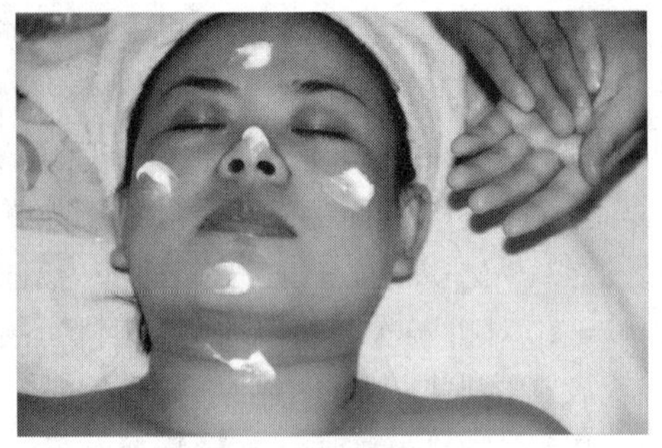

图 4-1-2　涂抹洗面奶

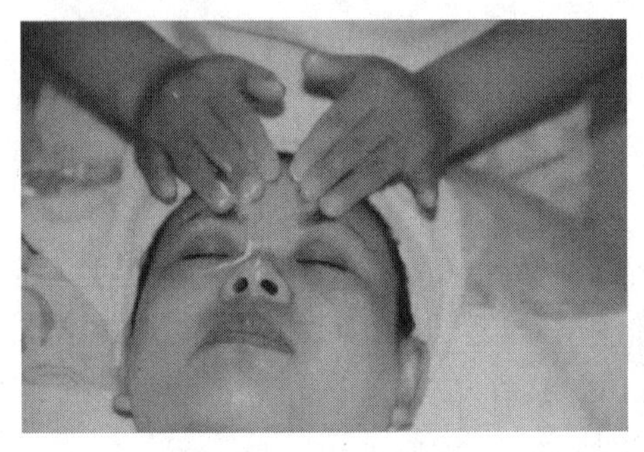

图 4-1-3　清洗额头

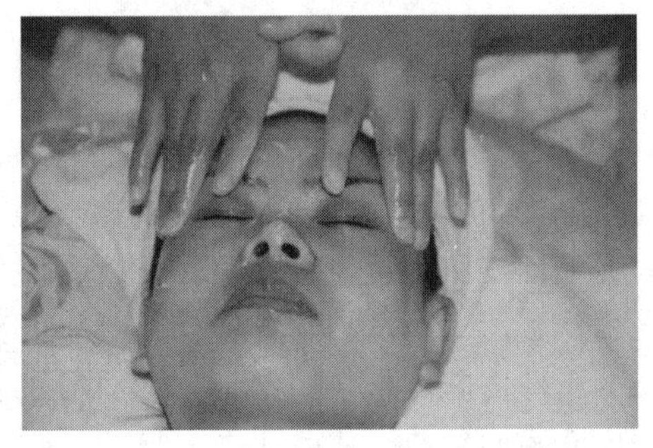

图 4-1-4　清洗眼部

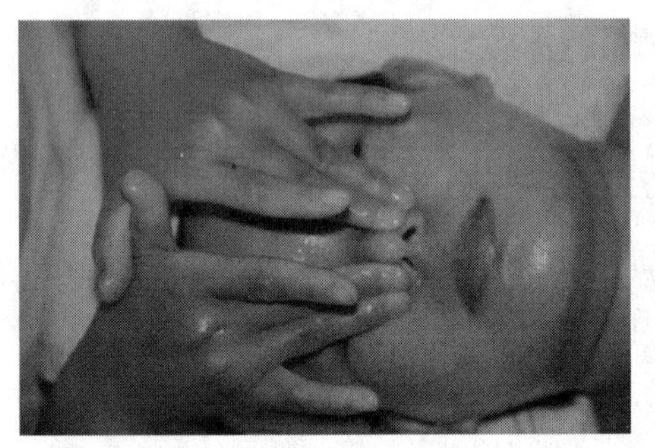

图 4-1-5　清洗鼻翼两侧

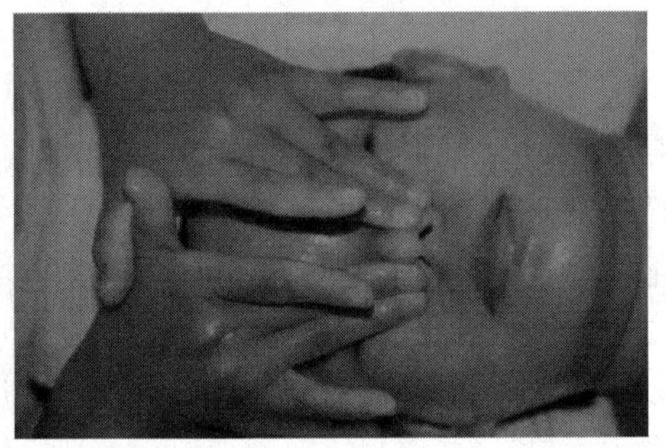

图 4-1-6　清洗鼻头

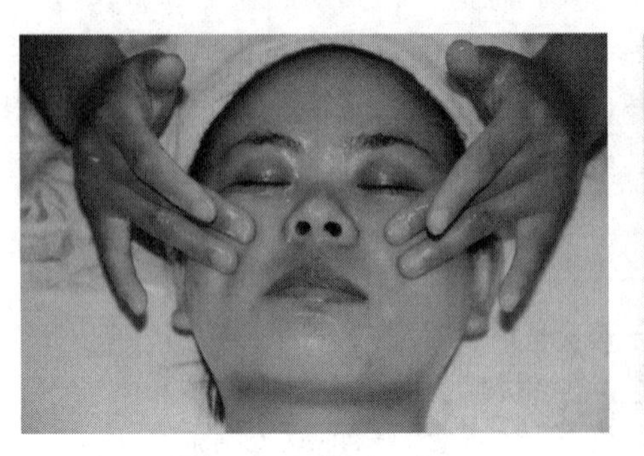

图 4-1-7　清洗面颊

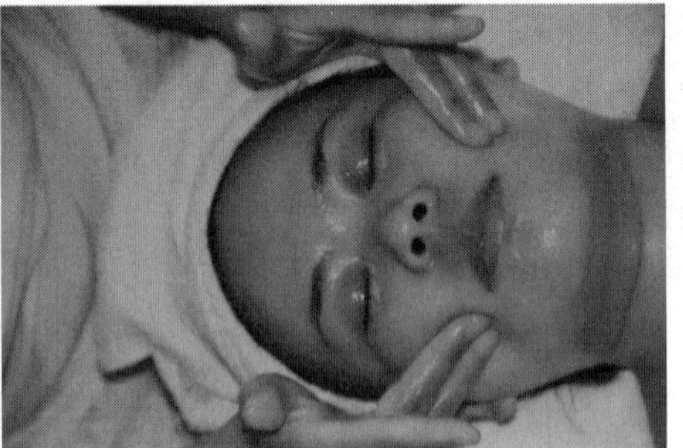

图 4-1-8　清洗口周

二、面部经络美容按摩的基本技法

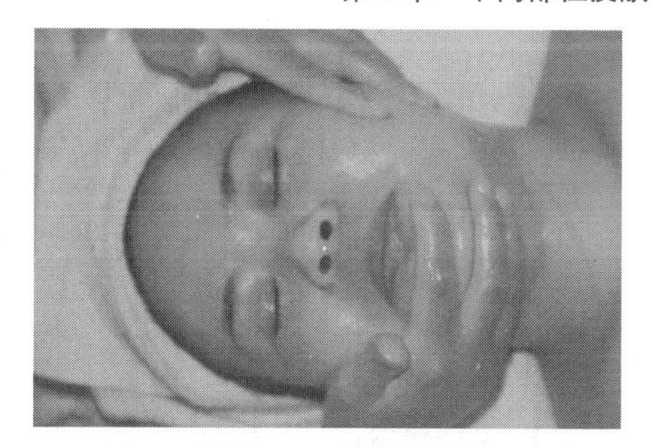

图 4-1-9　清洗下颌

经络美容是在经络理论的指导下，以多种手法推拿经络循行部位或点按腧穴，调节脏腑气血阴阳、营养周身、抗御外邪、保卫机体，是通过物理效应来达到健美、养护肢体和皮肤的一种美容方法。经络学说应用于美容是中式美容的最明显的优势特色，它是中医美容内病外治，内调外美的基础。

（一）经络知识的概述

经络是经脉和络脉的总称，是运行全身气血，联络脏腑肢节，沟通全身上下内外的通路。经是指经脉，是经络的主干，有着一定的循行路线，多循行于人体深部。络指络脉，是经脉的分支，像网络一样纵横交错，遍及全身，主要循行于人体浅表部位。经络在内连属脏腑，在外连属筋肉、皮肤，沟通脏腑与体表的联系，使人体成为一个有机的整体。

（二）经络系统的组成

1. 经脉　经脉可分为十二正经和奇经八脉两类。正经有十二，即手足三阴经和手足三阳经，合称“十二经脉”，是气血运行的主要通道。

正经十二对：手太阴肺经、手厥阴心包经、手少阴心经、手阳明大肠经、手少阳三焦经、手太阳小肠经、足阳明胃经、足少阳胆经、足太阳膀胱经、足太阴脾经、足厥阴肝经、足少阴肾经。十二经脉有一定的起止、一定的循行部位和交接顺序，在肢体的分布与走向有一定的规律、同体内的脏腑有直接的络属关系。对五脏六腑阴阳的调节有着重要的意义，通过刺激十二经脉上的腧穴，可以促进气血的流通和传递治疗信息。

奇经八脉：冲脉、任脉、督脉、带脉、阴跷脉、阳跷脉、阴维脉、阳维脉。它与脏腑无直接联系，主要是来统率、联络、调节十二经脉。而其中任脉与督脉有单独的腧穴，且与人体健康、美容密切相关。

2. 络脉　络脉是经脉的分支，有别络、浮络、孙络之分。别络是较大的和主要的络脉。有“十二别络”，主要功能是加强相表里的两条经脉之间在体表的联系。浮络是浮行于浅表部位的络脉，最为细小的络脉。

3. 经脉在人体的分布规律　十二经脉在体表的分布（循行部位），也有一定的规律，即：在四肢部，阴经分布在内侧面，阳经分布在外侧面。内侧面分三阴，外侧面分三阳，大体上，太阴、阳明在前缘，少阴，太阳在后缘，厥阴、少阳在中线。在头面部，阳明经行于面部，额部；太阳经行于面颊、头顶及头后部；少阳经行于头侧部，在躯干部，手三阳经行于肩胛部；足三阳经则阳明经行于前（胸、腹面），太阳经行于后（背面），少阳经行于侧面。手三阴经均从腋下走出，足三阴经均行于腹面。

（三）头面部常用经穴（图 4-1-10）及主要功用

1. 百会穴　位于头顶正中，按摩此穴可以使脸色红润、皮肤细致。

2. 神庭穴　前额正中人发际线；主治舒缓情绪、放松、减压、改善疲劳。

3. 鱼腰穴　眉毛正中；主治提高帮助调节胸部器官功能、改善眼部疾病。

4. 承泣穴　目平视瞳孔中央直下，下眼眶上缘处；趋风、明目功效，主治目赤痛、眼睑

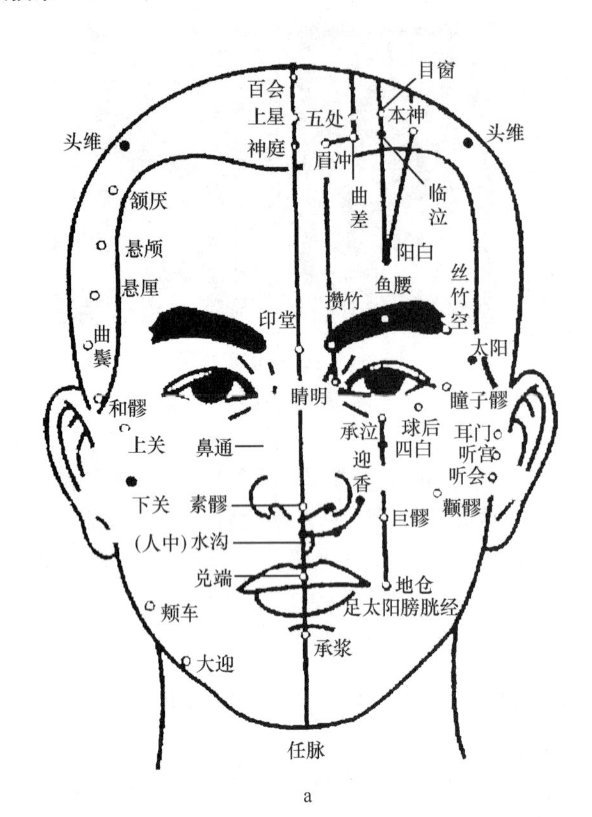

a

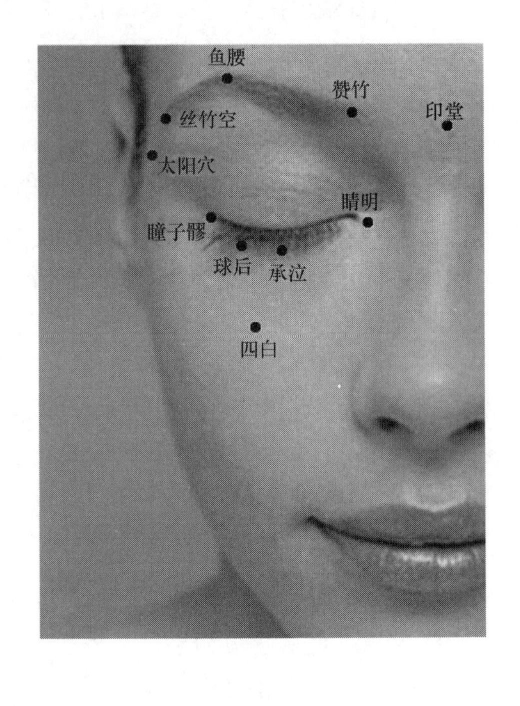

b

图 4-1-10 头面部穴位

肿、斜视。

5. 四百穴 承泣的稍下方;主治去眼袋、黑眼圈、眼部皱纹,提高肠胃功能、改善面部肿胀以及皮肤粗糙。

6. 攒竹穴 眉头内侧点;主治流泪、眼睛充血。

7. 印堂穴 位于两眉头之中点;预防肌肉松弛和水肿,主治高血压、失眠、头痛。

8. 太阳穴 位于眉梢和外眼角处、主治减压、鱼尾纹、偏头痛。

9. 瞳子髎穴 位于眼外侧 1 厘米;主治促进血液循环、治疗眼部疾病、去眼纹(皱纹)。

10. 头维穴 位于发髻点旁侧约 4.5 寸;主治偏头痛、目痛多泪。

11. 丝竹空穴 位于眉尾处;主治头痛、目赤肿痛、斜视、鱼尾纹。

12. 睛明穴 位于内眼角稍上方凹陷处;主治迎风流泪、结膜炎、偏头痛、眼部疲劳、近视。

13. 耳门穴 位于耳珠上方稍前凹陷处、听宫穴上方;主治耳鸣、耳聋、耳部疾病、牙痛。

14. 迎香穴 鼻翼旁;消除眼部疲劳,改善眼袋、黑眼圈,主治消除水肿、鼻塞、预防皮肤松弛。

15. 人中穴 人中沟三分之一与三分之二交界处;主治癫狂、昏迷、牙关紧闭、面部浮肿。

16. 颊车穴 沿脸部下颌轮廓向上划就可发现凹陷处;主治水肿、过多摄入糖类的肥胖者。

17. 下关穴 位于耳前一横指;颧骨凹陷处;主治牙痛、三叉神经痛、口唇麻木。

18. 听会穴　耳垂前 1 厘米;主治耳鸣、耳聋、腮肿、面部神经麻痹。

19. 听宫穴　位于耳珠平行凹陷处;主治牙痛、面瘫。

20. 颧髎穴　眼外角直下;颧骨下缘凹陷处;主治牙痛、面瘫。

21. 巨髎穴　位于眼球正下方,大约与鼻翼平行处;主治雀斑、暗疮、口眼歪斜。

22. 地仓穴　口角外侧旁开 0.4 寸处;主治抑制食欲、减肥,促进全面部的血液循环以及防止细纹产生。

23. 承浆穴　下颚正中线凹陷处;主治输通帮助大肠协调、帮助膀胱排出多余水分;控制激素分泌,保持肌肤张力,预防面部松弛,牙痛、口角歪斜、流口水,落枕。

24. 大迎穴　位于嘴角斜下巴骨的凹陷处,主治收紧皮肤、收双下巴、促进血液循环。

(四)头面部经穴美容基本按摩手法

1. 抹法

(1)动作要领:手指或手掌轻柔地单向移动。用于眼部、松弛皮肤、敏感皮肤、痤疮皮肤、面部水肿皮肤。

(2)作用:向斜上方运动时,有提升作用;由中间向两边运动时,有促进头面部淋巴循环的作用。

2. 按抚法

(1)动作要领:用手指或手掌以一定力度有节奏地在皮肤表面滑行多用于按摩开始、结束和动作之间的连接及对干性皮肤、老化皮肤的按摩护理。

(2)作用:放松肌肉、松弛神经、镇静皮肤。

练习方法:以手指或手掌作轻柔缓慢而有节奏的连续按摩动作。面部较宽大的地方用手掌来按摩,面积较小的地方用手指来按摩,多为拉抹的动作。

3. 揉捏法

(1)动作要领:指腹紧贴皮肤,轻柔缓和,用力均匀,动作连贯有节奏。

(2)作用:促进血液循环、消除肌肉疲劳。

练习方法:用手指揉动或提捏某一部位皮肤、肌肉的动作,包括揉、捏、挤等动作。操作时力度要轻、稳,捏起、放松、揉动要有节奏感。

4. 打圈法

(1)动作要领:用手掌或指腹紧贴皮肤施加压力划圈,使用的力量均匀渗透,由里向外或由外向内运动,动作要有节奏感。

(2)作用:局部按摩,促进皮肤血液循环和腺体分泌,防止衰老。

练习方法:打圈法包括圈揉和圈抹。圈揉用于额部、面颊,力度渗入肌肉层。圈抹用于眼部(鱼尾纹、下眼睑细纹),力度轻柔。利用手指或手掌在皮肤组织上施加压力并摩擦的动作,如脸部常用的中指无名指在面部划圈的动作。

5. 弹拍法

(1)动作要领:手腕放松、保持手部灵活,手指轻而迅速接触皮肤并使皮肤、肌肉向上弹动。

(2)作用:刺激血液循环,消除肌肉疲劳。

练习方法:弹拍动作包括弹和拍的动作,是具有刺激性的按摩动作,有很好的促进循环的作用。经常使用在面颊和下颌。

6. 按压手法

(1) 动作要领：将手指指腹或者手掌掌面放于顾客皮肤上，然后缓缓施加压力，当施加到一定的压力，到达一定的刺激深度时，应该稍作停顿，再慢慢减轻压力，等到压力完全消失后再移向下一个位置。

(2) 作用：深层刺激，疏通经络，调节气血，消除疲劳。

练习方法：压法包括掌压和指压（点穴）。掌压是双手叠掌于额部，注意调整呼吸后施压。指压（点穴）是指腹垂直用力（如睛明穴），或相对用力（如太阳穴）。用手指或者手掌按压顾客皮肤肌肉。

按摩过程中注意手法连贯、力度沉稳、手感柔软伏贴、经络腧穴位置定位准确，全部动作以舒缓的节奏进行。

常用面部按摩手法（图 4-1-11～图 4-1-17）：

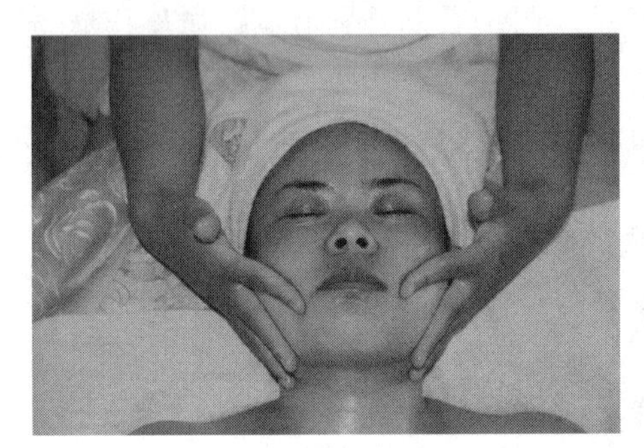

图 4-1-11　按摩手法 1

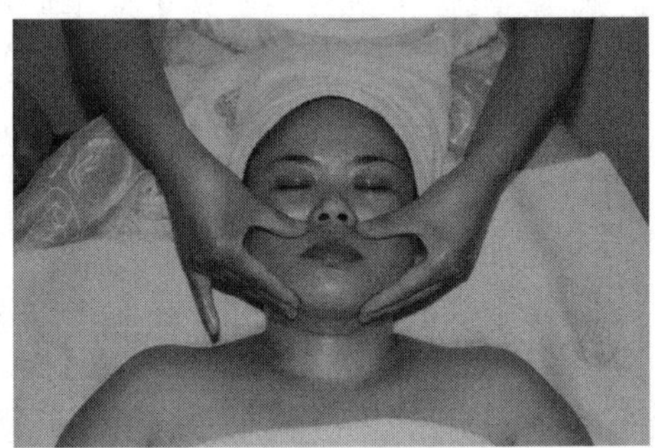

图 4-1-12　按摩手法 2

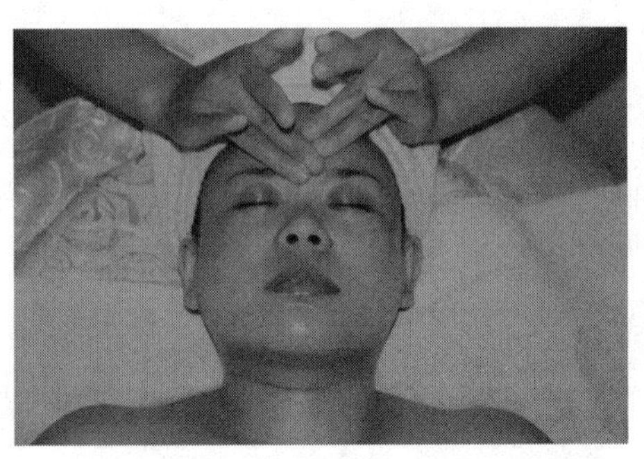

图 4-1-13　按摩手法 3

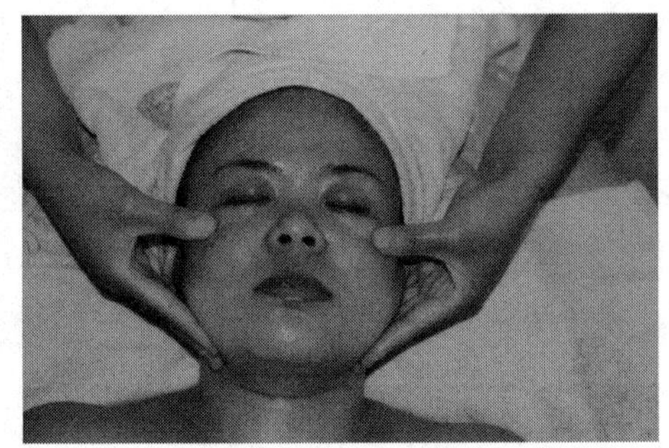

图 4-1-14　按摩手法 4

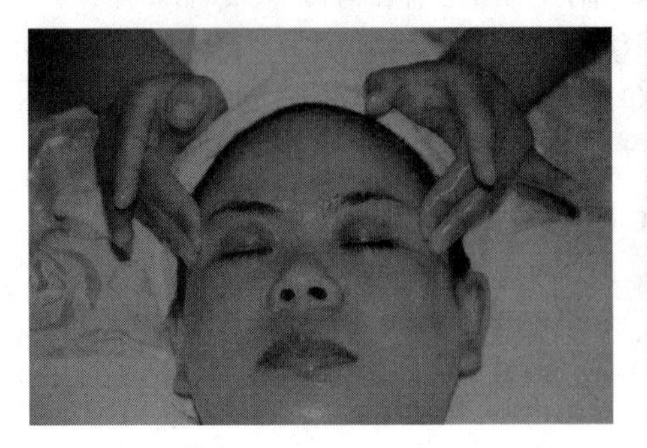

图 4-1-15　按摩手法 5

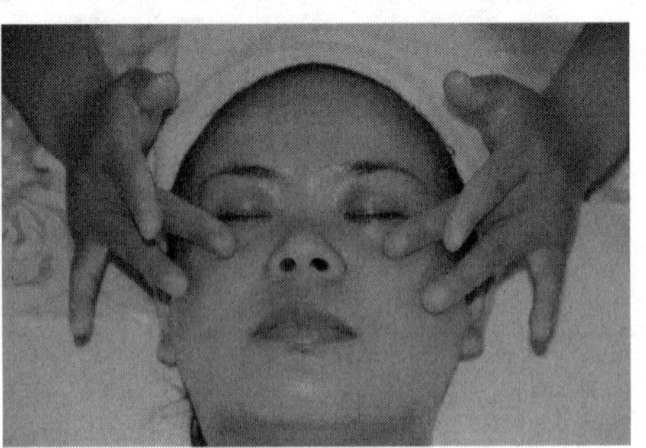

图 4-1-16　按摩手法 6

➡链接

按摩的手法要求持久、有力、均匀、柔和、得气

◇ 持久:每个手法重复 3~5 遍,持续运用一段时间才能达到效果,点穴时应该按而留之切不可按一下就离开,应遵循由轻到重、由重到轻的原则。

◇ 有力:手法必须具备一定力度,才能使刺激达到一定深度。力度大小应根据顾客的皮肤状况和顾客的耐受力大小而定。

◇ 均匀:手法运作应有一定的节奏感,不能时快时慢;用力应该平稳,不可忽轻忽重。

柔和:美容师双手作用在皮肤上时应该柔软而伏贴,手法变换衔接应流畅连贯。

◇ 得气:点按穴位时有酸、麻、胀、重等的感觉。

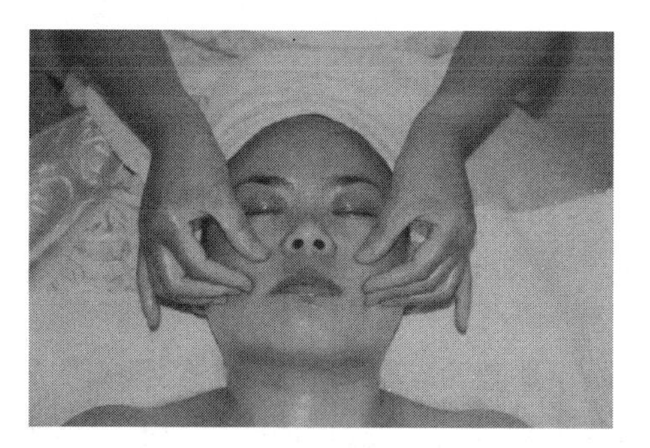

图 4-1-17　按摩手法 7

（牛　菲）

第二节　身体皮肤养护

皮肤覆盖于人体表面,肌肤是人体天然的外衣。健康的皮肤不仅能完成复杂的人体生理功能,还能直接体现人体美感。健康理想的皮肤应该是红润有光泽、细腻柔润、结实而富有弹性,不粗糙也不油腻。通过对身体皮肤的护理可以促进全身的血液循环,增加肌肤的弹性与光泽,给肌肤供养足够的水分,使人容光焕发,富有健康活力。

一、身体皮肤护理的含义

身体皮肤护理是通过清洁、去角质、按摩、敷体膜等美容手段来刺激身体皮肤的血液循环,增强肌肤的陈新代谢,从而使肌肤水润、光泽有弹性,改善全身各部位肌肤的干燥、皱纹、松弛、老化的问题,延缓衰老,维护健康美丽。

二、身体皮肤护理的基本流程

1. 身体护理准备工作　准备美容床、产品小推车,用具(磨砂膏、香精油、按摩油、润肤乳等)、仪器、毛巾、头套等。

2. 护理程序　清洁(淋雨或泡浴)→热疗(喷雾、热敷或桑拿)→去角质→涂抹精油(按摩膏)→敷膜→涂抹护体乳。

三、身体皮肤护理的注意事项

依据客人的肌肤特点制定护理方案,护理用品准备充分,选择适宜的按摩手法,注意配合呼吸做按摩,使动作协调,力度适中,节奏清晰,护理过程中随时观察客人的反应,顾及客人的心理需求,如有护理方式不适应,则及时改变或调整。

四、身体皮肤护理的常用基本按摩手法与功效

(一) 摩擦类手法

1. 摩法 本法分掌摩和指摩两种,掌摩法用掌面附于一定部位上,以腕关节为中心,连同前臂做节律性的环旋运动。指摩法用示、中、环指附着于一定的部位上,以腕关节为中心,连同掌、指做节律性的环旋运动(图4-2-1)。摩法多用于按摩的开始。

手法要领:实施时将力量集中指腹或手掌,放松肩臂;掌指与按摩部位呈30°角,以关节的旋转来带动指腹,由浅入深、由表及里、和缓柔和,协调连贯的盘旋移动。压向肌肤的压力应小于旋转移动时的力量。

主要功效:和中理气、消积导滞、调节脾胃、温经活络、祛瘀消肿。

2. 抚法 五指自然伸直,手掌或指腹着力于按摩的部位,轻而滑地往返移摩,称为抚法。

手法要领:手掌或指腹平放于按摩体表处,以内腕关节的屈伸自然摆动带动掌指轻且滑地做上下、左右直线、弧形或曲线往返地摩抚(图4-2-2)。

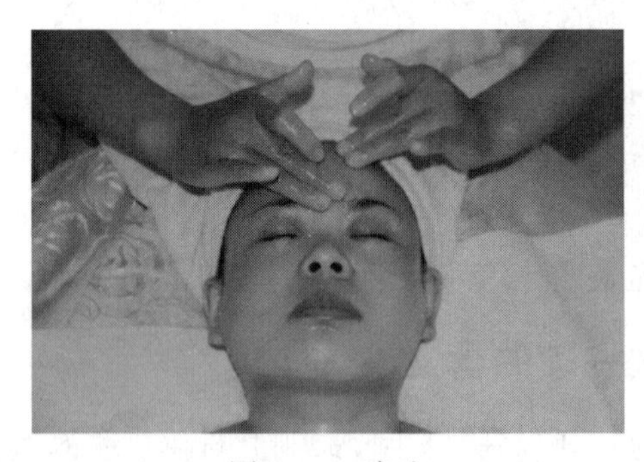

图4-2-1 摩法

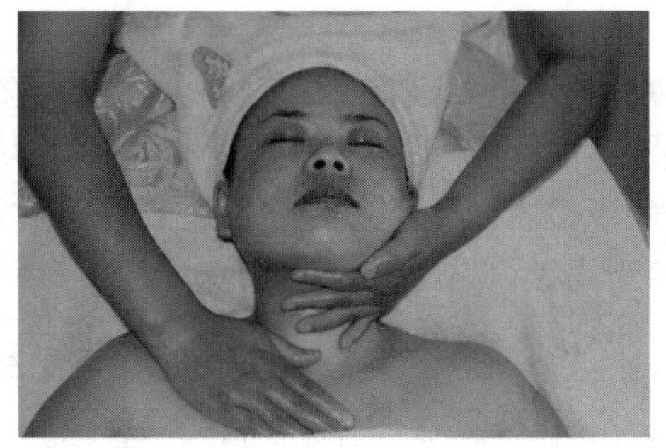

图4-2-2 抚法

主要功效:疏通经络、活血化瘀、缓急止痛、镇静安神、清醒头目。

3. 抹法 以双手拇指指腹贴于皮肤,做直线或者弧线的推动动作。

手法要领:双手拇指用指腹着力于按摩部位,做对称的、有力、灵活轻巧的移抹动作,中途不要随意停顿(图4-2-3)。

主要功效:增加血液循环、通经活络、活血止痛、开窍醒神。

本法适用于全身各部穴位及头面部,是头、面、颈等部位美容、美发、美形常用手法之一。

4. 推法 用指、掌或肘部着力于一定的部位上进行单方向直线移动。用指推称指推法;用掌推为掌推法;用肘部推称肘推法。

手法要领:指推法,美容师以单手或双手拇指指腹或指偏缝着力实施于所护理部位的体表,或循经络将拇指平贴于所护理部位。美容师上肢肌肉应放松,将力量贯注于着力指端,向所护理部位垂直用力,并在保持一定力度的基础上做单向、有节奏的直线向前推进动作,推进速度和力度均匀(图4-2-4)。掌推法,美容师以掌根部着力,全掌循经络将平掌贴于所护理部位。操作时要姿势端正,速度平稳,力度适中,配合呼吸,直推进行,如要加力

时,双掌可重叠按压该部位,达到按摩效果(图 4-2-5)。

此法多在身体按摩开始阶段与结束时使用。

主要功效:提高肌肉兴奋性、促进血液循环、舒筋活络、疏肝健脾、解痉镇痛。

本法适用于全身各部位。

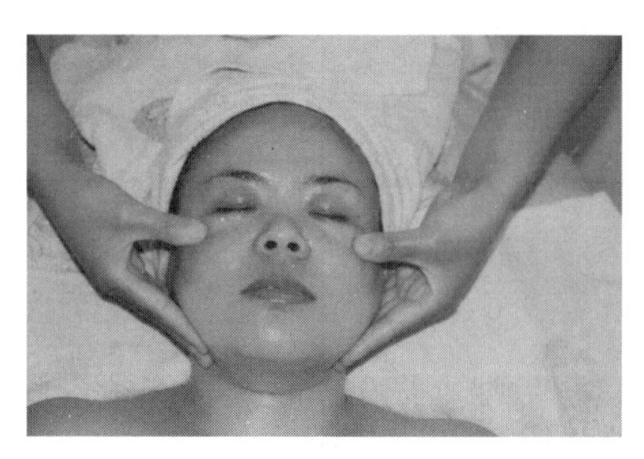

图 4-2-3　抹法

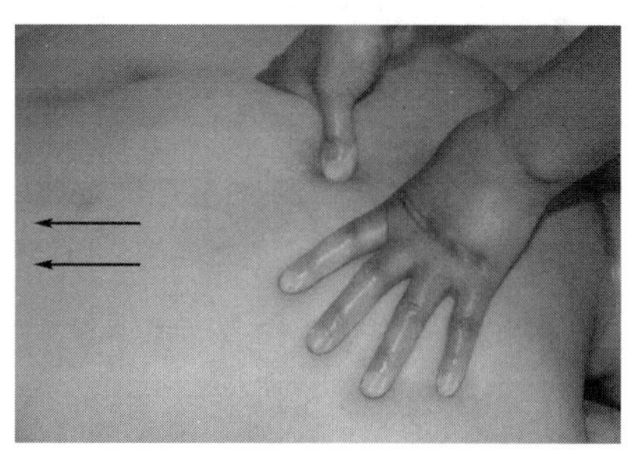

图 4-2-4　指推法

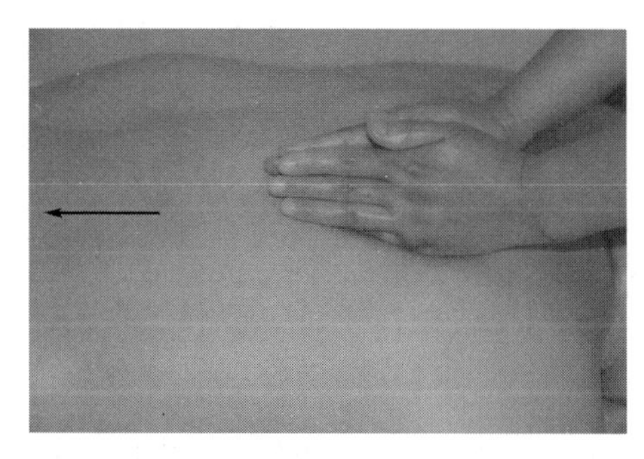

图 4-2-5　掌推法

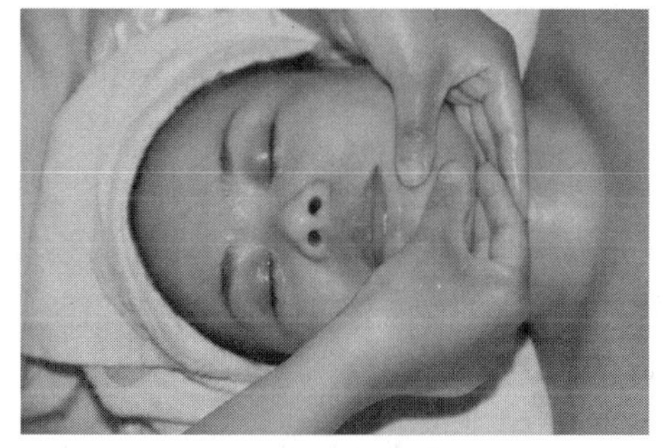

图 4-2-6　拇指推搓法

5. 搓法　以指、掌或者掌指对所护理部位着力,从下至上,或左右往返摩擦揉动。依据作用部位不同有拇指推搓法和双指推搓法。

手法要领:拇指推搓,以双手拇指指腹或指峰对称用力,在按摩部位做上下或左右往返移动,交叉搓揉,动作连贯柔和,深沉均匀(图 4-2-6)。双指推搓法,食指与中指并拢,并相对用力做方向相反的往返搓动(图 4-2-7)。

主要功效:调和气血、舒筋通络、活血止痛、祛风散寒、增强皮肤新陈代谢。

本法适用于四肢,主要用于上肢的美容保健。

6. 梳法　美容师五指微屈,自然分开,以指面接触体表,做轻柔单向滑动梳理动作。

手法要领:实施者双手五指分开略弯曲,如爪状,以指端及指腹着力于头部,左右、上下梳理。如从左右耳同时对称梳至头顶然后交叉,或从前额及枕后同时对称梳至头顶然后交叉(图 4-2-8)。如此往返数次。

主要功效:舒筋活络、疏通气血、提神醒脑、解郁除烦、疏散风邪。

此法用于头部按摩。

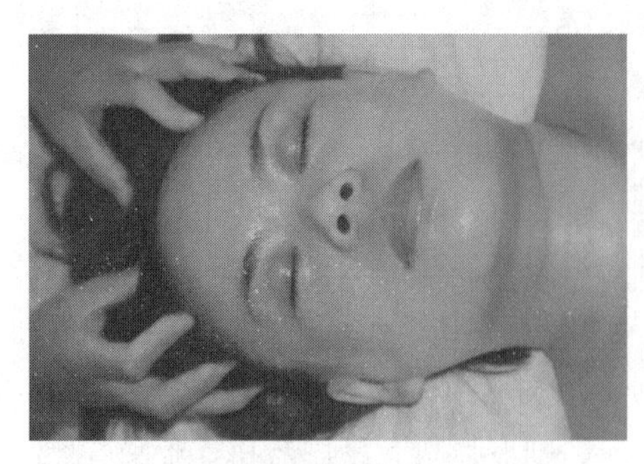

图 4-2-7　双指搓法

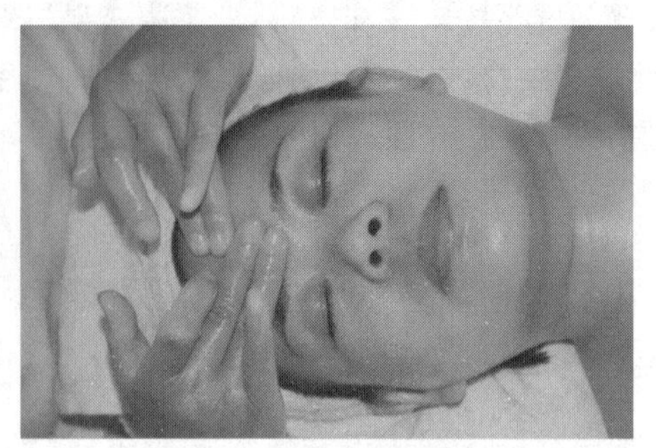

图 4-2-8　梳法

（二）摆动类手法（也称揉动类手法）

1. 揉法　定义：揉法是用手掌大鱼际、掌根或手指罗纹面吸于一定部位或穴位上，作轻柔缓和的回旋揉动的方法。揉法可分为带动皮肤揉法及不带动皮肤揉法。

手法要领：带动皮肤揉法多在点法、按法的基础上，用指腹（拇指或食指、中指、无名指），掌根或大鱼际，贴附在一定部位或穴位上，带动皮肤作局部按揉，以增强点、按法的疗效，临床称为按揉法（图 4-2-9）。操作时必须吸定在所需治疗或养护的部位及穴位。

不带动皮肤揉法，用拇指末节桡侧缘或大鱼际贴附在一定部位或穴位上，腕关节放松并摆动，带动大鱼际或拇指末节桡侧缘，在局部做轻柔和缓的摆动，手法向下的压力要轻，动作要谐调而有节律性，操作时不可带动皮肤，操作中移动要慢，揉动要快（图 4-2-10）。

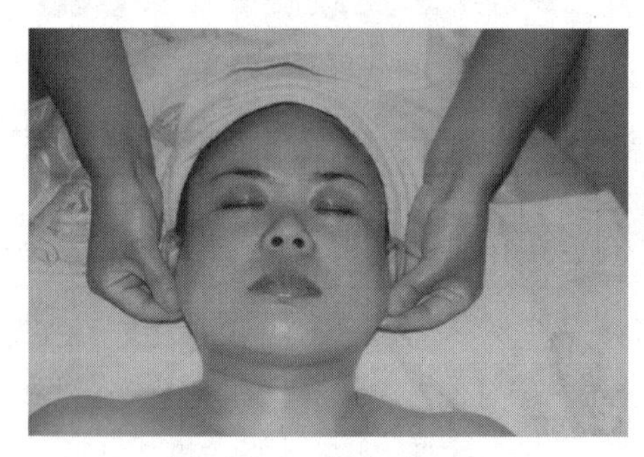

图 4-2-9　双拇指揉法

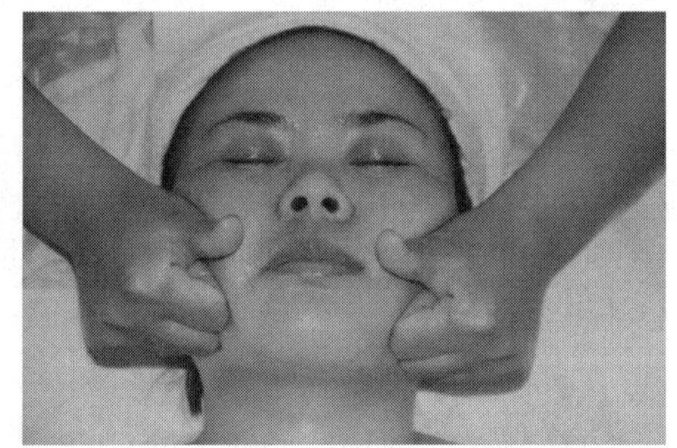

图 4-2-10　大小鱼际揉法

主要功效：舒筋通络、开通闭塞、活血祛瘀、消积导滞、增强皮肤活力等。

多应用在头面部，可使面部紧张的肌肉放松，促进面部血液循环，是面部美容的主要手法。

2. 擦法　指用手指背靠近小指侧部分或小指、无名指、中指的掌指关节部位，附着于一定部位上，通过腕关节屈伸外旋的连续活动，使产生的力持续地作用于护理部位上。

手法要领：在使用擦法时，要注意肩臂不要过分紧张，肘关节微屈，手腕放松，用小鱼际掌背侧至中指本节部着力，腕部作屈伸外旋的连续往返活动，使手背作滚动状。滚动时，腕部分要紧贴体表，不可跳动或使手背拖来拖去地摩擦（图 4-2-11）。

主要功效：舒筋活血、滑利关节、缓解肌肉和韧带痉挛、增强肌肉与韧带活动能力、促进

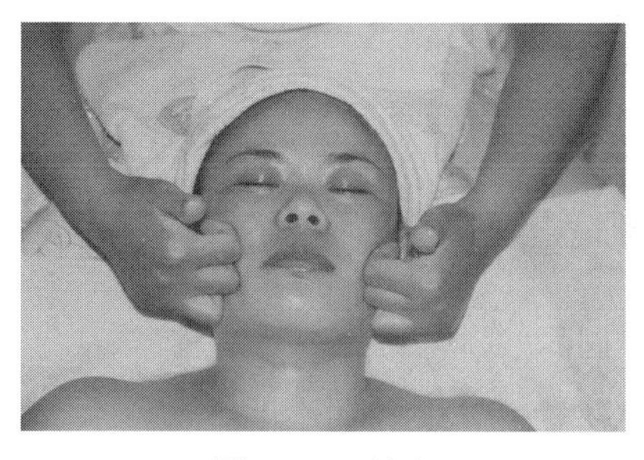

图 4-2-11　搽法

血液循环及消除肌肉疲劳，有较好的美容效果。

（三）挤压类手法

1. 压法　指、掌、掌根、鱼际等部位着力于护理部位，用力下压的方法。用指着力按压，称为指压法；以掌根下压，称掌压法；鱼际下压，称鱼际下压法。

手法要领：部位准确，压力均匀，垂直于按压部位或穴位上，按而留之（图 4-2-12）。

主要功效：舒展筋脉、疏通气血、坚实肌肉、镇静安神、缓急止痛。

此法适用广泛，全身部位皆可适用，美容效果好。

2. 按法　以拇指或掌根等在一定的部位或穴位上逐渐向下用力按压，按而不动，称为按法。按法又分指按法、掌按法及屈肘按法等。美容按摩中主要用指按法。

手法要领：将拇指伸直，用指腹按压经络穴位，其余4指张开起支持作用，协同助力。施力由轻而重，力求达到肌肉深部，使按摩部位有酸胀感，而无痛感。切忌突然重按（图 4-2-13）。

主要功效：通畅气血、开通闭塞、散寒止痛、保健美容。

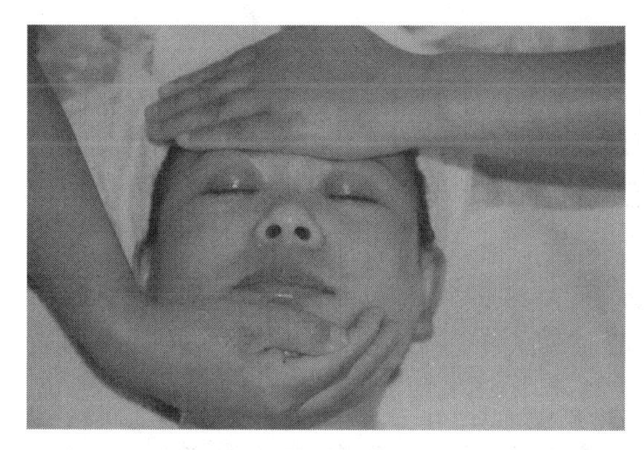

图 4-2-12　掌压法

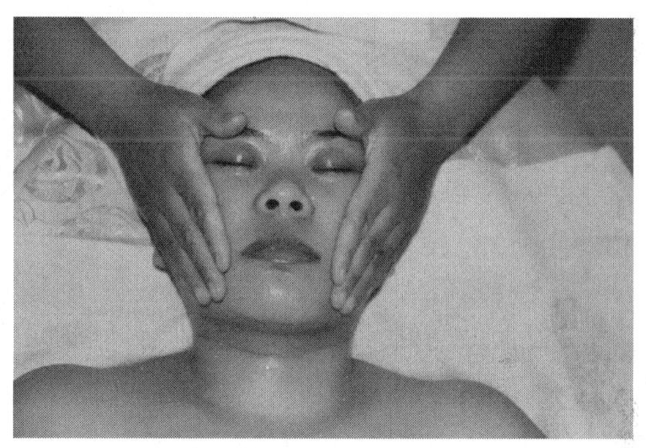

图 4-2-13　按法

3. 捏法　捏法是拇指、示指或拇指、中指挤捏肌肉、肌腱并连续移动的推拿手法。

手法要领：揉捏法，双手握拳，从食指至小指自然并拢，拇指指腹与示指桡侧相对用力，一张一合反复、持续、均匀地拿捏皮肤肌肉（图 4-2-14）。受术部位在手指的不断对合力下被提起；再提腕、旋转，使皮肤肌肉自指腹间滑脱出来，反复操作数次。操作过程中动作连贯、提捏快速，刚柔相济，灵活自如。啄捏法：双手微握，无名指与小指握向掌心，虎口朝上，示指自然弯曲。拇指指腹、中指指腹用力，一张一合，反复、持续、快速、均匀地拿捏肌肤；做小鸡啄米的摆动动作（图 4-2-15）。手法柔和，轻重适度，连续移动，轻巧敏捷。

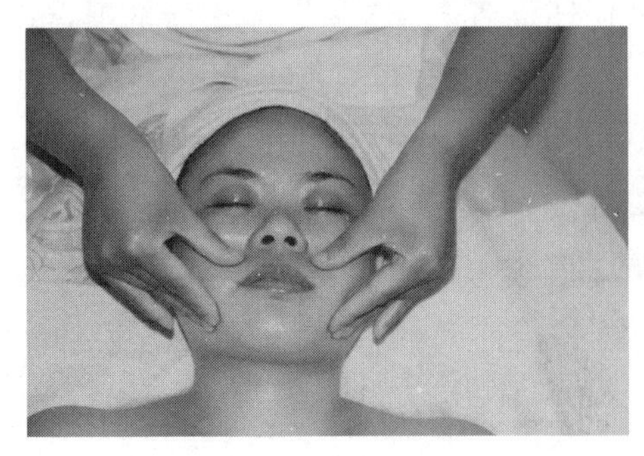

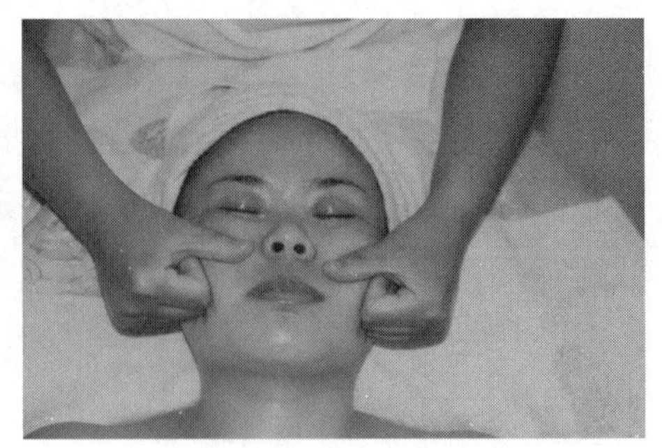

图 4-2-14　揉捏法

图 4-2-15　啄捏法

主要功效：调理阴阳、舒筋通络、活血祛瘀、行气导滞。

适用于颈、背、腰、臀、腹及四肢等美形，也是人体保健及治疗多种疾病的常用手法。

4. 点法　用屈曲的指间关节突起部分为力点，按压于某一治疗点上，称为点法。由按法演化而成，可属于按法的范畴。具有力点集中，刺激性强等特点。有拇指端点法、屈拇指点法和屈食指点法三种。

手法要领：拇指端点法：用手握空拳，拇指伸直并紧贴于示指中节的桡侧面，以拇指端为力点压于治疗部位。屈拇指点法：是以手握拳，拇指屈曲抵住示指中节的桡侧面，以拇指指间关节桡侧为力点压于治疗部位。屈食指点法：是以手握拳并突出示指，用食指近节指间关节为力点压于治疗部位（图 4-2-16）。

主要功效：开通闭塞、通畅气血、散寒止痛、保健美容。

适用于全身各部位，尤适用于四肢、面部等。

5. 拿法　用拇指和示、中二指或其余四指对合呈钳形，以对合力提捏或揉捏护理部位。拿法是推拿常用手法之一，有三指拿（拇指与示、中指相对用力）和五指拿（拇指与其余四指相对用力）之分。

手法要领：双手手指罗纹面相对用力，去捏住护理部位肌肤并逐渐用力内收，将肌肤提起，做有节律的轻重交替而又连续的提捏或揉捏动作。美容师腕关节要放松，巧妙地运用指力，不可以指端去扣掐，力量要由轻到重，轻重和谐，协调柔和灵活（图 4-2-17）。

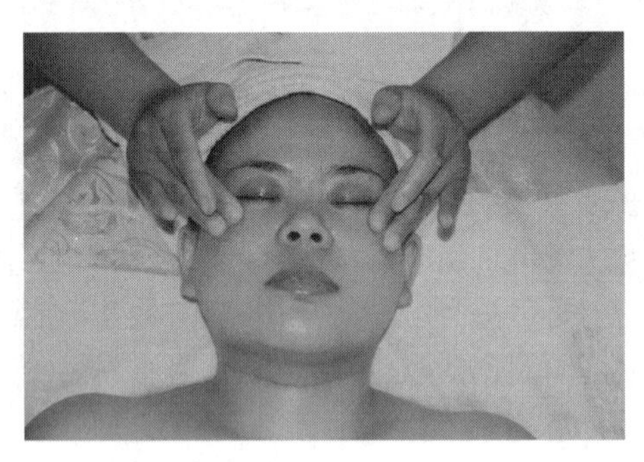

图 4-2-16　点法

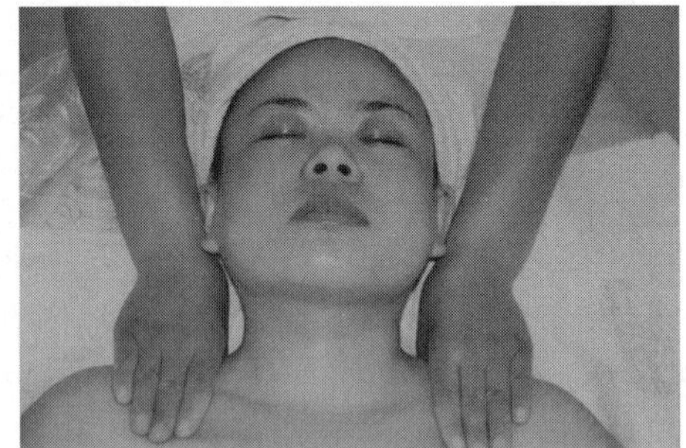

图 4-2-17　握拿法

主要功效：疏通气血、消除疲劳、增强肌肤弹性、镇静止痛、开窍提神。

6. 弹法　指的是用双手食指至小指指腹附于皮肤上，作快速的点弹。有拇指指弹法和四肢指弹法。

手法要领：拇指弹法，手微握空拳状，拇指伸直，拇指指尖着力，在拇指指节关节连续屈伸的动作下,带动拇指指尖做弹旋地弹动,动作连贯,弹动快,移动慢,用力均匀。

四肢弹法:(也称轮指),五指伸直分开,用示指至小指指端依次着力于护理部位,以指掌关节的快速屈伸带动四指做连续、快速的弹动。要求四肢动作灵活、协调、连贯。在弹动的过程中,可旋腕做环绕形弹动,可以扩大点弹的面积。弹动力量适中,均匀受力(图 4-2-18,图 4-2-19)

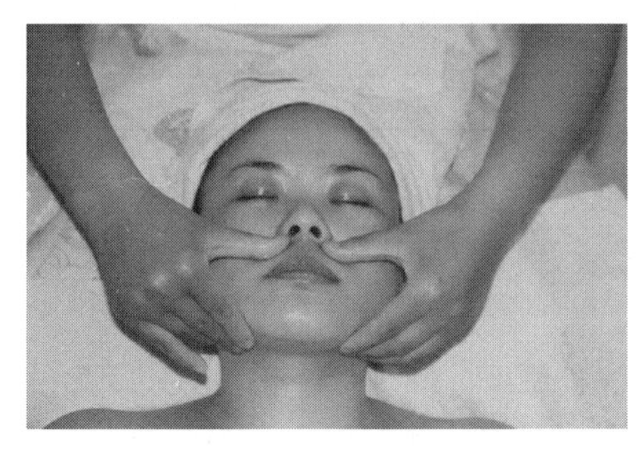

图 4-2-18　弹法(一)

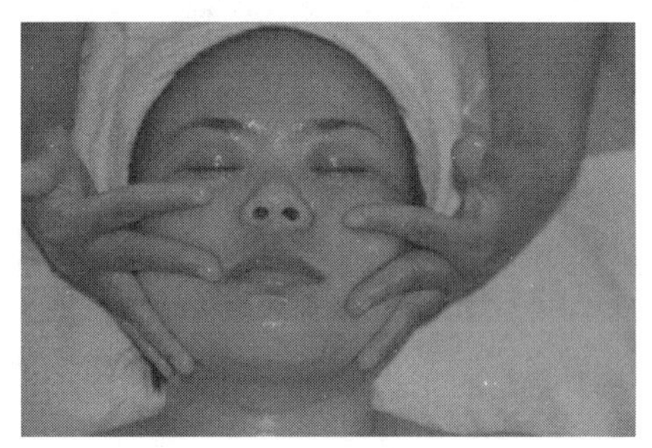

图 4-2-19　弹法(二)

主要功效:具有增强皮肤吸收功能、增加皮肤弹性、防止皮肤下垂和松弛的功能。

(四) 叩击类手法

1. 叩法　手指指峰、掌跟相互配合,于按摩者头部或某部位进行有节律叩打。

手法要领:两手半握拳呈空拳,以腕部屈伸带动手部,用掌根及指端着力,双手交替叩击施术部位,或以两手空拳的小指及小鱼际的尺侧叩击护理部位。或者以双手掌相合,掌心相对,五指略分开,用手部的指及掌的尺侧叩击皮肤。手法持续有序,手腕灵巧,动作轻快而富有弹性,用力均匀而柔缓,节律清晰(图 4-2-20,图 4-2-21)。

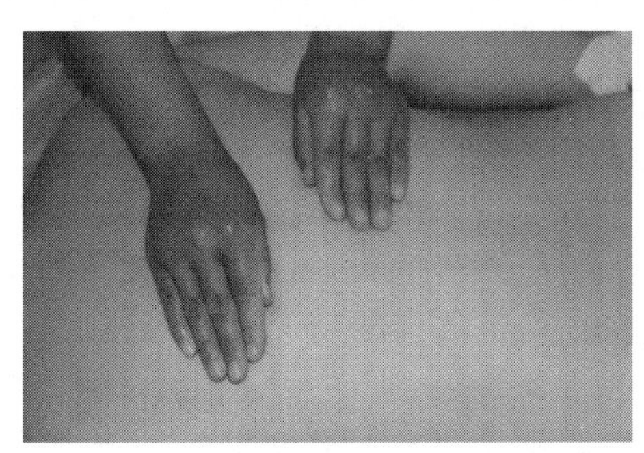

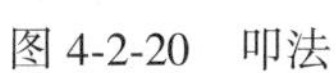

图 4-2-20　叩法

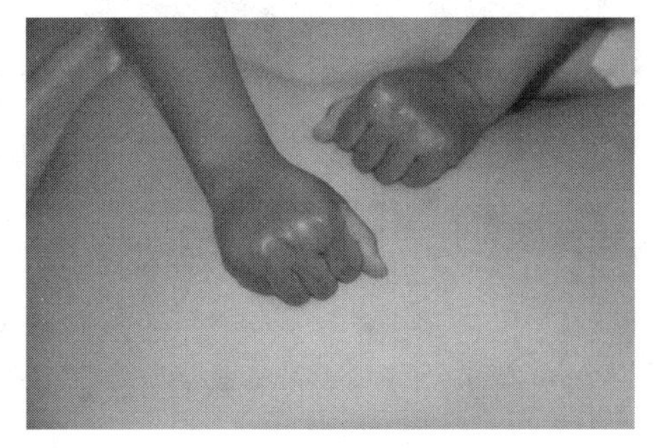

图 4-2-21　叩击法

主要功效:通经活络、舒松筋脉、营养肌肤、安神定智、消除疲劳。

2. 击法　用指尖、手掌尺侧(小鱼际)、拳背等部位叩打体表的方法。在按摩美容中常用的有指尖击法及小鱼际击法。

手法要领:①指尖击法在操作时,手指微屈,以指尖(不可用指甲尖)击打体表。击打时以放松的腕关节做快速的伸屈抖动,以指尖接触体表,速起速落,如雨点般,有节奏地下落(图 4-2-22)。②小鱼际击法在操作时,手指自然伸直并放松,腕关节稍背伸,以单或双手小鱼际为着力点击打体表。做击法时动作要快速,用力要均匀。鱼际击法在使用过程中,因手指放松,相互碰撞,可出现响声,但有时也可无响声(图 4-2-23)。只要按操作要领做,有无声响均不影响疗效。③拳背击法为手握空拳，腕关节伸直，肘关节做主动伸屈，以拳背击打体表。

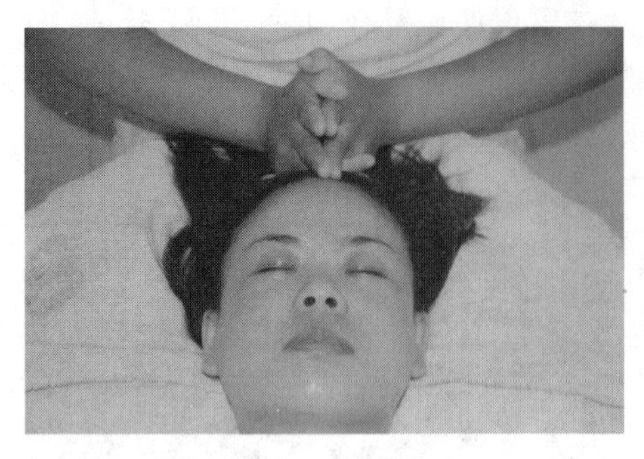

图 4-2-22　指尖击法

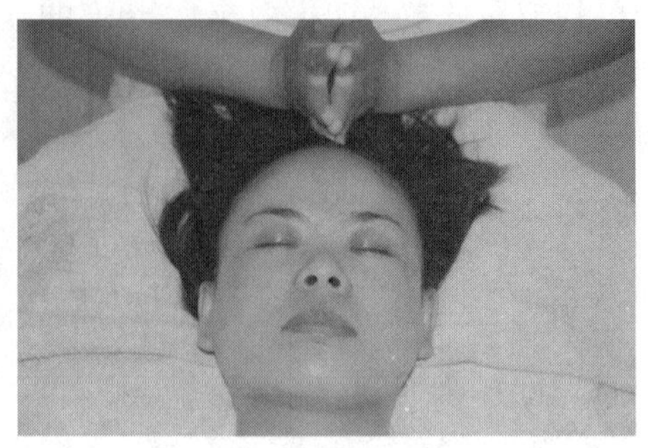

图 4-2-23　小鱼际侧击法

主要功效：舒筋活络、理气和血、通透毛孔、放松肌肉。

指尖击法多用于头面部美容、美发。小鱼际击法多用于腰、臀、下肢等部位的减肥美形。腰臀部脂肪较厚者亦可用拳背击法操作。

（五）运气推拿手法

1. 抖法　手握住客人上肢或下肢远端，微用力作连续的小幅度的上下颤动，使其关节有松动感称为抖法。

手法要领：以单手或双手握住受术肢体指端，以缓慢轻柔的手法做上下抖动，慢慢随之加力，频率加快，幅度不要过大，形如呈波浪状起伏。

主要功效：松弛肌肉、滑利关节、活血止痛、舒理筋脉、消除疲劳。

本法可用于四肢部、腰部、以上肢为常用，常与搓法配合，作为推拿治疗的结束手法。

2. 振颤法（颤法或颤摩法）　以掌、指着力于按摩护理部位，自上臂肌肉收缩、发力、经前臂传力至手部，施力于受术部位肌肉，做快速细微的振颤的方法。

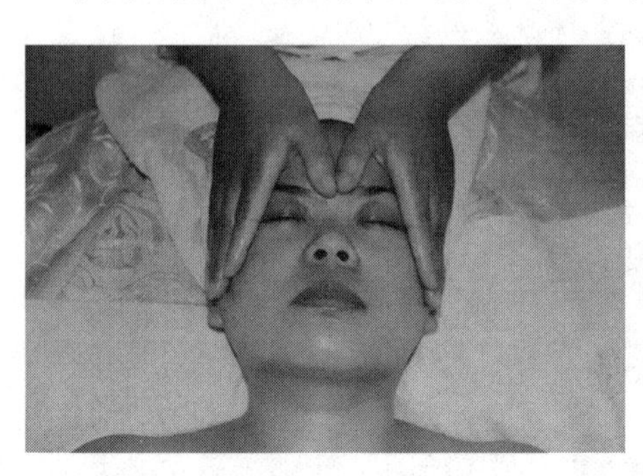

图 4-2-24　振颤法

手法要领：以单手或手指掌平贴于受术体表，稍施压力，与受术部位皮肤贴实。上臂肌肉发力，经前臂、掌、指施于受术部位体表，使受术部位肌肤肌肤急速振颤，力达深层（图 4-2-24）。

主要功效：理气行血、消食导滞、松弛肌筋。

本法可用于全身各部，是头面部美容常用手法之一。

五、芳香疗法与身体皮肤护理

（一）芳香疗法的概述

芳香疗法由法语 aroma（芳香）与 therapy（疗法）名字衍生而来。芳香，指令人感到愉悦的香味，疗法是运用不同药物或手术的治疗方法，全名为 aromatherapy（芳香疗法或香薰疗法）。芳香疗法，是从植物的花、茎、叶、果、根、种子、树皮或树木中提炼的芳香精油，以芳香疗法学为理论指导，通过按摩、沐浴、呼吸、敷涂、闻香等，促使人体神经系统受良性刺激，诱导人体身心朝着健康方向发展,实现调节新陈代谢,加快体内毒素的排除,消炎杀菌,保养皮肤和祛除疾病,是一种能使身体得到全方位调理的一种疗法。

芳香疗法素有“植物激素”的之称,类似于人体激素的作用,主要作用原理有:一是通过芳香气味刺激、沁人心脾,使人精神焕发、激发食欲、芳香健胃,同时使心情愉悦,安然入眠;二是吸收后精油本身的药理作用,芳香性药物含有挥发油,有刺激脑神经、扩张脑血管或有刺激胃液分泌或有镇静催眠等多种药理作用,同时具有一定的杀菌或抑菌作用,人们经常嗅闻这些香气,不仅精神舒畅,且可增强抗病能力,对某些传染性基本也起到特别的预防效果。

(二)精油的分类与常用精油介绍

1. 精油的分类 精油一般以植物科属、化学成分、香味、萃取部位、疗效和挥发度的不同进行类别划分。

1)植物科属分类(表4-1)。

表4-1 精油的植物科属分类

科属	代表性精油
松科	欧洲赤松、黑云杉、大西洋雪松、冷杉
柏科	杜松浆果、丝柏、高地杜松、弗吉尼亚雪松
橄榄科	乳香、没药、榄香脂
菊科	意大利永久花、德国洋甘菊、罗马洋甘菊、万寿菊
樟科	花梨木、樟树、月桂、罗文莎叶
桃金娘科	尤加利、茶叶、绿花白千层、丁香(花荷)
唇形科	薰衣草、快乐鼠尾草、百里香、迷迭香、罗勒、薄荷
芸香科	苦橙叶、橙花、橘、香橙、柠檬、佛手柑
伞形科	欧白芷根、茴香、当归、欧芹
蔷薇科	大马士革玫瑰、红玫瑰、摩洛哥玫瑰
木犀科	埃及茉莉、大花茉莉、小茉莉、桂花
番荔枝科	依兰
牦牛儿科	天竺葵
胡椒科	黑胡椒
檀香科	檀香、白银香

2)萃取部位:从植物不同部位萃取出的精油能给人带来生理和心理不同的治疗效果(表4-2)。

表4-2 精油的植物萃取部位分类

萃取部位	健康疗效	代表性精油
花朵类	放松、安神、保养皮肤	玫瑰、茉莉、依兰、桂花、橙花、洋甘菊
果实类	振奋、平衡油脂分泌、瘦身	佛手柑、葡萄柚、柠檬、杜松果、香橙
叶片类	定神、止咳、杀菌	尤加利、丝柏、薄荷、茶树、苦橙叶

续表

萃取部位	健康疗效	代表性精油
药草类	调节内分泌、治头痛、促进循环	罗勒、天竺葵、迷迭香、马郁兰、薰衣草
树脂类	放松、冥思、除皱	安息香、乳香、没药、榄香脂
根部类	调节平衡、神经平衡	欧白芷、姜、岩兰草
种子类	促进血液、淋巴循环	甜茴香、莳萝、芫荽
香料类	振奋、健脾开胃、理气止痛	黑胡椒、月桂、丁香、豆蔻
木质类	放松、保养生殖功能	雪松、檀香、桦木、黑云杉

3）常用护肤精油效用介绍（表4-3）。

表4-3 常用精油介绍

名称	精油主要功效	注意事项
佛手柑 Bergamot	提取自果皮。改善油性皮肤，对粉刺、湿疹、干癣、疥疮、溃疡、静脉曲张、疱疹等有绝佳疗效；可治消化不良、刺激食欲、改善肠胃、支气管炎、对尿道的感染、发炎很有效、可改善膀胱炎、调节子宫功能、可治疗性传染病、可驱虫、驱跳蚤、对胆结石症状有消除功能；安抚焦虑、愤怒、神经紧张、沮丧	有光敏作用，使用后避免长时间暴露在日光下
迷迭香 Rosemary	提取自花朵和叶子。减轻皮肤充血、水肿、肿胀；收敛皮肤、改善头皮屑；疏解经痛、利尿、减肥；对胃肠、心、肺、肝、胆都有裨益；强心剂、降血压、调理贫血；提神、醒脑、恢复中枢神经活力	孕妇禁用；高血压、癫痫患者禁用
薰衣草 Lavender	提取自花朵。适宜任何皮肤、治疗灼伤、晒伤，促进细胞再生、平衡皮脂分泌；改善粉刺、脓肿、湿疹；防止秃顶；杀菌驱虫、清肝、脾、促进肠胃功能、止呕吐、改善生理问题；改善支气管炎、气喘、喉炎；安定情绪、抗沮丧、降血压、治失眠	孕妇和低血压者禁用
罗勒 Basil	提取自叶、花。收紧改善、控制粉刺；治头痛和偏头痛、感冒、咳嗽，消化异常、肌肉疼痛，可刺激雌性激素分泌，对月经方面很管用；使感觉敏锐、精神集中，抗沮丧	敏感皮肤少量使用，孕妇禁用
丁香 Clove	提取自花。治疗伤口感染、疮及溃疡等；改善消化不良、呕吐腹泻、止痛、杀菌净化、催情；强化记忆、振奋、抗沮丧	孕妇禁用
香茅 Citronella	提取自叶子。软化皮肤；可驱虫，帮助宠物除寄生虫、跳蚤、平衡心脏及神经系统	
薰衣草 Lavender	提取自花朵。适宜任何皮肤、治疗灼伤、晒伤，促进细胞再生、平衡皮脂分泌；改善粉刺、脓肿、湿疹；防止秃顶；杀菌驱虫、清肝、脾、促进肠胃功能、止呕吐、改善生理问题；改善支气管炎、气喘、喉炎；安定情绪、抗沮丧、降血压、治失眠	孕妇和低血压者禁用
百里香 Thyme	提取自花朵、叶子。防脱发、改善伤口、疮、湿疹；润肺、治感冒、咳嗽、喉痛、去痰、低血压、风湿、白带；强化神经、活化脑细胞、助记忆及注意力集中	孕妇及高血压者禁用

续表

名称	精油主要功效	注意事项
甜橙 Orange	提取自果皮。甜橙是少数被证明有镇静作用的精油之一，有着甜橙香味的甜橙精油，可以驱离紧张情绪和压力、改善焦虑所引起的失眠，由于橙皮中含有大量的维生素C，能预防感冒、对皮肤有保湿效果、能平衡皮肤的酸碱值、帮助胶原形成，对于身体组织的生长与修复有良好的功效。能促进发汗，因而可帮助阻塞的皮肤排出毒素，对油性、暗疮或干燥皮肤者皆有帮助	甜橙精油会引起光敏感，使用后肌肤勿直接晒太阳
茶树 Tea Tree	提取自叶子。净化皮肤、消除水痘、疱疹、伤口化脓、疣、疮、灼伤、晒伤；最佳面疱皮肤治疗剂；改善癣、香港脚、头皮屑；最佳抗生素、抗感冒、抗菌、抗病毒剂；增强免疫力；抗真菌及生殖器感染、瘙痒；驱虫及跳蚤；头脑清新、恢复活力、抗沮丧	皮肤敏感部位禁用
尤加利 Eucalyptus	提取自叶子。消炎、治溃疡，改善阻塞皮肤；治感冒、咳嗽、肺结核、气喘、退烧、杀菌、减轻肌肉疼痛，对肾炎、淋病、糖尿病有帮助；集中注意力、增加活力、头脑冷静	高血压、癫痫患者禁用
天竺葵 Geranium	提取自花和叶子。平衡皮脂分泌、改善毛孔阻塞、冻疮，使苍白皮肤红润有活力；调节荷尔蒙，对经前综合征有疗效，改善更年期问题，利尿、排毒；纾解压力、平抚焦虑、沮丧、使心理平衡	敏感皮肤及孕妇禁用
薄荷 Peppermint	提取新鲜薄荷草。具振奋精神、集中注意力、消除疲劳、对呕吐、腹泻、晕眩症状很有帮助，薄荷精油能镇静/净化肌肤、平衡油脂分泌，在居家芳香方面有驱除蚊虫的效果	孕妇禁用
依兰 Ylang-Ylang	提取自花朵。平衡皮脂分泌、防老化、防皱；护理头发、使有光泽；平衡激素水平、调理生殖系统；改善性冷淡、性无能、催情作用；保持胸部坚挺；抗沮丧、降血压、抚平急促心跳与呼吸；放松神经系统、使人欢乐，缓解愤怒、焦虑、震惊、恐慌	使用过度会反胃和头痛；发炎和湿疹皮肤患者禁用
柠檬 Lemon	提取自果皮。改善油性皮肤、亮肤、美白净化皮肤、改善破裂微血管、去老死细胞、除鸡眼、扁平疣；促进血液循环、减轻静脉曲张；降血压、改善贫血；减轻头痛、痛风、关节炎；抗感染、感冒、发烧；助消化、澄清思绪	有光敏作用，使用后避免长时间暴露在日光下
茉莉 Jasmine	提取自花朵。调理任何皮肤，特别是干燥、敏感、老化、疤痕及妊娠纹之皮肤，保持皮肤的水分和弹性；平衡激素水平，改善产后忧郁症；改善性障碍、不孕症、阳痿、早泄、精子过少；改善月经诸病；抗沮丧、增强自信、恢复精力	孕妇禁用
玫瑰 Rose	提取自花朵。适合所有皮肤、防老化、促细胞再生；治疗静脉曲张；子宫补品、对妇科诸症有良好疗效；调节月经、增加精子、改善男女各种性功能障碍，可催情；强化心脏、肠胃之功能；可治疗黄疸、消除毒素、加强肝功能；平复哀伤、嫉妒，舒缓紧张，使女性积极开朗	孕妇禁用
洋甘菊 Roman Chamomile	提取自花。改善干燥皮肤、增加弹性，消除浮肿、烫伤、发炎、湿疹；可止头痛、神经痛和牙痛、改善肠胃不适，减少腹泻、胃溃疡、呕吐等症状；有通经效果，可减轻痛经，调节经期规律	孕妇禁用

续表

名称	精油主要功效	注意事项
檀香 Sandalwood	提取自木头。平衡皮脂分泌、改善面皲、粉刺、老化缺水皮肤;治失眠;帮助淋巴排毒、增加免疫力;改善性冷淡、性无能、有催情效果、促进阴道分泌;对肾脏有帮助,可排毒清血	避免在沮丧时使用
杜松 Juniperberry	提取自果实。改善毛孔阻塞、皮肤炎、湿疹、脓肿;强效利尿、减肥及排毒功能,清除尿酸;舒缓痛风、坐骨神经痛、关节疼痛;能通经,调节经期规律、痛经	孕妇禁用,肾病患者应少量使用
乳香 Frankincense	提取自树脂。乳香精油具有温暖放松和促进宁静的感觉,能消除疲劳、集中注意力、抗忧郁、帮助睡眠、预防皱纹、紧实肌肤、改善阻塞肌肤、保湿、促进细胞再生、回春、消除黑眼圈、帮助淡化肤色,对于黑斑、瘢痕、妊娠纹都有淡化的效果,并可预防晒伤,对伤口、溃疡及发炎均有效果	
紫罗兰 Violet	提取自叶、花。有助于过敏性的咳嗽及百日咳,尤其适用于呼吸方面的问题,能帮助入眠、对偏头痛有缓和作用,有益于性方面的障碍,恢复性欲的功能相当显著,是强劲的催情剂;具有温和消除痛苦、疼痛的特质	
桂花 Osmanthus	提取自花朵和叶子。镇静、催情、抗菌。能净化空气,是极佳的情绪振奋剂,对疲劳、头痛、痛经等都有一定的减缓功效,在房事中亦是不错的情绪提升剂	

2. 精油在美容护理中的使用

1)头面部皮肤护理:头发的芳香护理常有基础护理和受损发质护理的不同需求,通常健康的发质,不干不油,光泽亮丽,使用薰衣草、迷迭香、柠檬、尤加利、天竺葵等精油,配合甜杏仁油、月见草油等。干性发质,比较干燥,易受损、打结、分叉或断裂,常选用薰衣草、迷迭香、檀香、天竺葵等精油,配合荷荷巴油、甜杏仁油、鳄梨油等。油性发质,头发油腻伴有头屑较多,适合选用薰衣草、丝柏、罗勒、快乐鼠尾草、百里香、柠檬、尤加利等精油,配合油性发质基础油有甜杏仁油、月见草油、芝麻油等。

中性皮肤护理最适合的精油:薰衣草、迷迭香、柠檬、尤加利、天竺葵等精油。配合中性皮肤护理使用的基础油甜杏仁油、月见草油等。干性皮肤最适合的有:薰衣草、迷迭香、檀香、天竺葵等精油,常配合干性皮肤基础油有甜杏仁油、鳄梨油、月见草油等。油性皮肤,比较适合用薰衣草油、丝柏、罗勒、快乐鼠尾草、百里香、广藿香、迷迭香、柠檬、尤加利等精油,配合油性皮肤基础油有甜杏儿油、月见草油、芝麻油等。衰老性皮肤精油,一般选择玫瑰、檀香、依兰、茉莉、天竺葵等,基础油有荷荷巴油、甜杏仁油、鳄梨油、月见草油等。敏感皮肤精油以洋甘菊、薰衣草、快乐鼠尾草、百里香、檀香等常用,配合其基础油荷荷巴油、甜杏仁油,月见草油等。痤疮皮肤适合用薰衣草、丝柏、罗勒、快乐鼠尾草、百里香、广藿香、迷迭香、柠檬等精油,配合基础油甜杏仁油、月见草油、芝麻油等。色斑性皮肤常用玫瑰、茉莉、薰衣草、柠檬、佛手柑等,与玫瑰果油、荷荷巴油、甜杏仁油、鳄梨油、月见草油等基础油配合使用。

2）身体护理常选精油：杜松子、薰衣草、佛手柑、柠檬、葡萄柚、澳洲胡桃油、葡萄籽油能促进血液循环，舒经通脉、宁心安神、理气活血等养护作用；白株树、欧薄荷、迷迭香、尤加利、香茅、甜杏仁油，能缓解肌肉酸楚疼痛，促进循环，舒缓肌肉紧张，畅通人体气血。豆蔻、马乔莲、茴香、丁香、姜等精油，能理气开胃、健脾消导滞，暖胃止痛，缓解消化系统吸收障碍。天竺葵、薰衣草、甜橙、玫瑰、荷荷巴油等，抗压舒缓、排毒养颜、促进血液循环等。

（三）香薰水疗（SPA）

1. SPA　SPA，中文也称水疗。词语源于拉丁文“Solus Por Aqua”（Health by water）的前缀，Solus＝健康，Por＝经由，Aqua＝水，意指用水来达到健康。SPA是一种健康美容理念，是美容师利用天然温泉水、植物芳香精油、独特的按摩手法、矿物泥、海水、海盐、花草茶香等多元化美容元素为顾客提供的一系列护理服务，能帮助人达到身、心、灵的健美，改善人体健康的一种全方位美容疗法。

2. 水疗SPA功效　利用不同温度、压力和溶质含量的水，以不同方式作用于人体以防病治病的方法。水疗对人体的作用主要有温度刺激、水力刺激和药物刺激。按其温度可分高温水浴、温水浴和冷水浴；水疗具有缓解痉挛、改善循环、恢复关节活动度、增强肌力和耐力，促进血液循环和心肺功能，增强新陈代谢和身体抵抗力，改善情绪、改善协调等作用。

3. 水疗SPA的种类　依据水温不同，常分为冷水浴、低温浴（34℃以下）、中温浴（38～40℃）、高温浴（41～44℃）、冷热水交替浴。冷水浴，水温略低大气温度，可兴奋神经、降低体温、刺激心血管功能、提神强身，提高人体对外界的适应能力。热水浴，能促进血液循环、增强新陈代谢、消炎止痛、止痒等作用。其中高温浴浸泡时间不宜过长，能明显扩展血管，增加血液循环，加速交感神经活动，增加新陈代谢。冷热水交替刺激，会引起血管扩张收缩，减轻血管充血和组织炎症。

依据水质的不同分为：海水浴、温泉浴、碳酸温泉、硫磺浴、自来水浴。海水浴，以海水中丰富的矿物质及元素，可以活化细胞，在接近体温的范围内恒温浸泡，可刺激血液及淋巴循环，排毒、减压等保健功能。温泉浴，至水温在20℃以上的泉水浸泡，利用其特殊的化学成分、有机物、气体等影响人的生理作用，对一些肢体关节疼痛病症、某些皮肤病等有很好的治疗效果。自来水浴，在自来水中添加不同的物质，如海藻等，将自来水变成生命活水。

水疗的基本形式：淋雨、按摩冲浪浴、冲洗疗法与水中穴道按摩、桑拿浴、蒸气浴等。

4. 泡浴的常用添加物质　泡浴过程中需要常添加一些物质，通过皮肤、毛孔的吸收进入血液循环，从而达到健美肌肤、调节脏腑功能、防治疾病的目的。

常用的物质：西瓜翠衣，西瓜皮捣成汁或者直接涂抹搓擦（5分钟左右），皮肤细嫩光滑。风油精、金银花浴明目、去除痱子。香醋浴，加入几滴香醋洗浴，肌肤细嫩健美。菊花浴，菊花适量，放入浴水中浸泡，醒脑提神，适合脑力劳动者。牛奶浴，加入牛奶，搅拌均匀后洗浴，收缩毛孔，止痒解乏，营养肌肤，有美白、美肤的功效。盐浴，加少量食盐，浴后用清水冲净，盐浴可使皮肤细腻、身材苗条、头发光泽柔顺、防治风湿症、关节疼痛等。皮肤油性者单独用盐与水即可，干性皮肤，盐加一些弱油性按摩霜加水混匀使用。而花草浴盐，常加入各种香型植物精华，如洋甘菊浴盐，舒缓肌肉、宁心安神；薰衣草浴盐，安神、减压、舒活筋骨；柑橘柠檬浴盐，消除焦虑，醒脑提神；迷迭香浴盐，缓解紧张,增强记忆力,提高机体活力;玫瑰浴盐,改善老化皮质、通经活血;姜浴盐,放松身体、御寒、提供免疫力。

5. 水疗 SPA 注意事项 在水疗 SPA 按摩前后要充分休息,切勿空腹或者醉酒洗浴,出浴后要喝水补充水分,并擦干全身,再抹上乳液以免皮肤干燥;建议在接受 SPA 之前,先淋浴,并尽情享用蒸气、桑拿,让身心肌肉全面放松减压;有特殊病史,如严重心脏病、高血压、低血压和久病初愈者,洗浴中要有人陪同,水温 37°~39°为宜,泡浴时间不宜过长。而女性在月经期、妊娠期、慎用水疗。

(牛 菲)

第三节 肩颈部养护

一、肩颈部皮肤的特点

肩、颈部皮肤因皮脂腺分布少,油脂分泌极少,尤其颈部长期暴露于外,皮肤比较脆弱,常因缺乏水分及养分而显得干燥缺水、最容易松弛老化、过早出现皱纹、再加之上颈部缺乏运动,伴随年龄增长等原因,往往呈现出老态,影响了颈部的美观。肩部皮肤经常处于紧张状态,不良坐姿习惯等加重了肩部出现过早衰老。随着女性吊带装的潮流,更对的女性开始对肩、颈部养护越来越关注。

二、肩颈部皮肤的护理目的

给肩、颈部皮肤专业的护理,能促进肩、颈部皮肤的新陈代谢、血液循环,为组织细胞提供更充分的营养物质,延缓肌肤衰老,减少此处皮肤的假性皱纹、缓解松弛,增加皮肤的弹性与光泽,从而保持肩、颈部皮肤柔嫩、细腻有弹性,延缓肌肤衰老。

三、头、肩颈部的美容常用穴位

1. 百会穴 定位:两耳连线与头部正中线交点处。

按摩功效:头痛、头重脚轻、痔疮、高血压、低血压、目眩失眠、焦躁等。

2. 四神聪 定位:百会穴前、后、左、右各 1 寸处取穴。

按摩功效:有醒脑开窍、聪神益智。

3. 神庭穴 定位:头额正中线,入发际 0.5 寸取穴。

按摩功效:头痛,眩晕,鼻出血。

4. 头维穴 定位:左右各一,额角发际直上 0.5 寸,距神庭穴 4.5 寸处取穴。

按摩功效:脸部痉挛、疼痛等面部疾病。

5. 风池穴 定位:枕骨下缘,胸锁乳突肌与斜方肌开始部凹陷处,与耳根平行。

按摩功效:头痛、头重脚轻、眼睛疲劳、颈部酸痛、落枕、失眠。

6. 风府穴 定位:后发际正中直上 1 寸,枕骨粗隆直下凹陷处取穴。

按摩功效:颈部疾病、头部疾病治疗左右。

7. 大椎穴 定位:第 7 颈椎与第 1 胸椎棘突直接。

按摩功效:肩背疼痛、发热、中暑、咳喘。

8. 肩井穴　定位:位于肩上,前直乳中,当大椎与肩峰端连线的中点,即乳头正上方与肩线交接处。

按摩功效:肩背痛、颈项痛、落枕、牙痛、乳腺炎、肩周炎、肩软组织损伤等。

9. 巨骨穴　定位:巨骨穴位于人体的肩上部,当锁骨肩峰端与肩胛冈之间凹陷处。

按摩功效:缓解治疗半身不遂、肩关节周围炎、肩背疼痛、活动不利等。

10. 肩髃穴　定位:位于人体的肩部,三角肌上,臂外展,或向前平伸时,当肩峰前下方凹陷处。

按摩功效:缓解肩臂疼、肩关节周围炎、上肢不遂。

11. 肩髎穴　定位:肩峰后下方,上臂平举时,于肩髃穴后寸许凹陷中取穴。

按摩功效:肩关节疼痛麻木、屈伸不利。

12. 肩中俞穴　定位:在大椎穴旁开 2 寸处取穴。

按摩功效:肩背疼痛、颈椎病、落枕、感冒、咳嗽。

13. 肩外俞穴　定义:第 1 胸椎棘突下,旁开 3 寸处取穴。

按摩功效:肩背酸痛、颈项强直。

14. 气舍穴　定义:锁骨内侧端上缘,胸锁乳突肌骨头与锁骨头之间取穴。

按摩功效:咽喉肿痛、气喘、颈项强直。

15. 巨骨穴　定位:锁骨肩峰与肩胛冈之间凹陷处。

按摩功效:肩背关节疼痛、气喘、咳嗽。

16. 肺俞穴　定位:第 3 胸椎棘突下,背正中线旁开 1.5 寸。

按摩功效:治疗咳嗽、气喘、祛痰、祛斑等。

17. 心俞穴　定位:第五胸椎棘突下,背正中线旁开 1.5 寸。

按摩功效:胸痛、心慌、头痛、失眠。

18. 肝俞穴　定位:第九胸椎棘突下,背正中线旁开 1.5 寸。

按摩功效:胃肠病、胸痛腹痛、肝病、老人斑、皮肤粗糙、失眠。

19. 脾俞穴　定位:第 11 胸椎棘突下,背正中线旁开 1.5 寸。

按摩功效:腹胀、呕吐、腹泻等胃肠疾病。

20. 肾俞穴　定位:第 2 腰椎棘突下,背正中线旁开 1.5 寸。

按摩功效:腰痛、水肿、高血压等。

四、肩颈部按摩

1. 按摩肩部,点按巨骨穴　双手四肢并拢,自然平伸,掌心向上放于颈部,双手虎口卡在肩部,拇指放在肩上方。双手自大椎穴向两侧肩部拉抚至巨骨穴,然后以中指指腹点按此处,最后四指从巨骨穴拉抹回大椎穴旁(图 4-3-1)。如此反复数次,止于巨骨穴。

2. 摩小圈,点按风池、风府穴　接上节手位,双手四肢并拢,用指腹自肩背部的巨骨穴开始,沿肩背上缘及颈后,向内、上方摩小圈至风池穴,用中指指腹点按此处;之后双手中指指腹叠起点按此穴位(图 4-3-2)。如此反复。

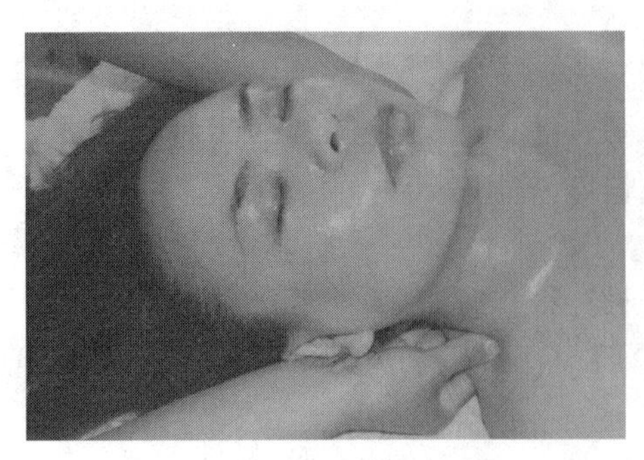

图 4-3-1　拉抚肩部点按巨骨穴

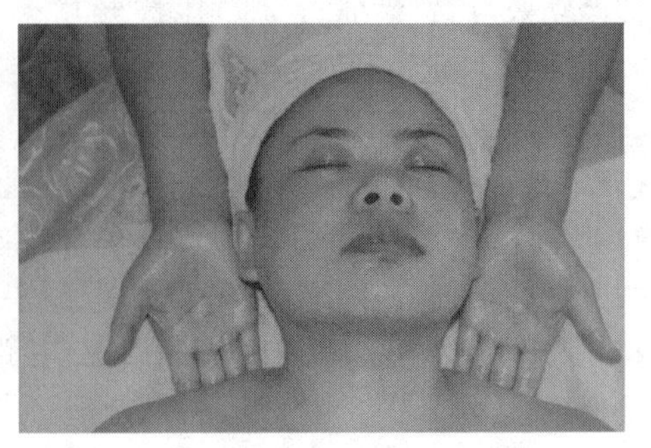

图 4-3-2　摩小圈,点按风池、风府穴

3. 摩小圈,点按气舍穴　双手中指、无名指并拢,掌心向下,以指腹着力从耳后翳风穴开始,沿胸锁乳突肌走向,向外、向下摩小圈,至气舍穴,以中指指腹点按此穴位,之后双手拉抚回到翳风穴(图 4-3-3,图 4-3-4)。如此反复数次,最后回到气舍穴。

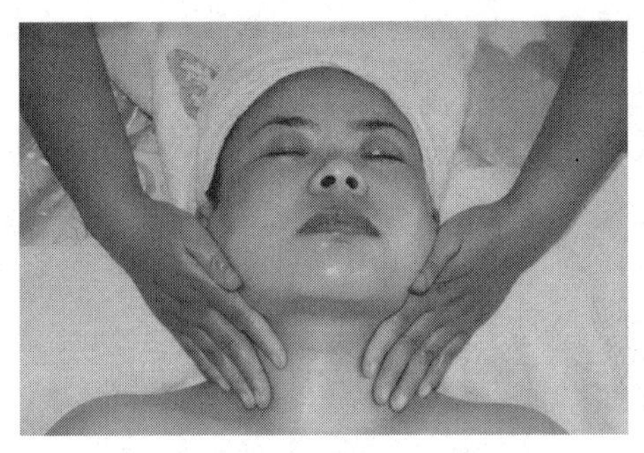

图 4-3-3　摩小圈,点按气舍穴(一)

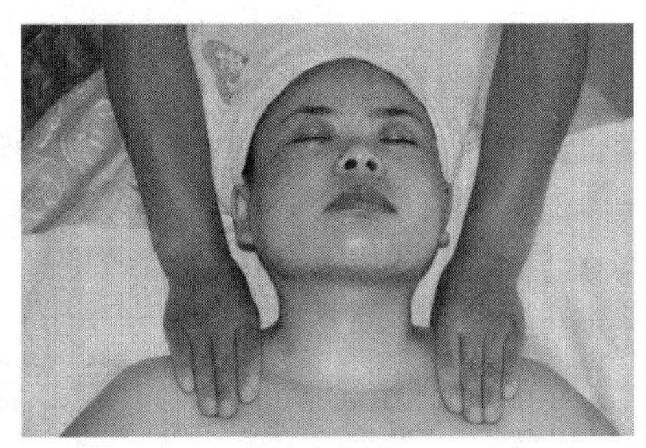

图 4-3-4　摩小圈,点按气舍穴(二)

4. 双手四肢摩圈,按摩肩部　接上手位。四肢并拢,掌心向下,从气舍穴开始,四肢指腹同时向外、向下摩圈至客人两侧肩头(图 4-3-5)。重复数次,最后止于肩头。

5. 按摩肩峰　接上节手位。双手拇指在肩后,四肢在肩前,握住肩峰,双手示指、中指、无名指齐并拢,在肩峰处向外、下方固定部位摩圈(图 4-3-6)。如此反复数次。

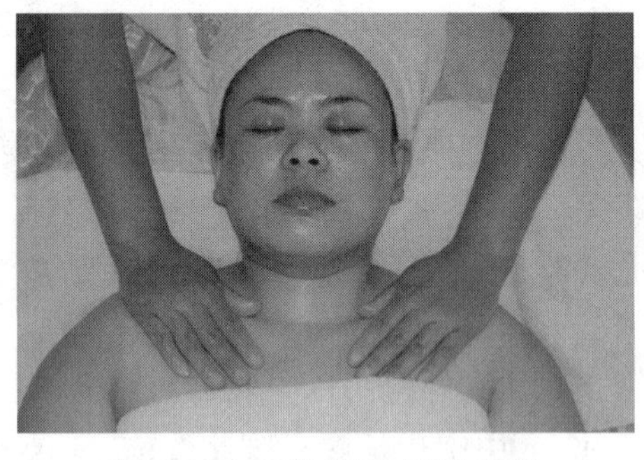

图 4-3-5　四指摩圈、按摩肩部

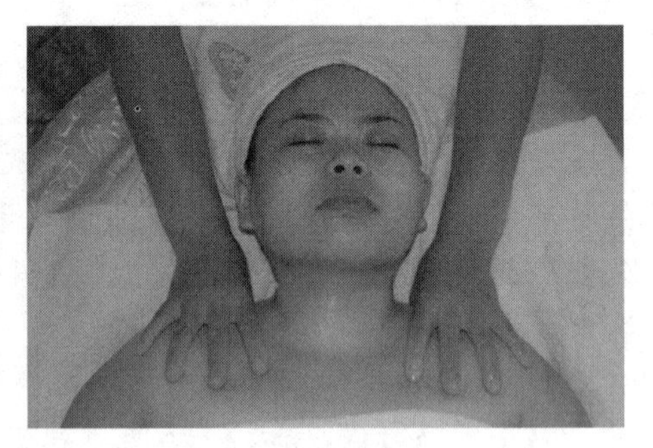

图 4-3-6　按摩肩峰

6. 点按"六穴"按摩　双手微握拳,用拇指指腹从两肩头至颈部依次点按肩髃穴、肩髎穴、巨骨穴、肩井穴、肩外俞穴、肩中俞穴。点按力度适中,由轻到重,由浅入深,逐渐加力,

切莫动作粗暴(图 4-3-7)。

7. 拉抚颈部　手呈横位。双手四指并拢,掌心向下,合掌施力。双手交替从颈根处向上拉抚至下颏,并逐渐向颈两侧移动,最后止于耳根下方(图 4-3-8)。

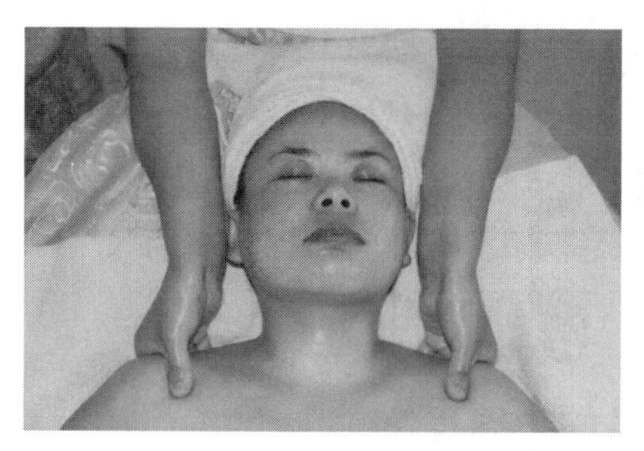

图 4-3-7　点六穴

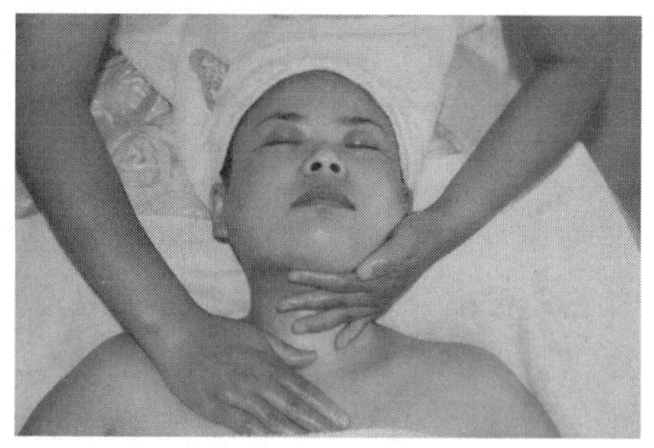

图 4-3-8　拉抚颈部

8. 拿捏肩臂　双手放于颈部两侧,拇指在肩前,其余四肢在肩后,用虎口卡住肩胛提肌,双手同时用力将肌肉捏起,再松开。从颈部两侧沿双肩、上臂至肘部拿捏,再沿原路径返回(图 4-3-9)。可重复进行。

9. 叩击肩臂　双手微握拳,拇指和小指略伸直,整个手呈马蹄形。腕部放松,用拇指、小指和大小鱼际外侧着力。双手交替抖腕用爆发力叩击双肩(图 4-3-10)。如此反复叩击数次。

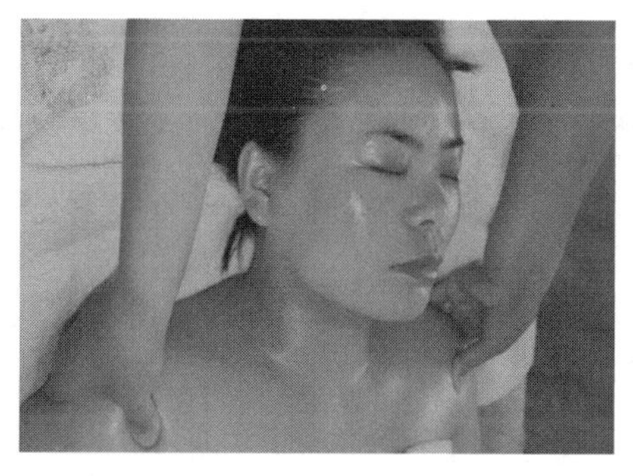

图 4-3-9　拿捏肩臂

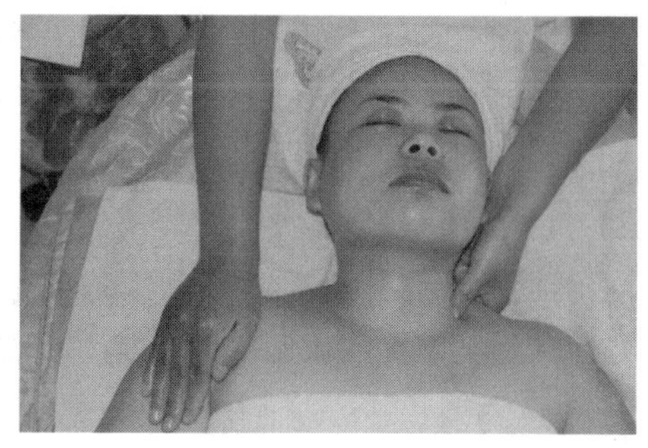

图 4-3-10　叩击肩臂

10. 拉抚肩部　手呈横位。双手四肢并拢,掌心向下,指尖相对,全掌紧叩颈部两侧,向下推抚至气舍穴;在上胸部,双手改为竖位向两侧拉抚;抚至肩头后双手反掌,绕过肩头至肩背部,沿着肩形向上拉抚,最后止于风池穴(图 4-3-11～图 4-3-13)。如此反复操作数次。

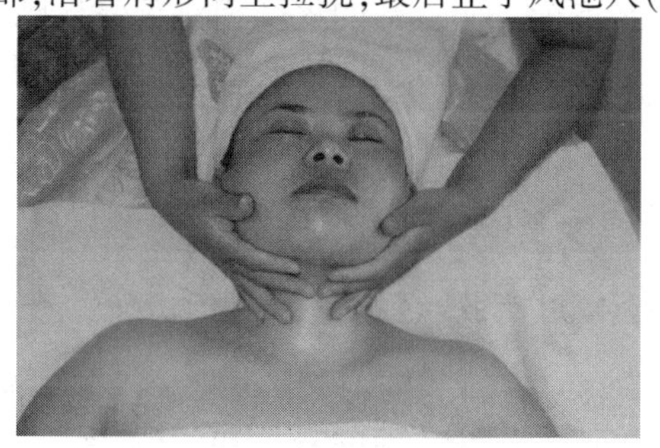

图 4-3-11　拉抚肩部(一)

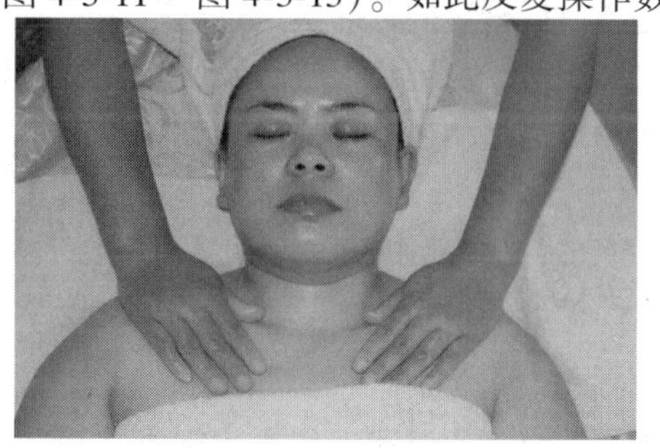

图 4-3-12　拉抚肩部(二)

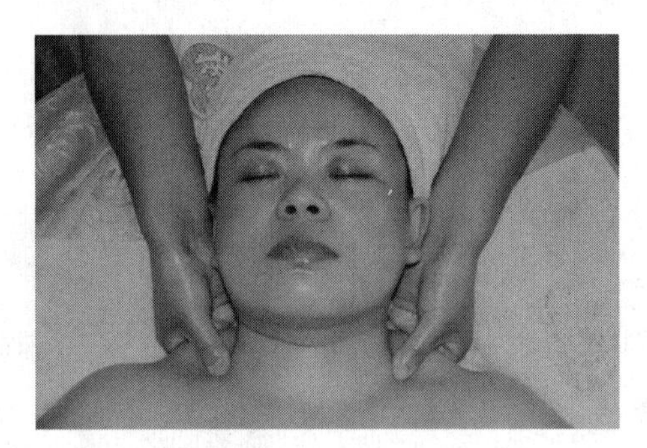

图 4-3-13 拉抚肩部(三)

五、肩颈部皮肤的护理程序

在面部皮肤护理同时可进行肩、颈部护理,也可将肩、颈部护理作为一个独立的护理项目单元来实施,护理部位主要包括了颈、肩、手臂上部(肘关节以上)。

肩颈部护理操作基本步骤与方法如下:

(一) 准备工作

请客人更衣,换上美容衣,躺着美容床上,盖好被,为客人包头(有首饰等,请其摘下并收好)。

(二) 护理步骤

消毒双手,取适量洁面乳分点于客人肩、颈、上臂等处并涂抹均匀,稍做打圈按摩,用温水和毛巾洗去洁面乳、清洗肩、颈部皮肤、喷雾观察、去角质(必要时)、颈肩部按摩、敷软膜、拍化妆水、涂抹滋润液。

(三) 注意事项

颈部护理动作要轻、力度应柔和,避免过猛用力,引起客人喉部不适等;使用护肤品时,注意不要让其污染客人的衣服等。

(牛 菲)

第四节 背部养护

光滑白皙挺直的背部给人以性感迷人的视觉享受。而背部的皮肤相对较厚,且皮脂腺分布密集,若代谢不及时,皮脂及废物堆积易导致粉刺、色素沉着、皮肤粗糙等问题,因此做好背部护理也是相当重要的。

一、背部护理程序和方法

背部护理的程序包括清洁、去角质、按摩、身体膜、爽肤、润肤等步骤。

(一) 背部清洁

背部的清洁通过沐浴的方式完成。沐浴可以清除皮肤表面的灰尘和污垢,保持皮肤健康。合适的水温还可促进排汗,调整皮肤新陈代谢,放松肌肉和神经,消除疲劳,促进睡眠。

按沐浴方式的不同,分为淋浴和泡浴两种。按水温的不同,分为冷水浴(24℃以下)、低温水浴(24~34℃),等温浴(34~37℃),中温浴(37~41℃),热水浴(42℃以上)。

（二）背部去角质

深层清洁在沐浴后进行,根据不同的皮肤类型选择不同的深层清洁产品及方式。不同类型的皮肤深层清洁周期有所不同,油性皮肤,1 周 1 次;中性皮肤,1~2 周 1 次;干性皮肤,2~4 周 1 次;敏感性皮肤,不建议去角质。

（三）背部按摩

根据不同的皮肤类型选择合适的按摩产品。

(1) 安抚展油:通过美体师双手在顾客背部的拉抹,将按摩膏或按摩油均匀涂于整个背部。取适量按摩膏或按摩油于美体师手心,轻轻揉搓双手将按摩膏或按摩油涂于全掌。双手分别放于顾客两侧肩胛骨上(图 4-4-1),全掌着力,向下沿脊柱两侧推至腰骶部,两手分开下滑至腰部两侧,双手抱腰背侧面上拉至肩部腋后(图 4-4-2),再沿两手臂下推至肘部后回拉至肩部回到两侧肩胛骨上复位(图 4-4-3),重复 2~3 遍。最后一次上拉至肩部时,美体师双手沿肩颈两侧上拉至后发际,揉按风池、风府穴(图 4-4-4)。

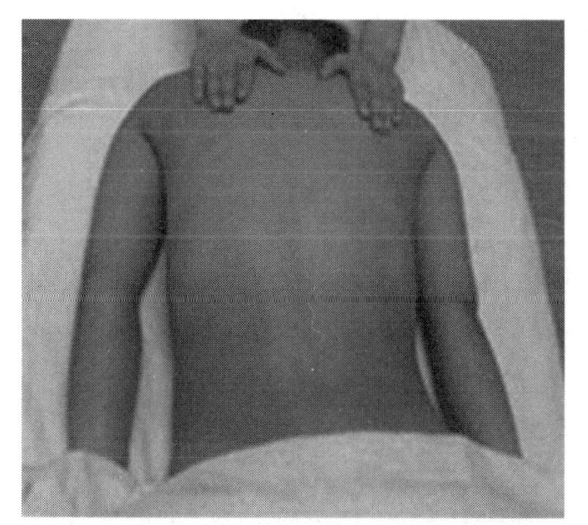
图 4-4-1　背部安抚

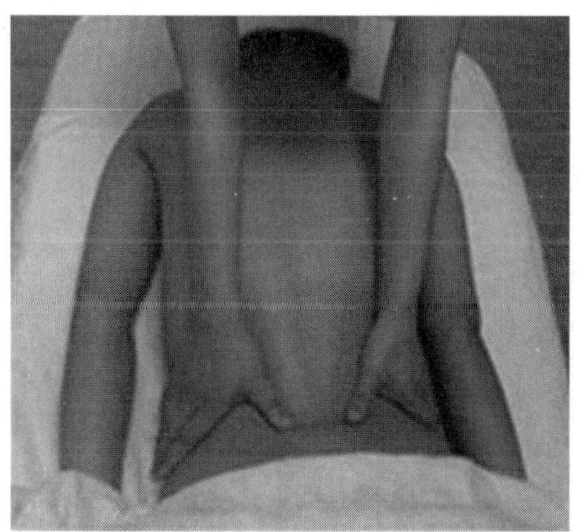
图 4-4-2　双手抱腰

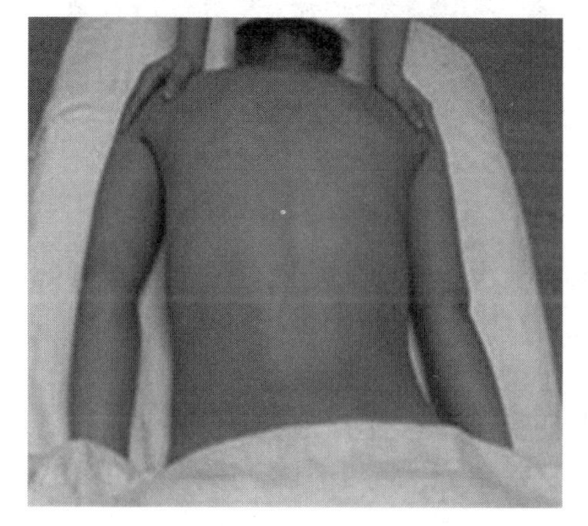
图 4-4-3　拉抚复位

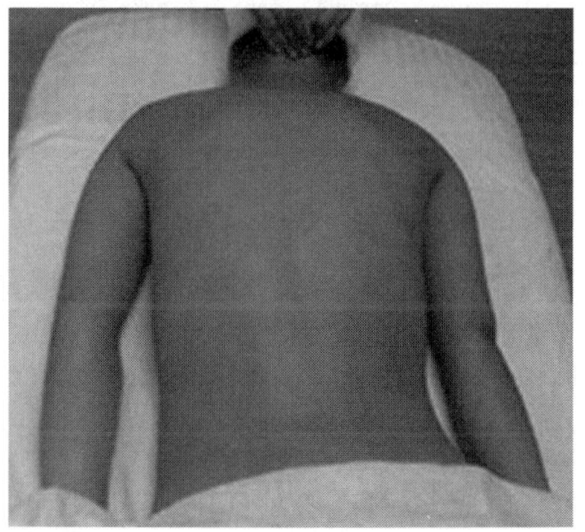
图 4-4-4　按风池穴、风府穴

(2) 小鱼际拨斜方肌:美体师双手半握拳,以小鱼际吸定于颈部两侧,通过手及前臂的旋转带动小鱼际由颈部拉抹至肩头(图 4-4-5),以掌带回(图 4-4-6),重复 5~8 遍,弹拨肩颈部斜方肌。

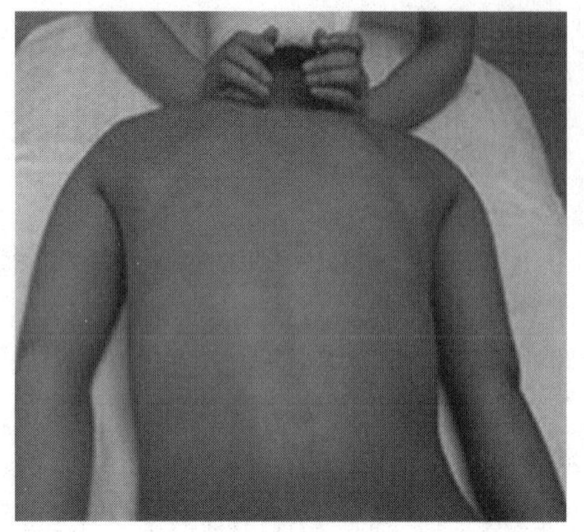

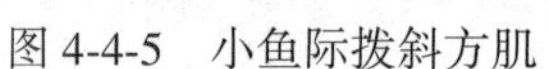

图 4-4-5　小鱼际拨斜方肌

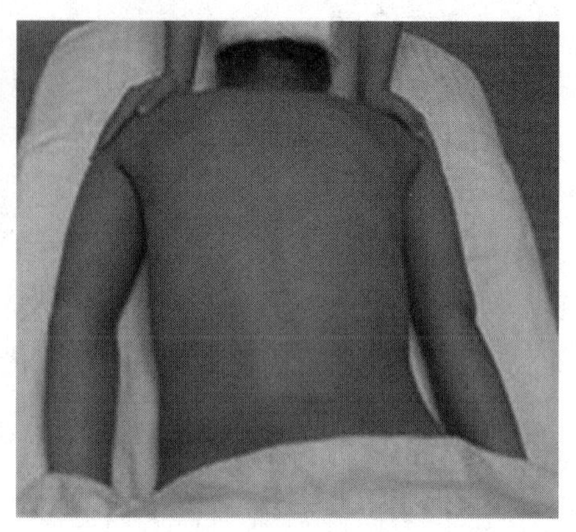

图 4-4-6　拉抚复位

(3) 拇指拨斜方肌:美体师一手大拇指吸定于顾客肩胛骨内上角,大拇指指腹用力沿肩胛骨上缘,弹拨此处斜方肌(图 4-4-7),重复 5~8 遍,再换另一面。

(4) 安抚背部:重复动作(1)。

(5) 指推督脉:美体师双手大拇指着力,从风府穴沿督脉向下推至腰骶部(图 4-4-8)。推至骶骨时,双手拇指交替安抚八髎穴,重复 3~5 遍。

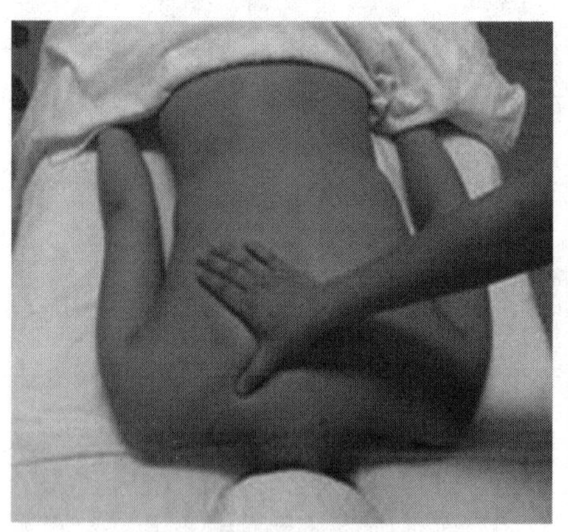

图 4-4-7　拇指拨斜方肌

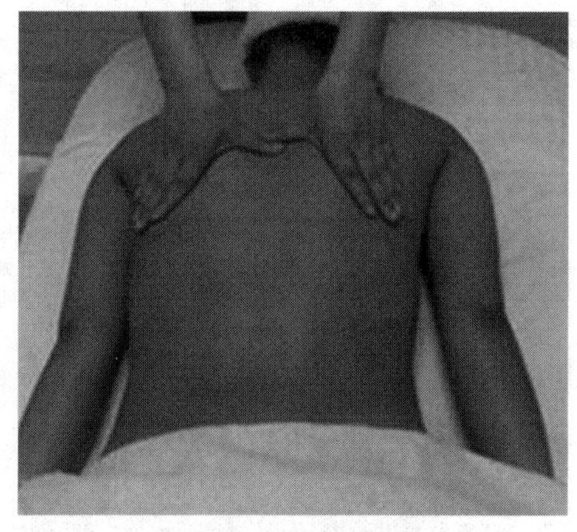

图 4-4-8　指推督脉

(6) 安抚背部:重复动作(1)。

(7) 指推膀胱经:从美体师双手大拇指着力,从大杼穴沿内膀胱经下推至腰骶部(图 4-4-9),以掌拉回,再推外膀胱经,重复 3~5 遍。

(8) 安抚背部:重复动作(1)。

(9) 分段推后背:美体师双手握拳,以手背四指第一指骨面为着力点,通过手腕关节的摆动沿脊柱两侧分三段做推抹运动(图 4-4-10)。第一段为第 1 胸椎至第 9 胸椎水平,第二段为第 7 胸椎至第 5 腰椎水平,第三段为第 4 腰椎至骶骨末端水平。推抹结束后,两手分开,包绕背部两侧,上拉至颈部两侧。

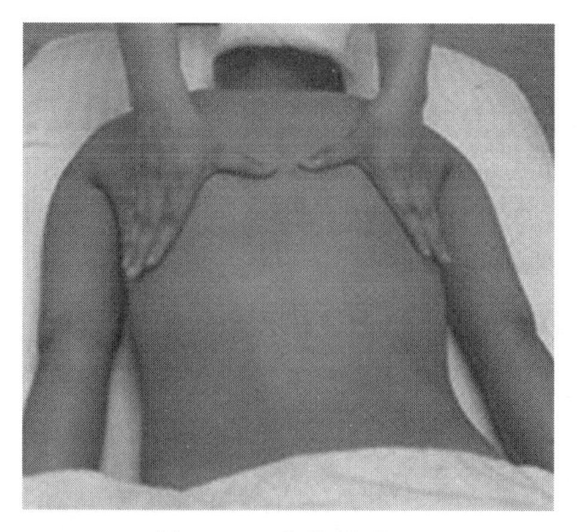

图 4-4-9　指推膀胱经

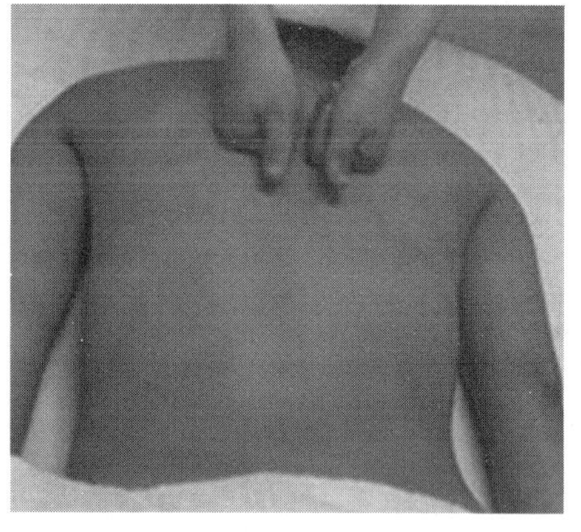

图 4-4-10　指背分段搓后背

（10）安抚背部：重复动作（1）。

（11）掌推督脉：美体师双手掌交替由颈部向下推抹督脉（图 4-4-11），推至腰骶部时，双手叠加，按压八髎穴（图 4-4-12）。

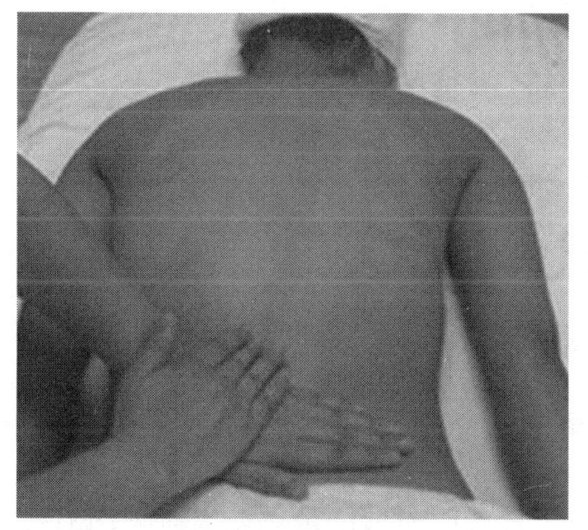

图 4-4-11　掌推督脉

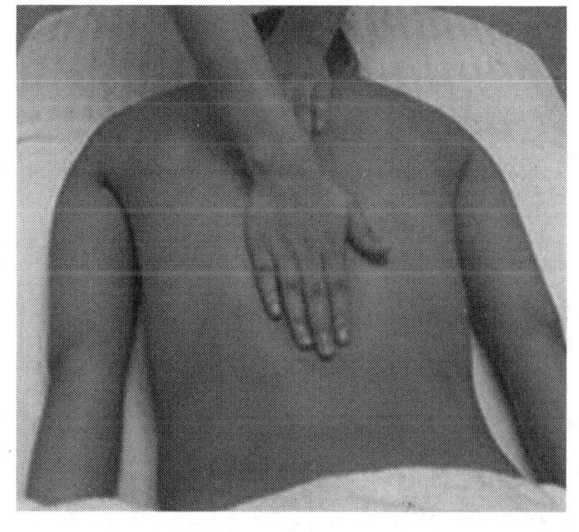

图 4-4-12　按八髎穴

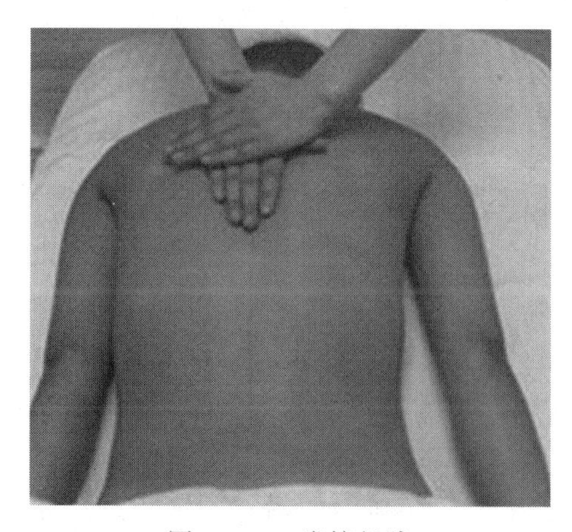

图 4-4-13　掌擦督脉

（12）擦督脉：双手叠加，自颈部向腰骶部方向推擦背部督脉（图 4-4-13），先慢擦 3 遍，再快擦 3 遍，至背部督脉处有微微热感，重复 3~5 遍。

（13）安抚背部：重复动作（1）。

（四）身体膜

身体膜的涂敷在按摩之后进行，有保养皮肤、雕刻形体、缓解疲劳的效果。常用的身体膜有三类：中草药膜、泥膜、蜡膜。中草药膜含有当归、红花、葛根、三七等中草药，不同成分的中药膜作用不同；泥膜有淤泥、腐殖土、黏土、人工泥等，具有改善皮肤血液循环，促进新陈代谢等作用；蜡膜主要有石蜡、蜂蜡制成，具有温热、滋润、营养等作用，特别适合干性、衰老性皮肤。

身体膜的使用方法：

1. 铺床：在美容床上铺一次性薄膜，防止敷膜过程中污染床毯，不便清洁。

2. 调膜：将相应的身体膜加水调成糊状。蜡膜应该将蜡块加热融化。

3. 敷膜：将身体膜涂于皮肤表面，要求厚薄均匀、动作迅速。涂敷蜡膜前，美容师应先在自己的手臂内侧试温。涂抹结束后可用保鲜膜包裹。

4. 卸膜：待20~30分钟后将身体膜卸除，并请顾客沐浴清洗干净身体上残留的护理膜。

5. 爽肤、润肤。

6. 结束整理。

二、背部护理注意事项

1. 背部护理不应在饭前、饭后30分钟内进行。

2. 沐浴水温适宜，房间内注意保暖。

3. 根据皮肤类型选择相应的深层清洁产品、方法和时间。

4. 深层清洁后嘱顾客避免日晒。

5. 按摩手法正确，动作流畅，力度合适。在整个按摩过程中美容师的手不要离开顾客皮肤。

6. 按摩过程中，美体师手臂伸直，充分依托自己身体的力量进行按摩。

7. 在按摩过程中，没有被按摩的部位应该及时以毛毯覆盖，防止受凉。

8. 蜡膜涂敷前要注意保护好顾客的毛发。可先在毛发部位涂上面霜，再以毛巾遮盖。

三、背部家居护理建议

1. 注意背部清洁，及时清除背部多余角质。

2. 根据自己的皮肤特点选择合适的沐浴、润肤产品。

3. 运动出汗后不宜马上吹凉风或洗冷水澡，会导致背部皮肤毛孔收缩，不利于毛孔里油脂及代谢废物排除。

4. 经常做背部伸展运动，不仅能让背部肌肉充分放松，还能增加背部肌肉的弹性。

四、操作程序

1. 美容师洗手消毒，准备好各种物品。

2. 协助顾客更衣，安置顾客。根据顾客皮肤特点选择合适的背部护理产品。

3. 沐浴：根据顾客皮肤及身体状况调好水温、选择合适的沐浴产品、沐浴方式。

4. 深层清洁：根据顾客的皮肤类型及要求选择相应的深层清洁产品及用具。

5. 背部按摩

（1）安抚展油：通过美体师双手在顾客背部的拉抹，将按摩膏或按摩油均匀涂于整个背部。取适量按摩膏或按摩油于美体师手心，轻轻揉搓双手将按摩膏或按摩油涂于全掌。双手分别放于顾客两侧肩胛骨上，全掌着力，向下沿脊柱两侧推至腰骶部，两手分开下滑至腰部两侧，双手包腰背侧面上拉至肩部，包绕肩头沿两手臂下推至肘部，再次上拉至肩部回到两侧肩胛骨上，重复2~3遍。最后一次上拉至肩部时，美体师双手沿肩颈两侧上拉至后发际，揉按风池、风府穴。

（2）小鱼际拨斜方肌：美体师双手半握拳，以小鱼际吸定于颈部两侧，通过手及前臂的旋转带动小鱼际由颈部拉抹至肩头，以掌带回，重复5~8遍，弹拨肩颈部斜方肌。

（3）拇指拨斜方肌：美体师一手大拇指吸定于顾客肩胛骨内上角，大拇指指腹用力沿肩胛骨上缘，弹拨此处斜方肌，重复5~8遍，再换另一面。

（4）安抚背部：重复动作（1）。

（5）指推督脉：美体师双手大拇指着力，从风府穴沿督脉向下推至腰骶部。推至骶骨时，双手拇指交替安抚八髎穴，重复3~5遍。

（6）安抚背部：重复动作（1）。

（7）指推膀胱经：从美体师双手大拇指着力，从大杼穴沿内膀胱经下推至腰骶部，以掌拉回，再推外膀胱经，重复3~5遍。

（8）安抚背部：重复动作（1）。

（9）分段推后背：美体师双手握拳，以手背四指第一指骨面为着力点，通过手腕关节的摆动沿脊柱两侧分三段做推抹运动。第一段为第1胸椎至第9胸椎水平，第二段为第7胸椎至第5腰椎水平，第三段为第4腰椎至骶骨末端水平。推抹结束后，两手分开，包绕背部两侧，上拉至颈部两侧。

（10）安抚背部：重复动作（1）。

（11）掌推督脉：美体师双手掌交替由颈部向下推抹督脉，推至腰骶部时，双手叠加，按压八髎穴。

（12）擦督脉：双手叠加，自颈部向腰骶部方向推擦背部督脉，先慢擦3遍，再快擦3遍，至背部督脉处有微微热感，重复3~5遍。

（13）安抚背部：重复动作（1）。

6. 涂敷身体膜：根据顾客的皮肤类型选择合适的身体膜。

7. 卸膜：卸除身体膜，并请顾客再次沐浴，清洗干净。

8. 爽肤及润肤。

9. 结束整理：整理小推车及美容床，清洗用过的用具并浸泡消毒。打扫环境卫生，并进行环境消毒。

五、注意事项

1. 准备充分，待客周到、细心。
2. 物品取用适量，既能保证清洁彻底，又不至取用过多而浪费。
3. 沐浴水温适宜，房间内注意保暖。
4. 根据皮肤类型选择相应的深层清洁产品、方法和时间。
5. 深层清洁后嘱顾客避免日晒。
6. 按摩手法正确，动作流畅，力度合适。在整个按摩过程中美容师的手不要离开顾客皮肤。
7. 在按摩过程中，没有被按摩的部位应该及时以毛毯覆盖，防止受凉。
8. 蜡膜涂敷前要注意保护好顾客的毛发。可先在毛发部位涂上面霜，再以毛巾遮盖。

（王　燕）

第五节　腹部减肥

一、腹部减肥按摩腧穴及定位

日月：在上腹部，当乳头直下，第7肋间隙，前正中线旁开4寸。

大横:在脐中部,距脐中 4 寸。

梁门:在上腹部,当脐中上 4 寸,距前正中线 2 寸。

太乙:在上腹部,当脐中上 3 寸,距前正中线 2 寸。

天枢:在腹中部,距脐中旁开 2 寸。

水道:脐下 3 寸,前正中线旁开 2 寸。

归来:脐下 4 寸,前正中线旁开 2 寸。

中极:脐下 4 寸,前正中线上。

关元:脐下 3 寸,前正中线上。

气海:脐中下 1.5 寸,前正中线上。

神阙:脐中央,腹中部。

下脘:脐中上 2 寸,前正中线上。

中脘:脐中上 4 寸,前正中线上。

上脘:脐中上 5 寸,前正中线上。

二、腹部减肥按摩

按摩前应提醒顾客排空膀胱。

(1) 安抚展油:通过美体师双手在顾客腹部的拉抹,将按摩膏或按摩油均匀涂于整个腹部。美体师双手五指并拢,指尖相对,放于顾客脐下小腹部(图 4-5-1)。全掌着力,上推至肋骨下缘,双手反转 180°,托住腰部(图 4-5-2),用爆发力微微上抬腰部,放松后双手拉抹至脐下小腹部会合,复位。重复 8~10 遍。

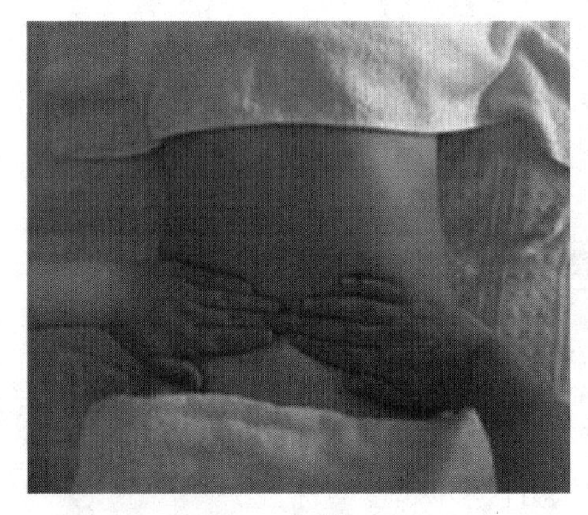

图 4-5-1 横推腹部

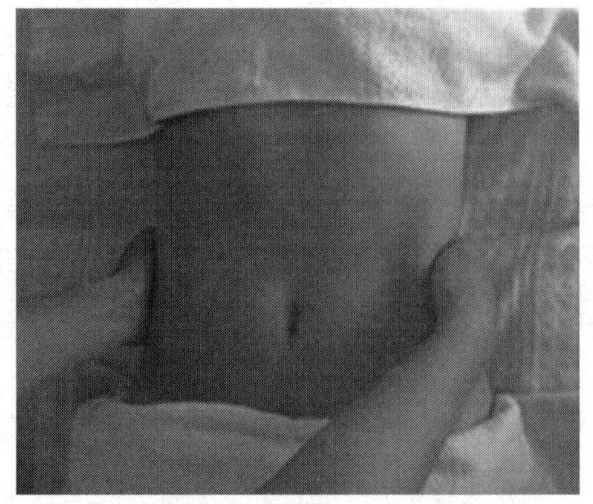

图 4-5-2 双手托腰

(2) 腹部摩大圈:双手交替在腹部做顺时针摩圈,一手为主,一手做辅助旋转推按(图 4-5-3)。重复 8~10 遍。

(3) 腹部点穴:美体师双手叠压,以掌心扣住神阙,指尖自中脘穴开始,顺时针方向依次点按左侧日月、左侧大横、左侧腹结、关元、右侧腹结、右侧大横、右侧日月,最后回到中脘穴,形成一个米字型点穴(图 4-5-4)。接着双手分开,拇指指尖依次点按梁门、太乙、天枢、水道、归来(图 4-5-5)。再叠掌,指尖依次点按中极、关元、气海、下脘、中脘、上脘穴(图 4-5-6)。最后,叠掌,以掌心按压神阙穴。重复 2~3 遍。

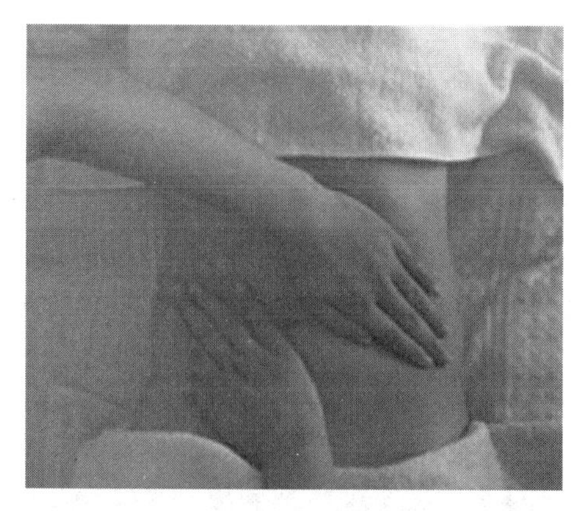

图 4-5-3　腹部摩大圈

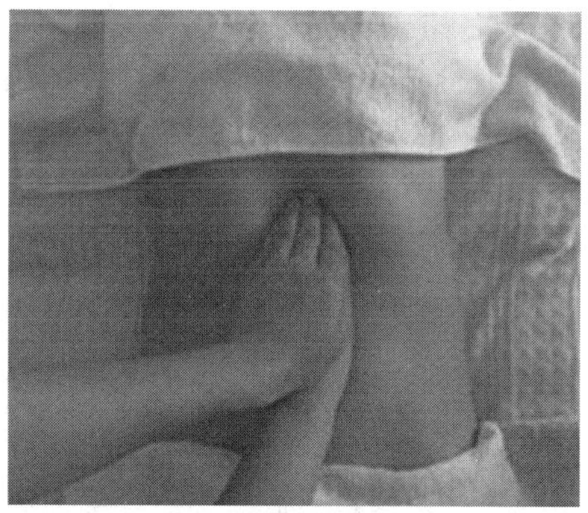

图 4-5-4　米字点穴

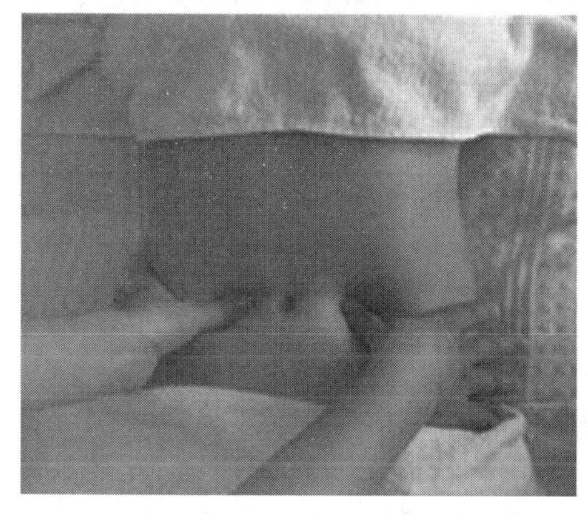

图 4-5-5　拇指点穴

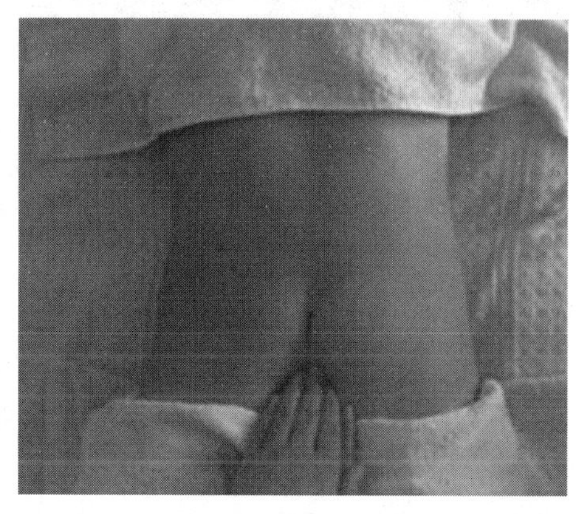

图 4-5-6　叠掌点任脉穴

（4）安抚腹部：重复动作（2）。

（5）提拉腰侧：双手在腰侧自脊柱交替提拉腰侧 20~30 遍，先提拉一侧，再提拉另外一侧（图 4-5-7）。最后双手托住肾俞位置，同时上拉并沿腹股沟拉抹至耻骨联合处，重复 5~8 遍。

（6）揉按结肠：美体师双手叠压，以指尖自顾客右下腹处沿结肠走行方向揉按结肠（图 4-5-8）。重复 3~5 遍。

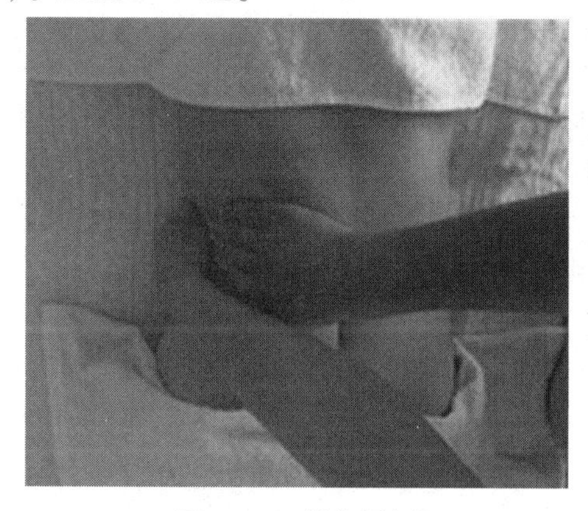

图 4-5-7　提拉腰侧

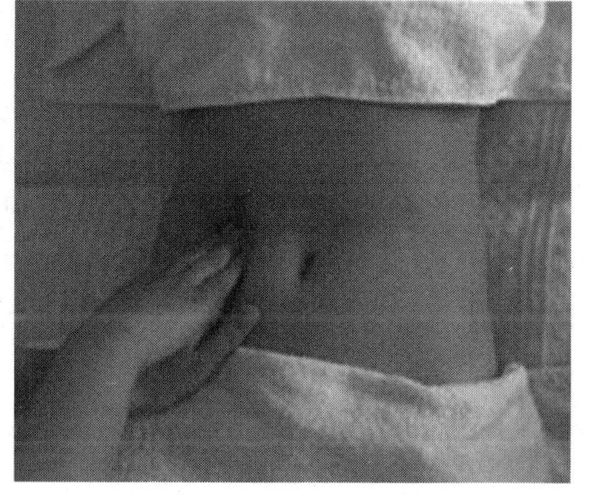

图 4-5-8　揉按结肠

（7）推按结肠：美体师双手叠压，以指尖自顾客右下腹处沿结肠走行方向推按结肠（图 4-5-9）。重复 3~5 遍。

(8) 安抚腹部:重复动作(2)。

(9) 推任脉:全掌着力,沿前正中线,双手交替推抹任脉,自剑突推至耻骨联合(图 4-5-10)。重复 20~30 遍。

(10) 安抚腹部:重复动作(2)。

(11) 结束腹部按摩。

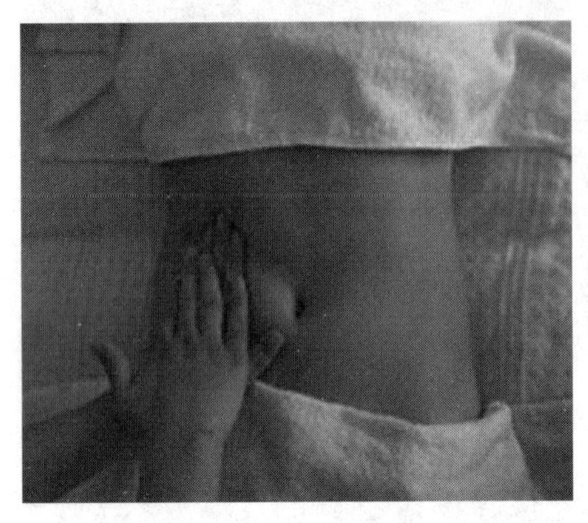

图 4-5-9 推结肠

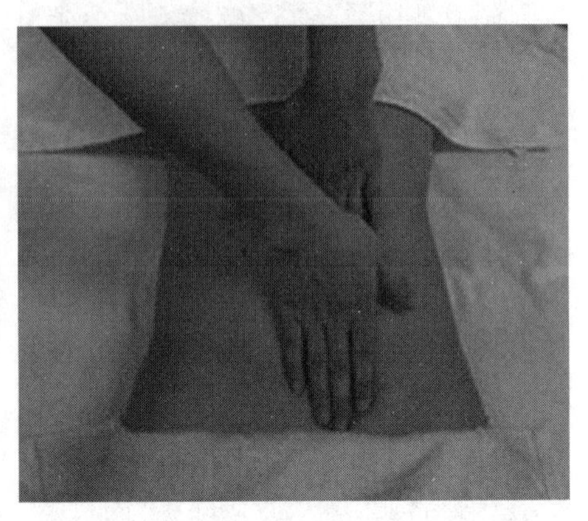

图 4-5-10 推任脉

(王 燕)

第六节 胸部养护

乳房,属于女性生殖系统,是女性第二性征的体现,挺拔而丰满的乳房,展示着女性的独特魅力。同时乳房是人类生生不息的动力,是孕育生命的源泉。

一、乳房的结构及生理

(一) 乳房的外观

1. 乳房的位置 成年女性的乳房位于胸前第二至六或三至七肋骨间的胸大肌前面的浅筋膜中,内侧到胸骨旁线,外侧可达腋中线。

2. 乳房的外观 乳房一般有四种类型:圆盘形、半球形、圆锥形和下垂形。从美学角度欣赏:半球形乳房最具美感,其次是圆盘形和圆锥形。成年女性未产妇的乳房紧张而有弹性。乳房中央有乳头,其顶端有输乳管的开口。乳头周围有色素较多的皮肤区,称为乳晕,表面有许多小隆起,为乳晕腺,可分泌脂性物质滑润乳头和乳晕。乳头和乳晕的皮肤较薄弱,易于损伤。妊娠和哺乳期乳腺增生,乳房明显增大。停止哺乳以后,乳腺萎缩,乳房变小。老年妇女乳房萎缩更加明显。

3. 乳房的美学标准 双侧乳房的外形、大小、位置对称,发育良好,乳房内脂肪饱满,形状丰满,富有弹性,挺拔不下垂,乳头大小适中,乳头、乳晕颜色浅红而不发黑,乳房皮肤光滑细腻。

(二) 乳房的内部结构

乳房主要有腺体、导管、脂肪组织和纤维组织等构成。

1. 腺体 乳房中的乳腺大约由 15~20 个腺叶组成,以乳头为中心,呈放射状排列。每个腺叶又分成许多腺小叶，这些腺小叶又由 10～100 个腺泡组成。多个小叶间乳管汇集成一根乳腺导管，称输乳管，输乳管共有 15～20 根，乳头由致密的结缔组织及平滑肌组成。当有机械刺激时，平滑肌收缩，可使乳头勃起，并挤压导管及输乳窦排出乳液。

2. 脂肪　除乳晕外，整个乳腺组织有一层脂肪包裹，乳房的大小与脂肪层的厚薄有关。

3. 结缔组织纤维束　脂肪囊中有不同走向的结缔组织纤维束，称枯贝氏韧带。它由腺体的基底部连接于皮肤或胸部浅表筋膜和胸肌筋膜，形成分隔乳腺叶的“墙壁”和“支柱”，对乳腺的位置有一定的固定作用。

4. 乳房内的血管、淋巴管和神经　乳房内的动脉血管、静脉血管、淋巴管，呈相通的网状排列，分支吻合，以供给乳房营养，乳房内具有丰富的神经。

（三）乳房的发育及影响因素

女性乳房的发育受地区、种族等因素的影响，开始发育的时间各不相同。绝大部分女性乳房开始发育的时间在 8～13 岁，完全成熟在 14～18 岁。乳房发育多从左侧开始，从开始发育到完全成熟，大约需要 3～5 年的时间。

二、异常乳房及原因

（一）几种常见的异常乳房

1. 小乳房　胸部扁平，乳房较小。

2. 乳房不发育　乳房扁平。

3. 乳房不对称　两侧乳房一大一小。

4. 乳头内陷　乳头内陷于乳晕中，不能突出。

5. 巨乳房　乳房发育过大。

6. 乳房下垂、早衰。

（二）异常乳房的原因

1. 发育不良的常见原因　青春期是乳房发育的关键时期，以下一些因素都可以导致乳房发育的异常：①在青春期激素分泌不足直接影响了乳腺管的生长发育及乳腺末端的分枝，并导致了小乳腺叶和腺泡的发育不良。②青春期营养不良。③青春期内分泌紊乱，雌激素分泌不够，直接影响乳房的发育。④束胸，使用了过紧的内衣，过度束缚胸部。⑤缺乏体育锻炼，胸部肌肉不够发达。⑥遗传因素。

2. 乳房下垂、早衰的原因　①哺乳后，乳房腺体组织快速收缩，导致乳房塌陷。②青春期发育过快，乳房发育过大。脂肪组织的过度增长将会导致乳房过早下垂。③不恰当地快速减肥，每次体重的减轻都会对乳房的外形产生不良的影响，随着脂肪的减少乳房出现下垂现象。④乳房发育不良或乳房疾病，胸部肌肉发育不良，胸部肌力衰弱而导致乳房松弛和下垂。⑤粗野、猛烈的外力挤压或外伤等。

三、胸 部 健 美

乳房异常的女性可通过各种美胸法来改善胸部状况，改善衰老、松弛、下垂和发育不良的现象，恢复胸部弹性，促进乳房健美。

（一）常用的健胸方法

1. 运动健胸　加强胸部运动，强健胸肌及结缔纤维组织，促进血液和淋巴液的循环，使体内代谢加强，促进乳腺生长，减少其萎缩，改善肌肉营养供应，提高肌肉的张力，收缩力，耐力和弹力，增强肌肉运动功能，同时运动可以增加皮肤弹性，消除衰老的表皮细胞，改善皮肤的呼吸状况，促进皮脂腺与汗腺的分泌，使乳房保持丰满、健美。

2. 外科整形术　通过美容整形外科手术，使得乳房丰满、健美。

3. 美容院综合健胸法　美体师通过专业的胸部按摩手法，或借助丰胸仪器和丰胸产品，使客人达到丰满胸部的目的。

（二）健胸按摩的手法及步骤

1. 按摩健胸的原理　乳房按摩健美法是对乳房进行充分的按摩锻炼，促进血液和淋巴液的循环，改善局部的营养供应，可以使乳房组织受到刺激而逐渐发育膨胀，同时消除衰老的表皮细胞、改善皮肤的呼吸状况，增加皮肤弹性。

2. 按摩的目的

（1）利用按摩使已经衰老、下垂或形态不够理想的乳房挺拔、丰满。

（2）通过按摩，强健胸肌。

（3）可增加女士美感，最终达到美体。

3. 常用的专业美胸按摩步骤及手法

（1）专业美胸前的准备：准备相关的仪器及用品、美体师清洗消毒双手。

（2）步骤

1）测量胸围及乳头至胸骨中线的距离、乳头至锁骨垂直距离。

2）清洁胸部皮肤。

3）去除胸部皮肤角质。

4）涂抹美胸产品做胸部按摩。

5）导入美胸精华液。

6）使用美胸仪护理 10~15 分钟。

7）涂抹胸膜。

8）卸胸膜。

9）涂抹美胸霜。

（3）常用胸部按摩手法及步骤

1）双手竖位，四指并拢，指尖向前，全掌着力，沿双乳内侧向下推至乳房下缘，以指尖为轴向外侧旋转 90°后推至乳房外侧，再向内向上用力提托双乳，拉至颈部两侧锁骨处。反复操作数次。

2）双手四指并拢，拇指与示指分开呈 V 形，由乳房外下侧推向内上侧。反复操作数次。

3）双手四指张开，有双乳内侧开始经乳房下缘螺旋绕至乳房外侧，力度下弱上强，再经乳房上缘收回，反复操作数次。

4）双手横位，四指并拢，交替先由乳房下缘向上提托，再由外侧向内侧提托，反复操作数次。做完一侧再做另一侧。

5）双手四指在乳房下缘外侧交替轮指，向上、向内弹拍乳房，反复数次，另一侧相同。

6）重复第一节动作，双手沿肩膀推开经颈部后侧拉至发际线结束。

（4）美胸仪器的功能及使用

1）功能：增强乳房结缔组织，改善乳房发育不良状态。刺激胸肌纤维细胞活动，使乳房坚实而有弹性。

2）操作步骤：①用酒精棉擦拭健胸罩杯后将罩杯同时罩在两侧乳房上，罩杯边缘无缝隙。②按下开关调整吸力，由弱至强。首次操作时吸力强度要弱，循序渐进，根据客人的耐受程度和皮肤状况可逐渐加强。③仪器健胸在10~15分钟内完成，然后清洁胸部。每日一次。10次为一疗程。

3）操作注意事项：①吸力强度要由弱至强，皮肤细嫩、松弛者吸力弱些，皮肤弹性好的人吸力可适当强些。②吸放频率要适度，避免过快或过慢。③有皮肤病或皮肤溃疡者禁止做健胸仪护理。④健胸时每次应用时间最长不能超过15分钟，如需继续使用，要间隔10分钟。

4. 按摩疗程

（1）每星期不少于3次，一疗程10次，5个疗程。

（2）第一疗程必须每天做，或每周不少于5次。

5. 注意事项

（1）按摩力度要视宾客的承受力定，一般情况下两侧乳房按摩时的力度应当相等。

（2）宾客两乳房大小不一样，应侧重小乳房一侧按摩。

（3）做健胸按摩时手法以刺激乳房促进血液循环为主，做健胸按摩时手法以乳房上方胸大肌为主，向双乳内上方按摩时用力要实，要到位。

（康晓琳）

第七节　手足养护

一、手部养护

手是人体的重要组成部分之一，他是人类活动的重要角色，无论在任何活动、劳动还是社交场合，手的作用都占据重要的位置。感情的表达、形体姿势都离不开手的动作，拥有一双健康、柔嫩、灵巧的手，可产生一种动人的美感，且和仪表有着密切的关系。手部的皮肤和指甲在手的健美中起着十分重要的作用。

（一）理想手的特征

1. 丰满　手指、手掌胖瘦适中。

2. 修长　手形修长包括手掌及手指整体形态修长，手掌太宽及手指短粗，手则不秀气。

3. 流畅　手指外形线条流畅圆滑，凸显女性的柔美感。

4. 细腻　手部皮肤细腻嫩白、光滑滋润。

5. 平洁　指甲平滑、光洁。

（二）手部护理的目的

手是女人的第二张脸，从手可以判断出一个女人的身份、修养和生活品质。如果没有精心养护，别人会从你的手上看到岁月的痕迹。通过手部的护理，可促进手部血液循环和新陈代谢，柔嫩手部肌肤，让女性拥有一双白皙嫩滑、保养得体的双手，彰显女人魅力和风情。

（三）常用穴位及取法

1. 合谷 取法：拇指、示指两指张开，另一手的拇指关节横放在虎口上，当虎口与第1、2掌骨结合部连线的重点；拇指、示指合拢，在肌肉的最高处取穴。

主治：感冒、头痛、牙痛、痛经、闭经、落枕等。

2. 中渚 取法：在4、5掌指关节后方凹陷中取穴。

主治：神经性耳聋、头痛、头晕、肩背部筋膜炎等劳损性疾病、肋间神经痛、肘腕关节炎等。

3. 劳宫 取法：在手掌心，当第2、3掌骨之间偏于第3掌骨，握拳屈指时中指尖处。

主治：心痛、心悸、口疮、癫狂、口臭、卒中。

4. 阳溪 取法：在腕背横纹挠侧，在拇短伸肌腱与拇长伸肌腱之间的凹陷处取穴。

主治：头痛、牙痛、腕关节扭伤劳损、皮肤炎症。

5. 阳谷 取法：在手腕尺侧，在尺骨茎突与三角骨之间的凹陷处取穴。

主治：头痛、牙痛、耳鸣、上肢尺侧疾病等。

6. 鱼际 取法：第1掌骨中点，赤白肉际处取穴。

主治：咽喉肿痛、失音、痤疮等。

7. 大陵 取法：仰掌于腕横纹正中，在掌长肌腱与桡侧腕屈肌腱之间。

主治：心痛、心悸、腕关节疼痛。

8. 曲池 取法：屈肘呈直角，在肘横纹桡侧端凹陷处取穴。

主治：牙痛、痤疮、起疹、身痒等。

（四）手部护理的步骤和方法

（1）用品用具：洗面奶、磨砂膏、按摩膏、面膜、毛巾、保鲜膜、洗面海绵、脸盆、温水。

（2）准备工作：将干净毛巾分别铺于顾客两侧胳膊底下，以防弄脏美容床。

（3）手部护理的程序及方法

1）清洁：将洗面奶分点于手部，再将洗面奶由下往上推匀于整个手臂，轻轻按摩后用洗面海绵蘸清水擦洗干净。

2）脱屑：将磨砂膏均匀地涂在手臂皮肤上（掌心除外），左手托住顾客手臂，右手拇指以打圈的方式，对手指、手背、前臂、上臂的皮肤分别进行脱屑。手指从指尖开始，按小指到拇指的顺序逐个进行。手背可用双手拇指进行。上臂着重在手臂外侧打圈脱屑，以关节部位为重点，然后将磨砂膏清洗干净。

3）按摩：将手臂各部位涂抹按摩膏，依次对手臂各部位进行按摩。

①手指背侧按摩：美容师用左手托住顾客的手，使其手背向上，美容师用右手的拇指与食指指腹捏住顾客手指，拇指指腹在顾客手指背侧，从指尖向指根处打小圈按摩，按摩至指根处时，用力攥住手指拉回指尖，在指尖部加力，依次由小指按摩至拇指。每根手指按摩4~5次。

②手指两侧按摩：美容师左手托住顾客手部，使其手背向上，美容师右手手心向下，用拇指和食指夹住顾客手指两侧，用指腹按摩手指两侧，从顾客指尖按摩至指根，然后美容师的手向上翻转180°，用食指和中指的指根部夹住顾客的手指，沿手指两侧用力慢慢拉回指尖，整个过程由小指到拇指依次进行，每个手指按摩4~5次。

③手背的按摩：美容师双手四指分别托住顾客的手，使其手背向上，用双手拇指指腹沿

各掌骨之间交替从指根部向上、向外方向呈弧状按摩，最后分别用双手拇指点按合谷穴和中渚穴，按摩顺序可由左侧掌骨之间至右侧，也可由右侧掌骨之间至左侧，每个掌骨之间可重复按摩4~5次。

④手掌的按摩：美容师用食指、中指和无名指分别托住顾客的手背，同时用拇指指腹在顾客手心上交替向上、外方向打圈按摩，并揉按劳宫穴，可反复按摩20次左右。

⑤手臂的推抚：美容师左手托住顾客的手，右手从腕部向上推抚至肘部，翻掌至手臂下方，托住肘部；同时，美容师左手翻掌至顾客手臂上方，左手向上推抚，右手向下拉抚，分别至肘部和腕部时，美容师双手同时翻掌，变为左手向下拉抚，右手向上推抚，反复按摩20~30次。

⑥手臂的按摩：美容师用双手四指托住顾客的手臂，使其手背向上，用双手拇指指腹由腕部沿手臂外侧向上、向外方向打圈按摩，至肘部后用力拉回，再将顾客手臂翻面，手心向上，美容师双手拇指指腹再由顾客手臂内侧同样手法打圈按摩至肘部再拉回腕部，反复4~5次。

⑦按压腕关节：美容师用左手扶住顾客左手的腕关节，使顾客的前臂与上臂成90°，美容师右手的四指与顾客左手的四指交叉。然后，美容师右手向前、下方压顾客的左手，随后美容师的右手指根部尽力向上抬，将顾客的手指向手背方向推，最后再将顾客的手掌尽力向手背方向推，如此反复8~10次，然后美容师左右手动作交换，按摩顾客右手腕。

⑧活动腕关节：美容师将顾客手臂竖起，一手握住顾客手腕部，另一手握住顾客手掌，慢慢左右方向旋转手腕，反复按摩20~30次。

⑨抖动手臂各关节：顾客手臂自然平伸，放松，美容师双手握住顾客四指，腕部放松，上下快速抖动，带动顾客整个手臂随之抖动，如此反复4~5次。

⑩放松调整动作：美容师左手托住顾客左手腕，右手四指与顾客左手四指交叉，用手指根部分别夹住顾客的手指根部，从指根用力拉向指尖，反复4~5次，美容师左右手动作交换，按摩顾客右手。

4）敷手膜：在手臂均匀涂刷面膜，用保鲜膜包好，再用热毛巾包裹25~30分钟左右。

5）卸膜：在双手充分吸收营养之后，将面膜清洗干净。

6）涂上爽肤水和护手霜。

（五）手部清洁手法

1. 清洁前臂　美容师双手自然并拢，全掌着力于顾客手背部。左手托住顾客手腕部，右手从腕部向上推抚至肘部时，翻掌至手臂下方，自肘关节下方拉回至腕部，与此同时，美容师左手翻掌至顾客手臂上方，然后左手向上推抚至肘部再反转拉回。

2. 清洁手掌　美容师双手托住顾客的手，手心向上，并将顾客的拇指和小手指分别卡于美容师的无名指和小手指之间。美容师在用下指、无名指分别卡住顾客的小指和拇指时，用示指、中指和无名指分别托住顾客的手背，同时用拇指腹在顾客手心上交替向外、上方向摩小圈。

3. 清洁手背　美容师双手四指分别托住顾客的手，手背向上，用双手拇指指腹沿各掌骨之间交替从指根部向上、外方向摩半圈；摩至腕部后，按摩手背部。

4. 手臂磨砂脱屑手法　美容师双手指自然并拢，一手托住顾客手腕部，顾客手背向上。另一手拇指指腹由腕部沿手臂外侧向外、上方摩小圈。至肘部后用力拉回，再将顾客的手翻面，美容师双手回位至顾客手腕，动作同前，为顾客手臂内侧摩小圈至肘部再拉回，如此反复数次。

（六）手部按摩方法

1. 按摩手指背部 美容师左手托住顾客的手，手背向上，以右手拇指和示指轻轻夹住顾客的手指。用右手拇指指腹在顾客手指背侧，从指尖开始向上摩小圈，摩至指跟部位后，用力攥住手指拉回指尖，在指尖部加力，并迅速弹离顾客手指。按摩时从小指向拇指依次进行时。每根手指按摩2~3次。

2. 按摩手指两侧 美容师在左手托住顾客的手，令其手背向下。美容师右手稍弯曲，手心向下，用示指、中指夹住顾客手指两侧，从指尖部向根部摩小圈按摩手指两侧。摩至指根后，美容师右手向上翻转180°，用示指、中指的指根部夹住顾客手指，沿手指两侧用力慢慢拉回指尖。按摩时由小手指向拇指依次进行，每个手指按摩2~3次。

3. 按摩手背 美容师双手四指分别托住顾客的手，手背向上，用双手拇指指腹沿各掌骨之间交替从指根部向上、外方向摩半圈；摩至腕部后，按摩手背部，最后分别用双手拇指点按合谷、中渚穴。按摩顺序可由左侧掌骨之间至右侧，也可由右侧掌骨之间至左侧，每个掌骨之间可重复按摩2~3次。

4. 按摩手掌 双手托住顾客的手，手心向上，并将顾客的拇指和小手指分别卡于美容师的无名指和小手指之间。美容师在用小指、无名指分别卡住顾客的小指和拇指时，用示指、中指和无名指分别托住顾客的手背，同时用拇指指腹在顾客手心上交替向外、上方向摩小圈，并揉按劳宫穴。如此反复数次。

5. 按摩前臂Ⅰ 美容师双手手指自然并拢，全掌着力于顾客手背部。左手托住顾客手腕部，右手从腕部向上推抚至肘部时，翻掌至手臂下方，自肘关节下方拉回至腕部；与此同时，美容师左手翻掌至顾客手臂上方，然后左手向上推抚至肘部再反转拉回。如此反复数次。

6. 按摩前臂Ⅱ 美容师双手手指自然并拢，一手托住顾客手腕部，顾客手背向上。另一手拇指指腹由腕部沿手臂外侧向外、上方摩小圈。至肘部后用力拉回，再将顾客的手翻面，美容师双手回位至顾客手腕，动作同前，为顾客手臂内侧摩小圈至肘部再拉回。如此反复数次。

7. 活动腕关节Ⅰ 美容师用左手扶住顾客的腕关节，使顾客的前臂与上臂成90°。美容师右手的四指与顾客左手的四指交叉。然后，美容师右手向前，下方压顾客的左手，随后美容师的右手指根部尽力向上抬，将顾客的手指向手背方向推，最后再将顾客的手掌尽力向手背方向推。如此反复数次后，美容师左右手动作交换，按摩顾客右手腕。

8. 活动腕关节Ⅱ 美容师将顾客手臂竖起，一手握住顾客手腕部，另一手握住顾客手掌，慢慢左右方向旋转手腕。如此反复数次。

9. 抖动上肢各关节 顾客手臂自然平伸，放松。美容师双手握住顾客四指，腕部放松，上、下快速抖动，带动顾客整个手臂随之抖动。如此反复数次。

10. 调整动作 美容师一手托住顾客左腕，另一手四指与顾客左手四指交叉，用手指根部夹住顾客的手指根部，从指根用力拉向指尖。反复数次后，美容师左右手动作交换，按摩顾客右手。

（七）手部养护注意事项

1. 各个关节按摩时力度适宜。
2. 整体按摩动作娴熟、流畅。
3. 按摩到位，不要遗漏。

4. 避免化学物品及强刺激物品伤手。

（八）手部的日常护理

1. 日常护理方法

（1）要养成勤洗手的习惯。

（2）防止化学物品对手的损害。

（3）保暖。

（4）防晒。

（5）坚持做手部运动。

2. 具体操作方法

（1）清洁：洗净双手，涂上精油或按摩油，放松双手。

（2）按摩：右手给左手按摩，用右手的拇指与示指，从左手小指与无名指开始，依序向大拇指移动揉搓。接着以螺旋状朝手腕上面按摩；将右手拇指与示指分置于左手手指两侧，由左手指尖向手掌轻滑，至根部稍用力按压。以右手拇指与示指夹住左手手指，由指根拉向指尖，以轻滑般的方式放开；把左手摊平，以右手的手掌，在左手手背上来回呈螺旋揉搓。左手给右手按摩。步骤同上。

（3）敷膜：按摩后抹上保湿或滋养手膜，裹上保鲜膜，包上一条热毛巾，再用一条干毛巾覆盖。约10分钟后用温水洗净双手，取适量护手霜，均匀涂于双手。

3. 注意事项

（1）经常做手部运动，保持手的灵活性和协调性。

（2）勤洗手，保持手部干净，用洗手液或沐浴露洗手。

（3）经常涂抹护手霜，滋润手部皮肤。

（4）防止洗衣粉、洗洁精等化学物品对手部的刺激，可以带橡胶手套工作。

（5）要注意保暖、防止冻伤和干裂等。

（6）注意防晒，防止手部皮肤变粗、变黑。

（7）经常修剪指甲，保持指甲平洁、光滑。

二、足部养护

足是人类身体的重要组成部分，在人体负重、平衡和弹跳中发挥作用，足部的形态结构美在人体审美中占很重要的位置，对于女性来说，有一双皮肤润泽、光滑、均匀的双足，更能产生美感。

（一）足部养护的目的

足部是人体的缩影，现在已经有越来越多的人把手足护理与面部护理同时进行了。足部按摩（足疗）是运用手法技巧或使用按摩器械，引起机体的生理变化，调节脏器的功能，促进血液循环和新陈代谢，增强机体的抗病能力，达到保健美容的目的。

（二）足部养护的步骤和方法

1. 泡足　用温水将双足洗净，备好足浴温水，将双足泡入水中15~20分钟，可缓解足部的疲劳和肿胀，促进全身血液循环。

2. 去角质　取适量的足部磨砂去角质产品，以打圈的方式按摩双足，特别角质厚的地方，如脚踝、脚跟处。如果皮茧过厚可用足部磨砂棒将其磨去。

3. 足部按摩 将足部按摩乳均匀地涂抹于足部，用手指从脚背开始按摩，再作脚底穴道按摩，可促进全身血液循环，放松双足，滋润双足。

4. 润肤 双足涂抹润肤乳液，滋润足部皮肤同时可消除异味。

（三）足部的日常护理

1. 每天清洁双足，保证双足的卫生，可用软毛刷清洗甲缝处，同时定期去除角质。
2. 每天滋润并按摩双足，清洁后给双足涂抹润肤乳液，并简单按摩。
3. 定期修剪指甲，不可修剪得过短，长度以盖住趾尖为宜。
4. 预防脚汗，可将爽足粉撒在脚底或鞋子内，可缓解出汗，保持脚部清爽，可预防脚臭。
5. 预防足部冻伤，天冷时注意脚部保暖，睡前可用热水泡脚。
6. 选择合适的鞋子，预防足部损伤。

（康晓琳）

第八节　特殊养护

一、眼部的生理结构和特点

1. 眼部的生理结构 眼睑分为上、下两部分，上睑较下睑宽而大，上、下睑缘间的空隙称睑裂，睑裂边缘称睑缘，也叫灰线，灰线前缘有睫毛，上睑与下睑的交界处是内眦和外眦。眼睑由前向后共分为六层：皮肤、皮下组织、肌层、肌下组织、睑板、睑结膜。

2. 眼部的特点 眼睑皮肤较薄、细嫩，对外界刺激较敏感。皮下结缔组织薄而松弛，弹性差，易引起水肿。眼部肌层薄而娇嫩，脂肪组织少，加之眼部每天开合次数达1万次以上，故很容易引起肌肉紧张、弹性降低、出现眼袋、松弛、皱纹等现象。眼部周围皮肤皮脂腺和汗腺很少，水分很容易蒸发，皮肤容易干燥、衰老。

二、眼部护理的基本程序

1. 准备工作 美容师准备用品及用具，包括毛巾3条、洗面海绵1对、酒精棉、卸妆水、洗面乳、润肤水、眼部按摩膏、眼部护理精华、眼膜、面膜刷、眼霜、润肤霜等。

2. 消毒

3. 面部清洁

4. 使用爽肤水

5. 观察分析皮肤

6. 蒸面

7. 按摩（每个动作反复5~8次）

（1）在眼周涂上眼部按摩膏，由外眼角沿下眼眶至鼻根处绕眼周打小圈，并按压瞳子髎、承泣穴、睛明穴。

（2）由鼻梁两侧沿下眼眶向两侧太阳穴打打圈，并用中指指腹按压太阳穴。

（3）用示指与中指在眼角处做点弹按摩。

（4）在以食指与中指点弹，从眉头至眉梢，再回眉头。

（5）走“8”字，从右侧的眼尾开始向上，绕过上眼皮到右眼的内眦，再经过左眼的下眼皮到左眼的眼尾，绕过左眼的上眼皮到左眼内眦，继续绕过右眼的下眼皮，最后回到右眼尾的太阳穴。

(6) 提拉鱼尾纹，左手中指、无名指尽量分开，左眼鱼尾纹用右手，右手经左眼下眼眶滑向睛明穴按压，再经鼻梁、右眼上眼眶滑至右眼外眼角鱼尾纹处，换手。

(7) 用四指压住上眼眶轻轻往眼角拉滑。

(8) 以中指和无名指按压睛明穴，并上下提拉。

(9) 拇指压太阳穴，用中指及无名指从睛明穴拉向眼角。

(10) 左右手中指、无名指交替在右眼皮滑摩 3 次，再到左眼皮滑摩 3 次。

(11) 用中指和无名指分别放在左右眼上，颤动 6 次。

(12) 示指、中指、无名指放在左右眼尾轻按，并滑摩至太阳穴。

8. 仪器护理，涂眼部精华素

9. 敷眼膜，根据眼部肌肉走向，用眼膜刷在眼睛周围做环状涂抹，涂抹动作要轻柔。

三、常见的眼部问题

（一）眼部皱纹

1. 眼部皱纹形成的原因

(1) 年龄因素：由于年龄的增长皮肤出现衰老、松弛，胶原纤维和弹性纤维断裂，形成眼部皱纹。

(2) 表情因素：人笑的时候会出现眼部皱纹，长期夸张的面部表情会加深眼部皱纹。

(3) 环境因素：紫外线照射、环境温度过低或过高，导致眼部弹性纤维断裂，从而产生皱纹。

(4) 生活习惯：精神紧张、过度的夜生活、吸烟、消瘦、洗脸时水温过高，均可引起眼部皱纹的产生。

2. 眼部皱纹的专业护理

(1) 清洁眼部周围皮肤。

(2) 均匀涂抹精华液，奥桑喷雾。

(3) 按摩眼睛周围或导入。

(4) 用安抚手法舒缓眼部皮肤。

(5) 进行眼角提升的按摩。

(6) 敷上眼膜。

(7) 涂抹眼霜。

3. 眼部皱纹的的日常保养

(1) 睡眠充足，切忌熬夜。

(2) 平时多喝水，睡前避免大量饮水。

(3) 保持乐观情绪，及时治疗疾病，尤其是内分泌紊乱。

(4) 避免阳光直接照射。

(5) 勿养成眯、眨、挤、揉眼睛的不好习惯。

(6) 经常做眼部保健操和按摩。

(7) 多食营养丰富的食物。

（二）眼袋

1. 眼袋的分类与形成的原因

（1）暂时性眼袋：因睡眠不足，用眼过度、肾病、月经不调等导致血液、淋巴液循环功能减退，造成暂时性体液堆积，形成眼袋。如果未及时治疗，日积月累会形成永久性眼袋。

（2）永久性眼袋：由于年龄增大，眼睑皮肤松弛，皮下组织萎缩，眼轮匝肌和眶隔膜的张力降低，出现脂肪堆积所致。有家族遗传史者，青少年时期即可出现眼袋，且随年龄增长越加明显。还有因为眼轮匝肌肥厚导致的眼袋。永久性眼袋一旦形成，只有通过整形美容手术去除。

2. 暂时性眼袋的专业护理（见实训内容）

（1）面部清洁。

（2）眼部按摩时要在眼部涂擦眼霜使皮肤保持柔润顺滑，减少摩擦。

（3）按摩眼睛周围的穴位。

（4）按摩眼轮匝肌。

（5）轻叩眼袋部位。

（6）下肢部推拿：足阳明胃经。

（7）点按足三里、三阴交穴。

3. 眼袋的预防和日常护理

（1）情绪乐观，保证充足的睡眠和休息，生活有规律，增强锻炼，促进血液循环，加速新陈代谢。

（2）睡前少喝水，并将枕头适当抬高。

（3）补充营养物质、多食富含维生素 A 和维生素 B_2 的食物。

（4）定期做眼袋专业护理，每晚可做眼部护理，如冷毛巾湿敷，坚持做眼保健操，化妆时尽量不要搓擦眼睛。

4. 眼袋的日常养护方法

（1）保持充足的睡眠及睡眠质量，忌熬夜。

（2）临睡前少喝水，并将枕头适当垫高，使容易堆积在眼睑部的水分通过血液循环而疏散。

（3）劳逸结合，减少疲劳。

（4）经常做眼睑部按摩，通过肌肉的运动来促进血液循环。

（5）多吃胡萝卜、番茄、马铃薯、动物肝脏、豆类等富含维生素 A 和维生素 B_2 的食物，均衡体内的营养结构。

5. 注意事项

（1）注意选择眼部按摩精华液或啫喱。

（2）眼部按摩动作轻柔，严格按皮纹和眼肌走形按摩。

（3）超声导入时注意保护眼睛。

（4）切忌用劣质产品眼霜或啫喱。

（5）临睡前少喝水，忌熬夜。

（三）黑眼圈

1. 黑眼圈形成的原因

（1）睡眠不足,休息不够,过度疲劳。眼部静脉血流速度过于缓慢,二氧化碳及代谢产物积累过多,红细胞供氧不足,使眼部眼周围形成青蓝色或深褐色的阴影及色素沉着。

（2）久病体弱、大病初愈、肝、肾、肺、心血管病、过敏致眼瘙痒挠抓等疾病。

（3）月经不调,多见于未婚女性,如患有功能性子宫出血、原发性痛经、月经紊乱等,均会出现黑眼圈。

（4）生活习惯,化妆品(彩妆)使用不当,卸妆不彻底,经常爱哭的女性。长期从事电脑及网络工作的人群,吸烟过多,盐分摄入量过多等都易导致黑眼圈。

2. 黑眼圈的专业护理

（1）眼部清洁。

（2）离子喷雾。

（3）导入眼部精华液。

（4）用眼部精华或啫喱按摩眼轮匝肌及周围的穴位。辅助下肢部推拿足阳明胃经,点按足三里、三阴交穴。

（5）上眼膜。

（6）清洁面部,

（7）眼部涂眼霜,其他部位涂面霜。

（8）激光治疗

3. 黑眼圈的预防及日常护理

（1）情绪乐观,保证充足的睡眠和休息,生活、工作有规律,加强锻炼身体,促进血液循环,加速新陈代谢。

（2）补充营养物质、多食富含维生素 A 和维生素 B_2 的食物,利于眼部健康。

（3）预防各种疾病。

（4）每天配合眼霜做眼部按摩,改善局部血液循环,可预防或减轻黑眼圈。

4. 黑眼圈的日常养护方法

（1）“对症下药”,请教医生,找出病因,及时治疗有关疾病,有助于黑眼圈的消除。

（2）保持精神愉快,减少精神负担,生活有规律,节制烟、酒,保障充足的睡眠,促使气血旺盛,容颜焕发,黑眼圈自然会减轻或消除。

（3）加强眼部的按摩,改善局部血液循环状态,减少瘀血滞留,可预防、减轻或消除黑眼圈。

（4）保持眼部皮肤的滋润与营养供应,涂含油分、水分充足的润肤霜、眼霜或活细胞类营养霜,使眼部皮肤及皮下组织充满活力,可预防或减轻黑眼圈。

（5）注意从饮食中多吸取脂肪、蛋白质、氨基酸及矿物质等。如瘦肉、蛋类、豆制品及新鲜的蔬菜、水果等,以及富含维生素 A 的食物。如花生、黄豆、芝麻等,对消除黑眼圈均有一定的功效。

5. 注意事项

（1）注意选择眼部按摩精华液或啫喱。

（2）眼部按摩动作轻柔,严格按皮纹和眼肌走形按摩。

（3）超声导入时注意保护眼睛。

(4) 切忌用劣质产品眼霜或啫喱。

四、唇部护理

(一) 唇部的生理结构及特点

唇部的皮肤有丰富的汗腺、皮脂腺和毛囊,好发疖肿。唇部的肌肉主要是口轮匝肌,位于皮肤和黏膜之间,口轮匝肌为环状肌肉,具有内外两层纤维。黏膜位于唇内面,黏膜下有许多黏膜腺。黏膜向外延展形成唇红,唇红部上皮较薄、易受损伤或损害,此处有皮脂腺,无小汗腺和毛发。唇红部表面为纵行细密的皱纹。唇红与皮肤交界处为唇红线,形态呈弓形,也被称作唇弓。唇弓走行于距唇红缘深面约 6mm 处。唇部感觉由眶下神经和神经支配,唇部肌肉由面神经支配。

(二) 唇部问题的成因

1. 身体不健康,气血不畅,唇部易干燥,无血色。

2. 日常唇部护理不当,长期使用着色力强的持久型粉质唇膏,经常咬唇、舔唇。

3. 环境因素,干燥的环境使得唇部黏膜变得干燥,长期日光中紫外线的照射也可使唇部干燥、起皮。

4. 药物的影响,如抗组胺药、感冒药、利尿剂会使唇部黏膜变得干燥。

5. 单纯疱疹病毒对唇部的感染。

(三) 唇部护理的基本程序

1. 准备工作

2. 消毒

3. 清洁 先进行全脸清洁,再清洁唇部,如果唇部涂有唇膏要认真卸妆,将棉片用卸妆液浸湿,轻轻按压在唇部 5 分钟,将唇部分为四个区,分区清理唇膏,分别从嘴角往中间擦拭,唇部皱纹里的唇膏可用棉棒蘸取卸妆液仔细清除。

4. 去角质 选用适合唇部的去角质产品,每月做 1 次,如果唇部已经受损就不可以再去角质。

5. 敷唇 热毛巾敷在唇部 3~5 分钟。

6. 按摩 用唇部按摩膏或唇部保养液进行按摩,双手四指托住下颏,大拇指以画圈方式按摩上下唇,注意动作轻柔,反复数次,可消除或减少唇部横向皱纹。最后轻拍嘴角部位,可减轻嘴角纹。

7. 敷唇膜 在敷面膜的同时,贴上唇膜或涂上唇部修复精华素、维生素 E 进行护理,并用热毛巾或纱布敷 10 分钟,每周可做 1~2 次。

8. 清洗 擦去唇膜,用温水洗净。

9. 基本保养 唇部涂上保湿精华素或营养油,供给唇部营养,使唇部更加健康、柔润。

(四) 唇部日常保养

1. 保持唇部的滋润,可视需要涂抹护唇膏,但不能长期依赖它,否则唇部会失去自我滋润的能力。对于唇部长期干燥的情况,可在唇部涂抹凡士林滋润唇部,夜间可用维生素 E 胶囊涂抹唇部,使其滋润,也可涂抹唇部修复精华素。

2. 减少对唇部的刺激,夏天注意唇部的防晒,可用含有防晒成分的护唇膏。持久型的唇膏尽量少用,长时间使用该类唇膏会使唇部更为干燥,或在上唇膏之前使用滋润型的护唇膏。

3. 做唇部体操，将唇部涂上精华素后，依次做“啊”“哎”“喔”“衣”“乌”的唇部动作，持续5分钟，保持唇部皮肤的弹力。

（五）注意事项

1. 注意唇部卸妆要彻底。

2. 注意已经受损的嘴唇不能进行去角质。

五、男士皮肤的护理

（一）男士皮肤的特点

目前越来越多的男性开始关注自己的仪容，意识到健康皮肤的重要性，男士开始注重皮肤的护理。男性的皮肤结构和女性是相同的，但是皮肤的性质却是不同的。男性皮肤的皮脂腺通常比女性大，腺体的分泌期也比女性长，因此分泌的皮脂也比女性多，导致大多男性表现为油性皮肤。如果面部清洁不彻底，常常导致毛孔阻塞，脸部发生斑疹、痤疮等肌肤问题。此外，男性比女性暴露在日光下的机会更多，由于紫外线的影响使男性皮肤更容易老化。女性过了更年期之后，皮脂分泌呈明显减缓趋势，而男性上了年纪后皮脂分泌却不会减少，因此，上了年纪之后的男性皮肤比女性更为油腻。男性皮肤的质地比女性更为粗糙、角质层较厚，同时脸部及身体的毛发也比女性浓和粗。

（二）男士皮肤护理的基本程序

1. 准备工作

2. 消毒

3. 面部清洁

（1）洁面

（2）剃须

4. 询问与分析

5. 爽肤

6. 蒸面

7. 去角质

8. 清黑头、白头、痤疮

9. 按摩

10. 仪器

11. 敷面膜

12. 基础保养

13. 结束工作

14. 护理后的咨询

（三）男士问题皮肤的处理

1. 皮脂分泌旺盛，虽然香皂去污能力较强，但是经常使用香皂会影响皮肤的酸碱值，造成皮肤更为紧绷干燥，皮脂腺反而分泌大量的油脂，令面部出油情况更为严重。因此，男性应选择洗面奶进行皮肤清洁。清洁后要选择富含保湿因子的润肤品，保持皮肤水分，使皮肤水油平衡。同时可通过美容院的专业皮肤护理使皮肤毛孔干净通透、加快角质层新陈代谢,使皮肤弹性增加,减少皱纹。

2. 剃须造成皮肤损伤,男士在剃须时容易损伤皮肤,皮肤出现发红的小疹子或小肿块,因此剃须前使用专用剃须泡沫,剃须后使用一些具有收缩作用的须后水,收敛毛孔的同时可以杀菌消炎、防止感染、并具有保湿作用。

(四)男士皮肤的日常护理

1. 皮肤清洁 男士皮脂分泌旺盛,毛孔粗大,容易滞留污垢,因此要注意皮肤的清洁,选择男性专用的洗面奶,清除面部细菌、老化和死亡细胞保持皮肤清新爽洁。清洁后选择营养水、爽肤水或收缩水,再次清洁和滋润肌肤。

2. 皮肤养护 根据皮肤类型选择膏霜类护肤品,干性皮肤选择滋润性强的油性润肤霜。油性皮肤选择水质护肤品,中性皮肤选择乳液类护肤品。

3. 正确剃须 剃须前使用剃须膏,将剃须膏涂抹在胡须上,蘸取温水在脸上涂抹打出泡沫再开始剃须,既方便剃须又可舒缓脸部皮肤,剃须后使用须后水或乳,可以收缩毛孔,杀菌消炎,同时舒缓皮肤。

(康晓琳)

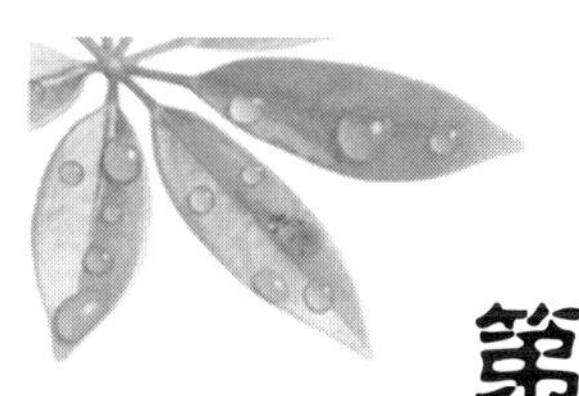

第二部分　技能实作篇

『技能操作项目一　接待与咨询』

一、目的要求

1. 掌握接待与咨询的程序和操作方法。
2. 熟悉提供咨询的主要内容。
3. 熟悉提供咨询的注意事项。

二、实训物品

1. 仪器准备　电话、电脑。

2. 用品准备　咨询桌、咨询椅、饮用水、一次性水杯。

3. 材料准备　价目单、产品介绍册、包月卡(记录表)、单次表、金卡、银卡、一般卡、顾客文件夹。

三、实训指导及操作要点

1. 准备工作

(1) 美容师束发、着工作服、穿工作鞋、洗手消毒。

(2) 准备好各种物品。

(3) 职业妆着装规范。

2. 接待

(1) 主动微笑地迎向客人——亲切问候 ——了解客人需求。

(2) 带引就座——提供茶水选择——倒茶——双手递送茶水。

(3) 茶水的水位线应在茶杯的3/4位置,以避免泼洒。

(4) 及时向顾问通报客人来店情况,遇顾问正在接待客人时,要在顾问间门口稍站片刻,待顾问注意时(若超过2分钟,顾问还未注意,可轻敲门示意),用规范语言转告其大堂客人等候情况,以便顾问把握与客人交谈时间,及时接待等候客人。

(5) 遇顾问不能马上接待客人时,要转告客人原因。

(6) 向等候的新客人推荐公司会刊或特色疗程册,不做护理咨询和推荐。

(7) 向等候的老客人推荐活动画页或最新的公司会刊、时尚杂志等读物,不做护理咨询和推荐。

(8) 通知待客

1) 若客人已预约:有固定美容/体师的,应通知操作美容/体师及时到顾问间门口待客

(无特殊情况下,美容/体师按客人预约时间提前 5 分钟到岗等候客人);无固定美容/体师的,通知前期已经安排的美容/体师开展准备和接待工作。

2) 若客人未预约,如其固定的美容/体师方便操作即可立即准备待客;否则由前台安排轮值待客,当值顾问安排其他方便的美容/体师操作。

(9) 按顾问安排,带引客人换鞋、更衣,并使用规范用语“我带您去换鞋、更衣,这边请”。

(10) 若有特殊情况,美容/体师无法亲自带引时,顾问应安排其他员工带引,不能让客人自行前往换鞋处,换鞋前要特别交待新客人。

(11) 在通道上,遇到其他客人时,必须微笑站停问好,并侧身礼让客人先行。

(12) 将顾客交接给为其做护理操作的美容师。

3. 咨询

(1) 讲解美容项目的功效、原理:用既专业又通俗易懂的语言为顾客讲解美容项目的功效和原理,使顾客明白该项护理有科学合理性,会增加其信赖感。切忌只谈效果,不谈原理,说服力不强,给人不可信之感。

(2) 讲解美容项目的方法、步骤:详细讲解美容项目的方法、步骤,讲明这样做的理由。如需使用仪器,还应将仪器的工作原理及功能讲清楚,以赢得顾客的理解和信任,更好地与美容师配合。

(3) 介绍所用产品:向顾客介绍护理疗程中所要用到的产品的安全性、特性及功效,如获得过质量认证、以往顾客的反馈意见等,使其放心,让顾客明白为什么会给她选用该套产品。

(4) 讲清美容护理的时间安排:向顾客介绍护理计划的时间安排,如每次护理所需时间及每次间隔的时间,让顾客配合。

(5) 讲解美容项目的效果:向顾客讲解美容项目的效果时,应讲清大概多长时间能见效以及护理期间顾客应积极配合的理由,使之定期来做护理。

四、相关知识链接

提供咨询的注意事项:

1. 介绍美容项目时语言简明易懂,不要用过于专业的术语。

2. 介绍美容项目的作用时要真实、客观、不要夸大其词。

3. 涉及美容项目价格时应如实报价,详细说明收费方式和方法。

4. 介绍项目过程中注意观察顾客表情与身体语言,对顾客感兴趣的项目可进一步详细介绍,不感兴趣的应尽快转移话题,避免引起顾客反感。

五、技能考核评分表

考核项目	考核要点	考核比重及得分说明	得分
1. 准备工作	(1) 美容师束发、着工作服、穿工作鞋、洗手消毒 (2) 准备好各种物品 (3) 职业装着装规范	10 分(漏一项或错误一项扣 4 分,出现两个或以上错误全扣)	

续表

考核项目	考核要点	考核比重及得分说明	得分
2. 接待	(1) 主动微笑地迎向客人——亲切问候 ——了解客人需求 (2) 带引就座——提供茶水选择——倒茶——双手递送茶水 (3) 茶水的水位线应在茶杯的3/4位置,以避免泼洒 (4) 及时向顾问通报客人来店情况,遇顾问正在接待客人时,要在顾问间门口稍站片刻,待顾问注意时(若超过2分钟,顾问还未注意,可轻敲门示意),用规范语言转告其大堂客人等候情况,以便顾问把握与客人交谈时间,及时接待等候客人 (5) 遇顾问不能马上接待客人时,要转告客人原因 (6) 向等候的新客人推荐公司《会刊》或《特色疗程册》,不做护理咨询和推荐 (7) 向等候的老客人推荐《活动画页》或最新的公司《会刊》、时尚杂志等读物,不做护理咨询和推荐 (8) 通知待客 1) 若客人已预约:有固定美容/体师的,应通知操作美容/体师及时到顾问间门口待客(无特殊情况下,美容/体师按客人预约时间提前5分钟到岗等候客人);无固定美容/体师的,通知前期已经安排的美容/体师开展准备和接待工作 2) 若客人未预约,如其固定的美容/体师方便操作即可立即准备待客;否则由前台安排轮值待客,当值顾问安排其他方便的美容/体师操作 (9) 按顾问安排,带引客人换鞋、更衣,并使用规范用语“我带您去换鞋、更衣,这边请” (10) 若有特殊情况,美容/体师无法亲自带引时,顾问应安排其他员工带引,不能让客人自行前往换鞋处,换鞋前要特别交待新客人 (11) 在通道上,遇到其他客人时,必须微笑站停问好,并侧身礼让客人先行 (12) 将顾客交接给为其做护理操作的美容师	40分(出现一个错误扣8分,出现2个或以上错误全扣)	
3. 咨询	(1) 讲解美容项目的功效、原理:用既专业又通俗易懂的语言为顾客讲解美容项目的功效和原理,使顾客明白该项护理有科学合理性,会增加其信赖感。切忌只谈效果,不谈原理,说服力不强,给人不可信之感 (2) 讲解美容项目的方法、步骤:详细讲解美容项目的方法、步骤,讲明这样做的理由。如需使用仪器,还应将仪器的工作原理及功能讲清楚,以赢得顾客的理解和信任,更好地与美容师配合 (3) 介绍所用产品:向顾客介绍护理疗程中所要用到的产品的安全性、特性及功效,如获得过质量认证、以往顾客的反馈意见等,使其放心,让顾客明白为什么会给她选用该套产品 (4) 讲清美容护理的时间安排:向顾客介绍护理计划的时间安排,如每次护理所需时间及每次间隔的时间,让顾客配合 (5)讲解美容项目的效果:向顾客讲解美容项目的效果时,应讲清大概多长时间能见效以及护理期间顾客应积极配合的理由,使之定期来做护理	40分(出现一个错误扣8分,出现2个或以上错误全扣)	

续表

考核项目	考核要点	考核比重及得分说明	得分
4. 提供咨询的注意事项	(1) 介绍美容项目时语言简明易懂,不要用过于专业的术语 (2) 介绍美容项目的作用时要真实、客观、不要夸大其词 (3) 涉及美容项目价格时应如实报价,详细说明收费方式和方法 (4) 介绍项目过程中注意观察顾客表情与身体语言,对顾客感兴趣的项目可进一步详细介绍,不感兴趣的应尽快转移话题,避免引起顾客反感	10分(漏一项或错误一项扣3分,出现两个或以上错误全扣)	
总得分			

『技能操作项目二　表层清洁』

一、目的要求

1. 熟练掌握卸妆的程序和操作方法。
2. 熟练掌握面部表层清洁的程序和操作方法。
3. 了解卸妆产品、洁面产品的分类、成分及特点。

二、实训物品

卸妆液(2ml)/卸妆油(2ml)/清洁霜(2g)、水溶性洗面奶(1g)/乳液状洗面奶(3g)、爽肤水(3ml)、面霜(0.5克)。

三、实训指导及操作要点

1. 准备工作

(1) 环境准备:环境整洁卫生,并调节好房间内温度、湿度、灯光,备好香薰、舒缓的音乐等。

(2) 物品准备:一次性备齐所有需要的物品,消毒液或酒精棉球、洁面纸巾、卸妆棉、面盆、毛巾、纸巾、双头小棉签、卸妆液、洁面乳、爽肤水、面霜、眼霜。

(3) 美容师准备:束发、着工作服、穿工作鞋、洗手消毒。

2. 操作程序

(1) 美容师洗手消毒,准备好各种物品。

(2) 协助顾客更衣,安置顾客。根据顾客皮肤特点选择合适的卸妆、洁面产品。

(3) 卸妆

1) 卸除睫毛膏:取一块化妆棉沾湿,垫于顾客下眼睑处,嘱顾客闭眼。一手固定湿棉片,另一手持沾卸妆液的棉签顺睫毛生长方向自上而下滚抹,清除睫毛膏。

2) 卸除上眼线:一手食指、中指分开,分别放置于一侧眼睛内外眦处,充分暴露上眼线,一手持沾卸妆液的棉签由内而外滚抹清除上眼线。

3) 卸除下眼线:撤去沾有污物的棉片,并嘱顾客睁眼。一手将下眼睑略向下拉,一手持沾卸妆液的棉签由内而外滚抹清除下眼线。

4）卸除眼影及眉色：嘱顾客闭眼，双手夹持沾卸妆液的化妆棉由中间向两边抹除上下眼影及眉色。

5）卸除唇色：一手轻轻固定一侧嘴角，另一手夹持沾卸妆液的化妆棉从固定住的一侧嘴角沿上下唇拉抹向另一侧，清除上下唇的唇膏、唇线。

6）清除腮红：双手各自夹持一片沾卸妆液的化妆棉自内而外抹除双颊腮红。

7）清除粉底：用沾卸妆液的化妆棉按自上而下、自内而外的顺序注意抹除面部粉底，先清除一侧，再换另外一侧；也可将卸妆液涂抹于面部，待粉底充分溶解后，再以纸巾或棉片擦除。

（4）表层清洁

1）擦拭全脸：将洁面纸巾浸湿后自上而下擦拭全脸，除去面部表面的灰尘、污垢，并将面部打湿，便于洁面乳清洁。

2）五点法放置洁面乳：取适量洁面乳，分别涂于额部、双颊、下颌、鼻部并迅速用中指、环指将其均匀抹开。

3）轻柔打圈清洗全脸：按照额部、眼周、鼻部、口周、面颊、下颌、颈部的顺序轻柔打圈清洗全脸。

4）清洗洁面乳：用洁面纸巾擦除面部洁面乳，并以清水擦拭数次。

5）爽肤：用化妆棉蘸取爽肤水擦拭顾客皮肤，可使皮肤滋润收敛，调节 pH 值，并起到再次清洁的作用。

6）润肤：取少许润肤乳分五点法置于面部皮肤，并轻轻涂抹均匀。取稍许眼霜，涂于眼周，轻轻按摩至吸收。

7）整理小推车及美容床，清洗用过的用具并浸泡消毒。打扫环境卫生，并进行环境消毒。

四、相关知识链接

面部清洁的注意事项：

1. 准备充分，待客周到、细心。

2. 物品取用适量，既能保证清洁彻底，又不至取用过多而浪费。

3. 卸妆干净彻底、手法正确。

4. 面部清洁手法正确、熟练，操作过程中要注意避免将清洁品弄到顾客眼、口、鼻，如不慎进入，立即以蒸馏水冲洗。

5. 如操作过程中顾客出现过敏现象，则应立即停止操作，清除卸妆或洁面产品，并进行冷喷或冷敷。嘱顾客休息，饮用白开水。若过敏严重，立即就医。同时做好解释、安抚工作。

五、技能考核评分表

考核项目	考核要点	考核比重及得分说明	得分
1. 准备工作	（1）环境准备：环境整洁卫生，并调节好房间内温度、湿度、灯光，备好香薰、舒缓的音乐等 （2）物品准备：一次性备齐所有需要的物品，消毒液或酒精棉球、洁面纸巾、卸妆棉、面盆、毛巾、纸巾、双头小棉签、卸妆液、洁面乳、爽肤水、面霜、眼霜 （3）美容师准备：束发、着工作服、穿工作鞋、洗手消毒	30 分（说错一项或漏说一项扣 15 分）	

续表

考核项目	考核要点	考核比重及得分说明	得分
2. 操作程序	(1) 美容师洗手消毒,准备好各种物品 (2) 协助顾客更衣,安置顾客。根据顾客皮肤特点选择合适的卸妆、洁面产品 (3) 卸妆 1) 卸除睫毛膏:取一块化妆棉沾湿,垫于顾客下眼睑处,嘱顾客闭眼。一手固定湿棉片,另一手持沾卸妆液的棉签顺睫毛生长方向自上而下滚抹,清除睫毛膏 2) 卸除上眼线:一手食指、中指分开,分别放置于一侧眼睛内外眦处,充分暴露上眼线,一手持沾卸妆液的棉签由内而外滚抹清除上眼线 3) 卸除下眼线:撤去沾有污物的棉片,并嘱顾客睁眼。一手将下眼睑略向下拉,一手持沾卸妆液的棉签由内而外滚抹清除下眼线 4) 卸除眼影及眉色:嘱顾客闭眼,双手夹持沾卸妆液的化妆棉由中间向两边抹除上下眼影及眉色 5) 卸除唇色:一手轻轻固定一侧嘴角,另一手夹持沾卸妆液的化妆棉从固定住的一侧嘴角沿上下唇拉抹向另一侧,清除上下唇的唇膏、唇线 6) 清除腮红:双手各自夹持一片沾卸妆液的化妆棉自内而外抹除双颊腮红 7) 清除粉底:用沾卸妆液的化妆棉按自上而下、自内而外的顺序注意抹除面部粉底,先清除一侧,再换另外一侧;也可将卸妆液涂抹于面部,待粉底充分溶解后,再以纸巾或棉片擦除 (4) 表层清洁 1) 擦拭全脸:将洁面纸巾浸湿后自上而下擦拭全脸,除去面部表面的灰尘、污垢,并将面部打湿,便于洁面乳清洁 2) 五点法放置洁面乳:取适量洁面乳,分别涂于额部、双颊、下颌、鼻部并迅速用中指、环指将其均匀抹开 3) 轻柔打圈清洗全脸:按照额部、眼周、鼻部、口周、面颊、下颌、颈部的顺序轻柔打圈清洗全脸 4) 清洗洁面乳:用洁面纸巾擦除面部洁面乳,并以清水擦拭数次 5) 爽肤:用化妆棉蘸取爽肤水擦拭顾客皮肤,可使皮肤滋润收敛,调节pH值,并起到再次清洁的作用 6) 润肤:取少许润肤乳分五点法置于面部皮肤,并轻轻涂抹均匀。取少许眼霜,涂于眼周,轻轻按摩至吸收 7) 整理小推车及美容床,清洗用过的用具并浸泡消毒。打扫环境卫生,并进行环境消毒	40分(错一项或漏做一项扣15分,出现两个或两个以上错误全扣)	
3. 操作注意事项	(1) 准备充分,待客周到、细心 (2) 物品取用适量,既能保证清洁彻底,又不至取用过多而浪费 (3) 卸妆干净彻底、手法正确 (4) 面部清洁手法正确、熟练,操作过程中要注意避免将清洁品弄到顾客眼、口、鼻,如不慎进入,立即以蒸馏水冲洗 (5) 如操作过程中顾客出现过敏现象,则应立即停止操作,清除卸妆或洁面产品,并进行冷喷或冷敷。嘱顾客休息,饮用白开水。若过敏严重,立即就医。同时做好解释、安抚工作	30分(错一项或漏做一项扣10分,出现两个或两个以上错误全扣)	
总得分			

『技能操作项目三　分析皮肤』

一、目的要求

掌握皮肤分析仪的使用。

二、实训物品

皮肤分析仪。

三、实训指导及操作要点

1. 请顾客躺在美容床上。
2. 插上仪器电源。
3. 卸妆,常规清洁皮肤。
4. 消毒探头。
5. 美容师手持皮肤分析仪,打开开关,选择不同的部位仔细观察皮肤,分析皮肤状态。
6. 使用完毕后再次消毒探头将仪器归位。
7. 观察完毕后关掉电源。

四、相关知识链接

注意事项:
1. 进行皮肤分析要以当时的皮肤状态为基准。
2. 在判断皮肤类型时应根据皮肤问题所占的比重做出相应的判断,以制定护理方案。
3. 超出美容范围的皮肤病不要擅自诊断,以免误诊。
4. 皮肤测试顺序:手臂前侧—耳后—下颌—面颊—鼻部—额头。
5. 每次检测完成后要及时关闭开关。

五、技能考核评分表

考核项目	考核要点	考核比重及得分说明	得分
1. 皮肤分析仪的构造	皮肤分析仪由探头、导线、微电脑显示器构成	30分(说错一项或漏说一项扣15分)	
2. 工作原理	仪器利用光纤显微技术,采用新式的冷光设计,清晰、高效的彩色或黑白电脑显示屏,使顾客亲眼目睹自身皮肤或毛发状况,由于该仪器具有足够的放大倍数(一般为50~200倍以上),可直观皮肤基底层	40分	
3. 操作程序	(1) 请顾客躺在美容床上 (2) 插上仪器电源 (3) 卸妆,常规清洁皮肤 (4) 消毒探头 (5) 美容师手持皮肤分析仪,打开开关,选择不同的部位仔细观察皮肤,分析皮肤状态 (6) 用完毕后再次消毒探头将仪器归位 (7) 观察完毕后关掉电源	30分(错一项或漏做一项扣5分,出现两个或两个以上错误全扣)	

续表

考核项目	考核要点	考核比重及得分说明	得分
4. 使用皮肤分析仪的注意事项	(1) 进行皮肤分析要以当时的皮肤状态为基准 (2) 在判断皮肤类型时应根据皮肤问题所占的比重做出相应的判断,以制定护理方案 (3) 超出美容范围的皮肤病不要擅自诊断,以免误诊 (4) 皮肤测试顺序:手臂前侧—耳后—下颌—面颊—鼻部—额头 (5) 每次检测完成后要及时关闭开关	20分(程序出现一个错误扣5分,出现两个或两个以上错误全扣)	
5. 皮肤分析仪的日常养护	(1) 检测仪要轻拿轻放,以免破损 (2) 每天用干布擦拭仪器 (3) 用毕及时关闭开关,切断电源	20分(程序出现一个错误全扣)	
总得分			

『技能操作项目四　深层清洁』

一、目 的 要 求

1. 熟练掌握深层清洁的程序及操作方法。
2. 了解敷面的作用。
3. 了解深层清洁产品的分类、成分和特点。

二、实 训 物 品

1. 仪器准备　热喷仪(2人1台)。

2. 材料准备　洗面奶(3g)、磨砂膏(2g)/去角质GEL(2g)、爽肤水(3ml)、面霜(0.5g)。

三、实训指导及操作要点

1. 准备工作

(1) 环境准备:环境整洁卫生,并调节好房间内温度、湿度、灯光,备好香薰、舒缓的音乐等。

(2) 物品准备:消毒液或酒精棉球、洁面纸巾、面盆、毛巾、纸巾、洁面乳、去角质啫喱、爽肤水、面霜、眼霜。

(3) 美容师准备:束发、着工作服、穿工作鞋、洗手消毒。

(4) 操作准备。

1) 热喷:安装好热喷仪的水杯并在杯中加好蒸馏水,打开电源将水加热。

2) 热敷:操作前将热敷毛巾折成长条状,润湿后挤掉多余的水分后,放进烤箱,将温度设定到40~55℃,或放置到40~55℃的热水中。

2. 操作程序

(1) 美容师洗手消毒,准备好各种物品。

(2) 协助顾客更衣,安置顾客。根据顾客皮肤特点选择合适的深层清洁产品。

(3) 用洁面乳进行表层清洁。

(4) 蒸面或敷面

1) 热喷:热喷仪喷出蒸汽,待正确稳定后再将蒸汽移到顾客面部,调整喷口到面部的高度。热喷仪高度根据皮肤类型不同进行调整,油性皮肤、混合性皮肤、暗疮性皮肤可加上奥桑喷雾。喷雾同时在面部进行按摩。喷雾结束后,先将喷头从顾客面部移开后再关掉奥桑然后才是关掉电源。

2）热敷:用卵圆钳将毛巾取出,挤掉多余的水分后,先在美容师前臂内侧试温,以免烫伤顾客。毛巾打开,对折成长条状,以中心对准下颌,向上包住下颌;两端反转沿面颊轮廓包绕,末端叠压于额部。毛巾紧贴面部四周皮肤,中间空出鼻孔利于呼吸,美容师双手压住周边区域以便保温。

3）用纸巾擦去面部多余水分。

（5）用纸巾垫于面部周围,将去死皮啫喱均匀薄涂于面部,避开眼周。停留片刻(以产品说明为准),以左手食指、中指将面部局部皮肤轻轻绷开,右手中指、环指指腹将该部位的去死皮膏啫喱软化角质等一同抹去,拉抹方向应该以向上向外为主。

（6）用清水将残留物彻底洗净。

（7）爽肤。

（8）涂抹面霜及眼霜。

四、相关知识链接

（一）深层清洁的注意事项

1. 准备充分,待客周到、细心。

2. 物品取用适量,既能保证清洁彻底,又不至取用过多而浪费。

3. 敷面温度合适,动作熟练,时间控制好。

4. 深层清洁手法正确(向上向外拉抹),注意避开眼周。

（二）热喷仪的注意事项

1. 热喷仪必须使用蒸馏水,避免产生水垢堵塞输气管造成顾客烫伤;每次加水的量不要超过水杯的最高水位线,如果没有标注最高水位线的则水位不应高于水杯的4/5。

2. 每次使用完毕后应该将水倒掉,把水杯清洁干净然后将杯子倒扣起来放置。

3. 热喷仪的电源线每次使用完后应该拔下并放在专门的布袋中。

4. 热喷的最低距离不可低于25cm,时间不超过15分钟。

5. 调整喷雾的角度,喷雾不要直射鼻孔避免引起顾客不适。

6. 敏感皮肤、毛细血管扩张的皮肤不能用热喷,色斑皮肤不能用奥桑。

五、技能考核评分表

考核项目	考核要点	考核比重及得分说明	得分
1. 准备工作	（1）环境准备:环境整洁卫生,并调节好房间内温度、湿度、灯光,备好香薰、舒缓的音乐等 （2）物品准备:消毒液或酒精棉球、洁面纸巾、面盆、毛巾、纸巾、洁面乳、去角质啫喱、爽肤水、面霜、眼霜 （3）美容师准备:束发、着工作服、穿工作鞋、洗手消毒 （4）操作准备: 1）热喷:安装好热喷仪的水杯并在杯中加好蒸馏水,打开电源将水加热 2）热敷:操作前将热敷毛巾折成长条状,润湿后挤掉多余的水分后,放进烤箱,将温度设定到40~55℃,或放置到40~55℃的热水中	30分(说错一项或漏说一项扣15分)	

续表

考核项目	考核要点	考核比重及得分说明	得分
2. 操作程序	(1) 美容师洗手消毒,准备好各种物品 (2) 协助顾客更衣,安置顾客。根据顾客皮肤特点选择合适的深层清洁产品 (3) 用洁面乳进行表层清洁 (4) 蒸面或敷面 ① 热喷:热喷仪喷出蒸气,待正确稳定后再将蒸气移到顾客面部,调整喷口到面部的高度。热喷仪高度根据皮肤类型不同进行调整,油性皮肤、混合性皮肤、暗疮性皮肤可加上奥桑喷雾。喷雾同时在面部进行按摩。喷雾结束后,先将喷头从顾客面部移开后再关掉奥桑然后才是关掉电源 ② 热敷:用卵圆钳将毛巾取出,挤掉多余的水分后,先在美容师前臂内侧试温,以免烫伤顾客。毛巾打开,对折成长条状,以中心对准下颌,向上包住下颌;两端反转沿面颊轮廓包绕,末端叠压于额部。毛巾紧贴面部四周皮肤,中间空出鼻孔利于呼吸,美容师双手压住周边区域以便保温 ③ 用纸巾擦去面部多余水分 (5) 用纸巾垫于面部周围,将去死皮啫喱均匀薄涂于面部,避开眼周。停留片刻(以产品说明为准),以左手食指、中指将面部局部皮肤轻轻绷开,右手中指、环指指腹将该部位的去死皮膏啫喱软化角质等一同抹去,拉抹方向应该以向上向外为主 (6) 用清水将残留物彻底洗净 (7) 爽肤 (8) 涂抹面霜及眼霜	40 分(按程序要求演示卸妆操作程序,错一项或漏做一项扣 5 分)	
3. 操作注意事项	(1) 准备充分,待客周到、细心 (2) 物品取用适量,既能保证清洁彻底,又不至取用过多而浪费 (3) 敷面温度合适,动作熟练,时间控制好 (4) 深层清洁手法正确(向上向外拉抹),注意避开眼周	30 分(少一点扣 10 分)	
总得分			

『技能操作项目五　仪器美容』

一、目的要求

1. 掌握奥桑喷雾仪的使用及注意事项。
2. 熟悉冷喷仪的使用。
3. 掌握真空吸啜仪的使用及注意事项。
4. 熟悉阴阳电离子仪的使用。
5. 熟悉高频电疗仪的使用。
6. 掌握超声美容仪的使用及注意事项。

二、实训物品

离子喷雾机(奥桑喷雾)、真空吸啜仪、阴阳电离子仪、高频电疗仪、超声波美容仪。

三、实训项目

实训项目一：离子喷雾机（奥桑喷雾仪、冷喷仪）

一、实训指导及操作要点

1. 仪器的构造与识别

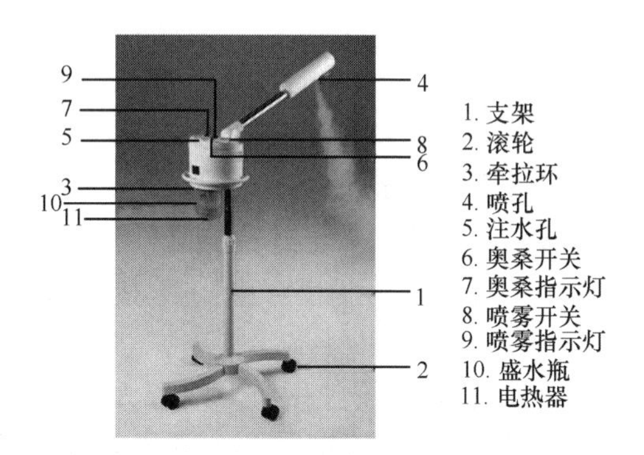

2. 准备工作

（1）美容师束发、着工作服、穿工作鞋、洗手消毒，准备好各种物品。

（2）协助顾客更衣，引导顾客进入护肤区，做好护肤前准备工作。

（3）用洁面乳进行表层清洁。

3. 奥桑喷雾仪的使用

1）注入蒸馏水。使用蒸馏水，可避免水中杂质沉积于电热器周围，降低导热性，从而延长喷雾机的使用时间。

2）水位标准。加水时的水位以玻璃烧杯的红色标线为准，没有红色标线的烧杯，一般水位注入量为此烧杯的4/5。不能低于下限水位标准和高于上限水位标准。使用时的最低水位要高于电热元件。

3）预热。接上电源，打开红色普通蒸汽开关，等待5~6分钟有雾状气体产生。

4）将喷口对准顾客额部，由该处均匀喷向脸部。

5）根据皮肤性质和治疗目的决定喷射时间和喷射距离。

皮肤性质	喷雾距离(cm)	喷雾类型	喷雾时间(min)
中性皮肤	25~30	奥桑喷雾	3~5
干性皮肤	30~35	奥桑喷雾	3
油性皮肤	20~25	奥桑喷雾	5~8
敏感性皮肤	35	普通喷雾	5~8
暗疮皮肤	25~30	奥桑喷雾	8~10
色斑皮肤	30~35	普通喷雾	10
红血丝皮肤	35	普通喷雾	5~8

6）热喷过程中可以给顾客进行面部放松的指压按摩。

7）如需要杀菌消炎，再按下绿色离子开关，打开紫外线灯开关。

8）结束热喷后，先将喷口从顾客面部移开，再关闭奥桑喷雾仪的开关。

4. 爽肤 用化妆棉蘸取爽肤水擦拭顾客皮肤，可使皮肤滋润收敛，调节 pH 值，并起到再次清洁的作用。

5. 润肤 取少许润肤乳分五点法置于面部皮肤，并轻轻涂抹均匀。取少许眼霜，涂于眼周，轻轻按摩至吸收。

6. 整理 整理小推车及美容床，清洗用过的用具并浸泡消毒。打扫环境卫生，并进行环境消毒。

二、相关知识链接

（一）奥桑喷雾仪使用注意事项

1. 在预热机器时喷口勿对准顾客的面部。

2. 喷口与顾客面部的皮肤的距离除参考上述指标之外，还要因人而异。

3. 将喷口调至从额头向颈部喷射的角度，避免雾体直接射入鼻孔，使人呼吸不流畅，产生气闷的感觉。

4. 对于敏感性皮肤和色斑性皮肤，不要使用奥桑喷雾，以免引起过敏和使色斑加重。

5. 当水位下降到下限指标时，应先关掉电源，加水后再打开开关。

6. 注水时应先按标准注到合适的位置，不能高于烧杯的红色标线或此烧杯的 4/5，以免发生喷水现象造成烫伤事故，当发现喷射的雾气不均匀或有水滴喷出时，必须马上将喷口从顾客面部移开，关闭仪器停止仪器的使用，以免烫伤顾客，造成美容事故发生。

（二）冷喷仪的使用

1. 在冷水瓶加满蒸馏水，安置在仪器上。

2. 插上电源插头。

3. 打开电源开关。

4. 调节离子雾的大小至所需的雾量。

5. 将喷雾方向对准顾客的面部，进行喷雾，一般 20 分钟左右。

三、技能考核评分表

考核项目	考核要点	评分标准	得分
1. 仪器的构造与识别	奥桑喷雾仪的构造与识别	正确指出注水孔的位置　2 分 正确指出奥桑指示灯的位置　2 分 正确指出喷雾指示灯的位置　2 分 正确指出奥桑开关的位置　2 分 正确指出喷雾开关的位置　2 分 正确指出盛水瓶的位置　2 分 正确指出高低水位线的位置　2 分 正确指出喷孔的位置　2 分 正确指出支架、滚轮、牵拉环、电热器的位置　2 分 正确地介绍部件的名称，出现三个以上的遗漏全扣　2 分	

续表

考核项目	考核要点	评分标准	得分
2. 准备工作	美容师束发、着工作服、穿工作鞋、洗手消毒,准备好各种物品	各种物品准备齐全　5分	
	协助顾客更衣,引导顾客进入护肤区,做好护肤前准备工作	根据顾客皮肤特点备好产品　5分	
	用洁面乳进行表层清洁	正确实施表层清洁操作　5分	
3. 仪器使用	注入蒸馏水	一般水位注入量为烧杯的4/5　5分	
	预热	水位不低于下限水位标准或高于上限水位标准　5分	
	普通喷雾	预热时正确开启普通蒸汽开关　5分	
	进行面部放松的指压按摩	根据皮肤性质和治疗目的设定喷射时间和喷射距离　10分	
	如需要杀菌消炎,再按下绿色离子开关,打开紫外线灯开关	喷雾方向为由额部向鼻部　5分 杀菌消炎灯使用正确　10分	
	结束热喷,整理	结束热喷后,喷口从顾客面部移开,再关闭奥桑喷雾仪的开关　5分	
4. 爽肤	用化妆棉蘸取爽肤水擦拭顾客皮肤	爽肤水取量适中　5分	
5. 润肤	涂抹润肤乳	乳液取量适中　5分	
	涂眼霜	眼霜取量适中　5分	
6. 整理	整理小推车及美容床	护肤后整理工作规范　5分	
	清洗用过的用具并浸泡消毒		
	打扫环境卫生,并进行环境消毒		
总得分:			

实训项目二:真空吸啜仪

一、实训指导及操作要点

1. 仪器的构造与识别

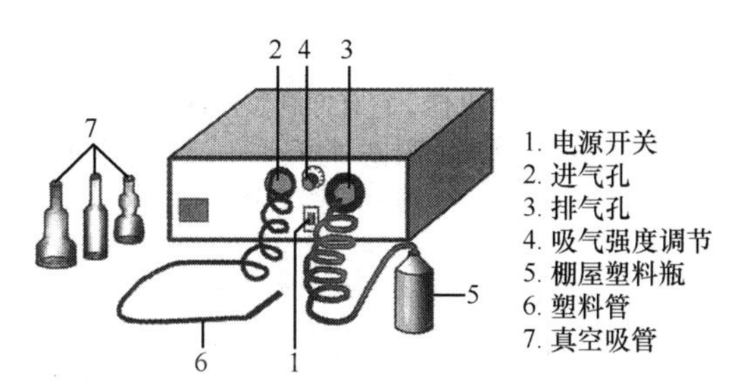

2. 准备工作

(1) 美容师束发、着工作服、穿工作鞋、洗手消毒,准备好各种物品。

(2) 协助顾客更衣,引导顾客进入护肤区,做好护肤前准备工作。

(3) 用洁面乳进行表层清洁。

3. 真空吸啜仪的使用

(1) 吸啜功能的操作方法

① 用75%酒精消毒真空吸管,将吸管套在塑料管上并与仪器相连;

② 打开开关,右手拿住吸管,中指按在吸管小孔上,以控制吸管的密封程度;

③ 美容师左手旋转吸力强度调节器,调节吸啜能力,可先在美容师手上试吸;

④ 将吸管移到客人面部皮肤,吸啜面部各处;

⑤ 使用完后,将吸管离开皮肤,并将吸管强度调节钮调到零;

⑥ 关上电源,取下吸管,消毒后保存。

(2) 喷雾功能的操作方法

① 将液态护肤品倒入喷雾小瓶中,并与塑料管连接好;

② 用面纸盖住客人面部,用毛巾围住颈部;

③ 打开开关,一手拿塑料小瓶,中指堵住瓶口部的小孔,以控制小瓶内的密封度,这样能产生较强的气压,将护肤品喷在皮肤上;

④ 操作完毕后,关上电源,取下喷雾小塑料瓶;

⑤ 用棉片或软纸吸干面部的护肤品。

(3) 吸啜功能的使用注意事项

① 操作时吸管的吸啜能力应控制适中,过强会损伤皮肤,出现皮下瘀血。

② 对油性、较厚的皮肤应加强吸啜的频率,而对毛细血管扩张的皮肤,禁止使用吸啜。

③ 眼部皮肤或面部炎症处,不可使用。

④ 不能频繁使用真空吸啜,以免皮肤毛孔增大。

(4) 喷雾功能的使用注意事项

① 不可使用浓度过高、黏稠度过大的液体,以免堵塞喷口。

② 控制好喷雾量的大小,以免爽肤水流淌造成浪费。

③ 预防水滴流到顾客颈部,用接水盆或毛巾保护颈部。

④ 喷雾时不可对着顾客的鼻孔或嘴喷射,以免影响顾客正常呼吸。

4. 爽肤 用化妆棉蘸取爽肤水擦拭顾客皮肤,可使皮肤滋润收敛,调节pH值,并起到再次清洁的作用。

5. 润肤 取少许润肤乳分五点法置于面部皮肤,并轻轻涂抹均匀。取稍许眼霜,涂于眼周,轻轻按摩至吸收。

6. 整理 整理小推车及美容床,清洗用过的用具并浸泡消毒。打扫环境卫生,并进行环境消毒。

二、技能考核评分表

考核项目	考核要点	评分标准		得分
1. 仪器的构造与识别	真空吸啜仪的构造与识别	正确指出电源开关的位置	4分	
		正确指出进气孔的位置	2分	
		正确指出排气孔的位置	2分	
		正确指出吸力强度调节的位置	2分	
		正确指出棚屋塑料瓶的位置	2分	
		正确指出塑料管的位置	2分	
		正确指出真空吸管的位置	2分	

续表

考核项目	考核要点	评分标准	得分
2. 准备工作	美容师束发、着工作服、穿工作鞋、洗手消毒，准备好各种物品	各种物品准备齐全 5分 根据顾客皮肤特点备好产品 5分 正确实施表层清洁操作 5分	
	协助顾客更衣，引导顾客进入护肤区，做好护肤前准备工作		
	用洁面乳进行表层清洁		
3. 仪器使用	操作使用吸啜功能 ①用75%酒精消毒真空吸管，将吸管套在塑料管上并与仪器相连 ②打开开关，右手拿住吸管，中指按在吸管小孔上，以控制吸管的密封程度 ③美容师左手旋转吸力强度调节器，调节吸啜能力，可先在美容师手上试吸 ④将吸管移到客人面部皮肤，吸啜面部各处 ⑤使用完后，将吸管离开皮肤，并将吸管强度调节钮调到零 ⑥关上电源，取下吸管，消毒后保存	操作时吸管的吸啜力控制适中，不出现皮下瘀血 7分 对油性、较厚的皮肤加强吸啜的频率 7分 对毛细血管扩张的皮肤，不使用吸啜 7分 眼部皮肤或面部炎症处，不使用吸啜 7分 喷雾时不使用浓度过高，黏稠度过大的液体 7分 喷雾时控制好喷雾量的大小 7分 喷雾时不对着顾客的鼻孔或嘴喷射 7分	
	操作使用喷雾功能 ①将液态护肤品倒入喷雾小瓶中，并与塑料管连接好 ②用面纸盖住客人面部，用毛巾围住颈部 ③打开开关，一手拿塑料小瓶，中指堵住瓶口部的小孔，以控制小瓶内的密封度，这样能产生较强的气压，将护肤品喷在皮肤上 ④操作完毕后，关上电源，取下喷雾小塑料瓶 ⑤用棉片或软纸吸干面部的护肤品		
4. 爽肤	用化妆棉蘸取爽肤水擦拭顾客皮肤	爽肤水取量适中 5分	
5. 润肤	涂抹润肤乳	乳液取量适中 5分	
	涂眼霜	眼霜取量适中 5分	
6. 整理	整理小推车及美容床	护肤后整理工作规范 5分	
	清洗用过的用具并浸泡消毒		
	打扫环境卫生，并进行环境消毒		
		总得分	

实训项目三:阴阳电离子仪

一、实训指导及操作要点

1. 仪器的构造与识别

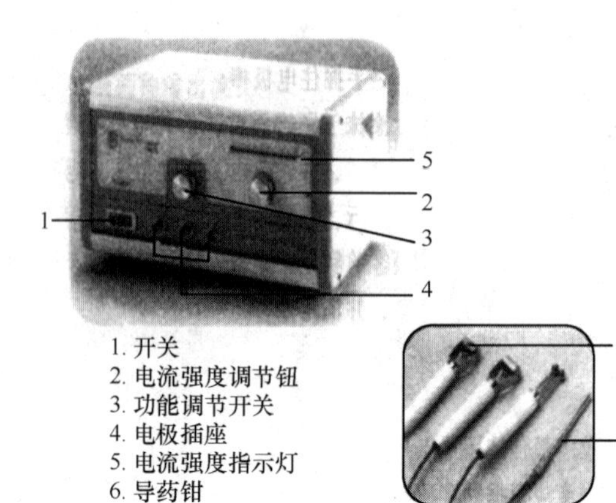

1. 开关
2. 电流强度调节钮
3. 功能调节开关
4. 电极插座
5. 电流强度指示灯
6. 导药钳
7. 电极棒

2. 准备工作

(1) 美容师束发、着工作服、穿工作鞋、洗手消毒,准备好各种物品。

(2) 协助顾客更衣,引导顾客进入护肤区,做好护肤前准备工作。

(3) 用洁面乳进行表层清洁。

3. 阴阳电离子仪的使用

(1) 导入

1) 用酒精棉球消毒电极棒和导药钳。

2) 将精华素(液体营养护肤品)的 1/2 涂于皮肤,尤其是需重点导入的部位,其余的精华素浸透棉片缠绕在导药钳上或留到操作的过程中边加边导入。

3) 将导药钳置于客人额部,按下开关,将旋钮调至正电位,并调整电流强度至顾客感到轻微的刺激并能接受为止。

4) 导药钳在皮肤上以"之"字型或螺旋形移动,导药钳始终离不开皮肤,整个过程 3~5 分钟。

5) 导入完毕,调整电流强度归零,关闭开关,导药钳从皮肤上移开并取下棉片。

6) 再用酒精棉球消毒电极棒和导药钳,将电极消毒,擦干。

(2) 导出

1) 用酒精棉球消毒电极棒和导药钳。

2) 顾客手持相应的电极棒,将润湿的消毒棉片(棉片以不滴水为准)垫在电极棒上请客人握紧电极棒。

3) 将浸透生理盐水的棉片缠绕在导药钳上,将导药钳置于客人额部,按下开关,将旋钮调至负电位,并调整电流强度。(用蒸馏水也可以)

4) 导药钳在皮肤上以"之"字型或螺旋形移动,导药钳始终离不开皮肤,整个过程 3~5 分钟。

5) 导出完毕,调整电流强度归零,关闭开关。导药钳从皮肤上移开并取下棉片。

6) 再用酒精棉球消毒电极棒和导药钳。

4. 爽肤　用化妆棉蘸取爽肤水擦拭顾客皮肤，可使皮肤滋润收敛，调节 pH 值，并起到再次清洁的作用。

5. 润肤　取少许润肤乳分五点法置于面部皮肤，并轻轻涂抹均匀。取少许眼霜，涂于眼周，轻轻按摩至吸收。

6. 整理　整理小推车及美容床，清洗用过的用具并浸泡消毒。打扫环境卫生，并进行环境消毒。

二、相关知识链接

注意事项：

1. 顾客应取下身上所有的金属物品。
2. 治疗前看顾客面部皮肤要保持清洁、干燥，最好局部先适度去角质。
3. 根据需要正确地选择功能键，否则会适得其反。
4. 所有介质都应是液态护肤品，因为面霜不溶于水而且相对分子质量大，难以渗入皮肤。
5. 心脏病患者，体内有金属植入者及孕妇，禁止用阴阳电离子仪，孕妇可能造成流产。
6. 导药钳应用棉片缠紧，同时棉片不能太厚否则电流无法通过而达不到效果。
7. 电流强度必须从弱调至强使客人逐渐适应。

三、技能考核评分表

考核项目	考核要点	评分标准	得分
1. 仪器的构造与识别	阴阳电离子仪的构造与识别	正确指出电流强度调节钮的位置　2分 正确指出功能调节开关的位置　2分 正确指出电极插座的位置　2分 正确指出电流强度指示灯的位置　2分 正确指出导药钳的位置　2分 正确指出电极棒的位置　2分 正确指出开关的位置　2分	
2. 准备工作	美容师束发、着工作服、穿工作鞋、洗手消毒，准备好各种物品 协助顾客更衣，引导顾客进入护肤区，做好护肤前准备工作 用洁面乳进行表层清洁	各种物品准备齐全　5分 根据顾客皮肤特点备好产品　5分 正确实施表层清洁操作　5分	
3. 仪器使用	(1)导入 用酒精棉球消毒电极棒和导药钳 将精华素（液体营养护肤品）涂于皮肤 将导药钳置于客人额部，按下开关，将旋钮调至正电位 导药钳在皮肤上以"之"字型或螺旋形移动 导入完毕，调整电流强度归零，关闭开关 再用酒精棉球消毒电极棒和导药钳，将电极消毒，擦干	精华素涂抹用量约1/2，其余的缠绕在导药钳上或留到操作过程中导入　5分 电流强度至顾客感到轻微的刺激即可　5分 导入或导出过程3~5分钟　5分 导药钳在皮肤上以"之"字型或螺旋形移动　10分 导药钳始终不离开皮肤　5分 正负电位选择正确　10分 操作后消毒电极棒和导药钳　5分 操作程序完整　6分	

续表

考核项目	考核要点	评分标准	得分
3. 仪器使用	(2)导出 用酒精棉球消毒电极棒和导药钳 顾客手持相应的电极棒 按下开关,将旋钮调至负电位,并调整电流强度 导药钳在皮肤上以“之”字型或螺旋形移动 导出完毕,调整电流强度归零,关闭开关 导药钳从皮肤上移开并取下棉片 再用酒精棉球消毒电极棒和导药钳		
4. 爽肤	用化妆棉蘸取爽肤水擦拭顾客皮肤	爽肤水取量适中 5分	
5. 润肤	涂抹润肤乳	乳液取量适中 5分	
	涂眼霜	眼霜取量适中 5分	
6. 整理	整理小推车及美容床	护肤后整理工作规范 5分	
	清洗用过的用具并浸泡消毒		
	打扫环境卫生,并进行环境消毒		
总得分			

实训项目四:高频电疗仪

一、实训指导及操作要点

1. 仪器的构造与识别

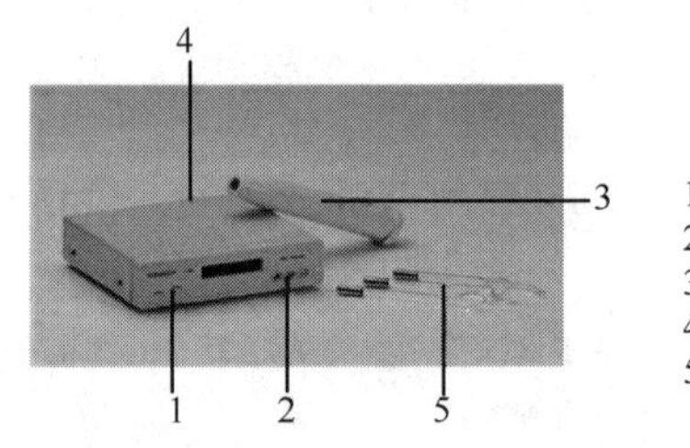

1. 电源开关
2. 振动频率调节钮
3. 电极棒
4. 电极插座
5. 电极管

2. 准备工作

(1) 美容师束发、着工作服、穿工作鞋、洗手消毒,准备好各种物品。

(2) 协助顾客更衣,引导顾客进入护肤区,做好护肤前准备工作。

(3) 用洁面乳进行表层清洁。

3. 高频电疗仪的使用

(1) 直接电疗法

1) 把黑色电极棒插头插入电极插座中。

2) 根据护理部位选择适当的电极棒,将其消毒后插在黑色的电极棒上。

3) 由于护理面积、部位不同,玻璃电极有所不同,应确定好。蘑菇形玻璃电极用于大面积,如面颊、前额、颈部;勺形玻璃电极用于中面积,如下颌;棒形玻璃电极用于小面积,如鼻窝。

4）美容师一手握电极棒,一手打开电源开关,并调节电流强度调节钮,由小到大慢慢调节,可在自己手上感觉仪器的强度,一般为不刺痛皮肤有微热感为准,然后将电极置于客人额部,再移向面部其他部位,根据顾客的需要调节强度。

5）将玻璃电极紧贴皮肤或在面部垫一张干燥的纱布,自上而下,有顺序地轻推、滑动,在面部螺旋式或"之"字形按摩。使用时间视皮肤性质而定,一般约 2~6 分钟。干性、缺水性皮肤使用时间短,电流强度低,油性或者痤疮问题的皮肤使用时间略长,电流强度要大些。

6）对有痤疮问题的皮肤,可将电极微离皮肤进行点状接触,所产生的火花具有杀菌和促使伤口愈合的效果。

7）治疗结束时,先将振动频率调为零,关上电源开关,取下玻璃电极管,并用酒精棉球消毒。

（2）间接电疗法

1）将消毒好的玻璃电极管插进塑胶电极棒旋紧。

2）客人手沾滑石粉握住玻璃电极管,美容师在顾客面部涂抹按摩膏。

3）美容师一手紧贴在顾客面部皮肤上,另一手打开电源开关,使电流经过手部通向身体。

4）美容师应柔和、缓慢地对顾客面部进行按摩,时间为 10 分钟左右,一般采用安抚法,以取得表面兴奋和深度松弛的效果。

5）操作完毕后将电流强度调至归零位,关闭开关取下玻璃电极管,并用酒精棉球消毒。

4. 爽肤　用化妆棉蘸取爽肤水擦拭顾客皮肤,可使皮肤滋润收敛,调节 pH 值,并起到再次清洁的作用。

5. 润肤　取少许润肤乳分五点法置于面部皮肤,并轻轻涂抹均匀。取少许眼霜,涂于眼周,轻轻按摩至吸收。

6. 整理　整理小推车及美容床,清洗用过的用具并浸泡消毒。打扫环境卫生,并进行环境消毒。

二、相关知识链接

注意事项

1. 用直接式电疗法时面部可以不涂擦任何产品,面部皮肤应保持干燥、清洁、光滑,以保证玻璃电极能在皮肤上顺利、平稳的滑动。

2. 用直接式电疗法时可以在面部垫一张干燥的纱布,可在纱布上操作。

3. 用直接式电疗法电极管要贴紧面部,不要留出空隙,否则很容易产生电火花而刺激皮肤。将玻璃电极紧贴皮肤后方可打开电源,时间的长短、电流强度的大小应根据皮肤感应性和耐力而定。点状照射时,一个部位一次性照射不得超出 10 秒,色斑皮肤不宜使用。

4. 在面部操作的时间,油性皮肤控制在 8 分钟左右,干性皮肤时间要短些控制在 3~5 分钟。油性皮肤的电流强度稍大,干性皮肤的电流强度低于油性皮肤。

5. 敏感皮肤、色斑皮肤以及妊娠、酒渣鼻患者禁用。

6. 间接式电疗法操作时,美容师至少有一只手停留在顾客面部,以免电流中断影响效果。

7. 顾客在使用此仪器前应将身上所有金属物品摘下,体内有金属植入的顾客不能使用此仪器,在打开电源前,应向顾客说明情况,以免电极中发出的声音及紫光让顾客受惊吓。

8. 电极管在使用前后应注意消毒及保管。

三、技能考核评分表

考核项目	考核要点	评分标准	得分
1. 仪器的构造与识别	高频电疗仪的构造与识别	正确指出电源开关的位置 2分 正确指出振动频率调节钮的位置 2分 正确指出电极棒的位置 2分 正确指出电极插座的位置 2分 正确指出电极管的位置 2分	
2. 准备工作	美容师束发、着工作服、穿工作鞋、洗手消毒,准备好各种物品	各种物品准备齐全 5分 根据顾客皮肤特点备好产品 5分 正确实施表层清洁操作 5分	
	协助顾客更衣,引导顾客进入护肤区,做好护肤前准备工作		
	用洁面乳进行表层清洁		
3. 仪器使用	(1) 直接电疗法操作 把黑色电极棒插头插入电极插座中 根据护理部位选择适当的电极棒,将其消毒后插在黑色的电极棒上 由于护理面积、部位不同,玻璃电极有所不同,应确定好。蘑菇形玻璃电极用于大面积,如面颊、前额、颈部;勺形玻璃电极用于中面积,如下颌;棒形玻璃电极用于小面积,如鼻窝 美容师一手握电极棒,一手打开电源开关,并调节电流强度调节钮,由小到大慢慢调节,可在自己手上感觉仪器的强度,一般为不刺痛皮肤有微热感为准,然后将电极置于客人额部,再移向面部其他部位,根据顾客的需要调节强度 将玻璃电极紧贴皮肤或在面部垫一张干燥的纱布,自上而下,有顺序地轻推、滑动,在面部螺旋式或“之”字形按摩。使用时间视皮肤性质而定,一般约2~6min。干性、缺水性皮肤使用时间短,电流强度低,油性或者痤疮问题的皮肤使用时间略长,电流强度要大些 对有痤疮问题的皮肤,可将电极微离皮肤进行点状接触,所产生的火花具有杀菌和促使伤口愈合的效果 治疗结束时,先将振动频率调为零,关上电源开关,取下玻璃电极管,并用酒精棉球消毒	直接电疗法操作正确,错一处扣5分,共 25分 间接电疗法操作准确,错一处扣5分,共 25分 时间把握准确 5分	

续表

考核项目	考核要点	评分标准	得分
3. 仪器使用	(2)间接电疗法操作 将消毒好的玻璃电极管插进塑胶电极棒旋紧 客人手沾滑石粉握住玻璃电极管,美容师在顾客面部涂抹按摩膏 美容师一手紧贴在顾客面部皮肤上,另一手打开电源开关,使电流经过手部通向身体 美容师应柔和、缓慢地对顾客面部进行按摩,时间为10min左右,一般采用安抚法,以取得表面兴奋和深度松弛的效果 操作完毕后将电流强度调至归零位,关闭开关取下玻璃电极管,并用酒精棉球消毒		
4. 爽肤	用化妆棉蘸取爽肤水擦拭顾客皮肤	爽肤水取量适中　5分	
5. 润肤	涂抹润肤乳	乳液取量适中　5分	
	涂眼霜	眼霜取量适中　5分	
6. 整理	整理小推车及美容床	护肤后整理工作规范　5分	
	清洗用过的用具并浸泡消毒		
	打扫环境卫生,并进行环境消毒		

实训项目五:超声波美容仪

一、实训指导及操作要点

1. 仪器的构造与识别

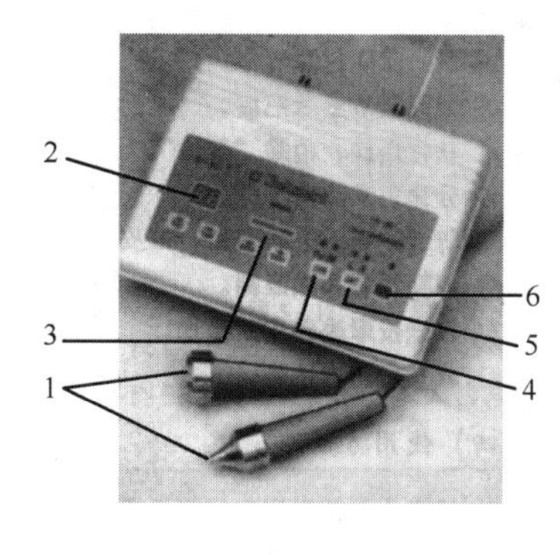

1. 大小超声探头
2. 时间选择
3. 功率选择
4. 波形选择
5. 输出选择
6. 电源开关

2. 准备工作

(1) 美容师束发、着工作服、穿工作鞋、洗手消毒,准备好各种物品。

(2) 协助顾客更衣,引导顾客进入护肤区,做好护肤前准备工作。

(3) 用洁面乳进行表层清洁。

3. 超声波美容仪的使用

(1) 根据使用部位及面积的大小选择声头并消毒,面积小的部位或眼部用小声头,声波强度调至低档,一般 $0.5\sim0.75w/cm^2$,面积大的部位用大声头,声波强度调至高档,一般为 $0.75\sim1w/cm^2$。

(2) 设定时间。面部的时间为5~15min,眼部的时间为5min左右。

(3) 选择波形输出。一般选择连续波,对于严重暗疮皮肤、毛细血管扩张的皮肤选择脉冲波。

(4) 打开电源开关,预热3min。如果是全自动的,则只需等仪器自检完毕发出蜂鸣提示后,根据需要设置操作模式。

(5) 根据皮肤类型及状况,选择适合的介质(药物或护肤品),最好是胶状或膏霜状的,涂在清洁后的皮肤上。

(6) 操作时美容师手持声头要稳,手腕不要移动,主要靠手臂带动,力度均匀,移动速度应缓慢,顺肌肉纹理呈螺旋形或"之"字形移动,走向:右脸颊—下颌—左脸颊—额头。较小的声头可用于下眼睑,紧贴皮肤,由外眼角到内眼角做打圈动作,类似下眼睑按摩动作。

(7) 操作完毕关机,擦拭声头放回原位。

(8) 清洁声头并做必要的消毒工作,不要马上清洗皮肤,让药物保留10min左右,使其充分渗透。

4. 爽肤 用化妆棉蘸取爽肤水擦拭顾客皮肤,可使皮肤滋润收敛,调节pH值,并起到再次清洁的作用。

5. 润肤 取少许润肤乳分五点法置于面部皮肤,并轻轻涂抹均匀。取少许眼霜,涂于眼周,轻轻按摩至吸收。

6. 整理 整理小推车及美容床,清洗用过的用具并浸泡消毒。打扫环境卫生,并进行环境消毒。

二、相关知识链接

注意事项

1. 用超声波美容仪护理前必须清洁皮肤,涂上足够的膏霜状的面霜或精华素、药膏,以防过度牵拉皮肤而损伤,禁止声头直接作用于皮肤。

2. 整个面部护理最长时间不得超过15分钟,小面积例如眼部,最长时间不得超过8分钟,并根据皮肤的厚薄具体调整操作时间。

3. 操作时,严禁将正在使用的声头直接对着顾客的眼睛,以免伤害眼球。

4. 由于超声波的传播方式是直线传播,因此,操作时应注意使声头平面紧贴皮肤,并轻柔地不断移动声头,声头要贴紧皮肤否则会产生空泡现象而损伤皮肤。

5. 声头使用后,须清洁消毒,以免交叉感染,将声头擦干保存,以免产生细菌和水渍。

6. 超声波美容仪在运作时,声头不能空置,否则会将声头烧坏,每一疗程结束,应按下暂停键,休息片刻,连续使用时间不宜过长。

7. 通常10次为一个疗程,第二个疗程与第一个疗程间隔一周。

三、技能考核评分表

考核项目	考核要点	评分标准		得分
1. 仪器的构造与识别	超声美容仪的构造与识别	正确指出大小超声探头	2分	
		正确指出时间选择按钮	2分	
		正确指出功率选择按钮	2分	
		正确指出波形选择按钮	2分	
		正确指出输出选择按钮	2分	

续表

考核项目	考核要点	评分标准	得分
2. 准备工作	美容师束发、着工作服、穿工作鞋、洗手消毒，准备好各种物品	各种物品准备齐全　5分	
	协助顾客更衣，引导顾客进入护肤区，做好护肤前准备工作	根据顾客皮肤特点备好物品　5分	
	用洁面乳进行表层清洁	正确实施表层清洁操作　5分	
3. 仪器使用	根据部位及面积的大小选择声头并消毒	探头选择正确　5分	
	设定时间	消毒方法正确　5分	
	选择波形输出	时间设定准确　5分	
	打开电源开关，预热3min	波形选择正确　5分	
	根据皮肤类型及状况，选择适合的介质	介质选择正确　5分	
	超声探头按摩	顺肌肉纹理呈螺旋形或“之”字形移动　10分	
	操作完毕关机	探头走向：右脸颊—下颌—左脸颊—额头　10分	
	清洁声头并做必要的消毒工作	操作结束，停留10min　5分	
		整个面部护理最长时间不得超过15分钟　5分	
4. 爽肤	用化妆棉蘸取爽肤水擦拭顾客皮肤	爽肤水取量适中　5分	
5. 润肤	涂抹润肤乳	乳液取量适中　5分	
	涂眼霜	眼霜取量适中　5分	
6. 整理	整理小推车及美容床	护肤后整理工作规范　5分	
	清洗用过的用具并浸泡消毒		
	打扫环境卫生，并进行环境消毒		

『技能操作项目六　面部按摩』

一、目 的 要 求

1. 掌握经络按摩手法。

2. 通过训练使面部按摩达到持久、有力、均匀、得气、柔和。

二、实 训 物 品

1. 用品准备　胶头(1个)、钢玻中号碗(1个)、小号碗(2个)、小号泡镊筒(2人1个)、酒精棉球瓶(2人1个)、棉片(4张)、小方巾(1张)、洗面盆(1个)、纸巾(1张)、蒸馏水(50ml)、方盘(1个)、弯盘(1个)。

2. 仪器准备　热喷仪(2人1台1)。

3. 材料准备　洗面奶(3ml)、按摩膏(4g)或按摩油(1.5ml)、爽肤水(3ml)、面霜(0.5g)。

三、实训指导及操作要点

1. 准备工作　洗手、消毒。

2. 操作程序

(1) 爽肤。

(2) 热喷。

（3）爽肤。

（4）面部按摩。

（5）爽肤。

（6）润肤。

（7）整理工作区域：整理美容床、清洗操作用品用具，打扫工作台和地面，将所有用品用具放入消毒液中浸泡。

四、相关知识链接

按摩的注意事项：

1. 手法要求

（1）按摩要顺着皮纹肌理进行。

（2）手感要连贯伏贴。

（3）力度要沉稳，按压疏穴要由轻到重，再由重到轻。

（4）注意按摩的节奏感和韵律感，整个按摩的程序要连贯流畅。

2. 根据顾客皮肤的状态，决定面部按摩的力度和时间 顾客的皮肤多种多样，所以按摩也不能一成不变地进行。如果按摩的力度和时间控制不当，就达不到按摩的目的，反而会损害皮肤。例如顾客是敏感性皮肤，那么按摩时力量要非常轻柔，按摩的时间应该控制在5分钟之内，特别敏感的皮肤就不能进行按摩，否则就会使皮肤过敏。

3. 面部按摩的时间通常为15～20分钟，不能超过20分钟 面部按摩对皮肤的健康非常有好处，但是并不是按摩的时间越长越好，按摩时间超过20分钟会使皮肤过度疲劳，产生皱纹，毛细血管表浅，损伤皮肤，使皮肤变敏感，导致皮肤老化。因此要严格遵循皮肤按摩的时间规定进行按摩。

4. 清洁手部，保持手部温暖，不留指甲，除去手部饰品 按摩之前美容师必须用肥皂彻底清洁双手，减去指甲，除去手部饰品，并使双手温暖，减少对顾客皮肤的刺激，避免让顾客产生任何不舒服的感觉。

5. 不适合进行按摩的几种情况

（1）严重过敏性皮肤和皮肤正在过敏的时期。

（2）皮肤有炎症或破损。

（3）有传染病的皮肤。

（4）精神病患者。

（5）孕妇。

五、技能考核评分表

考核项目	考核要点	考核比重及得分说明	得分
1. 操作程序	（1）表层洁肤 （2）热喷 （3）深层清洁 （4）面部按摩 （5）爽肤 （6）润肤 （7）整理工作区域：整理美容床、清洗操作用品用具，打扫工作台和地面，将所有用品用具放入消毒液中浸泡	40分（按程序要求演示操作程序，错一项或漏做一项扣7分）	

续表

考核项目	考核要点	考核比重及得分说明	得分
2. 操作注意事项	(1) 手法要求 1) 按摩要顺着皮纹肌理进行 2) 手感要连贯伏贴 3) 力度要沉稳,按压腧穴要由轻到重,由重到轻 4) 注意按摩的节奏感和韵律感,整个按摩的程序要连贯流畅 (2) 根据顾客皮肤的状态,决定面部按摩的力度和时间 顾客的皮肤多种多样,所以按摩也不能一成不变地进行。如果按摩的力度和时间控制不当,就达不到按摩的目的,反而会损害皮肤。例如顾客是敏感性皮肤,那么按摩时力量要非常轻柔,按摩的时间应该控制在5分钟之内,特别敏感的皮肤就不能进行按摩,否则就会使皮肤过敏 (3) 面部按摩时间通常为15~20min,不超过20min 面部按摩对皮肤的健康非常有好处,但是并不是按摩的时间越长越好,按摩时间超过20分钟会使皮肤过度疲劳,产生皱纹,毛细血管表浅,损伤皮肤,使皮肤变敏感,导致皮肤老化。因此要严格遵循皮肤按摩的时间规定进行按摩 (4) 清洁手部,保持手部温暖,不留指甲,除去手部饰品按摩之前美容师必须用肥皂彻底清洁双手,减去指甲,除去手部饰品,并使双手温暖,减少对顾客皮肤的刺激,避免让顾客产生任何不舒服的感觉	30分(少一点扣10分)	
3. 紧急处理	(1) 在操作过程中如果出现过敏现象,采用正确的方法进行处理 (2) 有效地与顾客进行良好的沟通	30分(说错一项扣15分)	
总得分			

『技能操作项目七　面膜』

一、目的要求

1. 掌握硬膜、软膜的使用方法。
2. 了解面膜的分类及各类面膜的特点。

二、实训物品

1. 用品准备　钢玻小碗(3个)、钢玻大碗(2个)、钢玻中号碗(1个/2人)、泡镊筒及镊子(1个/2人)、酒精棉球瓶(1个)、钢制压舌板(1个)、木制压舌板(1个)、小棉片5cm×5cm(10张)、小棉片10cm×10cm(4张)、小方巾(1张)、洗面盆(1个)、纸巾(8张)、蒸馏水(300ml)、方盘(1个)、弯盘(1个)、海绵扑(2个)。

2. 仪器准备　热喷仪(1台/2人)。

3. 材料准备　洗面奶(3g)、去角GEL(2g)、按摩膏(4g)、软膜(15g)、硬膜(200g)、爽肤水(3ml)、面霜(0.5g)、医用石膏粉(1000g)、凡士林(5g)、棉棒(6根)。

三、实训指导及操作要点

1. 胶头练习倒硬膜

(1) 用纸巾保护发际线。

(2) 在胶头上涂抹薄薄一层凡士林作为底霜,用湿润的面片保护眼睛和眉毛。

(3) 加水将石膏粉搅拌成雪糕状。

(4) 顺皮纹肌理涂抹石膏粉,先下颌再面颊,然后涂抹额头,接着使鼻部和嘴唇上部的皮肤。涂抹时避开眼部和眉毛、发际线、嘴唇。用鸭舌板将面膜表面熨平,使面膜表面平整光滑、同时有规则的轮廓。

(5) 待到面膜干透后再挤压胶头边缘,使面膜脱落。

(6) 用湿润的海绵扑清洁面膜残渣。

2. 真人皮肤上练习敷软膜

(1) 准备物品。

(2) 洗手、消毒。

(3) 全脸表层清洁。

(4) 爽肤。

(5) 热喷。

(6) 用去角质 GEL 进行全脸深层清洁。

(7) 按摩。

(8) 爽肤。

(9) 软膜:①加水将软膜粉搅拌成雪糕状。②顺皮纹肌理涂抹软膜,先下颌再面颊,然后涂抹额头,接着是鼻部和嘴唇上部的皮肤。涂抹时避开眼部和眉毛、发际线、嘴唇。用鸭舌板将面膜表面熨平,使面膜表面平整光滑、同时有规则的轮廓。③待到软膜边缘变干后,松动软膜边缘,再将软膜整张揭下。④用湿润的小方巾清洁面膜残渣。

(10) 爽肤。

(11) 润肤。

四、相关知识链接

面膜的注意事项:

1. 面膜的涂抹要顺皮肤纹理涂抹。
2. 硬膜必须保护长毛发的部位,必须涂抹底霜,而且底霜必须较厚。
3. 凝结性面膜上膜的速度要快。

五、技能考核评分表

考核项目	考核要点	考核比重及得分说明	得分
1. 准备工作	(1) 保护好毛发及毛巾 (2) 若敷硬膜则用湿润棉片保护眼部 (3) 涂抹适当厚度的底霜若有需要可铺一层湿润纱布 (4) 调膜加水量适中,膜粉干稀合适	30分(说错一项或漏说一项扣8分)	

续表

考核项目	考核要点	考核比重及得分说明	得分
2. 操作程序	(1) 准备物品 (2) 洗手、消毒 (3) 全脸表层清洁 (4) 爽肤 (5) 热喷 (6) 用去角质 GEL 进行全脸深层清洁 (7) 按摩 (8) 爽肤 (9) 软膜:①加水将软膜粉搅拌成雪糕状。②顺皮纹肌理涂抹软膜,先下颌再面颊,然后涂抹额头,接着是鼻部和嘴唇上部的皮肤。涂抹时避开眼部和眉毛、发际线、嘴唇。用鸭舌板将面膜表面熨平,使面膜表面平整光滑、同时有规则的轮廓。③待到软膜边缘变干后,松动软膜边缘,再将软膜整张揭下。④用湿润的小方巾清洁面膜残渣 (10) 爽肤 (11) 润肤	40 分(按程序要求演示操作程序,错一项或漏做一项扣 4 分)	
3. 操作注意事项	(1) 面膜的涂抹要顺皮肤纹理涂抹 (2) 硬膜必须保护长毛发的部位,必须涂抹底霜,而且底霜必须较厚 (3) 凝结性面膜上膜的速度要快	30 分(少一点扣 10 分)	
总得分			

『技能操作项目八　爽肤嫩肤及护肤整理』

一、目的要求

1. 掌握爽肤水的使用方法。
2. 掌握润肤霜的使用方法。
3. 了解化妆水的分类和选择。
4. 了解润肤霜的分类和选择。

二、实训物品

1. 用品准备　钢玻小号碗(1 个)、泡镊筒(2 人 1 个)、酒精棉球瓶(2 人 1 个),棉片(10 张)、小方巾(1 张)、洗面盆(1 个)、纸巾(2 张)、蒸馏水(300ml)、方盘(1 个)、弯盘(1 个)、棉棒(4 根)。

2. 材料准备　卸妆液(2ml)/卸妆油(2ml)/清洁霜(2g)、水溶性洗面奶(1g)/乳液状洗面奶(3g)、柔肤水(3ml)/收敛水(3ml)/清洁水(3ml)、面霜(0.5g)/乳液(0.5g)/防晒霜(0.5g)。

三、实训指导及操作要点

操作程序:

1. 美容师仪容仪表准备,消毒双手。

2. 备品　一次性备齐所有需要的物品，并根据顾客的皮肤特点选择适合的卸妆产品和洗面奶。

3. 面部卸妆程序。

4. 将洗面奶放在面部五点，然后逆毛孔方向打小圈。

5. 用湿毛巾把面部污垢擦去，可反复2~3次。

6. 爽肤　化妆水从其外观形态可分为透明型、乳液型和多层型；按其功能分为柔软性化妆水、收敛性化妆水、清洁用化妆水。

(1) 将化妆水滴于掌心，用另一手沾取化妆水拍于面部皮肤。

(2) 用化妆棉浸湿后在面部均匀涂抹。

(3) 将化妆水装入带喷嘴的小瓶随时向面部喷洒。

7. 乳液/面霜　乳液的油脂含量小，相对保湿性差，适于皮肤油脂分泌旺盛的油性皮肤，可给皮肤补充水分和少量的油脂。面霜能达到滋润、保护和营养的作用，并保持皮肤水分的平衡和皮肤的柔软及弹性。

(1) 爽肤后取乳液适量均匀涂于面部。

(2) 涂抹润肤霜时可配合轻柔的按摩及点拍，加强润肤霜与皮肤的亲和性和渗透性。

8. 防晒霜　将防晒霜直接涂敷于皮肤上，在皮肤上形成薄膜，根据防晒系数的大小，可隔数小时后重新涂抹。

9. 整理工作区域，整理美容床，清洁已经使用过的用具，打扫工作台和地面，将所有用品用具放入消毒液中浸泡。

四、相关知识链接

注意事项：

1. 根据顾客的皮肤类型选择适合的化妆水和润肤霜。
2. 美容师取用乳霜时要使用化妆棉棒避免污染产品。
3. 接触过皮肤的化妆棉棒不能再碰触到产品。

五、技能考核评分表

考核项目	考核要点	考核比重及得分说明	得分
1. 准备工作	(1) 美容师仪容仪表准备，消毒双手 (2) 备品：一次性备齐所有需要的物品，并根据顾客的皮肤特点选择适合的卸妆产品和洗面奶	15分(做错一项或漏做一项扣8分)	
2. 面部清洁	(1) 面部卸妆程序 (2) 将洗面奶放在面部五点，然后逆毛孔方向打小圈 (3) 用湿毛巾把面部污垢擦去，可反复2~3次	15分(做错一项或漏做一项扣5分)	
3. 爽肤	(1) 将化妆水滴于掌心，用另一手沾取化妆水拍于面部皮肤 (2) 用化妆棉浸湿后在面部均匀涂抹 (3) 将化妆水装入带喷嘴的小瓶随时向面部喷洒	30分(做错一项或漏做一项扣10分)	
4. 乳液/面霜	(1) 爽肤后取乳液适量均匀涂于面部 (2) 涂抹润肤霜时可配合轻柔的按摩及点拍，加强润肤霜与皮肤的亲和性和渗透性	20分(做错一项或漏做一项扣10分)	

续表

考核项目	考核要点	考核比重及得分说明	得分
5. 防晒霜	将防晒霜直接涂敷于皮肤上,在皮肤上形成薄膜,根据防晒系数的大小,可隔数小时后重新涂抹	10分	
6. 整理	整理工作区域,整理美容床,清洁已经使用过的用具,打扫工作台和地面,将所有用品用具放入消毒液中浸泡	10分	
总得分			

『技能操作项目九 中性皮肤养护』

一、目的要求

1. 掌握中性皮肤的护理程序。

2. 掌握中性皮肤护理的注意事项。

3. 掌握皮肤类型的鉴别,中性皮肤护理的仪器的选择使用、化妆品与面膜的选择与使用。

二、实训物品

1. 用品准备 泡镊筒、酒精棉球瓶、压舌板、棉片、小方巾、洗面盆、纸巾、蒸馏水、方盘、弯盘、中号钢玻碗、面膜刷。

2. 仪器准备 奥桑离子喷雾机、超声波美容仪。

3. 材料准备 洗面奶、去角质啫喱、爽肤水、补水精华素、面霜、膏状面膜或者软膜粉、按摩膏或按摩油。

三、实训指导及操作要点

1. 准备工作

(1) 美容师仪容仪表准备。

(2) 咨询判断皮肤类型,选择正确的护理方法。

(3) 备品、消毒双手。

2. 操作程序

(1) 表层清洁:根据季节选择洁面产品,中性皮肤受季节影响较大,冬季偏干,夏季偏油,洗面奶要在夏季时可以使用清洁力度强一些的洗面奶,冬季则可选择滋润些的洗面奶。

(2) 爽肤。

(3) 热喷(或热敷),热喷时间控制在5~8分钟,喷雾距离30cm左右。

(4) 用去角质霜进行全脸深层清洁。根据皮肤状况决定去角质的频率和去角质的部位及去角质产品。一般来说中性皮肤可28天去角质一次。

(5) 面部按摩,按摩时间控制到15~20分钟。

(6) 面膜,中性皮肤的面膜可以根据季节和皮肤的状态来进行选择,可以是水分充足的软膜,或滋润的油膏面膜,或者有清洁作用的粉膏面膜,冬季特别干燥的季节也可以选择营养丰富的硬膜。

（7）爽肤。

（8）眼霜+面霜+防晒霜

（9）送客、告别用语

（10）整理：①整理美容床、清洗操作用品用具。②仪器归位，更换仪器用水，断开电源。③打扫工作台和地面。④将所有用品用具放入消毒液中浸泡。

四、相关知识链接

中性皮肤护理的注意事项：

1. 注意美容师自我的准备。
2. 一次性备品、消毒。
3. 中性皮肤产品选择的原则。
4. 热喷的时间、距离以及注意事项。
5. 上膜的顺序、方法及注意事项。

五、技能考核评分表

考核项目	考核要点	考核比重及得分说明	得分
1. 准备工作	（1）美容师仪容仪表准备 （2）咨询判断皮肤类型选择正确的护理方法 （3）备品、消毒双手	30分（做错一项或漏做一项扣10分）	
2. 操作程序	（1）表层清洁根据季节选择洁面产品，中性皮肤受季节影响较大，冬季偏干，夏季偏油，洗面奶要在夏季时可以使用清洁力度强一些的洗面奶，冬季则可选择滋润些的洗面奶 （2）爽肤 （3）热喷（或热敷），热喷时间控制在5~8分钟，喷雾距离30cm左右 （4）用去角质霜进行全脸深层清洁。根据皮肤状况决定去角质的频率和去角质的部位及去角质产品。一般来说中性皮肤可28天去角质一次 （5）面部按摩，按摩时间控制到15~20分钟 （6）面膜，中性皮肤的面膜的选择可以应该根据季节和皮肤的状态来进行选择，可以是水分从充足的软膜，及滋润的油膏面膜，或者有清洁作用的粉膏面膜，冬季特别干燥的季节也可以选择营养丰富的硬膜 （7）爽肤 （8）眼霜+面霜+防晒霜	40分（按程序要求演示操作程序，错一项或漏做一项扣5分）	
3. 操作注意事项	（1）注意美容师自我的准备 （2）一次性备品、消毒 （3）中性皮肤产品选择的原则 （4）热喷的时间、距离及注意事项 （5）上膜的顺序、方法及注意事项 （6）注意送别用语 （7）注意整理得彻底	30分（少一点扣5分）	
总得分			

『技能操作项目十　干性皮肤养护』

一、目 的 要 求

1. 掌握干性皮肤的判断方法。
2. 掌握干性皮肤的护理程序。
3. 掌握超声波美容仪的使用方法和注意事项。

二、实 训 物 品

1. 用品准备　泡镊筒（2人1个）、酒精棉球瓶（2人1个）、压舌板（1个）、棉片（6片）、小方巾（1张）、洗面盆（1个）、纸巾（2张）、蒸馏水（50ml）、方盘（1个）、弯盘（1个）、中号钢玻碗（2个）、面膜刷（1个）。

2. 仪器准备　超声波美容仪（2人1台）。

3. 材料准备　洗面奶（3ml）、去角质啫喱（2g）、爽肤水（3ml）、补水精华素（1ml）、面霜（0.5g）、膏状面膜（5g）或者软膜粉（15g）、按摩膏（4g）或按摩油（2ml）。

三、实训指导及操作要点

1. 准备工作

（1）美容师仪容仪表准备。

（2）咨询判断皮肤类型选择正确的护理方法。

（3）备品、消毒双手。

2. 操作程序

（1）全脸表层清洁，洗面奶洁面，可选用弱碱性或中性，以免碱性过大损伤皮脂膜，洗面奶在面部停留的时间不可太长避免过度清洁皮肤。

（2）热喷3~5分钟，喷口与顾客的距离与位置。

（3）用去角质GEL进行深层清洁，时间不宜太长，手法要轻，根据皮肤的状况调整深层清洁的部位，面部可参照28天为一个周期进行操作。

（4）爽肤。

（5）超声波导入补水精华素。方法：①消毒探头。②在皮肤上涂上补水精华素或营养霜。③视应用面积的大小选择声头。面积小的部位用小声头，通常作用于下眼睑，声波强度调至0.5~0.75（即2~3格）；面积大的部位用大声头，声波强度调至0.75~1.25（即3格~5格）。时间调至8~15分钟。④选择波形输出。一般选择连续波，对于严重暗疮皮肤、毛细血管扩张的皮肤选择脉冲波。⑤操作时美容师手持声头要稳，力度均匀，移动缓慢。呈“之”字形或螺旋形移动，使皮肤得到充分的声波护理。⑥操作完毕关机，擦拭声头放回原位。

（6）按摩，应选用滋润作用好的按摩膏或纯植物油，如荷荷巴油、甜杏仁油等，按摩时间大约8~15分钟，按摩手法应根据血管在头面部的分布方向，顺动脉血流方向做按摩，以增加面部血流量。

（7）刷膏状面膜多选用营养性软膜、保湿蜡膜、皮肤特别干燥时可选用硬膜。

（8）爽肤，多选用营养性的爽肤水，注意应避开眼部。

(9) 眼霜+面霜,夏季可用滋润营养的乳液,冬季选用滋养面霜,在眼部和额部、颈部应重点保养。

(10) 送客、告别用语:在送别时,美容师一定要留意自己的具体表现,使之处处合乎礼仪,在送客时一定要提醒顾客拿取储物柜里的所有物品,避免客人忘拿或遗漏东西,并一定要将顾客送至门口或电梯口。告别用语:"再见!""您慢走""欢迎下次光临""走好"。

(11) 整理:①整理美容床、清洗操作用品用具。②仪器归位,更换仪器用水,插上电源。③打扫工作台和地面。④将所有用品用具放入消毒液中浸泡。

四、相关知识链接

干性皮肤护理的注意事项:

1. 注意美容师自我的准备。
2. 一次性备品、消毒。
3. 干性皮肤产品选择的原则。
4. 超声波美容仪的操作注意事项:①超声波在皮肤上运作时间过长,皮肤可产生疲劳现象使皮肤对营养物质的吸收能力下降。②声波剂量过大会使皮肤产生灼伤。③超声波美容仪在运作时,声头不能空置,否则会将声头烧坏。④声头要贴紧皮肤否则会产生空泡现象而损伤皮肤。⑤用超声波美容仪护理前必须清洁皮肤,涂上足够的膏霜状的面霜或精华素、药膏,以防过度牵拉皮肤而损伤。⑥整个面部护理最长时间不得超过15分钟,小面积例如眼部,最长时间不得超过8分钟,并根据皮肤的厚薄具体调整操作时间。⑦通常10次为一个疗程,第二个疗程与第一个疗程间隔一周。
5. 注意送别用语。
6. 注意整理得彻底。

五、技能考核评分表

考核项目	考核要点	考核比重及得分说明	得分
1. 操作程序	(1) 全脸表层清洁,洗面奶洁面,可选用弱碱性或中性,以免碱性过大损伤皮脂膜,洗面奶在面部停留的时间不可太长避免过度清洁皮肤 (2) 热喷3~5分钟,喷口与顾客的距离与位置 (3) 用去角质GEL进行深层清洁,时间不宜太长,手法要轻,根据皮肤的状况调整深层清洁的部位,面部可参照28天为一个周期进行操作 (4) 爽肤 (5) 超声波导入补水精华素 (6) 按摩,应选用滋润作用好的按摩膏或纯植物油,如荷荷巴油、甜杏仁油等,按摩时间大约8~15分钟,按摩手法应根据血管在头面部的分布方向,顺动脉血流方向做按摩,以增加面部血流量 (7) 刷膏状面膜多选用营养性软膜、保湿蜡膜,皮肤特别干燥时可选用硬膜 (8) 爽肤,多选用营养性的爽肤水,注意应避开眼部 (9) 眼霜+面霜,夏季可用滋润营养的乳液,冬季选用滋养面霜,在眼部和额部、颈部应重点保养	50分(说错一项或漏说一项扣6分)	

续表

考核项目	考核要点	考核比重及得分说明	得分
2. 超声波导入补水精华素方法	(1) 消毒探头 (2) 在皮肤涂上补水精华素或营养霜 (3) 视应用面积的大小选择声头。面积小的部位用小声头，通常作用于下眼睑，声波强度调至 0.5~0.75 即 2 格到 3 格；面积大的部位用大声头，声波强度调至 0.75~1.25 即 3 格到 5 格。时间调至 8~15 分钟 (4) 选择波形输出。一般选择连续波，对于严重暗疮皮肤、毛细血管扩张的皮肤选择脉冲波 (5) 操作时美容师手持声头要稳，力度均匀，移动缓慢。呈“之”字形或螺旋形移动，使皮肤得到充分的声波护理 (6) 操作完毕关机，擦拭声头放回原位	20 分(按程序要求演示操作程序，错一项或漏做一项扣 4 分)	
3. 超声波美容仪的操作注意事项	(1) 超声波在皮肤上运作时间过长，皮肤可产生疲劳现象使皮肤对营养物质的吸收能力下降 (2)声波剂量过大会使皮肤产生灼伤 (3) 超声波美容仪在运作时，声头不能空置，否则会将声头烧坏 (4) 声头要贴紧皮肤否则会产生空泡现象而损伤皮肤 (5) 用超声波美容仪护理前必须清洁皮肤，涂上足够的膏霜状面霜或精华素、药膏，以防过度牵拉皮肤而损伤 (6) 整个面部护理最长时间不得超过 15 分钟，小面积例如眼部，最长时间不得超过 8 分钟，并根据皮肤的厚薄具体调整操作时间 (7) 通常 10 次为一个疗程，第二个疗程与第一个疗程间隔一周	20 分(错一项或漏做一项扣 3 分)	
4. 操作注意事项	(1) 注意美容师自我的准备 (2) 一次性备品、消毒 (3) 干性皮肤产品选择的原则 (4) 超声波美容仪的操作注意事项 (5) 注意送别用语 (6) 注意整理得彻底	10 分(少一点扣 2 分)	
总得分			

『技能操作项目十一　油性皮肤养护』

一、目的要求

1. 掌握油性皮肤的判断方法。
2. 掌握油性皮肤的护理程序。
3. 掌握针清的操作要领和注意事项。
4. 掌握贾法尼美容仪的使用方法和注意事项。

二、实训物品

1. 用品准备　泡镊筒(2 人 1 个)、酒精棉球瓶(2 人 1 个)、压舌板(1 个)、棉片(10 片)、小方巾(1 张)、洗面盆(1 个)、纸巾(2 张)、蒸馏水(50ml)、方盘(1 个)、弯盘(1 个)、中号钢玻碗（2 个）、面膜刷（1 个）、暗疮针（1 根）。

2. 仪器准备 贾法尼美容仪（2 人 1 台）、热喷仪（2 人 1 台）。

3. 材料准备 清洁霜（2g）、洗面奶（3g）、磨砂膏（2g）/去角质啫喱（2g）、按摩啫喱（6g）、粉膏状面膜（5g）/软膜粉（15g）、紧肤水（3ml）、清爽乳液（0.5g）、小苏打溶液（10ml）/黑头导出液（10ml）、毛孔收细精华（1ml）。

三、实训指导及操作要点

1. 准备工作

（1）美容师仪容仪表准备。

（2）咨询判断皮肤类型选择正确的护理方法。

（3）备品、消毒双手。

2. 操作程序

（1）用清洁霜进行第一次全脸清洁。

（2）表层清洁，可选用针对油性皮肤的洗面奶，可用含有皂基的清洁能力良好的洗面奶，以彻底清洁皮肤。

（3）爽肤，可用含有抑制皮脂分泌和有消炎作用的金缕梅、薄荷、薰衣草等，爽肤水中也可含有适量的酒精以收缩毛孔，杀菌消炎。

（4）热喷。

（5）针清黑头：可在黑头比较集中的部位用棉片浸黑头导出液，敷贴于黑头部位，热喷几分钟后用暗疮针的小圈轻压黑头四周，待其松动后再将其挤压出来。对白头，先用 75% 的酒精消毒暗疮针和局部皮肤，进针时暗疮针应与皮肤呈平行状态进针，迅速刺破，然后挑开表皮的薄膜，切忌与皮肤呈垂直角度进针；然后和黑头相同压松白头四周再将其挤出。

（6）深层清洁，可选用磨砂膏或去角质霜。

（7）爽肤。

（8）贾法尼导入毛孔收细精华：①用酒精棉球消毒电极棒和导药钳。②将毛孔收细精华素的 1/2 涂于皮肤，尤其是需重点导入的部位，其余的精华素浸透棉片缠绕在导药钳上或留到操作的过程中边加边导入。③将导药钳置于客人额部，按下开关，将旋钮调至正电位，并调整电流强度。④导药钳在皮肤上以“之”字形或螺旋形移动，导药钳始终不离开皮肤，整个过程 3~5 分钟。⑤导入完毕，调整电流强度归零，关闭开关，导药钳从皮肤上移开并取下棉片。⑥用酒精棉球消毒电极棒和导药钳。

（9）按摩，可选用按摩 GEL 或者用质地清爽纯植物油如葡萄籽油。

（10）爽肤。

（11）面膜，应选用有清洁作用的粉膏状面膜或者清爽软膜。

（12）爽肤。

（13）润肤：清爽乳液。

（14）送客、告别用语。

（15）整理：①整理美容床、清洗操作用品用具。②仪器归位，更换仪器用水，断开电源。③打扫工作台和地面。④将所有用品用具放入消毒液中浸泡。

四、相关知识链接

贾法尼的使用注意事项：

（1）心脏病患者，体内有金属植入者及孕妇，禁止用阴阳电离子仪，孕妇可能造成流产。

（2）导药钳应用棉片缠紧，同时棉片不能太厚否则电流无法通过而达不到效果。

（3）电流强度必须从弱调至强使客人逐渐适应。

（4）操作时请客人将金属饰物摘下。

（5）操作过程中导药钳要在皮肤上不停移动，移动要有节奏不能太快。

（6）操作过程中导药钳不能离开皮肤也不能在皮肤上产生空隙否则会灼伤皮肤。

五、技能考核评分表

考核项目	考核要点	考核比重及得分说明	得分
1. 操作程序	（1）用清洁霜进行第一次全脸清洁 （2）表层清洁，可选用针对油性皮肤的洗面奶，用含有皂基的清洁能力良好的洗面奶，彻底清洁皮肤 （3）爽肤，可用含有抑制皮脂分泌和有消炎作用的金缕梅、薄荷、薰衣草等，爽肤水中也可含有适量的酒精以收缩毛孔，杀菌消炎 （4）热喷 （5）针清，黑头：可在黑头比较集中的部位用棉片浸黑头导出液，敷贴于黑头部位，热喷几分钟后用暗疮针的小圈轻压黑头四周，待其松动后再将其挤压出来；对白头，先用75%的酒精消毒暗疮针和局部皮肤，进针时，暗疮针应与皮肤呈平行状态进针，迅速刺破，然后挑开表皮的薄膜，切忌与皮肤呈垂直角度进针；然后和黑头相同压松白头四周再将其挤出 （6）深层清洁，可选用磨砂膏或去角质霜 （7）爽肤 （8）贾法尼导入毛孔收细精华：①用酒精棉球消毒电极棒和导药钳。②将毛孔收细精华素的1/2涂于皮肤，尤其是需重点导入的部位，其余的精华素浸透棉片缠绕在导药钳上或留到操作的过程中边加边导入。③将导药钳置于客人额部，按下开关，将旋钮调至正电位，并调整电流强度。④导药钳在皮肤上以“之”字形或螺旋形移动，导药钳始终离不开皮肤，整个过程3~5分钟。⑤导入完毕，调整电流强度归零，关闭开关，导药钳从皮肤上移开并取下棉片。⑥再用酒精棉球消毒电极棒和导药钳 （9）按摩，可选用按摩GEL或者用质地清爽纯植物油如葡萄籽油 （10）爽肤 （11）面膜，应选用有清洁作用的粉膏状面膜或者清爽软膜 （12）爽肤 （13）润肤：清爽乳液 （14）注意送别用语 （15）注意整理得彻底	60分（做错一项或漏做一项扣5分）	

续表

考核项目	考核要点	考核比重及得分说明	得分
2. 贾法尼的使用注意事项	(1)心脏病患者、体内有金属植入者及孕妇,禁止用阴阳电离子仪,孕妇可能造成流产 (2) 导药钳应用棉片缠紧,同时棉片不能太厚否则电流无法通过而达不到效果 (3) 电流强度必须从弱调至强使客人逐渐适应 (4) 操作时请客人将金属饰物摘下 (5) 操作过程中导药钳要在皮肤上不停移动,移动要有节奏不能太快 (6) 操作过程中导药钳不能离开皮肤也不能在皮肤上产生空隙否则会灼伤皮肤	20分(少一点扣4分)	
3. 操作注意事项	(1) 注意美容师自我的准备 (2) 一次性备品、消毒 (3) 油性皮肤产品选择的原则 (4) 针清白头、黑头粉刺	20分(少一点扣5分)	
总得分			

『技能操作项目十二　混合性皮肤养护』

一、目的要求

1. 掌握混合性皮肤的判断方法。
2. 掌握混合性皮肤的护理程序。
3. 掌握超声波美容仪的使用方法和注意事项。

二、实训物品

1. 用品准备　泡镊筒(2人1个)、酒精棉球瓶(2人1个)、压舌板(1个)、棉片(6片)、小方巾(1张)、洗面盆(1个)、纸巾(2张)、蒸馏水(50ml)、方盘(1个)、弯盘(1个)、中号钢玻碗(2个)、面膜刷(1个)。

2. 仪器准备　超声波美容仪(2人1台)。

3. 材料准备　洗面奶(3ml)、去角质啫喱(2g)、爽肤水(3ml)、补水精华素(1ml)、面霜(0.5g)、膏状面膜(5g)或者软膜粉(15g)、按摩膏(4g)或按摩油(2ml)。

三、实训指导及操作要点

1. 准备工作

(1) 美容师仪容仪表准备。

(2) 咨询判断皮肤类型,选择正确的护理方法。

(3) 备品、消毒双手。

2. 操作程序

(1) 用清洁霜进行第一次全脸清洁。

（2）表层清洁，针对不同的皮肤状态选用洗面奶，例如皮肤在秋冬季节偏干燥，可选用中性或干性皮肤适用的洗面奶，如果是夏季或者皮肤比较偏油则应该选用油性皮肤的洗面奶。也可分区域，根据皮肤类型选用相应洗面奶。

（3）爽肤，可用含有油脂平衡作用的爽肤水，也可根据皮肤的特点选用两种爽肤水进行爽肤。

（4）热喷。

（5）深层清洁，根据皮肤的厚度，灵活选择需要深层清洁的部位进行深层清洁。在皮肤较为油腻的T型区，如果有粉刺的情况，则可以进行针清处理。

（6）爽肤。

（7）贾法尼/超声波导入精华素。

（8）按摩。

（9）爽肤。

（10）面膜。

（11）爽肤。

（12）润肤。

（13）送客、告别用语：在送别时，美容师一定要留意自己的具体表现，使之处处合乎礼仪，在送客时一定要提醒顾客拿取储物柜里的所有物品，避免客人忘拿或遗漏东西，并一定要将顾客送至门口或电梯口。告别用语："再见！""您慢走""欢迎下次光临""走好"。

（14）整理：①整理美容床、清洗操作用品用具。②仪器归位，更换仪器用水，插上电源。③打扫工作台和地面。④将所有用品用具放入消毒液中浸泡。

四、相关知识链接

混合性皮肤护理的注意事项：

1. 注意美容师自我的准备。
2. 一次性备品、消毒。
3. 混合性皮肤产品选择的原则。
4. 灵活选择护理产品和护理方法：混合性皮肤是由多种皮肤类型组成的，这些皮肤类型分布在不同的区域，因此在选择护理产品和护理方法的时候应该灵活处理，根据当时的皮肤状况而定。一般来说有两种选择产品的方法，一种是观察皮肤的大面积的区域比较偏向于那种情况，针对主要问题选择产品；另一种方法要细致一些，同时也要烦琐些，就是根据各个不同的皮肤状态，分区域使用适合的产品。
5. 注意送别用语。
6. 注意整理得彻底。

五、技能考核评分表

考核项目	考核要点	考核比重及得分说明	得分
1. 准备工作	（1）美容师仪容仪表准备 （2）咨询判断皮肤类型选择正确的护理方法 （3）备品、消毒双手	30分（做错一项或漏做一项扣10分）	

续表

考核项目	考核要点	考核比重及得分说明	得分
2. 操作程序	(1) 用清洁霜进行第一次全脸清洁 (2) 表层清洁 (3) 爽肤,可用含有油脂平衡作用的爽肤水也可根据皮肤的特点选用两种爽肤水进行爽肤 (4) 热喷 (5) 深层清洁 (6) 爽肤 (7) 贾法尼/超声波导入精华素 (8) 按摩 (9) 爽肤 (10) 面膜 (11) 爽肤 (12) 润肤	40分(按程序要求演示操作程序,错一项或漏做一项扣4分)	
3. 操作注意事项	(1) 注意美容师自我的准备 (2) 一次性备品、消毒 (3) 混合性皮肤产品选择的原则 (4) 灵活选择护理产品和护理方法 混合性皮肤是由多种皮肤类型组成的,这些皮肤类型分布在不同的区域,因此在选择护理产品和护理方法的时候应该灵活处理,根据当时的皮肤状况而定。一般来说有两种选择产品的方法,一种是观察皮肤的大面积的区域比较偏向于那种情况,针对主要问题选择产品;另一种方法要细致一些,同时也要烦琐些,就是根据各不同的皮肤状态,分区域使用适合的产品 (5) 注意送别用语 (6) 注意整理得彻底	30分(少一点扣5分)	
总得分			

『技能操作项目十三　痤疮性皮肤养护』

一、目的要求

1. 掌握暗疮性皮肤的护理程序。
2. 掌握针清的操作要领和注意事项。
3. 掌握高频电疗美容仪的使用方法和注意事项。

二、实训物品

1. 用品准备　钢玻碗(大号1个/中号1个/小号2个)、泡镊筒(1个/2人)、酒精棉球瓶(1个/2人)、暗疮针(1支)、压舌板(1个)、棉片(6张)、小方巾(1张)、洗面盆(1个)、纱布(面部大小1张)、纸巾(6张)、蒸馏水(50ml)、方盘(1个)、弯盘(1个)。

2. 仪器准备　高频电疗美容仪(1台/6个学生)。

3. 材料准备　清洁霜(3g)、洗面奶(樟脑、薄荷)(3g)、鱼腥草注射液(1支/2人)、磨砂膏(2g)、甲硝唑(1支/10人)、针剂庆大霉素(1支/2人)、按摩GEL(樟脑按摩膏、薄荷按摩膏)(5g)、紧肤水(金缕梅)(4ml)、抗痘霜(0.1g)、防痘底霜(5g)、冷膜(80g)。

三、实训指导及操作要点

1. 准备工作

(1) 美容师仪容仪表准备。

(2) 咨询判断皮肤类型选择正确的护理方法。

(3) 备品、消毒双手。

2. 操作程序

(1) 用清洁霜进行第一次全脸清洁。

(2) 表层清洁,可选用针对油性皮肤的洗面奶。

(3) 爽肤(含金缕梅、炉甘石)。

(4) 热喷,可在黑头比较集中的部位用棉片浸黑头导出液,清除黑头。

(5) 深层清洁,可选用磨砂膏或祛角质霜。

(6) 按摩,应多选用对暗疮有益的樟脑按摩膏、薄荷按摩膏。

(7) 面膜。应选用含樟脑、薄荷膏状面膜或冷膜。

(8) 爽肤(含金缕梅、炉甘石)。

(9) 爽肤冰晶或抗痘霜。

(10) 送客、告别用语。

(11) 整理:①整理美容床、清洗操作用品用具。②仪器归位,更换仪器用水,断开电源。③打扫工作台和地面。④将所有用品用具放入消毒液中浸泡。

四、相关知识链接

痤疮性皮肤护理的注意事项:

1. 注意美容师自我的准备。
2. 一次性备品、消毒。
3. 痤疮性皮肤产品选择的原则。
4. 疗程设计:每三天做一次,六次为一个疗程,两个疗程之间应休息一周再接着做。
5. 注意送别用语。
6. 注意整理得彻底。

五、技能考核评分表

考核项目	考核要点	考核比重及得分说明	得分
1. 准备工作	(1) 美容师仪容仪表准备 (2) 咨询判断皮肤类型选择正确的护理方法 (3) 备品、消毒双手	30分(做错一项或漏座一项扣10分)	
2. 操作程序	(1) 用清洁霜进行第一次全脸清洁 (2) 表层清洁,可选用针对油性皮肤的洗面奶 (3) 爽肤(含金缕梅、炉甘石)	40分(按程序要求演示操作程序,错一项或漏做一项扣5分)	

续表

考核项目	考核要点	考核比重及得分说明	得分
2. 操作程序	(4)热喷,可在黑头比较集中的部位用棉片浸黑头导出液,尔后清除黑头 (5) 深层清洁,可选用磨砂膏或去角质霜 (6) 按摩,应多选用对暗疮有益的樟脑按摩膏、薄荷按摩膏 (7) 面膜。应选用含樟脑、薄荷膏状面膜或冷膜 (8) 爽肤 (9) 爽肤冰晶或抗痘霜		
3. 操作注意事项	(1) 注意美容师自我的准备 (2) 一次性备品、消毒 (3) 痤疮性皮肤产品选择的原则 (4) 疗程设计:每三天做一次,六次为一个疗程,两个疗程之间应休息一周再接着做 (5) 注意送别用语 (6) 注意整理得彻底	30分(少一点扣5分)	
总得分			

『技能操作项目十四　色斑性皮肤养护』

一、目 的 要 求

1. 掌握色斑性皮肤的护理程序。
2. 掌握色斑皮肤的按摩手法。
3. 掌握超声波美容仪的使用方法和注意事项。

二、实 训 物 品

1. 用品准备　钢玻碗(大号1个/中号1个/小号2个)、泡镊筒(1个/2人)、酒精棉球瓶(1个/2人)、暗疮针(1支)、压舌板(1个)、棉片(6张)、小方巾(1张)、洗面盆(1个)、纱布(面部大小1张)、纸巾(6张)、蒸馏水(50ml)、方盘(1个)、弯盘(1个)。

2. 仪器准备　超声波美容仪(1台/6人)。

3. 材料准备　洗面奶(含果酸、VC、熊果甘、维生素A酸、当归、川芎、益母草、珍珠)(3g)、去角霜(2g)、按摩膏(含果酸、VC、熊果甘、维生素A酸、当归、川芎、益母草、珍珠)(4g)、膏状面膜(含果酸、VC、熊果甘、维生素A酸、当归、川芎、益母草、珍珠)(6g)、海藻面膜(10g)、美白精华素(1ml)、爽肤水(3ml)、面霜(0.5g)、防晒霜(0.5g)。

三、实训指导及操作要点

1. 准备工作

(1) 美容师仪容仪表准备。

(2) 咨询判断皮肤类型,选择正确的护理方法。

(3) 备品、消毒双手。

2. 操作程序

(1) 全脸表层清洁。

(2) 爽肤。

(3) 热喷时间控制在5分钟,喷雾距离30cm左右,切忌开奥桑喷雾,以免再造成色素沉着。

(4) 用去角质霜进行全脸深层清洁。

(5) 超声波导入。

名称	导入时间	间隔时间	疗程	波形	适应证
曲酸霜	20分钟	隔日一次	10次/1疗程	连续波	色斑初起较轻者
当归祛斑霜	20分钟	隔日一次	10次/1疗程	连续波	色斑初起较轻者
姚式中药面膜	10~20分钟	每日一次	15~30次/1疗程	脉冲波	色斑越重效果越好

(6) 爽肤。

(7) 按摩,应选用含有果酸、VC、熊果甘、维生素A酸、当归、川芎、益母草、珍珠等这些成分的按摩膏,使用色斑性皮肤按摩手法。

(8) 刷膏状面膜。

(9) 爽肤。

(10) 眼霜+面霜+防晒霜。

(11) 送客、告别用语:在送别时,美容师一定要留意自己的具体表现,使之处处合乎礼仪,在送客时一定要提醒顾客拿取储物柜里的所有物品,避免客人忘拿或遗漏东西,并一定要将顾客送至门口或电梯口,才合乎礼仪。告别用语:“再见!”、“您慢走”、“欢迎下次光临”、“走好”。

(12) 整理:①整理美容床、清洗操作用品用具。②仪器归位,更换仪器用水,断开电源。③打扫工作台和地面。④将所有用品用具放入消毒液中浸泡。

四、相关知识链接

色斑性皮肤护理的注意事项:

1. 注意美容师自我的准备。
2. 一次性备品、消毒。
3. 色斑性皮肤产品选择的原则。
4. 注意色斑皮肤不能开奥桑喷雾,以免再造成色素沉着。
5. 要确诊各种不同类型的斑,方可实施不同的护理,不能依葫芦画瓢。
6. 注意各种不同类型斑的表现特征。
7. 注意超声波的护理时间的选择、波段的选择、疗程的设计、针对的不同类型的斑。
8. 注意送别用语。
9. 注意整理得彻底。

五、技能考核评分表

考核项目	考核要点	考核比重及得分说明	得分
1. 准备工作	(1) 美容师仪容仪表准备 (2) 咨询判断皮肤类型选择正确的护理方法 (3) 备品、消毒双手。	30分(做错一项或漏做一项扣10分)	
2. 操作程序	(1) 全脸表层清洁 (2) 爽肤 (3) 热喷时间控制在5分钟,喷雾距离30cm左右,切忌开奥桑喷雾,以免再造成色素沉着 (4) 用去角质霜进行全脸深层清洁 (5) 超声波导入 (6) 爽肤 (7) 按摩,应选用含有果酸、VC、熊果甘、维生素A酸、当归、川芎、益母草、珍珠等这些成分的按摩膏,使用色斑性皮肤按摩手法 (8) 刷膏状面膜 (9) 爽肤 (10) 眼霜+面霜+防晒霜	40分(按程序要求演示操作程序,错一项或漏做一项扣5分)	
3. 操作注意事项	(1) 注意美容师自我的准备 (2) 一次性备品、消毒 (3) 色斑性皮肤产品选择的原则 (4) 注意色斑皮肤不能开奥桑喷雾,以免再造成色素沉着 (5) 要确诊各种不同类型的斑,方可实施不同的护理,不能依葫芦画瓢 (6) 注意各种不同类型斑的表现特征 (7) 注意超声波的护理时间的选择、波段的选择、疗程的设计、针对的不同类型的斑 (8) 注意送别用语 (9) 注意整理得彻底	30分(少一点扣4分)	
总得分			

『技能操作项目十五　衰老性皮肤养护』

一、目的要求

1. 掌握衰老性皮肤的护理程序。
2. 掌握衰老性皮肤的按摩手法。
3. 熟悉回春仪的使用方法和注意事项。
4. 掌握骨胶原面膜的操作使用方法。

二、实训物品

1. 用品准备　钢玻碗(大号1个/中号1个/小号2个)、泡镊筒(1个/2人)、酒精棉球瓶(1个/2人)、压舌板(1个)、棉片(6张)、小方巾(1张)、洗面盆(1个)、纱布(面部大小1

张)、纸巾(6 张)、蒸馏水(50ml)、方盘(1 个)、弯盘(1 个)。

2. 仪器准备　回春仪(1 台/6 人)、高频电疗仪(1 台/6 人)。

3. 材料准备　洗面奶(含人参、西洋柑橘、水解明胶、透明脂酸、SOD、蜂王浆、胎盘、维生素 E、珍珠)(3g)、去角 GEL(2g)、按摩膏(含人参、西洋柑橘、水解明胶、透明脂酸、SOD、蜂王浆、胎盘、维生素 E、珍珠)(4g)、骨胶原面膜(1 张)、抗皱精华素(1g)、爽肤水(3ml)、面霜(0.5g)、防晒霜(0.5g)。

三、实训指导及操作要点

1. 准备工作

(1) 美容师仪容仪表准备。

(2) 咨询判断皮肤类型,选择正确的护理方法。

(3) 备品、消毒双手。

2. 操作程序

(1) 衰老性皮肤的确诊方法。

(2) 洗手、消毒。

(3) 全脸表层清洁,用含人参、西洋柑橘、水解明胶、透明脂酸、SOD、蜂王浆、胎盘、维生素 E、珍珠等成分的洗面奶。

(4) 爽肤,用含人参、西洋柑橘、水解明胶、透明脂酸、SOD、蜂王浆、胎盘、维生素 E、珍珠等成分的爽肤水。

(5) 热喷。

(6) 用去角质 GEL 进行全脸深层清洁。

(7) 高频电疗间接式+面部激发修复按摩手法;回春仪按摩;松弛衰老性皮肤按摩手法。

(8) 爽肤。

(9) 骨胶原面膜,巴蜡芬蜡膜。

(10) 爽肤。

(11) 眼霜+面霜+防晒霜。

(12) 送客、告别用语:在送别时,美容师一定要留意自己的具体表现,使之处处合乎礼仪,在送客时一定要提醒顾客拿取储物柜里的所有物品,避免客人忘拿或遗漏东西,并一定要将顾客送至门口或电梯口,才合乎礼仪。告别用语:“再见!”、“您慢走”、“欢迎下次光临”、“走好”。

(13) 整理:①整理美容床、清洗操作用品用具。②仪器归位,更换仪器用水,插上电源。③打扫工作台和地面。④将所有用品用具放入消毒液中浸泡。

四、相关知识链接

衰老性皮肤护理的注意事项:

1. 注意美容师自我的准备。
2. 一次性备品、消毒。
3. 衰老性皮肤产品选择的原则。
4. 注意蜡膜的上膜注意事项。

5. 注意回春仪的使用方法和注意事项。
6. 注意送别用语。
7. 注意整理得彻底。

五、技能考核评分表

考核项目	考核要点	考核比重及得分说明	得分
1. 准备工作	(1) 美容师仪容仪表准备 (2) 咨询判断皮肤类型选择正确的护理方法 (3) 备品、消毒双手	30分(做错一项或漏做一项扣10分)	
2. 操作程序	(1) 衰老性皮肤的确诊方法 (2) 洗手、消毒 (3) 全脸表层清洁,用含人参、西洋柑橘、水解明胶、透明脂酸、SOD、胎盘、维生素E、珍珠等成分的洗面奶 (4) 爽肤,用含人参、西洋柑橘、水解明胶、透明脂酸、SOD、蜂王浆、胎盘、维生素E、珍珠等成分的爽肤水 (5) 热喷 (6) 用去角质GEL进行全脸深层清洁 (7) 高频电疗间接式+面部激发修复按摩手法;回春仪按摩;松弛衰老性皮肤按摩手法 (8) 爽肤 (9) 骨胶原面膜,巴蜡芬蜡膜 (10) 爽肤 (11) 眼霜+面霜+防晒霜	40分(按程序要求演示操作程序,错一项或漏做一项扣5分)	
3. 操作注意事项	(1) 注意美容师自我的准备 (2) 一次性备品、消毒 (3) 衰老性皮肤产品选择的原则 (4) 注意巴蜡芬蜡膜的上膜注意事项 (5) 注意回春仪的使用方法和注意事项	30分(少一点扣6分)	
总得分			

『技能操作项目十六　敏感性皮肤养护』

一、目的要求

1. 掌握敏感性皮肤的按摩手法。
2. 掌握敏感性皮肤的护理程序。
3. 掌握冷喷仪的使用方法和注意事项。
4. 掌握超声波美容仪的使用方法和注意事项。

二、实训物品

1. 用品准备　钢玻碗(大号1个/中号1个/小号2个)、泡镊筒(1个/2人)、酒精棉球瓶(1个/2人)、暗疮针(1支)、压舌板(1个)、棉片(6张)、小方巾(1张)、洗面盆(1个)、纱布（面部大小1张）、纸巾（6张）、蒸馏水（50ml）、方盘（1个）、弯盘（1个）。

2. 仪器准备　冷喷仪（1台/2人）、超声波美容仪（1台/6人）。

3. 材料准备　洗面奶（3g）、去角质GEL（2g）、按摩GEL（按摩油、防敏按摩膏）（4g）、舒缓啫喱面膜（5g）、软膜（15g）、柔肤水（2g）、防敏精华素（1g）、眼霜（0.5g）、防敏面霜（0.5g）。

三、实训指导及操作要点

1. 准备工作

（1）美容师仪容仪表准备。

（2）咨询判断皮肤类型选择正确的护理方法。

（3）备品、消毒双手。

2. 操作程序

（1）全脸表层清洁，洗面奶洁面，可选用弱碱性，以免碱性过大损伤皮肤自身的皮脂膜，洗面时在T型区较油腻的部位可以多重复几遍，在眼部、额部易出现皱纹的部位，动作应轻柔，重复1~2遍。敏感性皮肤在进行清洗的时候，最好选择棉垫且注意控制一侧面部皮肤后轻轻擦拭，以免过度牵拉而导致皮肤过敏。

（2）冷喷5分钟，镇静安抚皮肤。注意接通电源，打开电源开关，调节喷雾强度，待喷雾喷出后调整喷口与顾客的距离与位置。

（3）用去角质GEL进行深层清洁，时间不宜太长，手法要轻，根据皮肤的状况调整深层清洁的部位，原则上T型区深层清洁频率比面部高，可每周一次，面部可参照28天为一个周期进行操作，一般不选用吸啜，也不用挑、刮。

（4）爽肤。

（5）超声波导入+防敏精华素。

（6）按摩，应选用VE按摩膏、营养保湿按摩膏、杏仁按摩膏等具有滋润作用的按摩膏，若皮肤过干，还可用具有防皱作用的精华粒来按摩，按摩时间8~15分钟，按摩手法应根据血管在头面部的分布方向，顺动脉血流方向做按摩，以增加面部血流量。

（7）刷膏状面膜多选用营养性软膜、保湿蜡膜、去皱效果强的骨胶原膜或椰子软膜、VE软膜、牛奶软膜或使用纸贴膜。

（8）爽肤，多选用营养性的爽肤水，注意应避开眼部。

（9）眼霜+面霜，选用一些滋润营养的乳液，在眼部和额部、颈部应重点保养，对于防晒产品的选用一定要慎重，最好先进行面部皮肤过敏测试。

（10）送客、告别用语。

（11）整理：①整理美容床、清洗操作用品用具。②仪器归位，更换仪器用水，断开电源。③打扫工作台和地面。④将所有用品用具放入消毒液中浸泡。

四、相关知识链接

超声波美容仪的操作注意事项：

（1）超声波在皮肤上运作时间过长，皮肤可产生疲劳现象使皮肤对营养物质的吸收能力下降。

（2）声波剂量过大会使皮肤产生灼伤。

(3) 超声波美容仪在运作时,声头不能空置,否则会将声头烧坏。

(4) 声头要贴紧皮肤否则会产生空泡现象而损伤皮肤。

(5) 用超声波美容仪护理前必须清洁皮肤,涂上足够的膏霜状的面霜或精华素、药膏,以防过度牵拉皮肤而损伤。

(6) 整个面部护理最长时间不得超过 15 分钟,小面积例如眼部,最长时间不得超过 8 分钟,并根据皮肤的厚薄具体调整操作时间。

(7) 通常 10 次为一个疗程,第二个疗程与第一个疗程间隔一周。

五、技能考核评分表

考核项目	考核要点	考核比重及得分说明	得分
1. 操作程序	(1) 全脸表层清洁,洗面奶洁面,可选用弱碱性,敏感性皮肤在进行清洗的时候,最好选择棉垫且注意控制一侧面部皮肤后轻轻擦拭,以免过度牵拉而导致皮肤过敏 (2) 冷喷 5 分钟,镇静安抚皮肤。注意接通电源,打开电源开关,调节喷雾强度,待喷雾喷出后调整喷口与顾客的距离与位置 (3) 用去角质 GEL 进行深层清洁,时间不宜太长,手法要轻,根据皮肤的状况调整深层清洁的部位,原则上 T 型区深层清洁频率比面部高,可每周一次,面部可参照 28 天为一个周期进行操作,一般不选用吸啜,也不用挑、刮 (4) 爽肤 (5) 超声波导入+防敏精华素 (6) 按摩,应选用 VE 按摩膏、营养保湿按摩膏、杏仁按摩膏等具有滋润作用的按摩膏,若皮肤过干,还可用具有防皱作用的精华粒来按摩,按摩时间大约 8~15 分钟,按摩手法应根据血管在头面部的分布方向,顺动脉血流方向做按摩,以增加面部血流量 (7) 刷膏状面膜多选用营养性软膜、保湿蜡膜、去皱效果强的骨胶原膜或椰子软膜、VE 软膜、牛奶软膜或使用纸贴膜 (8) 爽肤,多选营养性的爽肤水,注意应避开眼部 (9) 眼霜+面霜,选用一些滋润营养的乳液,在眼部和额部、颈部应重点保养,对于防晒产品的选用一定要慎重,最好先进行面部皮肤过敏测试	40 分(说错一项或漏说一项扣 5 分)	
2. 超声波美容仪的操作注意事项	(1) 超声波在皮肤上运作时间过长,皮肤可产生疲劳现象使皮肤对营养物质的吸收能力下降 (2) 声波剂量过大会使皮肤产生灼伤 (3) 超声波美容仪在运作时,声头不能空置,否则会将声头烧坏 (4) 声头要贴紧皮肤否则会产生空泡现象损伤皮肤 (5) 用超声波美容仪护理前必须清洁皮肤,涂上足够的膏霜状的面霜或精华素、药膏,以防过度牵拉皮肤而损伤 (6) 整个面部护理最长时间不得超过 15 分钟,小面积例如眼部,最长时间不得超过 8 分钟,并根据皮肤的厚薄具体调整操作时间 (7) 通常 10 次为一个疗程,第二个疗程与第一个疗程间隔一周	30 分(少一点或错一处扣 10 分)	

续表

考核项目	考核要点	考核比重及得分说明	得分
3. 操作注意事项	(1) 注意美容师自我的准备 (2) 一次性备品、消毒 (3) 敏感性皮肤产品选择的原则 (4) 冷喷仪的操作使用注意事项 喷口不能对准顾客的鼻孔和口,否则会令顾客感觉呼吸困难;时间控制在5~8分钟;注入仪器的水必须是纯净水,不能直接加冷水或矿泉水 (5) 超声波美容仪的操作注意事项 (6) 注意送别用语 (7) 注意整理得彻底	30分(少一点扣5分)	
总得分			

『技能操作项目十七　面部皮肤养护』

一、目的要求

1. 掌握面部皮肤养护的程序。
2. 掌握面部皮肤养护的注意事项。

二、实训物品

1. 用品准备　泡镊筒(2人1个)、酒精棉球瓶(2人1个)、压舌板(1个)、棉片(6片)、小方巾(1张)、洗面盆(1个)、纸巾(5张)、蒸馏水(50ml)、方盘(1个)、弯盘(1个)、中号钢玻碗(2个)、面膜刷(1个)。

2. 仪器准备　奥桑离子喷雾机(2人1台)、贾法尼美容仪(2人1台)。

3. 材料准备　洗面奶(3ml)、去角质啫喱(2g)、爽肤水(3ml)、补水精华素(1ml)、面霜(0.5g)、膏状面膜(5g)或者软膜粉(15g)、按摩膏(4g)或按摩油(2ml)。

三、实训指导及操作要点

操作程序:

1. 皮肤的分析。
2. 洗手、消毒。
3. 表层清洁根据皮肤特点与季节选择洁面产品,一般来说,冬季偏干,夏季偏油,洗面奶要在夏季时可以使用清洁力度强一些的洗面奶,冬季则可选择滋润些的洗面奶。
4. 爽肤。
5. 热喷(或热敷)热喷时间控制在5~8分钟,喷雾距离30cm左右。
6. 用去角质霜进行全脸深层清洁。根据皮肤状况决定去角质的频率和去角质的部位及去角质产品。一般来说可28天去角质一次。
7. 面部按摩,按摩时间控制到15~20分钟。
8. 面膜,面膜的选择可以应该根据季节和皮肤的状态来进行选择,可以是水分充足的软膜及滋润的油膏面膜,或者有清洁作用的粉膏面膜,冬季特别干燥的季节也可以选择营养丰富的硬膜。

9. 爽肤。

10. 眼霜+面霜+防晒霜。

11. 送客、告别用语:在送别时,美容师一定要留意自己的具体表现,使之处处合乎礼仪,在送客时一定要提醒顾客拿取储物柜里的所有物品,避免客人忘拿或遗漏东西,并一定要将顾客送至门口或电梯口,才合乎礼仪。告别用语:“再见!”“您慢走”“欢迎下次光临”“走好”。

12. 整理。

四、相关知识链接

注意事项:

1. 根据皮肤的状态及季节差异选择产品。
2. 一次性备品、消毒。
3. 热喷的时间、距离,以及注意事项。
4. 上膜的顺序、方法及注意事项。
5. 注意送别用语。
6. 注意整理得彻底。

五、技能考核评分表

实训任务	各项内容评分标准(扣分)	考核比重及得分说明	得分
1. 准备工作	(1) 皮肤的分析 (2) 洗手、消毒	20分(做错一项或漏做一项扣10分)	
2. 操作程序	(1)表层清洁根据皮肤特点与季节选择洁面产品,一般来说,冬季偏干,夏季偏油,洗面奶要在夏季时可以使用清洁力度强一些的洗面奶,冬季则可选择滋润些的洗面奶 (2) 爽肤 (3) 热喷(或热敷)热喷时间控制在5 ~ 8分钟,喷雾距离30cm左右 (4) 用去角质霜进行全脸深层清洁。根据皮肤状况决定去角质的频率和去角质的部位及去角质产品。一般来说可28天去角质一次 (5) 面部按摩,按摩时间控制到15~20分钟 (6) 面膜,面膜的选择应该根据季节和皮肤的状态来进行选择,可以是水分从充足的软膜,及滋润的油膏面膜,或者有清洁作用的粉膏面膜,冬季特别干燥的季节也可以选择营养丰富的硬膜 (7) 爽肤 (8) 眼霜+面霜+防晒霜	60分(做错一项或漏做一项扣10分)	

续表

实训任务	各项内容评分标准(扣分)	考核比重及得分说明	得分
3. 送客、告别	送客、告别用语:在送别时,美容师一定要留意自己的具体表现,使之处处合乎礼仪,在送客时一定要提醒顾客拿取储物柜里的所有物品,避免客人忘拿或遗漏东西,并一定要将顾客送至门口或电梯口,才合乎礼仪。告别用语:“再见!”、“您慢走”、“欢迎下次光临”、“走好”。	10分	
4. 整理	所有用品、用具整理好,摆放归位	10分	
总得分			

『技能操作项目十八　身体皮肤养护』

一、目的要求

掌握身体护理的要领。

二、实训物品

精油、磨砂膏、体膜粉、爽肤水。

三、实训指导及操作要点

(1) 清洗皮肤。
(2) 分析、判断皮肤类型。
(3) 脱屑(必要时)。
(4) 按摩。
(5) 敷体膜。
(6) 涂爽肤水。
(7) 涂润肤乳液。

四、相关知识链接

1. 摩擦类手法　摩法,抚法,抹法,推法,搓法,梳法。
2. 揉动类手法　揉法,滚法。
3. 揉压类手法　压法,按法,点法,捏法,拿法,理指法,弹法。
4. 叩击类手法　扣法,空拳叩击法,击法。
5. 运气推拿类手法　抖法,震颤法。

五、技能考核评分表

考核项目	考核要点	考核比重及得分说明	得分
1. 操作程序	(1) 清洗皮肤 (2) 分析、判断皮肤类型 (3) 脱屑(必要时) (4) 按摩 (5) 敷体膜 (6) 涂爽肤水 (7) 涂润肤乳液	60分(按程序要求演示操作程序,错一项或漏做一项扣7分)	
2. 按摩手法	(1) 摩擦类手法 摩法,抚法,抹法,推法,搓法,梳法 (2) 揉动类手法 揉法,滚法 (3) 揉压类手法 压法,按法,点法,捏法,拿法,理指法,弹法 (4) 叩击类手法 扣法,空拳叩击法,击法 (5) 运气推拿类手法 抖法,震颤法	40分(少一点扣10分)	
总得分			

『技能操作项目十九 肩颈部养护』

一、目的要求

掌握肩颈部护理的操作技术。

二、实训物品

精油、磨砂膏、体膜粉、爽肤水。

三、实训指导及操作要点

1. 准备工作

(1) 请客人更衣,换美容院特制的美容衣或一次性客服。

(2) 包头。

2. 操作程序

(1) 清洗肩颈部皮肤,将洗面奶均匀地涂抹在客人的肩颈部皮肤上,清洁手法同肩颈部按摩手法中的第7、10节。

(2) 分析、判断皮肤类型。

(3) 使用奥桑蒸汽仪。

(4) 脱屑(必要时)。

（5）按摩。

（6）敷软膜。

（7）涂爽肤水。

（8）涂润肤乳液。

四、相关知识链接

1. 颈、肩背部常用穴位　大椎穴、肩颈穴、肩髃穴、肩髎穴、肩中俞穴、肩外俞穴、气舍穴、巨骨穴、肺俞穴、心俞穴、肝俞穴、脾俞穴、肾俞穴。

2. 注意事项

（1）颈部护理动作要轻柔，力度不要过大，过猛，避免引起客人喉部不适。

（2）使用护肤品时要小心，避免碰脏客人的衣物。

五、技能考核评分表

考核项目	考核要点	考核比重及得分说明	得分
1. 颈、肩背部常用穴位	大椎穴、肩颈穴、肩髃穴、肩髎穴、肩中俞穴、肩外俞穴、气舍穴、巨骨穴、肺俞穴、心俞穴、肝俞穴、脾俞穴、肾俞穴	30分(说错一项或漏说一项扣3分)	
2. 操作程序	（1）清洗肩颈部皮肤，将洗面奶均匀地涂抹在客人的肩颈部皮肤上，清洁手法同肩颈部按摩手法中的第7、10节 （2）分析、判断皮肤类型 （3）使用奥桑蒸汽仪 （4）脱屑(必要时) （5）按摩 （6）敷软膜 （7）涂爽肤水 （8）涂润肤乳液	40分(按程序要求演示操作程序，错一项或漏做一项扣7分)	
3. 注意事项	（1）颈部护理动作要轻柔，力度不要过大，过猛，避免引起客人喉部不适 （2）使用护肤品时要小心，避免碰脏客人的衣物	30分(少一点扣15分)	
总得分			

『技能操作项目二十　背部养护』

一、目的要求

1. 熟练掌握背部护理的程序和操作方法。
2. 熟练掌握背部放松按摩手法。
3. 了解背部护理产品的分类、成分及特点。

二、实训物品

消毒液或酒精棉球、面盆、毛巾、纸巾、浴巾、丝瓜络、粗手套、长柄浴刷、擦背带、海绵、浮石、指甲刷、磨砂膏、沐浴露、润肤露、爽肤水。

三、实训指导及操作要点

1. 准备工作

(1) 请客人更衣,换美容院特制的美容衣或一次性客服。

(2) 包头。

2. 操作程序

(1) 美容师洗手消毒,准备好各种物品。

(2) 协助顾客更衣,安置顾客。

(3) 根据顾客皮肤特点选择合适的背部护理产品。

(4) 沐浴:根据顾客皮肤及身体状况调好水温、选择合适的沐浴产品、沐浴方式。

(5) 深层清洁:根据顾客的皮肤类型及要求选择相应的深层清洁产品及用具。

(6) 背部按摩。

1) 安抚展油:通过美体师双手在顾客背部的拉抹,将按摩膏或按摩油均匀涂于整个背部。取适量按摩膏或按摩油于美体师手心,轻轻揉搓双手将按摩膏或按摩油涂于全掌。双手分别放于顾客两侧肩胛骨上,全掌着力,向下沿脊柱两侧推至腰骶部,两手分开下滑至腰部两侧,双手包腰背侧面上拉至肩部,包绕肩头沿两手臂下推至肘部,再次上拉至肩部回到两侧肩胛骨上,重复 2~3 遍。最后一次上拉至肩部时,美体师双手沿肩颈两侧上拉至后发际,揉按风池、风府穴。

2) 小鱼际拨斜方肌:美体师双手半握拳,以小鱼际吸定于颈部两侧,通过手及前臂的旋转带动小鱼际由颈部拉抹至肩头,以掌带回,重复 5~8 遍,弹拨肩颈部斜方肌。

3) 拇指拨斜方肌:美体师一手大拇指吸定于顾客肩胛骨内上角,大拇指指腹用力沿肩胛骨上缘,弹拨此处斜方肌,重复 5~8 遍,再换另一面。

4) 安抚背部:重复动作(1)。

5) 指推督脉:美体师双手大拇指着力,从风府穴沿督脉向下推至腰骶部。推至骶骨时,双手拇指交替安抚八髎穴,重复 3~5 遍。

6) 安抚背部:重复动作(1)。

7) 指推膀胱经:从美体师双手大拇指着力,从大杼穴沿内膀胱经下推至腰骶部,以掌拉回,再推外膀胱经,重复 3~5 遍。

8) 安抚背部:重复动作(1)。

9) 分段推后背:美体师双手握拳,以手背四指第一指骨面为着力点,通过手腕关节的摆动沿脊柱两侧分三段做推抹运动。第一段为第 1 胸椎至第 9 胸椎水平,第二段为第 7 胸椎至第 5 腰椎水平,第三段为第 4 腰椎至骶骨末端水平。推抹结束后,两手分开,包绕背部两侧,上拉至颈部两侧。

10) 安抚背部:重复动作(1)。

11) 掌推督脉:美体师双手掌交替由颈部向下推抹督脉,推至腰骶部时,双手叠加,按压八髎穴。

12) 擦督脉:双手叠加,自颈部向腰骶部方向推擦背部督脉,先慢擦 3 遍,再快擦 3 遍,至背部督脉处有微微热感,重复 3~5 遍。

13) 安抚背部:重复动作(1)。

(7) 涂敷身体膜:根据顾客的皮肤类型选择合适的身体膜。

(8) 卸膜:卸除身体膜,并请顾客再次沐浴,清洗干净。

(9) 爽肤及润肤。

(10) 结束整理:整理小推车及美容床,清洗用过的用具并浸泡消毒。打扫环境卫生,并进行环境消毒。

四、相关知识链接

背部护理注意事项:

1. 背部护理不应在饭前、饭后 30 分钟内进行。
2. 沐浴水温适宜,房间内注意保暖。
3. 根据皮肤类型选择相应的深层清洁产品、方法和时间。
4. 深层清洁后嘱顾客避免日晒。
5. 按摩手法正确,动作流畅,力度合适。在整个按摩过程中美容师的手不要离开顾客皮肤。
6. 按摩过程中,美体师手臂伸直,充分依托自己身体的力量进行按摩。
7. 在按摩过程中,没有被按摩的部位应该及时以毛毯覆盖,防止受凉。
8. 蜡膜涂敷前要注意保护好顾客的毛发。可先在毛发部位涂上面霜,再以毛巾遮盖。

五、技能考核评分表

考核项目	考核要点	考核比重及得分说明	得分
1. 准备工作	(1) 请客人更衣,换美容院特制的美容衣或一次性客服 (2) 包头	30 分(说错一项或漏做一项扣 15 分)	
2. 操作程序	(1) 美容师洗手消毒,准备好各种物品 (2) 协助顾客更衣,安置顾客 (3) 根据顾客皮肤特点选择合适的背部护理产品 (4) 沐浴 (5) 深层清洁 (6) 背部按摩 (7) 涂敷身体膜 (8) 卸膜 (9) 爽肤及润肤 (10) 结束整理	40 分(按程序要求演示操作程序,错一项或漏做一项扣 7 分)	
3. 背部护理注意事项	(1) 背部护理不应在饭前、饭后 30 分钟内进行 (2) 沐浴水温适宜,房间内注意保暖 (3) 根据皮肤类型选择相应的深层清洁产品、方法和时间 (4) 深层清洁后嘱顾客避免日晒 (5) 按摩手法正确,动作流畅,力度合适。在整个按摩过程中美容师的手不要离开顾客皮肤 (6) 按摩过程中,美体师手臂伸直,充分依托自己身体的力量进行按摩 (7) 在按摩过程中,没有被按摩的部位应该及时以毛毯覆盖,防止受凉 (8) 蜡膜涂敷前要注意保护好顾客的毛发。可先在毛发部位涂上面霜,再以毛巾遮盖	30 分(少一点扣 10 分)	
总得分			

『技能操作项目二十一　腹部减肥』

一、目的要求

掌握腹部减肥的要领。

二、实训物品

精油、磨砂膏、体膜粉、爽肤水。

三、实训指导及操作要点

1. 准备工作

(1) 备齐用品、用具。包括按摩床、身体清洁霜、减肥膏(或减肥精油)、酒精、棉片、体膜、保鲜膜、减肥精华素、美体乳液、浴袍、一次性内衣等。

(2) 指导减肥者换用一次性纤维纸内裤、一次性纤维纸乳罩,或用消毒后的毛巾将顾客减肥部位的衣裤边缘包住。

2. 体型分析

3. 消毒　使用75%酒精棉片对产品封口处及美容师双手进行消毒。

4. 清洁　局部减肥塑身时,可以先用热毛巾进行表层清洁,也可以先请顾客进行全身沐浴,再使用身体清洁霜进行清洁。清洁的方向由内向外,由下向上。

5. 按摩　以减肥膏替代按摩膏,做局部减肥塑身按摩,时间8~10分钟。具体做法为:先将适量减肥膏在掌心打圈揉散,再按照腹部减肥按摩手法进行按摩。清洁后可以进行8~10分钟的减肥塑身精油按摩或精华素导入。最后再使用减肥膏进行30~40分钟的按摩。

6. 使用减肥仪器减肥

7. 敷体膜　先用减肥膏打底,再将体膜均匀地薄涂于腹部,涂敷方向由外向内,由下向上,注意肚脐处不用涂。然后,请顾客深呼吸,将保鲜膜用力平展包裹于腹部,包裹2~3层,再用热毛巾热敷或使用酵素减肥仪加热均可。30~40min后取膜。取膜时,先将手指插入保鲜膜与皮肤的间隙中,再用剪刀从手指上侧滑过,不可直接用剪刀剪,以免划伤顾客的皮肤。

8. 清洁

9. 基本保养　涂美体乳液,保持皮肤清洁。

四、相关知识链接

肥胖的定义:肥胖是人体由于各种诱因导致热量摄入超出消耗,并以脂肪的形式在体内堆积,使得体内脂肪与体重指数加大的异常机体代谢、生理和生化变化。

脂肪容易积存的部位有:头颈部、背脊部、乳房、腹部和臀部。在腹部,尤其体现在下腹部,这里我们重点介绍腹部减肥的护理。

五、技能考核评分表

考核项目	考核要点	考核比重及得分说明	得分
1. 操作程序	(1) 准备工作 1) 备齐用品、用具。包括按摩床、身体清洁霜、减肥膏(或减肥精油)、酒精、棉片、体膜、保鲜膜、减肥精华素、美体乳液、浴袍、一次性内衣等 2) 指导减肥者换用一次性纤维纸内裤、一次性纤维纸乳罩,或用消毒后的毛巾将顾客减肥部位的衣裤边缘包住 (2) 体型分析 (3) 消毒:使用75%酒精棉片进行消毒 (4) 清洁:局部减肥塑身时,可以先用热毛巾进行表层清洁,也可以先请顾客进行全身沐浴,再使用身体清洁霜进行清洁。清洁的方向由内向外,由下向上 (5) 按摩:以减肥膏替代按摩膏,做局部减肥塑身按摩,时间8~10分钟。具体做法为:先将适量减肥膏在掌心打圈揉散,再按照腹部减肥按摩手法进行按摩。清洁后可以进行8~10分钟的减肥塑身精油按摩或精华素导入。最后再使用减肥膏进行30~40分钟的按摩 (6) 使用减肥仪器减肥 (7) 敷体膜:先用减肥膏打底,再将体膜均匀地薄涂于腹部,涂敷方向由外向内,由下向上,注意肚脐处不用涂。然后,请顾客深呼吸,将保鲜膜用力平展包裹于腹部,包裹2~3层,再用热毛巾热敷或使用酵素减肥仪加热均可。30~40min后取膜。取膜时,先将手指插入保鲜膜与皮肤的间隙中,再用剪刀从手指上侧滑过,不可直接用剪刀剪,以免划伤顾客的皮肤 (8) 清洁 (9) 基本保养:涂美体乳液,保持皮肤清洁	60分(按程序要求操作,错一项或漏做一项扣7分)	
2. 肥胖的定义	肥胖是人体由于各种诱因导致热量摄入超出消耗,并以脂肪的形式在体内堆积,使得体内脂肪与体重指数加大的异常机体代谢、生理和生化变化 脂肪容易积存的部位有:头颈部、背脊部、乳房、腹部和臀部。在腹部,尤其体现在下腹部,这里我们重点介绍腹部减肥的护理	40分(少一点扣10分)	
总得分			

『技能操作项目二十二　胸部养护』

一、目的要求

掌握胸部护理的要领。

二、实训物品

精油、磨砂膏、爽肤水、美容器械车、清洁乳、去死皮液、美胸膏、美胸精华素、喷雾机、美胸仪、胸膜等。

三、实训指导及操作要点

1. 准备工作 护理前应备好美容器械车、清洁乳、去死皮液、美胸膏、美胸精华素、喷雾机、美胸仪、胸膜等相关护理用品。

2. 测量胸围及乳头至胸骨中线距离、乳头至锁骨垂直距离。

3. 清洁胸部皮肤。

4. 去角质。

5. 涂抹美胸膏,以柔力做胸部按摩,注意不要碰触乳头。

6. 做胸部精华素导入。

7. 使用美胸仪护理 10~15 分钟。

8. 用微湿棉片盖住乳头后,开始涂抹胸膜。

9. 卸膜,涂少许爽肤水、美胸霜。

四、相关知识链接

美胸注意事项:

1. 一般每 2~3 天做一次,10 次为一个疗程。

2. 护理前后均应为顾客做胸围测量。

3. 在整个治疗、护理过程中,避免碰到顾客乳晕、乳头、涂抹胸膜时,应用温湿棉片将乳晕部位盖住。

4. 保持环境的私密性。

5. 按摩力度应视顾客的耐受力而定,两侧乳房大小相同情况下,按摩力度、时间应相同。

五、技能考核评分表

考核项目	考核要点	考核比重及得分说明	得分
1. 美胸护理的功效及作用	(1) 加强胸部运动,强健胸肌及结缔组织 (2) 促进血液和淋巴液循环,使体内代谢加强,改善局部营养状态 (3) 加强皮肤弹性,消除衰老的表皮细胞,改善皮肤的呼吸状况 (4) 改善肌肉营养供给,提高肌肉的张力、收缩力、耐力和弹性	20 分(少一点扣 5 分)	
2. 操作程序	(1) 准备工作:护理前应备好美容器械车、清洁乳、去死皮液、美胸膏、美胸精华素、喷雾机、美胸仪、胸膜等相关护理用品 (2) 测量胸围及乳头至胸骨中线距离、乳头至锁骨垂直距离 (3) 清洁胸部皮肤 (4) 去角质 (5) 涂抹美胸膏,以柔力做胸部按摩,注意不要碰触乳头 (6) 做胸部精华素导入 (7) 使用美胸仪护理 10~15 分钟 (8) 用微湿棉片盖住乳头后,开始涂抹胸膜 (9) 卸膜,涂少许美胸霜	30 分(按程序要求演示的操作程序,错一项或漏做一项扣 7 分)	

续表

考核项目	考核要点	考核比重及得分说明	得分
3. 美胸注意事项	(1) 一般每2~3天做一次,10次为一个疗程 (2) 护理前后均应为顾客做胸围测量 (3) 在整个治疗、护理过程中,避免碰到顾客乳晕、乳头、涂抹胸膜时,应用温湿棉片将乳晕部位盖住 (4) 保持环境的私密性 (5) 按摩力度应视顾客的耐受力而定,两侧乳房大小相同情况下,按摩力度、时间应相同	30分(少一点扣6分)	
4. 美胸禁忌	(1) 妊娠期及哺乳期妇女 (2) 胸部皮肤有炎症、湿疹、溃疡等症状的女性,患有乳房疾病的女性以及经期妇女 (3) 患有严重高血压及心血管疾病的女性	20分(少一点扣7分)	
总得分			

『技能操作项目二十三　手足养护』

一、目 的 要 求

1. 掌握理想手足的特征。
2. 掌握手足护理的基本程序。
3. 掌握手部护理常用穴位。

二、实 训 物 品

1. 美容床单位备物　美容床、凳、毛巾被、消毒柜、喷雾器、超声波美容仪。

2. 操作备物　一次性床巾、毛巾、洗面扑、棉片、纸巾、棉棒、纱布、取物棒、酒精、镊子、口罩、小碗、刮板、面膜刷、面膜碗、洗面盆、洗手液、去死皮膏或磨砂膏、保湿水、营养霜、按摩膏、精油、保鲜膜、手膜/(蜜蜡面膜、电子涂蜡机)、温水等。

三、实训指导及操作要点

1. 手部护理准备工作　美容师与顾客相对坐,将干净毛巾分别铺在客人、美容师双腿上。

2. 手部护理的操作步骤

(1) 清洁手、臂。

(2) 脱屑(必要时)。

(3) 按摩。手部按摩顺序:①按摩手指背部。②手指两侧。③手背。④手掌。⑤前臂Ⅰ。⑥前臂Ⅱ。⑦活动腕关节Ⅰ。⑧活动腕关节Ⅱ。⑨抖动活动手背各关节。⑩调整动作。

(4) 倒膜。

(5) 爽肤水。

(6) 涂护手霜。

3. 足部护理的操作步骤

(1) 用温水将双足洗净。

(2) 浸泡后,取适量的足部用磨砂去角质产品按摩双足。如果皮茧过厚,可以足部用的磨砂棒轻轻将其磨去,此步骤可视情况而使用(每周一到二次)。

(3) 将适量的足部按摩乳液涂抹于脚背及脚底,以手指(也可搭配足部按摩器),从脚背开始轻轻地按摩,再做脚底穴道按摩。

(4) 涂抹润肤乳液。

四、相关知识链接

手部护理的目的:在工作和生活中,手常常扮演着"主角"。手的形象与整体形象密切相连,从某种意义上讲,它就像橱窗一样,将人展示于众。

理想手的特点:丰满、修长、流畅、细腻、平洁。

手部按摩常用穴位:合谷穴、中渚穴、劳宫穴、阳溪穴、阳谷穴。

五、技能考核评分表

考核项目	考核要点	考核比重及得分说明	得分
1. 手部按摩常用穴位	合谷穴、中渚穴、劳宫穴、阳溪穴、阳谷穴的定位	30分(说错一项或漏说一项扣15分)	
2. 操作程序	(1) 手部护理准备工作:美容师与顾客相对坐,将干净毛巾分别铺在客人、美容师双腿上 (2) 手部护理的操作步骤 1) 清洁手、臂 2) 脱屑(必要时) 3) 按摩。手部按摩顺序 ① 按摩手指背部 ② 手指两侧 ③ 手背 ④ 手掌 ⑤ 前臂Ⅰ ⑥ 前臂Ⅱ ⑦ 活动腕关节Ⅰ ⑧ 活动腕关节Ⅱ ⑨ 抖动活动手背各关节 ⑩ 调整动作 4) 倒膜 5) 爽肤水 6) 涂护手霜 (3) 足部护理的操作步骤 1) 用温水将双足洗净 2) 浸泡后,取适量的足部用磨砂去角质产品按摩双足。如果皮茧过厚,可以足部用的磨砂棒轻轻将其磨去,此步骤可视情况而使用(每星期一到二次) 3) 将适量的足部按摩乳液涂抹于脚背及脚底,以手指(也可搭配足部按摩器),从脚背开始轻轻地按摩,再做脚底穴道按摩 4) 涂抹润肤乳液	40分(按程序要求演示手足护理的基本程序,错一项或漏做一项扣7分)	
3. 理想手的特点	丰满、修长、流畅、细腻、平洁	30分(少一点扣10分)	
总得分			

『技能操作项目二十四 特殊养护』

一、目的要求

1. 掌握专业美容眼部护理基本流程。
2. 熟悉家居眼部护理方法。
3. 了解相关眼部护理产品的功效及使用方法。

二、实训物品

1. 用品准备 钢玻碗(大号1个/中号1个/小号2个)、泡镊筒(1个/2人)、酒精棉球瓶(1个/2人)、棉片(6张)、小方巾(1张)、洗面盆(1个)、纱布(面部大小1张)、纸巾(6张)、蒸馏水(50ml)、方盘(1个)、弯盘(1个)。

2. 仪器准备 超声波导入仪。

3. 材料准备 眼部卸妆产品(2g)、洗面奶(3g)、眼部精华素(2g)、眼膜(5g)、眼霜(0.5g)。

三、实训指导及操作要点

1. 眼部卸妆及清洁 选用专业的眼部卸妆液或卸妆油针对眼部化妆品进行清洁。清洁时动作一定要轻柔,尤其是在卸除睫毛膏时可在下眼睑处贴上薄的湿棉片,然后再顺睫毛生长方向由根部到毛尖进行拉抹,切忌搓揉。清洁时,不要过度拉扯皮肤,以免眼睛提早老化。

2. 眼部按摩 根据眼部不同的状况选择按摩手法对眼部进行按摩,按摩可以使眼周血液循环加速、提高皮肤的新陈代谢增强细胞活性以延缓衰老、可以帮助眼部皮肤的淋巴液回流以消除眼部肿胀。

3. 眼部精华素超声波导入 选用眼部专用具有不同功效的精华素用手指轻柔地涂抹在眼周,涂抹时顺眼轮匝肌生长方向环行均匀涂抹,开启超声波仪调至适宜强度,将超声波探头置于眼周,环行打圈运动。注意运动过程中要将探头避开眼球突起部位以免损伤眼球。待精华素完全吸收以后即可结束该操作。

4. 施放眼膜 根据不同的护理目的选择具有不同功效的眼膜。专业美容产品中有针对不同眼部问题的眼膜。眼膜可以在短时间内补充水分,消除疲劳,快速地减低暂时性的水肿及黑眼圈现象,还能在短时间内补充水分,消除疲劳,增加肌肤弹性。

5. 滋养眼部皮肤 护理结束后,选用合适的眼霜对眼周皮肤进行滋润。

6. 给顾客提出家居护理建议 根据顾客眼部的实际情况,给出适当的家居护理建议。

四、相关知识链接

1. 注意美容师自我的准备,仪态。
2. 一次性备品、消毒双手、操作前暖手。
3. 注意有针对性地询问顾客,及时与顾客沟通护理计划。
4. 使用超声波导入仪于顾客眼部时,必须注意保护好顾客眼睛,调节好合适的频率,切勿将探头直接抵向顾客眼球。仪器使用完毕后，用酒精棉球消毒仪器探头，按照要求将仪器小心放置在规定位置。

5. 按摩时注意根据顾客眼部的实际情况选用手法、切勿教条地使用学会的手法。

五、技能考核评分表

考核项目	考核要点	考核比重及得分说明	得分
1. 操作程序	(1) 眼部卸妆及清洁：选用专业的眼部卸妆液或卸妆油针对眼部化妆品进行清洁。清洁时动作一定要轻柔，尤其是在卸除睫毛膏时可在下眼睑处贴上薄的湿棉片，然后再顺睫毛生长方向由根部到毛尖进行拉抹，切忌搓揉。清洁时，不要过度拉扯皮肤，以免眼睛提早老化 (2) 眼部按摩：根据眼部不同的状况选择按摩手法对眼部进行按摩，按摩可以使眼周血液循环加速、提高皮肤的新陈代谢增强细胞活性以延缓衰老、可以帮助眼部皮肤的淋巴液回流以消除眼部肿胀 (3) 眼部精华素超声波导入：选用眼部专用具有不同功效的精华素用手指轻柔地涂抹在眼周，涂抹时顺眼轮匝肌生长方向环行均匀涂抹，开启超声波仪调至适宜强度，将超声波探头置于眼周，环行打圈运动。注意运动过程中要将探头避开眼球突起部位以免损伤眼球。待精华素完全吸收以后即可结束该操作 (4) 施放眼膜：根据不同的护理目的选择具有不同功效的眼膜。专业美容产品中有针对不同眼部问题的眼膜。眼膜可以在短时间内补充水分，消除疲劳，快速地减低暂时性的水肿及黑眼圈现象，还能在短时间内补充水分，消除疲劳，增加肌肤弹性 (5) 滋养眼部皮肤：护理结束后，选用合适的眼霜对眼周皮肤进行滋润 (6) 给顾客提出家居护理建议：根据顾客眼部的实际情况，给出适当的家居护理建议	60分(按程序要求演示眼部护理基本流程，错一项或漏做一项扣10分)	
2. 操作注意事项	(1) 注意美容师自我的准备，仪态 (2) 一次性备品、消毒双手、操作前暖手 (3) 注意有针对性询问顾客，及时与顾客沟通计划 (4) 使用超声波导入仪于顾客眼部时，必须注意保护好顾客眼睛，调节好合适的频率，切勿将探头直接抵向顾客眼球。仪器使用完毕后，用酒精棉球消毒仪器探头，按照要求将仪器小心放置在规定位置。按摩时注意根据顾客眼部的实际情况选用手法、切勿教条地使用学会的手法	40分(少一点扣10分)	
总得分			

（张秀丽　朱　薇　寇晓茹）

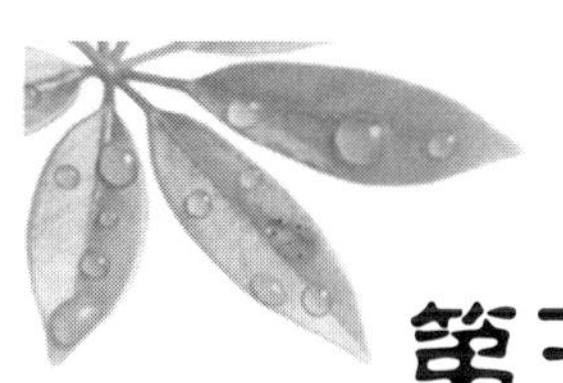

第三部分　美容专业术语

A

Abducent nerve—外展神经　（也称为第六颅神经或脑神经;是一种控制眼睛的运动神经）

Abductor muscles—展肌　（是手部肌肉,产生手指分开的动作）

Ablative laser—烧蚀激光处理　（是一种面部护理或治疗手段,受激光照射和作用的表皮部位被移除,而使产生胶原质的真皮乳头受热）

Accessory nerve—副神经　（也称为第十一颅神经或脑神经；是一种控制颈部肌肉的运动神经）

Accupressure—指压按摩　（是一种对身体的某一部位进行施压的古老而先进的按摩方法或技巧）

Accupuncture—针(灸)法　（是一种医学治疗或护理的手段,以细针刺过身体的某一具体部位,以舒缓疼痛或产生局部麻木或麻醉的感觉）

Acid balanced—酸性平衡　（显示 4.5~5.5 酸性范围内平衡的测量标准）

Acid mantle—酸性薄膜　（是皮肤的保护屏障,由皮脂和汗液混合物与油脂、矿物质以及水分融合所形成的）

Acne—痤疮　（是一种由于毛囊皮脂腺的炎症；其特点是出现黑头、白头、丘疹和脓疱；通常发生在青春发育期）

Acne treatment—痤疮护理或治疗　（是指表面局部治疗和药物治疗,口服药物治疗以及其他各种治疗或护理方法,这些治疗或护理手段可以单独使用也可以相互并用）

Actinic keratosis—光化性角化病　（是一种不规则形状的、鳞片状的、粉红色皮肤肿瘤,触摸感觉粗糙,发生在日晒部位）

Active electrode—活性电极棒　（在护理过程中,由皮肤保养美容师握住的电极棒）

Active ingredients—活性成分或有效成分　（是诸如生物碱和葡萄糖苷或配糖物等化学制剂,赋予植物治疗或修复的特性）

Active listening—有效倾听　[是涉及全身各部位,包括耳、眼以及大脑(理解力)的一种倾听策略]

Active stage—活动期　（也称为营养体时期或滋养期；是细菌快速生长繁殖的时期）

Acute—急性　（描述强烈和严重状态的词语;暗示快速发作）

Adductor muscles—内收肌　（合拢手指的手部肌肉）

Adipocyte cells—脂细胞　（含有供生产能量之用的脂肪的细胞；位于皮下层中）

Advertising—广告(市场营销策略,结合各种活动,把注意力吸引到护肤中心,获得顾客的肯定；设计一种形象,展示护肤中心服务项目、服务质量以及其他任何吸引顾客光顾的因素）

Aerosol—气雾剂　（在压力下与压缩气体同装入一般是气罐的容器中的产品）

Affusion therapy—喷淋或泼水疗法(也就是人们所知的水管冲浴疗法、维兹淋浴疗法、苏格兰水管洗浴法和快速喷浴疗法;操作时,沿着脊椎部位安放莲蓬头,从莲蓬头中喷射出水、海水或者矿泉水、草药或精油浸液,喷洒在顾客的身上）

Albinism—白化病　（一种遗传性疾病,由于皮肤无法产生黑色素而造成）

Algotherapy—海藻(植物)疗法(一种使用海洋植物,清洁和新活皮肤的和身体的治疗性护理方法）

Allergen—过敏原或者变态反应原　（可能会引起过敏性反应的物质或者成分）

Allergy—过敏反应或变态反应(一种因接触通常无害的物质,如香水或染料而产生敏感的身体状况;症状包括瘙痒、发红、发肿或者起水泡)

Alpha Hydroxy Acid(AHA)—α-羟基酸,即果酸 (一种羟基族化学成分,位于有机酸链中的第一个碳原子位置上)

Alternating current—交流电 (持续周期性地摆动,来回交替,电子流动方向不断变动的电流)

Amino acid—氨基酸 (由碳、氧、氢和氮所构成,成链组合形成蛋白质的化合物)

Amp—安 [安培(Ampere)的缩写;是电流强度单位]

Amp rating—额定电流 (显示在某一特定电路中所流动的电子数量的测量单位)

Anabolism—合成代谢(小分子合成为大分子的过程)

Anagen—毛发生长初期/生长期 (毛发生长过程中,最早和最长的阶段;是毛发活跃生长的时期)

Analgesic oil—止痛或镇痛油 (一种药物油,有助于消除表面疼痛)

Anaphoresis—阴离子导入 (通过贾法尼电流和电极棒的负极,把碱性溶液导入皮肤的护理方法)

Anatomy—解剖学 (研究器官和身体系统的学科)

Androgen—雄性激素 (在男性和女性体内都存在的男性激素)

Angular artery—角动脉 (为鼻两侧供应血液的动脉血管)

Anhidrosis—缺汗症 (由于汗腺无法分泌汗液而造成的汗缺乏的皮肤状况)

Anode—正极或阳极(带正电荷的电极)

Anterior auricular artery—耳前动脉 (为耳前部供应血液的动脉血管)

Anterior dilatator naris—鼻孔开大肌前组 (鼻部四块肌肉之一;帮助控制鼻翼的收缩和扩大)

Antibacterial—杀菌剂 (对产生不良影响,如痤疮或其他感染的细菌具有破坏作用的成分)

Antibacterial medication—杀菌药 (用以杀死细菌和防止细菌再生的局部外用药物)

Antibiotic—抗生素药 (用以处理各种状况或问题的系统药即内用药物;主要用以杀死细菌或者防止细菌的生长)

Antigen—抗原 (引起人体免疫性反应的外来物质,如细菌、病毒、寄生虫或者有毒物质等)

Antihistamine—抗组胺剂 (一种内服处方药,缓解皮肤的不适感,如瘙痒和麻疹)

Anti-inflammatory oil—消炎油 (用以减轻炎症,舒缓肿胀肌肉的油)

Antioxidant—抗氧化剂 (用在某些护理产品中,防止因自由基而导致的皮肤发炎和受损的成分)

Antioxidant oil—抗氧化油 (帮助抵抗自由基对皮肤攻击的油)

Antiseptic—抗菌剂或防腐剂 (帮助防止细菌在皮肤上生长的溶液)

Antiseptic oil—抗菌油 (帮助消灭细菌,治疗皮疹的油)

Antiseptic prepration—消毒剂 (一种消毒卫生溶液,在服务之前,用在皮肤上;清洁掉皮肤上除臭剂、身体护肤液和油脂的堆积物)

Apocrine gland—顶泌腺或大汗腺 (位于腋下、生殖器部位以及乳头部位的汗腺;分泌一种无味物质,受情绪因素而非激素的影响产生分泌)

Aponeurosis—腱膜 (连接额肌和枕肌,形成头盖的腱)

Apprentices—助理美容师 (指协助富有经验的员工工作,直到自己在护肤中心的工作表现和技术表现达到满意水平为止的新进美容师)

Aromatherpay—香氛疗法或芳香疗法 (一种使用植物精油进行护理的治疗方法)

Aromatherapy oil—香氛油(以强烈的香气产生特别功效的精油)

Ask, Analyze and Assess—询问、分析和评估 (是顾客咨询过程中的第二阶段;是一种指导性的交谈形式,和顾客一起分享自己对护理效果的预计情况以及相关理由)

Asteatosis—皮脂缺乏症 [也称为干燥症(xerosis),由皮脂分泌减少而造成的干燥、起皮脱屑的状况]

Astringent—紧肤水或收敛剂 (一种用以进一步清洁皮肤,同时适当平衡 pH 酸碱值的护肤产品,也称为

爽肤水)

Astringent oil—收敛油 (暂时性紧实组织,减少分泌的护肤产品)

Asymptomatic carrier—无症状带病毒者 (无明显疾病症状显示的致病细菌或者病毒携带者)

Atomizer—气化器 (也指喷雾器;是一种自动喷雾的装置,产生非常彻底的清洁或爽肤作用)

Atopic dermatitis—过敏性皮炎或特异反应性皮炎 (遗传性皮炎或者是皮肤的一种发炎状况,其特征为皮肤干燥、敏感、受激)

Autoclave sterilizer—高压灭菌锅 (一种密封加压、蒸汽加热的皮肤护理设备,以高压和高热或者高压蒸汽对物体进行消毒处理,杀死所有的微生物)

Autologous fat transplantation—自体脂肪移植[也称为脂肪注射(fat injection)或者微脂注射(microlipoinjection);通过注射器,把脂肪从供给位(供体部位)如病人的腹部、大腿或者臀部抽出,然后再注射到将要处理的部位]

Ayurveda—印度草药学 (是古代一种运用芳香按摩油进行治疗和保健的医药学)

Azaleic acid—壬二酸(增强干燥和促进细胞更新的酸)

B

Basal cell carcinoma—皮肤基细胞癌 (一种常见的恶性皮肤病,通常表现为透明、有不规则边缘,细小血管穿过其中)

Benefit—疗效或功效 (一种成分所产生的增强或改善顾客皮肤外观或状况的效果)

Biochemistry—生物化学 (研究发生在生命有机体体内的化学反应,如生长、繁殖呼吸等的科学)

Blackhead—黑头 (毛囊口打开,其表面脂肪酸与空气接触,氧化,产生变色,呈现为黑色)

Blepharoplasty—眼睑整形术 (把多余脂肪、皮肤或肌肉从上下眼睑上去掉的外科手术)

Body scrub—身体磨砂膏 (一种机械型的去死皮或去角质剂,可以去掉死皮细胞,使皮肤光滑、柔软和健康)

Body wrap—束身 (一种流行的护理方式,通过吸收和紧压,产生暂时性的紧实效果;当人体被紧密包裹束缚的时候,会排汗,从而使皮肤更平贴在皮下肌肉上)

Botanical—植物成分 (美容化妆品成分;通常为各种各样的天然成分或者是从植物中提取而来的自然衍生成分)

Broad—spectrum disinfectant—广谱消毒剂 (过去称为医用消毒剂;杀菌、杀真菌或抗霉、杀假单胞细菌和抗病毒,必须能够有效抵抗 HIV、HBV 或肺结核病毒)

Bromidrosis—臭汗症 [也称为狐臭或腋臭(osmidrosis);一种因酵母和细菌破坏皮肤表面的正常出汗,从而引起的发出恶臭气味的排汗情况]

Bulla—大水疱 (一种类似于水疱的皮肤感染,但是更大,其中包有清澈的水液;也称为水泡)

C

Calming mask—镇静面膜 (在面部护理过程中使用,舒缓和镇静过敏、发炎或受激的皮肤)

Calorie—卡路里 (食物中能量测定的单位)

Camouflage makeup—遮瑕式化妆 (一种化妆方法,对顾客因手术、事故、疾病或者先天缺陷等因素造成的外表缺陷进行遮盖,使皮肤外观正常化)

Caninus-levator anguli oris—提嘴角肌肉 (位于嘴角上方的肌肉;上提嘴角)

Capillary—毛细血管 (把营养物质和氧气从动脉带到细胞,把废弃产物从细胞中带到动脉的细小血管)

Carbohydrate—碳水化合物 (是人体能量的主要来源,存在于各种谷物、蔬菜、水果、豆类、坚果和籽中;每日所摄入的碳水化合物应该占每日营养素摄入量的 45%~65%;用以身体储存能量)

Carbonic gas spray—碳体气雾剂 (一种高效喷雾剂,可以深层清洁油性、易发痤疮的皮肤;常在析出清洁

或吸喷处理后使用）

Carbuncle—痈 （皮脂腺紊乱问题；疖子聚集；急性细菌感染，非常疼痛，特征是出现个别毛囊和邻近皮下组织发炎）

Cardiovascular system—心血管系统 （也称为血管系统；包括心脏、动脉、静脉和毛细血管；血液于系统中循环流动）

Carpal Tunnel Syndrome—腕管综合征 （由肌腱炎引起，肌腱发肿，压挤腕管中的神经，从而令手部麻木无力）

Carrier oil—基础油 ［是一种中性油，最常见有葡萄籽油、西洋杏仁油（扁桃仁油）、中国杏仁油（杏桃仁油）、霍霍芭油或橄榄油，用以稀释纯植物精油］

Cartilage—软骨 （一种结缔组织，软骨对连接处的骨骼产生一种软垫性的保护作用，可以防止骨骼之间的相互震动和摩擦）

Catabolism—分解代谢 （大分子或者物质分解成为小分子或者物质的过程）

Catagen—毛发生长中期/退行期 （头发生长周期中的过渡和最短的时期；是毛发开始自我破坏，从毛乳头上脱落的阶段）

Cataphoresis—正离子导入 （一种电泳形式；在贾法尼电流和电极棒正极的辅助作用下，把酸性溶液引入到皮肤之中）

Cathode—阴极或者负极 （带负电荷的电极）

Cell—细胞 （被认为是生命基础单位的人体组织）

Cell membrane—细胞膜（细胞的外表面和外围结构）

Central nervous system—中枢神经系统 （也称为脑脊髓神经系统；由脑和脊髓组成；控制人体所有随意和非随意性行为或动作）

Cerebellum—小脑 （一种控制调节运动功能、肌肉运动和平衡的脑结构；位于枕骨部位，大脑正下方）

Cerebrum—大脑 （大而呈圆形的脑部结构，占据了颅腔的上前方部位；是高级精神功能，思想、情感和记忆等的中心）

Cervical vertebrae—颈椎 （构成脊椎第一部分的七块骨骼）

Chamomile—德国甘菊或者洋甘菊 （适用于任何皮肤状况或者任何护理项目的成分；具有舒缓、修复、消炎、抗菌抗微生物的功效）

Chelating agent—螯合剂 （加入产品中以增强其保存防腐效果的成分）

Chemical hehaviour—化学行为 （原子的反应）

Chemical bond—化学键 （把原子与原子连接在一起形成一个分子的作用力或者方法）

Chemical depilatory—化学脱毛剂 （一种在皮肤表面分解消除毛发的无痛脱毛方式）

Chemical exfoliant—化学性去死皮剂 ［由一种自然物质，如酶或者 α-羟基酸（果酸）构成的产品；与其他成分合用，产生化学反应，去除死皮细胞］

Chemical exfoliation—化学性去死皮 ［利用酶或者 α-羟基酸（果酸）等天然物质，协助其他成分作用，发生化学反应，去除死皮细胞］

Chemical peel—化学性脱皮或浅表换肤液 （用以剥落皮肤表层，促进细胞更新，引起角质层脱落的化学溶液）

Chemiclave—化学蒸汽灭菌器 （利用高压、高温的水蒸气、酒精蒸汽和甲醛蒸汽消毒外科手术器械的机器）

Chemistry—化学 （研究物质、影响物质的物理和化学变化以及这些过程中所产生的能量变化的科学）

Chemotherapy—化学疗法 （会提高顾客敏感性、造成皮肤变薄的放射性疗法）

Chiaroscuro—明暗对比法（是一种通过明暗安排以制造出立体形状错觉的艺术手法）

Chloasma—黄褐斑 ［也称为妊娠期黑斑病（melasma）；一种发生在妊娠妇女皮肤上的状况，色素沉着加重，引起面部出现扁平、从浅到深颜色不一的色块］

Chronic—慢性　(用以描述在三个月或者以上时间内,频繁出现的持续性状况的术语)

Chucking—夹拿法　(按摩手法;在胳膊和身体上形成摩擦;操作时,用一只手抓住顾客的手臂,另一只手则紧紧地把皮肤上下拉提,离开骨骼)

Circulatory system—循环系统　(也称为血管系统;是控制血液和淋巴在人体中循环的身体系统)

Clavicle—锁骨　(即 collarbone,是双肩之间贯穿胸部的骨骼)

Clay/mud mask—黏土/矿泥面膜　(在面部护理过程中使用的面膜产品,富含矿物质以及从泥土中衍生而来的黏土和矿泥;吸收多余油脂、收缩细致毛孔,有助于防止毛孔堵塞)

Cleanser/makeup remover—洁肤液/卸妆液　(清除尘土、化妆品和污垢的溶液)

Cleansing—洁肤　(日常皮肤护理法的第一步;作用在于把皮肤表面的尘土、油脂、化妆品以及环境污染物清洁干净)

Cleansing cream—洁面霜　(清洁面部污垢的溶液)

Client care—顾客关照或维护　(也称为个人照顾;一种照顾关注顾客的方式)

Client consultation—顾客咨询　(一种谈话交流,美容师根据顾客的个体需要提供专业建议)

Client consultation form—顾客咨询表　(在每次护理开始时填写的一份表格,帮助美容师获取有关护理的信息)

Clientele—顾客网　(由美容师发展和保持的顾客基础;包括常客以及试图吸收为常客的顾客)

Client Release Statement—顾客同意书/顾客安全切结书　(允许美容师根据在咨询过程中所获得的顾客信息进行护理操作的表格;可以保护护肤中心、美容经营者或者美容师,免于因护理而造成的事故和对顾客皮肤损坏有关的索赔)

Closed Comedo—闭合型粉刺　[也称为白头(whitehead)粉刺;皮脂腺口部分堵塞或者未完全张开]

Cocci—球菌　(球状或圆形的菌细胞,不常见或者成群出现)

Co-Enzyme Q-10—辅酶 **Q-10**　[即泛癸利酮或癸烯醌(Ubiquinone);一种在人体中自然出现的强效抗氧化剂]

Cold sore—唇疱疹　(一种单纯疱疹,高传染性的病毒性感染,当身体或皮肤处于极度受压的状态下,如正在进行激光治疗的过程中的时候会引发)

Coloring agent—染料或着色剂　(加入到产品中增强其外观效果的植物、矿物或者色素染料)

Combination skin—混合性皮肤　(一种皮肤类型,同时出现油性和干性部位;是最常见的皮肤类型)

Comedo extractor—粉刺棒　(便于剔除粉刺的金属工具)

Commission—提成或佣金　(按照单个美容师通过服务顾客和销售产品而产生收入的一定比例所支付的金额)

Common carotid arteries—颈总动脉　(位于颈部两侧的动脉;为脑部、面部和颈部供血;分为内颈总动脉 ICA 和外颈总动脉 ECA)

Communicable disease—传染性疾病　[也称为接触传染病(contagious illness);能够在人与人之间进行传播,也可以从动物传染到人类的疾病;可以通过偶然性接触而传染]

Complimentary consultation—问候性咨询　(15 分钟简短会面,为美容师提供熟悉潜在新顾客的机会,发现了解顾客的护肤需要、与顾客分享可以令其皮肤发生变化的美容方法)

Compound—化合物　(两种不同元素以化学方式结合而形成的混合物)

Concealer—修容产品或者遮瑕产品　(用以修正弥补面部个别瑕疵的化妆产品,包括修容霜、修容液、修容笔以及罐装修容产品)

Conduction—导热　(通过直接接触而传导热量)

Conductor—导体　(可以轻易传导电流的物质)

Conjunctivitis—结膜炎　(也称为传染性角膜炎;一种影响眼睑内膜的传染性极强的细菌感染)

Connective tissue—结缔组织　(支撑、保护和连接人体的组织)

Consultation—咨询 （与顾客之间的一种面见，判定顾客的需要和希望，向顾客解释最适合皮肤的护理方法和产品）

Contact dermatitis—接触性皮炎 （由接触如颜料、清洁剂、镍币、织物或者植物等物质所产生的变态反应或者因接触这些物质而产生的非变态性刺激而引起的皮疹）

Contagious—传染病 （通过接触传播的疾病；也称为接触性传染病）

Contaminated—污染物/传染物 （指带有病原体的物体，还沾染着污垢、油脂或者微生物）

Contour—打阴影或者打轮廓 （一种描绘轮廓的方法，尤其是对弯曲或不规则的形象或形状作轮廓修饰的方法）

Contraction—收缩 （肌肉的收紧动作，肌肉的止点移动而起点则固定不动的状态）

Contraindication—禁忌证 （显示不能操作某项美容护理程序的状况）

Convection—对流 （热量通过液体或者气体传导）

Converter—变流器 （用以把直流电转换为交流电的设置）

Cool color—冷色 （带有蓝色底色的颜色色感或色调；通常蓝绿色一半的色彩轮上都是各种冷色）

Cool undertone—冷色底色 （含有蓝色/紫色或者红色底色的色调）

Corrugator—皱眉肌 （位于眉部下面的肌肉；产生紧缩皱眉和下拉眉毛的动作）

Cosmetic—美容化妆品 （描述性词语，用以描述以擦、倒、洒、喷、导入或者涂抹的方式，散布于人体表面，以达到清洁、美容，增强魅力或者改变外表目的的商品，以及任何一种用于这些商品之中的成分；本词汇中不包括皂类产品；由 FFDCA 定义）

Cosmetic surgeon—美容外科医生 [也称为整形外科医生（plastic surgeon），是专门从事于美容或者重建外科的医生]

Cosmetic surgery—美容外科手术 [也称为整形或重建外科手术（plastic or reconstructive surgery），是以美容和重建为目的的治疗手术]

Couperose—红血丝或者皮下红筋 （一种皮肤状况，出现细小的毛细血管扩张；最常见于面颊和鼻角部位）

Crème—霜剂 （市场中最常见的美容化妆品类型；令皮肤柔软滋润；黏度较大；当化妆时，需要额外覆盖皮肤的时候，会使用这种类型的化妆品）

Crème mask—面膜霜 （在面部护理过程中，会使用面膜霜；对干性皮肤而言，滋养型的霜质产品最适合；通常富含滋润剂、保湿剂和其他营养丰富的成分，如维生素）

Crème-to-power—粉底散粉 （也称为底妆散粉、"一步到位" 或者"双重混合到位"；是底妆和定妆合二为一的化妆品，覆盖力最强，效果自然）

Cross-contamination—交叉感染 （通过已受污染的仪器、表面或食物引起的细菌传播）

Crust—痂皮 （是伤口脓汁渗出后所残留的干块）

Customizing—定制 （寻找出满足顾客需要的适合产品的方法）

Cyst（sist）—囊肿 （一种皮肤状况，指一种不正常的膜状液囊，其中含有气态、液态或半固体状的物质）

D

Decoctions—煎汁 （通过在水中煎煮散装草药而获得的混合液）

Decontaminated—净化 （指病原体被清除干净的物体；没有污垢、油脂和微生物）

Deep peel—深层或深度换肤 （使用苯酚即石碳酸去除死皮细胞的医学护理手段；由医生操作；与中度换肤相比，对真皮层的影响更强烈，因为使用强度更大的产品）

Dehydration—脱水或者缺水 （指液体的丧失；皮肤缺乏水分，其特征是皮肤表面干燥、脱屑，出现细纹）

Dermabrasion—磨皮术 （使用电动粗毛刷或者圆头锉把皮肤表面擦脱的皮肤护理方式；可以深入到皮肤真皮层）

Dermaplaning—皮肤整平术 （使用皮刀，刮掉瘢痕四周高出的皮肤表面或者皱纹部位的皮肤表面以平整

皮肤的一种外科手术)

Dermascope—电子皮肤镜　(一种精密制作的放大镜或者加入黑色光的放大灯;即 skin scope)

Dermatitis—皮炎　(皮肤的发炎性失调或紊乱)

Dermatology—皮肤学　(研究皮肤及其结构、功能、疾病以及护理或处理的科学)

Dermatome—皮刀　(一种旋转刀片)

Dermis—真皮　(皮肤的第二层;英文表达还有 dermal layer,derma,corium,cutis , true skin)

Desincrustation—深层清洁或去垢处理　(清理堵塞毛孔以便清除死细胞的过程)

Desincrustation facial treatment—深层清洁或去垢面部护理　(使用贾法尼电流,把一种碱性溶液强迫引入到皮肤深处的护理方式)

Desincrustation solution—去垢液　(高碱性溶液,可液化皮脂)

Desquamation—脱皮　(皮肤呈鳞片状脱落、剥落的过程)

Direct current—直流电　(电子以匀速,只按一个方向流动的持续性电流)

Direct Faradic Current treatment—法拉第直流电护理　(美容师把正负电极棒都放在顾客的皮肤上,正负两极不接触,而产生作用的一种电流使用方式)

Direct High Frequency Current treatment—直接式高频电流护理　(美容师以一只电极棒直接接触顾客皮肤,产生杀菌和干燥效果的电流使用方式)

Disinfection—消毒　(消灭存在于无生命无孔表面的细菌、病毒和大部分微生物或者有机生物)

Dry skin—干性皮肤　(一种皮肤类型,缺少足够的皮脂的分泌;表现出高度敏感;易于出现细纹和皱纹)

Dry skin mask—干性皮肤面膜　(面部护理过程中,用以增加皮肤的滋润度,锁住水分,促进产品吸收的产品)

Dyschronia—色素异常　(不正常的色素沉着)

E

Ecchymosis—瘀斑　(皮肤瘀伤的临床用语)

Eccrine gland—外分泌腺或小汗腺　(分布于全身表面各处的汗腺;最集中的部位有前额、手掌和脚跟;通过毛孔直接在皮肤表面开口,不与毛囊相连)

Eczema—湿疹　(一种皮肤病状,其特征是干燥或湿润的皮肤感染、爆发小泡和流脓水)

Edema—浮肿或水肿　(一种皮肤病状,由于组织内液体的过度聚集而引起的组织或皮肤发肿状况)

Efficacy—功效　(产生效果或效力的能力)

Efficacy label—产品效用标签　(所有消毒杀菌产品上都要求贴上的标签,告诉使用者本产品对何种有机生物具有效用)

Effleurage—轻抚法　(按摩动作,以指腹或者手掌进行轻柔、放松、平稳、安抚、擦摸或者打圈的动作)

Elastin—弹性蛋白　(类似于胶原蛋白的纤维性蛋白;是构成弹性纤维组织的基础)

Electrical burn—电烧伤　(当人体与电流接触时所引起的烧伤;通常是使用故障设备或者使用设备不当而引起的)

Electrical shock—触电或电击　(人体与电流接触)

Electrical current—电流　(沿着导线流动的电)

Electricity—电力或者电能　(一种能量形式,产生光、热、磁性和化学变化)

Electric mask—电面罩　(一种面部护理工具,产生温度适宜的湿润热气的工具;用以帮助软化皮肤,协助产品深入到毛孔中)

Electric pulverizer—电动喷雾器　(一种特殊的雾化器,将各种草药、提取物或者收敛剂等以一种非常细小的薄雾形式运用到皮肤上)

Electric treatment mittens and booties—电热手套和电热鞋,即暖手套和暖脚鞋(电热型的手部和足部覆盖物或护套,用以把产品深入到皮肤之中)

Electrochemical effect—电气化学效应　(电流通过一种水基溶液传导到皮肤和身体上所产生的作用)

Electrocution—触电死　[电流通过神经系统,造成心脏和呼吸停止的严重电击或者触电,也称为全身触电(**general shock**)]

Electrode—电极棒　(用以把电流从电气设备中引入到顾客皮肤上的导电体)

Electrologist—电蚀医生　(专门从事电解治疗的专业技术人员)

Electrolysis—电解脱毛法　(要求专业人员把细小的电针横靠着毛发直插进每个毛囊直达根部而进行脱毛的方式)

Electromagnetic radiation—电磁辐射　(当能量通过放射物传递的时候,所形成的波形电子移动方式)

Electron—电子　(带负电荷的微小颗粒,使原子能够相互连接形成键)

Electrotherapy—电疗　(使用电流进行的皮肤护理)

Element—元素　(物质的基本构成单位;不能通过任何化学反应分解成为更小的物质)

EDMA,esthetic Manufacturers and Distributors Alliance—美容产品制造商和销售商联盟　[制定操作性标准,以保证在化学性脱皮或换肤过程中,安全和连贯使用α-羟基酸(果酸)的组织]

Emollient—缓和剂或润肤剂　(油性或者油溶性物质,通过形成闭合隔离层而对皮肤产生调节和软化作用)

Emulsifier—乳化剂　(用以减缓产品破坏变质的粘合物质)

Emulsifying agent—浮选剂　(一种含极性端和非极性端化学结构,因为其中极性端和非极性端的作用,具有兼容水和油的能力;把各种成分结合于一体)

Emulsion—乳剂或乳浊液　(两种或以上不可混合的物质如油和水,通过数小滴的黏合剂或者粘胶状物质而结合在一起的混合物)

Endocrine gland—内分泌腺　(把分泌物释放到血液中的腺体;是一种无管腺)

Endocrine system—内分泌系统(调节和控制人体生长、繁殖和健康的特殊无管腺的总汇)

Enfleurage—香脂提取法　(把原料浸入无味油料或脂料中,通过油料或脂料吸收原料香气而获得精油的方法)

Environmental allergens—环境变态反应原或过敏原　(包括花粉、动物和食物在内的,提高人体对产品的敏感度、增强对皮肤的刺激的物质)

Enzyme—酶　(专门分解皮肤表面角蛋白的成分,去除死皮,使皮肤更为柔软光滑;把大分子分解成为小分子的物质;唾腺分泌物,在消化过程中分解食物)

Enzyme exfoliator—含酶去死皮产品　(专门分解或溶解死皮细胞的产品;通常会产生刺痛感或瘙痒感)

EPA Standards—美国环保署标准　(要求在所有消毒杀菌产品上贴注标签,向使用者说明本产品对何种有机生物产生效果的标准)

Epicranium—头皮　(覆盖在人头顶上的皮肤,英文也称为 scalp)

Epicranius—颅顶肌　(覆盖头皮的阔而薄的肌肉)

Epidermis—表皮　(皮肤的最外层结构;英文也称为 cuticle,scarf skin , epidermal layer)

Epilepsy—癫痫症　(一种病状;患有癫痫症的顾客不能进行任何使用电流的项目)

Epithelial cells—上皮细胞　(覆盖和保护人体内部的细胞)

Epithelia tissue—上皮组织　(覆盖和保护身体表面和内部器官的组织)

Ergonomic—人类环境改造学　(研究人与其工作环境之间关系的学科)

Erythema—红斑　(由于毛细血管的扩张或充血而引起的皮肤发红;皮疹)

Esophagus—食管　(咽和胃脏之间的通道)

Essential fatty acid,EFA—必需脂肪酸　(生产激素,有助于防御心脏病、癌症、自体免疫疾病和皮肤病的营养物质)

Essential oil—精油　(天然的美容化妆品成分,从植物原料中提取而来)

Ethics—道德规范　(判断与他人相关行为的正误对错的规定)

Ethmoid bone—筛骨 （双眼之间，构成鼻腔的海绵状骨骼）

Ethyl Alcohol(70%)—70%乙醇 （抗菌、抗真菌、抗病毒乙醇；但不会破坏真菌孢子）

Ethylene Oxide Gas—乙撑氧消毒气剂 （消毒有孔、难以清洁、狭窄、有凹缝的器械的最佳方式）

Etiology—病因学 （研究疾病、紊乱或者状况起因的科学）

Eucalyptus oil—尤加利油或者桉树油 （用以处理肌肉僵硬酸痛或者促进循环的精油；具有刺激、镇痛、抗菌防腐、抗微生物和消炎等特性）

Evening makeup—晚妆 （一种妆面类型，通常都显得较为夸张；颜色更深更浓；这些颜色有助于在夜晚昏暗灯光下，增强和突出面部五官的轮廓，而不会使整个妆面显得过于造作）

Excoriation—破皮或表皮脱落 （当蚊虫叮咬的疙瘩、痂皮和痤疮被擦破时所出现的机械磨损）

Excretory system—排泄系统 （把固体、液体和气态废弃产物从人体中清除的系统）

Exercise—健身运动 （增强和保持肌肉弹性，即肌调，帮助刺激血液循环和新陈代谢，使人体功能处于最佳状态的活动）

Exfoliation—去死皮或去角质 （去除死皮，刺激新细胞生长的过程）

Exfoliator—去死皮或去角质产品 （用于去除多余的皮肤表面细胞的美容产品）

Exhalation—呼气 （通过向外呼气而清除氧气有毒的副产品，二氧化碳）

Exocrine gland—外分泌腺 （将分泌物释放到一根腺管，通过腺管作用，在皮肤表面沉积分泌物的腺体）

Expansion—展开或扩展 （肌肉的放松运动）

Expression—压榨法 （通过把香精油从植物成分中挤压出来而获得精油的方式）

Extensor radialis—桡侧腕伸肌 （位于前臂中部，手臂外侧的肌肉；伸直手指和手腕）

External carotid artery, ECA—颈外动脉 （分支为小动脉，为头部皮肤和肌肉供养血液的动脉）

External jugular vein, EJV—颈外静脉 （把血液带回到头部、面部和颈部的静脉）

External maxillary artery—颌外动脉 ［也称为面动脉(facial artery)；为面部下部，包括口和鼻提供血液］

External parasites—外寄生虫 （在其他生命有机体上生长，对其寄主无任何贡献，引起传染性疾病的有机生物）

Extraction—工业萃取法 （使用一种化学溶剂，如石油或者乙醚把芳香成分从植物中滤去的方法）

Extrinsic aging—外因性衰老 （也称为皮肤退化；由个人可以控制的外在因素，如日晒、吸烟和饮酒等造成的皮肤衰老）

Eyebrow pencil/powder—眉笔/眉粉 （填充、勾勒和修正眉型的化妆产品）

Eyebrow shaping—修眉 （把多余眉毛从眉部去掉的方法；是化妆操作的基本步骤）

Eyebrow tinting—染眉毛 （使用半永久染色产品，加深眉毛颜色的过程）

Eyebrow wax—蜡脱眉 （使用脱毛蜡进行修眉，改善整个面部形象）

Eye contact—眼神交流 （一种非言语性的表情动作，显示出专注和个人自信心）

Eye crème—眼霜(滋养保护眼周组织的产品)

Eyelash/eyebrow tinting—染睫毛/眉毛 （使用半永久性染色产品加深睫毛或眉毛颜色的方法）

Eyeliner—眼线产品 （在化妆中所使用的突出和强调眼睛形状和大小的产品，可加强眼睫毛的浓密度；通常在眼睑上沿着睫毛线，在睫毛上方或者下方描出眼线）

Eye shadow—眼影 （用以凸现和强调双眼颜色和形状的产品；可以用来制造出更为立体的轮廓感或者夸大某些部位，如眼褶皮；产品种类各式各样，包括眼线碳棒、眼线啫喱、眼线粉和眼线笔）

F

Facial artery—面动脉 （也称为颌外动脉；为面下部，包括口和鼻，供养血液的动脉）

Facial chair—美容椅 （在服务过程中，调整到适当高度和角度，供顾客就座的特殊设备）

Facial nerve—面神经 （即第七颅神经；是面部主要的运动神经，控制面部、头皮、颈部、耳部和上颚部位

和舌头的运动）

Facial steamer—面部热喷仪/蒸脸仪 （即面部喷雾仪；是把温度适宜、漫射的蒸汽薄雾喷洒到皮肤表面的电动装置；舒张毛孔，便于清洁和软化死皮细胞，从而更容易地清除掉死皮）

Fan brush—扇形化妆刷 （把产品涂抹到面部或颈部的化妆刷）

Faradic Current—法拉第电流 （是一种交流电，可以中断以产生一种机械性而非化学性的反应）

Fat injection—脂肪注射 ［也称为自体脂肪移植（autologous fat transplantation）或者微脂注射（microlipoinjection）；是一种通过注射器，把脂肪从供给位（供体部位）如病人的腹部、大腿或者臀部抽出，然后再注射到将要处理的部位的注射方法］

Fats—脂肪（是能量集中的来源，为人体提供必需的脂肪酸；健康饮食中包括大约**30#**非饱和脂肪）

Fatty acid—脂肪酸 （从植物和动物资源中衍生而出的美容化妆品成分；便于霜状或液状产品的涂抹）

Fatty alcohol—脂肪醇 （已经受到氢作用的脂肪酸）

Feature—特色 （指产品的特征，如容器的大小、香气或者使产品产生效果的特殊成分）

Fibroblast cell—纤维原细胞 （一种细胞类型，负责纤维的形成；帮助胶原蛋白和弹性蛋白的生产）

First-degree burn—一级烧伤 （最轻微的烧伤，只伤及皮肤的外层，即表皮；伴随着发红、发肿和灼痛等状况；无水疱）

Fissure—裂口或溃疡 （皮肤上的裂缝或沟纹，可能会深入到真皮层）

Fitzpatrick scale—菲兹帕崔克标准 （一种摄影制版的标准，显示出各种不同类型皮肤对紫外线辐射的反应）

Fixative—防挥发剂或保香剂 （一种油性成分，为产品增添一种暖和的麝香味道，同时也防止香味的快速挥发）

Flagella—鞭毛 （毛状突起，以波浪形运动方式使细胞移动）

Flat bones—扁骨 （形似板状的骨骼，主要构成头骨、肩胛骨、髋骨、胸骨和膝盖骨）

Flexor ulnaris—尺侧腕屈肌 （位于前臂中部，手臂内侧的肌肉；弯曲手腕和收拢手指）

Floral—单一花香型 （闻起来只带有一种鲜花的浓郁香气，如栀子花、兰花、玫瑰、茉莉花、橙花、晚香玉或者小苍兰）

Floral bouquet—综合花香型 （由几种花香所组成的芳香）

Fluorescent light—荧光灯 （一种省电、持久的光源，照射在物体上会产生蓝色色调或者轻微的冷色调）

Fomentation—热敷 （一种护理形式，把干净毛巾浸泡在液体中，然后敷在身体某一具体部位）

Forest blend fragrance—森林调和香型 （也称为调和木本香型；是包括许多男性芳香的种类。是树木如檀香木、松树、桉树/尤加利、雪松、红木/玫瑰木或者甚至于烟草的气味的混合）

Foundation—粉底 （一种化妆品；均匀肤色，形成更为光滑的肤质效果；用以修正令人不快的皮肤色调，遮盖瑕疵；常用于面部打阴影/打轮廓的操作）

Fragrance—香水 （许多精油和其他化合物的复杂混合，产生独特的香气）

Fragrance-free—不含香料 （用以表示某种产品中所添加的香料含量少于**1%**或者未加入香料的术语）

Free electron—自由电子 （处于原子最外层轨道中，易于脱离轨道的电子）

Free radical—自由基 （因环境污染物和日晒所产生的具化学不稳定性的分子；与皮肤的其他构成成分产生连锁反应，造成损害，抑制皮肤的正常功能）

Frequency—频率 （每秒钟内电子变换方向的次数）

Friction—摩擦法 （打圈或者扭绞，不滑动的按摩手法；通常用指尖或手掌进行操作）

Frontal artery—额动脉（向前额供养血液的血管）

Frontal bone—额骨（从双眼顶部延伸而出至头顶部，形成前额的骨骼）

Frontalis muscle—额肌 （从前额延伸出来至颅骨顶部的肌肉；产生提眉或向前拉扯头皮的动作）

Fruit blend fragrance—调和水果香型 （清新而通常甜美的芳香。这些芳香由常见和稀有水果的气味调和而成）

Fulling—手掌捏压法 （按摩动作；是揉捏法的一种形式，最常用于手部和手臂的按摩）

Furuncle—疔疮 ［又称为疖子(boil)；毛囊及其相邻皮下组织的感染，疼痛；表现为硬结节，中心是充满脓汁的硬核］

Fuse—保险丝 （一种安全设置，防止电线过热）

G

Gas—气体 （具有明确重量，但无明确形状和体积的物质）

Gel—啫喱或凝胶 （加入增稠剂，使黏性增强的产品）

Gel mask—啫喱或凝胶面膜 （面部护肤产品，直接涂在皮肤上，根据其所使用的成分，具有各种不同的特殊用途）

General infection—全身感染 （也称为系统感染；一个医学描述用语，指对人体正常状态的干扰阻碍；当循环系统把细菌及其毒素运载到身体各个部位时，引起全身感染）

Glossopharyngeal nerve—舌咽神经 （即第九颅神经；控制味觉）

Glucoside—葡糖苷或者配糖物 （具有药性的有机化合物）

Glutaraldehyde-based formulation 2%—2%戊二醛基制剂 （消毒剂；低浓度的戊二醛基酚盐不能认为是高效的消毒剂，必须以2%的浓度使用）

Glycolic acid—羟基乙酸 ［美容化妆品成分；α-羟基酸(果酸)的一种形式，是新活皮肤去除死皮的极好成分，因为它具有所有α-羟基酸酸中最小的分子结构，可以快速的渗入皮肤］

Gomage—凝胶去死皮 ［一种去死护理方式；在皮肤上涂上一层去死皮霜(凝胶)，待其干燥后，再擦拭掉］

Garde 1 acne——级痤疮 （轻度慢性皮肤炎症；在面部或背部不到一半的部位散落着白头粉刺和黑头粉刺）

Grade 2 acne—二级痤疮 （中度慢性皮肤炎症；黑头粉刺和白头粉刺数量增加，偶尔出现丘疹或脓疱）

Grade 3 acne—三级痤疮 （次严重性慢性皮肤炎症；特征是出现大量的白头粉刺、黑头粉刺、丘疹、脓疱，偶尔出现囊肿）

Gread 4 acne—四级别痤疮 （严重性慢性皮肤炎症；特征在面部、胸部和背部出现许多丘疹或脓疱，以及大量的囊肿）

Greater auricular—耳大神经 （延伸至颈部两侧和外耳的神经）

Greater occipital—枕大神经 （向上延伸到头皮后侧至头顶部位的神经）

Gross anatomy—大体解剖学或巨视解剖学 （对人体裸眼可观察到的身体结构进行研究的解剖学）

Grounding wire plug—接地线插头 （一种安全装置，在电器，尤其是那些装在金属盒中的电器使用过程中，为使用者提供专门保护；包括两只矩形插脚和一只圆形插脚）

H

Habit—习惯 （通过在生活环境中所发生的各种事情而加强的获得性行为）

Hacking—砍法 （一种使用手侧，进行砍劈动作的按摩手法）

Hair follicle—毛囊 （含有毛发根的孔；从真皮层中生长出来；植根于真皮乳头茎中，通过毛细血管运输营养成分）

Hair growth retardant—毛发生长延缓剂或抑制剂 （一种护肤产品，在蜡脱毛后用以延缓毛发的生长）

Hair lightener(bleach)—毛发漂浅剂 （一种化学溶液，通过去掉色素，使毛发颜色变浅，显得不明显；软化毛发，但是不能脱掉毛发）

Halitosis—口臭 （难闻得令人不快的口气）

Hand-held exfoliants—去死皮工具 （用于干皮肤上，把清洁剂涂抹到面部或某一具体身体部位的工具，如丝瓜络、体刷、海绵以及毛巾）

Hard keratin—硬质角蛋白 （一种硬质蛋白，构成指甲）

Hard water—硬水 （含有钙盐或镁盐等盐类物质的水）

Hard wax—硬蜡 （一种护肤产品，在熔蜡炉中加热，使用压舌板在皮肤上涂上厚厚的一层，待变硬后，用手指从一端提起去掉）

Healing oil—修复油 （用以促进细胞更新，修复皮肤的植物精油）

Heat sterilization—热消毒或热力灭菌法 （一种消毒方式；结合高压消毒锅和消毒器的双重功能，使用温度在320~375℃之间的蒸汽（湿热）或者干热进行消毒；消毒需要30分钟时间）

Hemoglobin—血红蛋白 （红细胞中的蛋白质，通过氧化作用吸引氧分子）

Herpes simplex—单纯疱疹 （高传染性的病毒感染，爆发前有潜伏期；出现簇集成串的水疱状皮疹，主要在黏膜或嘴周、鼻或生殖器部位的皮肤上发现）

Herpes simplex lesion（cold sore）—单纯疱疹感染（唇疱疹） （传染性强的病毒感染，引起突发性水疱状的皮疹）

Herpes Zonster—带状疱疹 [英语也称为 shingles；由水痘-带状疱疹病毒（Varicella-Zoster virus）所引起的急性水疱性皮肤疾病]

Herpetic infection—疱疹性感染 （也就是唇疱疹；传染性强的病毒性感染，当身体或皮肤处于极度受压的状态下，如正在进行激光治疗的时候会引发）

Hertz rating—赫兹率 （发生器在每秒内改变电流的循环周期数）

High blood pressure—高血压 （一种疾病；患有此病的顾客应该避免进行使用电流、提高身体温度或者促进循环的护理项目）

High frequency current—高频电流[也称为特斯拉电流（Tesla Current）；一种交流或者振荡电流，可以调到不同电压，产生加热或杀菌作用]

Hirsutism—妇女多毛症 （一种常见于女性的疾病；在男性通常毛发旺盛的部位，如面部、手臂、腿部和背部，长出深色毛发；毛发的过度生长，通常分布异常）

Histology—组织学 （研究只有通过显微镜才能观察到的结构的学科）

HIV，Human Immunodeficiency Virus—人体免疫缺陷病毒，即艾滋病病毒 （一种威胁生命的病毒性疾病）

Hives—荨麻疹 [一种皮肤变态反应，爆发风疹块（wheal），也称为风疹（urticaria）]

Homeostasis—体内平衡 （身体的平衡状态）

Hormone—激素 （由内分泌系统中的腺体所分泌的化学性物质）

Hormone replacement therapy—激素取代疗法 （服用雌激素或黄体酮，以缓解与自然衰老过程相关的激素耗损症状）

Hue—色彩 （颜色的另一种称法）

Humectant—保湿剂 （锁住水分，把水分保存在皮肤上的有机成分）

Humerus—肱骨 （上臂中最大的长骨，从肩部沿至肘部）

Hydrochloric acid—盐酸或氢氯酸 （分解胃中食物的酸）

Hydrotherapy tub treatment—盆浴水疗 [也称为浴疗法（balneotherapy）；使用淡水进行的治疗护理]

Hydroxy acid—羟基酸 （从各种各样的自然来源，如水果、糖和牛奶中所获取的一种有机酸）

Hydroxy acid allergens—羟基酸变态反应原或过敏原 [促进细胞更新和脱落的α-羟基酸（果酸）和β-羟基酸（植酸）；可能引起发炎、发红，敏感性增强，产生变态反应]

Hyoid bone—舌骨 （U-形骨骼，位于咽喉部位；也称为喉结）

Hyperhidrosis—多汗症或汗分泌过多 （一种由于过热或者全身虚弱而引起的过度出汗的情况）

Hyperkeratosis—角质增生或表皮角化症 （一种皮肤状况，在皮肤角质层上出现过量角质细胞的状况）

Hyperpigmentation—色素沉着过度 （一种皮肤状况，黑色素过度生产，引起深色斑块）

Hypertricholsis—遗传性毛发过多症　（一种毛发过度生长的状况，由遗传因素决定，可以发生在男性和女性身体的任何部位）

Hypertrophic scar—肥大性瘢痕　（由于过量胶原质而引起的瘢痕增厚凸起）

Hypoallergenic—低变应原或低敏产品　（指引发变态或过敏反应可能性小的产品）

Hypoglossal nerve—舌下神经　（即第 12 颅神经；是控制舌的运动神经）

Hypopigmentation—色素减退　（一种皮肤状况，由于缺乏色素或黑色素生产而引起的浅色或白色斑块）

I

Immersion time—浸泡时间　（器械需要浸泡在消毒剂中的时间长短）

Immiscible—不混溶剂　（相互不容易混合的溶剂）

Immune system—免疫系统　（人体抵抗感染的防卫体系）

Immunity—免疫性　（人体消灭进入其中的传染性媒介的能力）

Impetigo—脓疱病　（由于金黄色葡萄球菌或 A 型链球菌感染而致病的高传染性细菌感染）

Inactive electrode—不操作电极棒　（护理过程中，由顾客握住的电极棒）

Inactive stage—静止期　（不活跃，孢子形成的阶段，细菌进入不利状况）

Incandescent light—白炽灯光　（由普通电灯泡所产生的光线，形成最接近自然光的替代光线；由红光和黄光构成）

Indirect High Frequency current treatment—间接式高频电流护理　（一种使用电流的护理方式，用以放松顾客，协助产品渗入皮肤和衰老性皮肤按摩；在护理中，顾客手握电极棒，美容师双手直接接触顾客皮肤；是法拉第电流最常见的运用）

Individual eyelashes—单根假睫毛　（人工假睫毛，比排状假睫毛更自然；适合日妆或晚妆）

Infection—传染或感染　（医学名词，指病原菌或病毒进入人体或皮肤，繁殖再生的数量达到影响人体自然状态）

Infection control—感染控制　（防止传染性媒介在美容师和顾客之间传播的预防措施）

Infectious disease—传染病　（由细菌或病毒所引起的，可以在人之间相互传播的疾病；通过侵入人体而产生传染性）

Inferior labial artery—下唇动脉　（为下唇供给血液的动脉）

Inflammation—炎症　（人体抵御有害细菌的防御机制；组织对刺激的反应，特征为发红、疼痛、肿胀或者温度提高）

Infraorbital nerve—眶下神经　（延伸至下眼睑、鼻两侧、上唇以及口部的神经）

Infrared lamp—红外线灯　（一种护肤设备，产生舒缓的热量，渗入人体组织；放松顾客，软化皮肤，便于产品的深入）

Infrared light—红外线光　（产生热量；作用包括促进循环和皮肤腺体的分泌活动；放松肌肉，刺激细胞和组织活动）

Infrared ray—红外线　（不可见光，其波长略微长于可见光波长；呈现红色光）

Infusion—冲剂或浸液　（一种植物疗法的运用；把装在容器或包装中的草药或植物，如茶包或茶叶袋浸入滚烫的热水中）

Inhalation—吸气　（呼吸过程，吸入氧气，为血液所吸收）

Insertion—止点　（插入到可移动性附件，如骨骼、活动肌肉或皮肤之中的肌肉部分）

Integumentary system—皮肤系统　（皮肤及其各层结构；是人体的基本系统）

Intensity—色强　（指色彩的亮度）

Intercellular cement—胞间粘合质　（粘合、增强结构强度以及调解细胞间相互生化反应的物质）

Internal carotid artery，ICA—颈内动脉　（为脑部、眼部以及前额供给血液的动脉）

Internal jugular vein，IJV—颈内静脉　（把血液返回到头部、面部和颈部的静脉）

Intrinsic aging—内因性衰老 （皮肤自然衰老的过程）

Invisible light—不可见光 （人类肉眼无法看到的光）

Involuntary muscle—不随意肌 （也称为无横纹肌，即平滑肌；主动反应以控制包括人体内部器官功能在内的各种功能）

Iodophor germicidal detergent solution—碘消灵杀菌清洁液 （一种含碘溶液，舒缓皮肤受激状况，具有杀菌功能）

Ion—离子 （根据负荷情况，相互吸引或排斥的带电原子）

Ionic bond—离子键 （正负离子的化学性结合）

Ionization—电离电流 （即贾法尼电流；是唯一一种电压低，电流强度高的持续性直流电，产生电化作用；用以把水溶性护肤产品导入到表皮层中）

Iontophoresis facial treatment—面部离子导入护理 （使用贾法尼电流，把营养、补水和紧致成分透彻地导入到皮肤深层的护理方式）

Irregular bones—不规则骨 （在腕部、踝部以及脊椎部位可发现的骨骼）

Isopropyl alcohol(90%)—90%异丙醇 （抗菌、杀真菌和抗病毒的醇；不能消灭细菌袍子或者静态亲水性病毒）

Isotretinoin—异维甲酸 [一种药物，也称为阿古泰因(Accutane)；是维生素A衍生物，治疗严重性、毁容性痤疮以及某些其他皮肤病的处方药]

J

Jacquet movement—杰奎特按摩 （一种按摩方法，使用轻柔的揉捏和挤夹动作，把多余的皮脂从毛孔中挤压出来）

Jessner's solution—杰丝勒溶液 （是水杨酸、间苯二酚、乳酸以及乙醇的混合物，可以用以进行浅表换肤和中度换肤）

Joint—椎节 （赋予颈部和背部以灵活性的结缔组织；位于椎骨之间）

Joint replacement—关节置换 （是使用任何电疗仪器的禁忌证）

K

Keloids—瘢痕疙瘩或瘢痕瘤 （由过量胶原质所引起的一种隆起粗厚的瘢痕组织）

Keratin—角蛋白 （一种皮肤细胞的主要构成成分，由一种蛋白质物质组成；含有多种化学元素，如碳、氮、氢、氧和硫磺）

Keratinization—角质化 （把活细胞变为死蛋白细胞的化学转化）

Keratinocyte—角朊细胞 （遍及表皮层的皮肤细胞；有角蛋白构成）

Keratohyalin—角质透明蛋白 （一种特别的蛋白质）

Keratolytic medication—角质层分离药 （用以促进细胞快速更新和脱皮的霜剂或药膏）

Keratosis—角化症 （皮肤细胞在表皮层上的堆积生长）

Kinetin—激长素或激动素 （一种基本生长因子，减缓人工培植皮肤细胞中与衰老相关的变化；被认为尤其能够消退光损性面部皮肤的临床症状）

Krause's end bulb—克劳兹小体 （皮肤真皮层中的压觉和痛觉感受体）

L

Lacrimal bones—泪骨 （最小的两片面部骨骼，构成眼眶内侧壁前部和底部）

Langerhans' cells—郎格汉细胞 （在棘层皮肤层中发现的细胞；协助保护人体免受感染）

Lanugo—胎毛 （人类出生时身体上柔软绒毛）

Large intestine—大肠 （也称为结肠；是消化系统的一部分，储存最终通过肛门排出体外的废物）

Larynx—喉 （呼吸系统的一部分,含声带,连接咽和气管）

Laser hair removal—激光脱毛法 （利用不同波长的光,渗入皮肤,削弱或破坏毛球的脱毛方法）

Laser resurfacing—激光磨皮术或激光皮肤修整术 （利用高聚焦光束,精确控制磨除的深度,把受损皮肤的表层蒸发汽化的方法）

Latex sponge—胶乳海绵 （化妆用具,用以涂抹粉底和修容液或者清洁整理）

Latissimus dorsi—背阔肌 （覆盖颈背和后背上部的肌肉,产生把头后拉的动作；控制肩胛骨和双臂的旋转运动）

Lavender—薰衣草 （使用于许多面部和身体护理项目以及产品之中的成分,具有抗菌防腐、抗微生物、舒缓、刺激和修复性质）

Law of color—色彩定律 （定律指出在宇宙的所有色彩中,只有三种颜色是纯色）

Lentigo—雀斑 （英文称法还有 freckle；身体皮肤上微黄色或者呈褐色的斑点,尤其出现在面部、手部或颈部）

Lesion—皮肤感染、损害、病变或病痕 （受伤、受损、感染或患病的皮肤块；皮肤组织机构的变化；最常由皮肤受伤、受损或者皮肤问题和疾病引起）

Lesser occipital nerve—枕小神经 （延伸到颅骨后部肌肉中的神经）

Leukederma—白斑症 （当黑素细胞活动性减弱,引起皮肤缺乏色素,即色素减退的时候,所发生的一种先天性紊乱症）

Levator—提肌 （产生上提动作的肌肉）

Levator palpebrae superioris—提上睑肌 （位于眼睑上方的肌肉,张开眼睑）

Liability—债务 （个人所欠负的所有钱财）

Ligament—韧带 （密集厚实的纤维组织带,支撑连接骨骼）

Lightener—漂白剂 （护肤产品中所使用的成分,用以漂白或漂浅出现色素沉着过度的部位）

Light therapy—光疗法 （通过使用光线或光波,在人体上产生有益作用的疗法）

Lip brush—唇刷 （用以涂抹口红的化妆刷）

Lip gloss—唇油 （增加嘴唇亮泽度的化妆品,可以涂抹在唇膏或口红上,提亮颜色）

Lipid—脂质或油质 （由人体合成的物质；参与许多重要的化学作用,其中包括形成填充皮肤细胞间隙的成分）

Lip liner—唇线产品 （化妆品,用以勾绘嘴唇的轮廓,突出其形状,并防止口红漏出到嘴周皮肤上）

Liposuction—吸脂术 （美容外科手术；永久性去除脂肪沉淀物,即脂肪团）

Liquid—液体(具有明确重量和体积,但不具有形状的物质）

Liquid foundation—粉底液 （最普通的粉底形式；遮盖自然透明,容易涂抹和晕染抹匀）

Liquid tissue—液态组织 （运载食物、废弃产物以及荷尔蒙的组织）

Load—负荷量(专业技术术语；指任何电器所要求的运作电量）

Local infection—局部感染 （一种感染类型,出现在小而受限部位,其迹象通常为脓疱疖子、面疱疙瘩或炎症）

Lotion—润肤液 （与润肤霜一样,都是市场上最常见的护肤产品类型；用以软化滋润皮肤）

Loupe—放大镜 （也指放大灯-magnifying lamp；用以产生照明和放大效果以便判定皮肤类型和状况的工具）

Lower leg wax—小腿部位蜡脱毛 （一种脱毛程序,使用脱毛蜡去掉从膝盖顶端到脚踝部位、从大腿根部到脚踝部位或者脚背和脚趾上的毛发）

Lower respiratory tract—下呼吸道 （是呼吸系统的一部分,包括气管、支气管和肺脏）

Lupus—狼疮 （一种自身免疫性疾病,患病人体的免疫系统功能削弱或者机体对自身抗原发生免疫反应,患病顾客不能进行蜡脱毛护理）

Lymph—淋巴液 （由一种血浆副产品所产生的无色液体；把营养物质运输到毛细血管和细胞;通过肌肉

收缩在血液系统中循环，在细胞废物变成对人体有害的毒素之前把它带走）

Lymph node—淋巴结 （过滤掉毒性物质，如细菌的腺体）

Lymphobiology—生物性淋巴护理 （一种皮肤护理类型，使用仪器促进淋巴排毒引流的速度）

Lymphocyte—淋巴细胞 （医学用语，指携带淋巴液的细胞）

Lymph vascular system—淋巴血管系统 （也指淋巴系统；指淋巴液通过淋巴管、淋巴结和血管进行循环）

M

Maceration—浸渍法 （一种香氛精油的提取方法，即把一种植物投入热油或者热脂中，吸收植物成分的气味）

Macrophage—巨噬细胞 （一种白血细胞，包围并消化血液和组织中的外来物质）

Macule—斑丘疹（一种皮肤紊乱；在皮肤表面上出现斑点）

Magnetic effect—磁性反应或磁效应 （电在皮肤上所产生的反应或作用，类似磁铁所显示的排斥（推）和吸引（拉）的效果；也称为机械反应）

Magnifying lamp—放大灯 （也称为放大镜-loupe；是一件护肤设备，通过产生照明和放大的作用而判定皮肤类型和状况）

Makeup chair—化妆椅 （专门的化妆设施，在化妆过程中，供顾客就座之用，可调到合适的高度和角度，便于化妆操作的进行）

Makeup implement—化妆用具 （手持工具，每次使用后必须经过消毒处理或一次性使用）

Malignant growth—恶性肿瘤 （一种毒瘤，必须经医生诊断判定，并立即治疗）

Malpractice insurance—过失责任保险或职务责任保险 （保护护肤中心所有者避免员工在执行护肤业务时因过失行为或业务错失而造成的经济损失）

Mandible—下颚骨 （下颌骨；面部最大的骨骼）

Mandibular branch—下颌支 （至面部下三分之一部位的主要神经分支，分出耳颞神经和颏神经）

Manipulation—按摩手法 （按摩动作；在按摩护理过程中实际操作的动作或运动）

Manual exfoliant—手磨式去死皮剂或磨砂膏 （美容产品，其中含有粗糙（颗粒状）的成分，与死皮细胞产生摩擦，从而把死皮从表皮上清洁掉，也称为机械性去死皮剂）

Manual lymphatic drainage, MLD—淋巴排毒引流手法按摩 （一种按摩护理，通过使用柔和的抽吸动作，帮助排除令面部和身体显得浮肿和疲倦的毒素、废弃物和多余的水分）

Mascara—睫毛产品 （化妆产品；突出睫毛形状，增加睫毛的浓密度和长度）

Mask—面膜 （面部护理产品，产生各种必需和希望的护肤效果）

Massage—按摩 （护肤程序，一种系统的治疗方式，用手、手指或者工具在身体上进行摩、捏、拍、揉或抚的动作）

Massage cream/oil—按摩膏/按摩油 （在按摩过程中，减少摩擦，使皮肤润滑，便于按摩操作的产品）

Massage therapist—按摩护理师 （经过培训的专业人员；通过手触按摩，产生放松、减压、促进健康、舒缓疼痛、恢复损伤等效果）

Masseter—咬肌 （覆盖下颌的铰接部位，闭合下颌，如咀嚼动作）

Mast cell—肥大细胞或嗜碱性细胞 （当人体产生变态反应或过敏反应时，会释放出组胺等物质以为回应）

Mastication muscle—咀嚼肌 （控制下颌张合的肌肉；产生咀嚼和说话动作）

Mature/aging skin—成熟性/衰老性皮肤 （一种皮肤类型，特征显示为皮肤松弛、变薄、呈皱状，出现明显细纹和皱纹；缺少弹性和紧实感）

Maxillae—上颌骨 （两块上颚骨骼）

Maxillary branch—上颌支 （延伸至面部中间三分之一部位的主要神经分支，分出颧神经和眶下神经）

Mechanical exfoliant—机械去死皮剂 （也称为手磨式去死皮剂 manual exfoliant；是一种美容产品，其中含有略带颗粒状或粗糙质地的物质，与面部皮肤摩擦，刮掉死皮细胞）

Mechanical exfoliation—机械性去死皮 （通过研磨作用，擦掉死皮细胞的物理操作过程）

Mechanoreceptor—机械受器 （感觉皮肤伸展、压缩或扭曲的细胞）

Median nerve—正中神经 （沿着前臂中央向下延伸至手部的神经）

Medium-depth peel—中度换肤 （使用三氯醋酸（TCA）和 β-羟基酸（植酸）如水杨酸，影响到皮肤真皮层的换肤类型）

Medulla oblongata—延髓 （主管呼吸、循环、吞咽和某些其他功能的人体结构；连接脑各部位和脊椎，位于脑桥正下方）

Meissner's corpuscle—迈斯纳氏小体，即触觉小体 （位于皮肤真皮层中的触觉感受器，感受冷、细微触摸、轻压和低频振动）

Melanocyte—黑素细胞 （产生黑色素，赋予皮肤颜色的细胞；在粗厚的皮肤，例如手掌和足底中没有黑素细胞）

Melanoma—黑素瘤 （最危险的皮肤肿瘤，由身体任何部位上扁平或隆起的色素病变发展而来；是癌前肿瘤，如果不加以治疗，会发生颜色、大小和形状的变化，随着时间的过去，会演变成为恶性肿瘤）

Melanosome—黑色素小体或黑素粒 （细胞间小泡，容纳黑色素）

Melasma—妊娠期黑斑病 （也称为黄褐斑 Chloasma；是一种发生在妊娠妇女皮肤上的状况，色素沉着加重，引起面部出现扁平、从浅到深，颜色不一的色斑块）

Mentalis—颏肌 （位于下腭尖部的肌肉，将下唇前突上推或噘嘴，如表示怀疑的表情）

Mental nerve—颏神经 （延伸至下唇和下颚的神经）

Merckel—**Merkel** 细胞 （一种触觉感受器或者感觉细胞，只在生发层的密厚皮肤中找到）

Meridian—经络指压穴位 （身体上特定的点，在指压按摩中，通过施压产生在作用）

Metabolism—新陈代谢 （一种化学过程，细胞由此获取供生长和繁殖之用的营养成分）

Metacarpals—掌骨 （构成手掌的五根长而薄的骨骼）

Microdermabrasion—微晶磨皮术 （一种皮肤浅表修整术，去掉部分角质层，需要进行 6~12 次操作才可使皮肤获得明显的改善，推荐用于处理幼纹、皱纹、色素过度沉着和表面瘢痕）

Microdermbrasion machine—微晶磨皮机 （对表皮进行轻度修整磨平的机器）

Microlipoinjection—微脂注射 （也称为脂肪注射（fat injection）或者自体脂肪移植（autologous fat transplantation）；通过注射器，把脂肪从供给位（供体部位）如病人的腹部、大腿或者臀部抽出，然后再注射到将要处理的部位）

Microphage—小噬细胞 （抵抗感染的细胞）

Middle temporal artery—颞中动脉 （为太阳穴部位供给血液的动脉）

Milia—粟粒疹 （皮肤表皮下的一白色珍珠状封闭囊状小包，也指 baby acne，即初期痤疮白头）

Miliaria Rubra—红色粟粒疹 （一种皮肤状况，因过热而引起的急性热疹，具烧灼痛和瘙痒感，即红痱）

Mineral—矿物质 （人体正常生长和活动所必需的有机物质）

Miscible—可混溶溶剂 （可以轻易混合溶解的溶剂）

Mitosis—细胞有丝分裂 （也称为间接式细胞分裂；人体细胞自我分裂的更新繁殖的过程）

Mixture—混合物 （两种或以上的化合物通过物理手段而非化学作用混合在一起，形成一种完全崭新的产物，但是各混合成分仍然保持各自的化学特性）

Modality—电流（沿着导线流动的电子流，等于电压相对于电阻的比率）

Modeling mask—硬膜或膏状面膜 （面部护理中所使用的美容产品，发挥所含成分的护肤作用，同时密封皮肤，锁住水分，在取掉之后，产生一种紧实、紧绷感）

Modern blend fragrance—现代调和香型 （由几种不同香气调和而成的味道，包括水果香、花香、辛香和

木本香调和而成的芳香，也可以具有食物的香味如巧克力、咖啡、饴糖、欧亚甘草精、薄荷或者西洋杏仁的香味

Modified Brazilian wax—改良式巴西脱毛法 （一种脱毛护理类型；沿着比基尼下装的外沿进行脱毛，只在阴部留下一条约宽1英寸的阴毛）

Moisturizer—润肤产品 （用以补充和平衡水分和油脂，并保护皮肤的美容护肤产品）

Moisturizing oil—滋润油 （用以软化干燥或脱屑皮肤的产品）

Mole—色素痣 （一种也称为良性肿瘤 benign growth 的皮肤状况；具有规则或对称的形状；是色素细胞的无害堆积；隆起或扁平）

Monochromatic color scheme—单色调配 （一种艺术原则，指在整个化妆设计的过程中，使用同一色系中各种不同明暗度（色值）和色强度的颜色进行化妆）

Motor nerve—运动神经 （也称为传出神经；是把信息从脑部带出，传递到肌肉的神经）

Multi-function machine—多功能美容仪 （由热喷仪、吸喷仪、爽肤喷雾器和旋转面刷综合一体的机器，在面部护理过程中，提供四种或以上的电疗护理选择）

Muscle—肌肉 （纤维组织，在受到神经系统所传递的信息刺激时，收缩，从而产生运动）

Muscular system—肌肉系统 （支撑骨骼的人体结构，产生身体运动、形成身体轮廓，并参与其他人体系统的功能作用）

Muscular tissue—肌肉组织 （受刺激时会收缩形成运动或动作的组织）

Muslin—纱布条 （事先剪成各种大小尺寸的纤维布条，用于清除脱毛蜡和毛发）

Myology—肌肉学 （研究肌肉结构、功能和疾病的科学）

N

Nasal bones—鼻骨 （相互连接形成鼻梁的两块骨骼）

Nasalis—鼻肌 （位于鼻内部的四块肌肉之一；帮助控制鼻翼的收缩和扩张）

Nasal nerve—鼻神经 （延伸至鼻尖和鼻下边侧的神经）

Natural immunity—天生免疫性 （部分遗传而来的抵抗疾病的能力）

Neroli—橙花油 （用以处理油性痤疮皮肤的产品；已知特性有抗微生物和抗菌防腐；也具有舒缓作用）

Nerve cells—神经细胞 （也就是神经元 neuron；是带有轴突，传导脉冲波信息的细胞）

Nerve tissues—神经组织 （把信息带进带出脑部，协调人体功能的组织）

Nervous system—神经系统 （人体结构；通过回应内部和外部刺激物的方式，协调和控制整个人体功能的运行）

Neutral solution—中性溶液 （含有等量正电荷氢离子和负电荷氢氧离子的溶液）

Neutral undertone—中性底色 （带有棕色或灰色底色的色彩种类）

Nevus—痣 （胎记或者天生色素痣）

Nodular cysetic acne—结节囊肿性痤疮 （一种皮肤状况，其特征是在皮肤深层，毛囊为死皮细胞所堵塞而引起发炎，硬质结块的损害）

Nodule—结节 （皮肤中的固体堆积，也称为瘤）

Non-ablative—非烧蚀性激光 （通常在对表皮不产生作用或影响的情况下渗入其下，对乳头真皮层进行处理的激光）

Non-comedogenic—非致粉刺性产品 （很少引起毛孔堵塞的产品）

Normal skin—中性皮肤 （一种皮肤类型；水分和皮脂分泌充足；很少出现皮疹和毛孔堵塞）

Nutrition—滋养或营养 （把碳水化合物、脂肪以及蛋白质形式的原材料转化为能量的过程）

O

Occipital artery—枕动脉 （为头后部，向上至头冠部部位供养血液的动脉）

Occipital bone—枕骨　（构成颅骨后部,在后颈部位形成凹穴的骨骼）

Occipital muscle—枕肌　（位于后颈部位的肌肉；后拉头皮）

Occipito-frontalis—枕额肌　（也称为颅顶肌；覆盖头盖或头皮的阔而大的肌肉）

Occlusive barrier—封闭锁水剂　（把水分封锁在皮肤之中的润肤霜）

Oculomotor nerve—动眼神经　（即第三颅神经；是支配眼部运动的神经）

Ohm—欧姆　（电阻单位）

Oil-in-water, O/W—水包油型产品　（一种美容产品的类型;油质均匀地分布在水中）

Oily skin—油性皮肤　（一种皮肤类型,表现为皮脂分泌过剩；显得粗糙油亮；容易出现痤疮和毛孔堵塞）

Oily skin mask—油性皮肤面膜　（面部护理产品,吸收皮肤中多余的皮脂和污垢,防止毛孔堵塞；收缩紧致毛孔）

Ointment—油膏　（一种无水美容化妆品物质,是油和蜡的混合物,通常为质地软和、滑腻且黏稠的黏糊状、霜状或软膏状物质；也可以是草药和石油的混合物）

Olfactory nerve—嗅神经　（即第一颅神经;是支配嗅觉的神经）

Ophthalmic branch—眼支　（延伸至面部上三分之一部位的主要神经分支,分出眶上神经、滑车上神经和鼻神经）

Opponens—对向肌　（位于手掌的肌肉,引起拇指朝向手指运动,产生手抓或握拳的动作）

Optic nerve—视神经　（即第2颅神经；支配视觉的神经）

Oral antibiotic—口服抗生素　（口服药物；产生干燥作用,提高敏感度）

Orbicularis oculi—眼轮匝肌　（位于眼裂周围,收缩时可使眼裂闭合的肌肉）

Oriental fragrance—东方香型或异国情调香型　（馥郁、强烈,常常沉闷的一类芳香类型。这些芳香主要是由树木味、香料味、异国情调花香和麝香所组成）

Origin—起点　（肌肉不移动,即固定的部分,附着在骨骼或者其他固定肌肉上）

Oris orbicularis—口轮匝肌　（环绕嘴部,产生收缩、撅嘴、皱嘴动作,像吹口哨的动作）

Osmidrosis—狐臭或腋臭　（一种汗腺紊乱,也称为臭汗症（bromodirosis）;一种因酵母和细菌而破坏皮肤表面的正常出汗,从而引起的发出恶臭气味的排汗状况）

Oxidation—氧化反应　（物质失去一个电子而获得氧原子的化学反应;与还原反应（reduction）相反）

Oxidation-reduction reaction—氧化还原反应　（发生化学反应的任何时候都会发生的过程）

Oxygen—氧　（地壳中含量最丰富的元素；大气中含量第二大的元素）

Oxygenation—充氧作用或者氧合作用　（血红素 hemoglobin 吸引氧分子的过程）

P

Pancake—粉饼　（也称为油彩,是一种油基粉底产品,产生最大的覆盖力）

Papillary dermis—真皮乳头层　（紧贴着表皮层的真皮层次,其中富含血管和毛细血管；为上层皮肤供给营养；也覆盖触觉感受器）

Papule—丘疹　（皮肤上的微小隆起,通常红肿发炎,但是不含脓汁）

Paraffin heating unit—巴拉芬蜡加热器　（一种电容器,加热溶解巴拉芬蜡块,以便用于面部、手部、足部以及身体护理之中）

Paraffin mask—巴拉芬蜡膜　（手部或面部护理中所使用的产品;在面部护理中,是把巴拉芬蜡涂在盖住面部的一片薄棉纱上,让其冷却凝固；其功效包括促进循环,提高蜡膜下各成分的渗透；建议用于干性、衰老性皮肤）

Parasympathetic nerve system—副交感神经系统　（是自主神经系统,即植物性神经系统的副系统；减缓心跳速度、舒张血管、降低血压）

Parietal artery—顶后动脉　（为头冠部和两侧供养血液的动脉）

Parietal bone—顶骨　（形成头冠和头部上侧的骨骼）

Passive(acquired)immunity—被动免疫性或后天免疫性 （一种免疫类型，通过接种疫苗或者注射刺激人体免疫反应的抗体而获得的免疫能力）

Pasteurization—巴斯德杀菌法，即加热杀菌法 （杀死食物和饮料中的微生物的加热过程）

Patch test—皮试 （通常在手臂内侧或耳后进行的检测，是判断顾客皮肤敏感度的基础）

Pectoralis major and minor—胸大肌和胸小肌 （延伸越过胸廓前部的肌肉，协助手臂旋转）

Pellon—培纶布条 （事先剪成各种大小的培纶布条，用以清除脱毛蜡和去掉毛发）

Pelvic tilt—骨盆倾斜运动 （身体后倾时，轻轻屈膝，收紧腹部肌肉）

Pepsin—胃蛋白酶 （负责把蛋白质分解成为多肽分子和自由氨基酸的酶）

Peptide bond—肽键 （氨基酸之间的相连结合）

Pericardium—心包膜 （包围心脏的薄膜；产生收缩和放松作用，促使血液在循环系统中的流动）

Peripheral nervous system—周围神经系统 （中枢神经系统的副系统，由从脑部和脊髓中延伸而出至人体随意肌和皮肤表面的感觉神经和运动神经所组成）

Permanent hair removal methods—永久性脱毛法 （意在破坏毛乳头，抑制毛发重新生长的脱毛方法；包括电解脱毛法、激光脱毛法和光电脱毛法；要求专门的仪器、培训和执照）

Permanent makeup—永久性化妆 （是纹身或纹饰美容中独立的专门项目；根据美国皮肤内色素刺入学会的定义，即把染料植入人体皮肤，以产生美容效果以及医疗修整和美容修复的作用）

Petrissage—揉捏法 （按摩手法；使用或轻或重的揉、捏和滚的动作按摩肌肉）

pH adjuster —pH 值调节剂 （用以把产品 pH 值调节到需要程度的酸或碱）

Phalanges—趾骨或指骨 （形成手指或足趾的 14 根骨骼）

Pharynx—咽 （胃脏和肺脏的通道；属于消化系统的一部分）

pH balanced—酸碱平衡 （暗示 ph 酸碱等级在某种程度上达成了平衡，但并不一定就是在 4.5~5.5 之间（皮肤一般酸碱值范围）

pH measurement scale—pH 值测量标尺 （一种科学工具，范围从 0 到 14；用以说明一种溶液的酸性或碱性程度）

pH number—酸碱值 （说明水基溶液中酸或碱含量的数字）

Phenolic germicidal detergent solution—酚类杀菌清洁液 （一种消毒剂，3% 苯酚含量的消毒剂不认为是高效消毒剂，因为不能停止细菌孢子、结核分枝杆菌以及真菌的活动）

Photo-damage skin—光损性皮肤 （因太阳光而外部受损的皮肤）

Photo-epilation—光电脱毛法 （一种永久性脱毛法；强烈的脉冲的光束爆发出能量，破坏毛球，而只留下最轻微的瘢痕；也称为脉冲光脱毛法；使用类似激光的原理进行，但不等同于激光）

Phytocosmetics—植物性美容化妆品 （具有美容化妆功能的植物制剂）

Phytohormones—植物性激素制剂 （是微量元素、矿物盐、必需氨基酸、多糖、维生素、酶、有益菌、天然抗生素以及植物激素的集中来源）

Phytotherapy—植物疗法 （一种高级护理方式；是对植物的药用过程）

Pityriasis versicolor—变色糠疹 （一般称为花斑癣 tinea versicolor，是一种非传染性的感染，通常在颈部、胸部、背部和手臂部位出现色素沉着）

Plasma—血浆 （血液的液体部分，红细胞、白细胞以及血小板悬浮于其中；构成成分中 90% 是水分）

Platysma—颈阔肌 （从下巴尖延伸至双肩和胸部的肌肉；产生压低下颌和嘴唇的动作，如表达忧伤时的动作）

Poly hydroxy acid—多羟基酸 （在用一链中含有多个羧基的分子结构）

Polysaccharides—多糖 （碳水化合物；为皮肤提供营养，产生补水、更新和润泽作用）

Pons—脑桥 （脑部其他部位与脊椎之间的突出连接带；位于大脑的下方，小脑的正前面）

Pore—毛孔 （皮肤上的小孔；是汗液或皮脂到达皮肤表面的通道）

Potential hydrogen, pH—酸碱值,即氢离子活性度　(说明物质是否酸性、中性或碱性的测量单位)
Posterior auricular artery—耳后动脉　(为耳部以上和耳后头皮供养血液的动脉)
Posterior auricular branch—耳后支　(神经组织；延伸至耳后和耳下肌肉)
Posterior dilatator naris—后鼻孔开大肌　(四块鼻腔内肌肉中的一块；帮助支配鼻翼的收缩和扩张)
Post Inflammatory Hyperpigmentation, PIH—炎症后色素沉着　(一种色素沉着紊乱状况;是由痤疮、烧伤、损伤以及某些皮疹如皮炎或牛皮癣等所引起皮肤组织外伤的结果)
Posture—姿势　(身体站立、就座和移动时位置)
Poultice—泥罨剂或泥敷剂　(一种美容制剂,把磨碎的草药或草本与热液体混合所形成的糊状物)
Powder—定妆粉或蜜粉　(一种美容化妆品；质地细腻的固体物质,与其他补充成分均匀混合,在某些产品中,含有油质成分；用以固定粉底、修容遮疵产品以及其他化妆品,使妆面不褪色、花妆或脱落)
Pre-malignant growth—癌变前肿瘤　(皮肤肿瘤;扁平或隆起,形状和边缘不规则)
Preservative—防腐剂　(美容化妆品成分,用以维持微生物在生产、储存以及消费者使用过程中不受损或者保持产品质量)
Presercative-free—不含防腐剂的产品　(防腐剂含量低于 1% 的产品)
Primary lesion—原发性损伤或初期损伤　(在皮肤状况初期发展过程中所出现在皮肤结构中的变化)
Procerus—降眉间肌　(位于双眉之间,越过鼻梁的肌肉；向下牵拉眉毛,是横过鼻梁的部位起皱)
Prognosis—预后　(对一种状况、紊乱或疾病的发作及结果的预言)
Pronator—旋前肌　(经过桡骨和尺骨下端的肌肉；向下和向内翻转手掌)
PPropionibacterium—丙酸杆菌　(是痤疮丙酸菌)
Protein—蛋白质　(人体自我构建和更新的结构单位；合理饮食要求摄入大约 10%-35% 的胆固醇和饱和脂肪含量低的蛋白质)
Pruritus—瘙痒症　(一种皮肤炎症,引起严重瘙痒感；通常出现在未受损皮肤上)
Psoriasis—牛皮癣或银屑病　(一种遗传性疾病,当遗传基因的累积效应超过一定值,遇到一定外因或体内某些因素变化时,即发病)
Pulmonary artery—肺动脉　(把血液从有心室运输到肺脏,进行氧化或充氧作用的动脉)
Pulmonary circulation—肺循环　(一种人体系统,血液通过肺动脉进入肺脏,进行充氧或氧化)
Pustule—脓疱　(原发性损伤；是丘疹发展的第二步；充满了含细菌的液体和脓汁)
Pyrolysis—热疹　(一种皮肤状况;皮肤上因温度过高而爆发皮疹)

Q

Quadratus labii inferior—降下唇肌　(英文也作 depressor labii inferior;位于下唇下方的肌肉;向下或向旁侧牵拉下唇,如挖苦他人时的表情)
Quadratus labii superior—提上唇肌　(英文也作 levator labii superior；位于上唇上方,由三部分构成;提起鼻翼和上唇,如表示厌恶的表情)
Quaternary ammonium germicidal detergent solutions—季铵杀菌清洁液　(一种抗真菌、抗细菌和抗病毒的消毒剂；对杀死孢子和结核病菌)

R

Radial nerve—桡神经　(沿着手臂的拇指一侧向下延伸到手背的神经)
Radiation—辐射　(热量在真空空间中传递)
Radius—桡骨　(位于前臂靠拇指一侧的小骨骼)
Rash—皮疹　(一种在皮肤表面明显可见的皮肤状况；包括小红肿块、风疹、水疱、皮屑和红斑 erythema)
Recommended Dietary Allowances—营养素供给量标准或建议饮食摄取量　(由美国政府所建立的人体每日所需摄入的营养量；也称为建议每日饮食摄入量)

Red blood cell, RBC—红细胞 （也称为 erythrocyte or red corpuscle；运载氧气；含称为血色素或血红蛋白的蛋白质）

Reduction—还原反应 （一种化学反应，物质获得一个电子而失去氧的过程，与氧化反应相反）

Reflex action—反射作用 （医学用语；指感觉神经和运动神经之间的相互作用）

Reflexologist—反射治疗师 （经过培训，从事反射疗法的专业人员）

Reflexology—反射疗法 （对足部、手部，有时候还有耳部上的某些特定点施压，以影响某种身体状况的技术）

Reproductive system—生殖系统 （使生命有机体繁殖再生的身体系统）

Respiratory system—呼吸系统 （一种人体系统；维持肺脏以及身体组织内氧气和二氧化碳的交换）

Retention hyperkeratosis 过度角质增生滞留 （一种皮肤损害；角质化皮肤细胞附着在毛囊上，堆积增生）

Recticular derrmis—真皮网状层 （皮肤层；最深真皮层；含有胶原和弹性纤维，赋予皮肤强度和柔韧性）

Retin-A—全反维生素 A 酸 （治疗痤疮、色素沉着过度、早衰、红斑痤疮（酒糟鼻）等皮肤问题的处方用药；会引起皮肤干燥、敏感度加强和受激；含有一种强效的维生素 A 衍生物—维甲酸，促使皮肤干燥脱皮）

Rhinophyma—鼻赘或肥大性酒糟鼻 （一种皮肤状况；是更为严重的一种酒糟鼻或红斑痤疮，引起鼻部组织肿胀增大）

Rhinoplasty—鼻整形术 （重塑鼻形的美容外科手术）

Rhytidectomy—皱纹切除术 （一种美容外科手术；是一种可以通过切除多余脂肪、紧实皮下肌肉，重新整复面部和颈部，改善明显衰老痕迹的拉皮手术）

Rib—肋骨 （12 根胸骨之一，协助保护心脏、肺脏以及其他内部器官）

Risorius—笑肌 （位于嘴角的肌肉；上提嘴部，如同咧嘴而笑的动作）

Rosacea—红斑痤疮 （一种皮肤状况；一种面部慢性炎症，面部毛细血管扩张发炎；一种血管紊乱，特征是出现发红和红色小肿块）

Rose—玫瑰 （香疗成分；加入到面部和身体护理中，产生抗菌作用，具有舒缓和滋润能力）

Rotating brush—旋转洁肤刷 （一种手握式的附加装置，带有一把小圆刷，适用于身体和面部；用以脱落死皮细胞，彻底、深层清洁皮肤）

Ruffini's corpuscle—鲁菲尼氏小体 （感觉细胞；皮肤真皮层中的热觉感受器，对长期压力敏感）

Ruptured disc—椎间盘破裂 （一种健康不良状况；凝胶状物质从椎间盘中渗漏，引起颈部、背部、臂部或腿部疼痛）

S

Salicylic acid—水杨酸 （一种 β-羟基酸或植酸，通过产生适度的角质层脱落作用，轻微地干燥皮肤，促进细胞更新）

Salivary gland—唾腺 （分泌分解食物的酶的腺体）

Sandalwood—檀香木 （一种香氛，用于护理中处理肌肉酸痛；就也可以用于面部护理中治疗痤疮或过敏发炎的皮肤）

Sanitation—清洁 （最低级别的感染控制，消灭表层细菌）

Saponification—皂化作用 （去垢处理（desincrustation）过程，对皮脂的液化作用）

Saturation point—饱和点 （某种溶质不再均匀地溶解在溶剂中的特定界限）

Sauna—桑拿或蒸汽浴 （使用热蒸汽进行放松、扩张毛孔、促进出汗的护理）

Scabies—疥螨 （引起传染性疾病的寄生虫）

Scale—脱皮或脱屑 （死皮细胞从表皮最外层上脱落的过程）

Scalp—头皮 （头盖皮英文也作 epicranium）

Scapula—肩胛骨 （两块大扁骨,从背部中央延伸而出,向上至两骨附着于锁骨的关节之处；英文也作 shoulder blades）

Scar—瘢痕 （一种损害,英文也作 cicatrix;由深入到真皮层或更深层次的损害而引起；是正常修复过程的一部分）

Sebaceous gland—皮脂腺 （也称脂腺 oil gland 或管腺 duct gland；是皮肤系统的一部分,分成槽状或管状结构,把其内物储存在皮肤表面；在手掌和足底不会发现皮脂腺）

Seborrhea—脂漏症或皮脂溢 （一种皮肤状况,由皮脂腺的过度分泌所引起；通常与油性皮肤联系在一起）

Seborrheic dermatitis—脂溢性皮炎 （一种常见皮疹,出现发红、起屑、略带桃红的黄色块,表面显得油腻）

Sebum—皮脂 （脂肪物质的合成物,保持皮肤润滑柔软）

Secondary lesion—继发性损害 （出现逐渐演变为疾病的状况的皮肤损害,要求由医生处理）

Second-degree burn—二级烧伤 （影响表皮层以及真皮层的烧伤;伴随着疼痛、肿胀和发红;一定会引起水泡；损坏深入到真皮层）

Semi-permanent eyelash tinting—半永久性睫毛染色 （使用半永久性染色产品,加深睫毛颜色的过程）

Sensory-motor nerve—感觉运动神经 （也称为混合神经；执行感觉和运动功能的大神经）

Sensory nerve—感觉神经 （也称为传入神经 afferent nerve；把信息传递给大脑和脊髓,产生嗅觉、视觉、触觉、听觉以及味觉的神经）

Serotonin—血清素 （神经传递介质,与一般感知和情绪控制有关）

Serratus anterior—前锯肌 （位于腋下的肌肉,帮助抬升胳臂和呼吸）

Shade—深色或阴影 （加入黑色的色调）

Shaving—剃毛 （顾客在家中使用电动剃须刀、电推或削刀自行操作的方式；从皮肤表面去掉毛发）

Skeletal system—骨骼系统 （人体的物质基础,由 206 块不同大小形状,相互附着于可移动或不可移动关节上的骨骼所构成）

Skin graft surgery—皮肤移植手术 （医学手术,从身体为烧伤部位取下一块健康皮肤通过外科手术手段回贴到人体,覆盖烧伤部位以重新生长出皮肤）

Skin tone—皮肤色调 （皮肤颜色的分类,说明皮肤颜色的冷暖调）

Skull—头骨或颅骨 （也指头部骨骼或面部骨骼;包围保护脑部和主要的感觉器官）

Small intestine—小肠 （消化系统的一部分,是第一步消化营养物质的器官）

Sodium hypochlorite—次氯酸钠 （在家用漂白粉中可以发现的一种液态含氯消毒剂,具有广泛的抗微生物的活性,价格便宜,效力快速）

Soft keratin—软角蛋白 （形成皮肤和毛发的一种蛋白质形式）

Soft water—软水 （矿物质含量甚微的水）

Soft wax—软蜡 （也称为标准蜡；是专业蜡脱毛服务项目中最常用的产品;利用加热的熔蜡炉熔化软蜡,然后以压舌板取蜡,在皮肤上涂上薄薄的一层,再以脱毛布条如棉布条或培纶条覆盖。然后再把脱毛布条从皮肤上拉起来,把蜡和毛发同时去掉）

Solid—固体 （一种化学混合物；具有明确重量、体积以及形状的物质）

Solute—溶质 （化学溶液中被溶解的部分）

Solution—溶液 （两种或以上的化学物质的混合物,每种成分都均匀地分散于混合液中,形成一种完整和均匀的分散状态）

Solvent—溶剂 （化学溶液中的液体部分）

Soothing lotion—舒缓液 （在蜡脱毛护理后使用的镇静皮肤的产品）

Soothing oil—舒缓油 （有助于减轻受激状态如过敏和发炎的香疗精油,如德国甘菊(洋甘菊)、芦荟和薰衣草）

Spatula—压舌板 （一种护肤器具,用以从容器中取用产品）

SPF,Sun Protection Factor—防晒系数 （皮肤开始出现灼伤之前曝露在日光中的强度或时间）

Sphenoid bone—蝶骨 （位于双眼和鼻部之后的骨骼；连接所有头盖骨）

Spice blend—调和辛香味型 （是由几种辛香气味如香草、肉桂、辣椒、肉豆蔻、生姜或者丁香所构成的气味。）

Spinal cord—脊髓 （长条的神经纤维,从脑基部开始,延伸至脊柱的根部;其中容纳有 31 对分支伸入肌肉、内部器官和皮肤的脊椎神经）

Spray machin—热喷仪或喷雾器 （也指雾化器；一种自动喷雾装置,用以达到更为彻底的洁肤和爽肤效果；帮助去掉黏土面膜）

Squamous cell—鳞状上皮细胞 （在透明层 stratum lucidum 中可以发现的细胞,其主要作用是保护皮肤）

Squamous cell carcinoma—鳞状细胞癌 （一种恶性细胞肿瘤；在身体的日晒部位出现不规则、有硬壳的红色丘疹,可能也是未经治疗的光化性角化病 actinic keratosis;这些损害非常危险,需要切除）

Staphylococci—葡萄球菌 （产生脓汁的细菌细胞,形成葡萄串状的结构,表现为脓肿、脓疱和疖子）

Steam bath—蒸汽浴 （使用热蒸汽产生放松、舒展毛孔和促进出汗的护理项目）

Steam distillation—蒸汽蒸馏 （一种植物疗法成分的提取形式,蒸汽穿过植物原料,获得挥发性油,然后再经过汽化浓缩处理）

Steatoma—脂肪瘤 （称为皮脂腺囊瘤 wen；是一种无害的脂肪囊肿,其中充满皮脂；被认为是一种皮脂腺肿瘤）

Sterilization—灭菌 （消灭无孔性表面上所有生命有机体的过程,包括医疗室中外科医疗器械上的细菌孢子）

Sternocleidomastoid—胸锁乳突肌肉 （沿着颈部两侧,从耳部延伸至锁骨的肌肉,产生头部左右上下运动,如点头或摇头的动作）

Steroid—类固醇 （一种药物,服用会引起皮肤变薄,敏感性加强）

Stick—棒状产品 （一种硬质、低水含量或无水的产品,直接擦在皮肤上）

Stimulating oil—刺激性油 （促进皮肤中循环的香疗精油）

Stratum corneum—角质层 （最粗糙的表皮层）

Stratum germiniativum—生发层 （也称为基底层 basal layer;是最低的表皮层,其中含有继续通过有丝分裂,替代从角质层失落细胞的基底细胞）

Stratum granulosum—颗粒层 （位于透明层之下,棘细胞层之上的表皮层,其中的细胞,形状变得更为规则,看上去如同许多细小的颗粒）

Stratum lucidum—透明层 （位于角质层和颗粒层之间的透明表皮层）

Stratum spinosum—棘层或棘细胞层 （棘状皮肤层,形成细胞间的支撑）

Strip eyelashes—排状假睫毛 （一种化妆品配件产品,营造出更为强烈的眼部形象,使双眼显得更大更明亮）

Subcutaneous layer—皮下层 （皮肤的底层,隔离震荡,是一种消震器,保护骨骼,帮助支撑其他脆弱的结构；英文也作 subdermis or subcutis）

Submental artery—颏下动脉 （为下颚和下唇供养血液的动脉）

Suction machine—真空吸喷仪 （作用类似于吸尘器的微型机器,帮助进行毛孔深层清洁,从皮肤中吸出污垢、脏物和油脂）

Sudoreiferous gland—汗腺 （是一种管腺;分成槽状或管状结构,把其内物储存在皮肤表面;分泌水、尿素、电解物以及乳酸的混合物,即汗液）

Sugaring—糖脱毛 （起源于埃及的一种脱毛方式；把主要由糖所制成的胶膏,滚动涂抹在皮肤表面；清

除糖的时候,毛发也一并去掉)

Sunscreen—防晒产品 (也称为紫外线吸收剂 UV absorbers 或紫外线阻隔剂 UV blockers;保护皮肤免受有害的太阳紫外线 A(UVA)和太阳紫外线 B(UVB)的伤害)

Sunscreen allergen—防晒过敏原 (防晒产品中的一般过敏原成分)

Supercilia—眉毛 (眉部毛发)

Superficial chemical peel—浅表化学性脱皮或换肤 (一种面部护理项目;是使用 α-羟基酸(果酸)、羟基乙酸或乳酸,只影响表皮层的浅表化学性轻度换肤)

Superficial temporal artery—颞浅动脉 (为头部两侧和顶部供养血液的动脉;分支为 5 根小动脉,为更为具体明确的部位供血)

Superior labial artery—上唇动脉 (为上唇和隔膜供给血液的动脉)

Superior vena cava—上腔静脉 (把缺氧血输送到右心房的静脉血管)

Supinator—旋后肌 (与尺骨平行的肌肉,产生上翻手掌的动作)

Supraorbital nerve—眶上神经 (延伸至上眼睑、眉部、前额以及头皮皮肤上的神经)

Supratrochlear nerve—滑车上神经 (延伸至鼻部上侧边以及双眼之间皮肤的神经)

Surfactant—表面活化剂 (成分的大类别,具有把各种有机或无机物质与水联合的能力)

Suspension—悬浮液 (一种美容化妆品种类;固体物质在液体溶剂中的均匀分散)

Sympathetic nervous system—交感神经系统 (自主神经系统的副系统,加速心率、紧缩血管、提高血压)

Synapse—突触

T

Tabbing—搭襻法 (贴单根假睫毛的方法)

Tapotement—叩抚法 (也称为叩诊法 percussion;一种按摩手法;用手指或部分手指关节进行轻叩或轻拍的动作)

Tea tree—茶树油 (用以治疗痤疮的香疗成分;具有抗菌和抗微生物的作用,是护理问题皮肤的理想选择)

Telangeictasia—毛细血管扩张 (一种皮肤状况,出现明显的毛细血管扩大,暗示着皮肤受到破坏,可能增强敏感度;应该使用轻柔的按摩手法和舒缓温和的产品进行治疗和护理)

Telogen—毛发生长末期,即休止期 (毛发生长周期的第三阶段;毛发脱落,毛囊休息,为重新进入生长初期而做准备)

Temporal bone—颞骨 (位于头部两侧,耳部正上方,顶骨下方的骨骼)

Temporal branch—颞支 (延伸至太阳穴、前额两侧、眉部、眼睑以及上颊肌肉之中的神经)

Temporalis muscle—颞肌 (位于耳部上方前侧的肌肉,产生张合下颚的动作(如咀嚼的动作)

Temporary hair removal—暂时性脱毛法 (一种脱毛类型;包括剃毛、使用化学性脱毛剂、镊子拔毛和蜡脱毛等方式)

Tendon—肌腱 (一种结缔组织的纤维带,连接肌肉和骨骼)

Tendonitis—肌腱炎 (肌腱发炎的病状)

Terminal—终毛 (青春发育期之后,在人体上所生长的略粗的深色毛发)

Thalasotherapy—海水浴疗法 (任何使用海洋产物,如海水、海泥、海沙和海洋植物所进行的护理或治疗)

Thermal effect—热效,热效应 (通过电阻对电流的摩擦而在皮肤上所产生的热作用)

Thermolysis—热放散法 (永久性脱毛法;把单根电针插入毛囊,电流在一秒钟之内到达毛乳头,产生细胞凝结,从而破坏毛乳头;也称为高频或短波电解脱毛法)

Thickener—增稠剂 (化妆品成分,帮助增强乳液或者凝胶类产品的浓度;形成支撑度充足的结构防止沉淀,使微小的固体颗粒悬浮在溶剂中)

Third-degree burn—三级烧伤 (烧伤种类;毁坏所有的皮肤层,伤害皮下组织,包括神经)

Thoracic vertebrae—胸椎 （英文也用作 spine；是胸腔骨骼之一，包围和保护心脏、肺脏以及其他内部器官）

Thorax—胸腔 （英文也作 chest；多骨的笼状结构，由胸椎、胸板以及 12 根肋骨构成，环绕和保护心脏、肺脏和其他内部器官）

Threading—线铰毛法 （是古代进行脱毛的一种方式，为中东地区的人们广泛使用。它用于修理眉型和去除上唇部位和其他面部部位的毛发。这种方法使用 100% 的棉线，沿着皮肤表面，缠绕滚动，把毛发裹入棉线中，然后再从毛囊上提起）

Thyroid—甲状腺 （调节人体的主要激素腺；过度活跃的甲状腺为引起过多的皮脂分泌，而活跃性缺乏的甲状腺则会引起皮脂分泌缺乏，产生皮肤干燥）

Tincture—酊剂 （一种工业萃取物，需要把一种草药或植物浸入乙醇中，萃取出其中的活性成分）

Tinea—癣菌病 （癣 ringworm 的英文医学用语；一种传染性真菌疾病，特征是出现红色圆块状排列的水疱；由植物性真菌寄生虫引起）体癣（tinea corporis）是发生在平滑皮肤上的浅层真菌感染

Tinea corporis—体癣（出现在躯干、腿部以及手臂上的真菌感染，特征是出现粉红到红色的皮疹，并发痒）

Tinea versicolor—花斑癣 （一般称为三色酵母菌感染 Tri-color yeast infection 或者变色糠疹 Pityriasis versicolor；是一种非传染性的感染，通常在颈部、胸部、背部和手臂部位出现皮肤沉着）

Toner—爽肤水 （护肤产品，帮助清洁皮肤，恢复中性到干性皮肤的正常 pH 值）

Topical antibiotic—外用抗生素 （由医生开出的处方药，用以干燥皮肤和杀死引起痤疮、红斑痤疮或酒糟鼻以及其他皮肤状况的细菌；可以增强皮肤敏感性和干燥度；也可能是进行去死皮和蜡脱毛护理的禁忌证）

Topical medication—局部用药，即外用药 （直接涂用在皮肤上的药品）

Touch—触觉 （五种基本感觉之一；最具有身体性的感觉；降低血压、舒缓压力、刺激循环、加强安全与舒适的感觉）

Transdermal penetration—表皮渗透或体外透皮 （吸收进入皮肤的过程）

Transverse artery—颈横动脉 （为嚼肌供养血液的动脉）

Trapezius—斜方肌 （覆盖颈背和上背部，向后牵拉头部的肌肉；支配肩胛骨和手臂的旋转摆动）

Triangularis—降口角肌 （英文也作 depressor anguli；位于嘴角下方的肌肉；向下牵拉嘴角，产生如伤心表情的动作）

Tricep—三头肌 （向后延伸于整个前臂的肌肉；控制前臂的向前运动）

Tricuspid valve—三尖瓣 （血液从右心房泵出，进入右心室的通道）

Trifacial nerve—三叉神经 （英文也作 trigeminao nerve，即第 5 颅神经；面部的主要感觉神经，支配面部、舌部以及牙齿的感觉）

Trochlear nerve—滑车神经 （即第 4 颅神经；是支配眼部动作的运动神经）

Tweezer—镊子 （用以修眉、拔掉多余杂毛和贴假睫毛的工具）

Tweezing—镊子拔毛 （用以从小面积部位，如眉部、下巴或嘴周等去掉多余毛发的方法；用镊子夹住单根毛发，然后顺着毛发的生长方向拔掉，可以有效地把毛发从皮肤表面之下拔除）

U

Ulcer—溃疡 （在皮肤表面上明显可见的破损的损害，可造成部分真皮的剥落，伴随着出脓）

Ulna—尺骨 （位于小手指一侧的手臂下部）

Ulnar nerve—尺神经 （从小手指一侧的手臂向下延伸入手掌的神经）

Ultraviolet light—紫外光/紫外线灯 （指紫外线；一种护肤设备，根据其照射皮肤的时间长短，对皮肤产生良性作用或负作用）

Ultraviolet rays—紫外射线 （也称为光化射线 actinic rays 或冷射线 cold rays；是比显示为紫色的可见光的波长略微短的不可见光。

Underarm wax—腋下蜡脱毛　(从腋下脱去毛发的蜡脱毛方式)

Universal precaution—通用预防措施　(适用于所有顾客的感染控制安全措施)

Upper respiratory tract—上呼吸道　(鼻、口、咽、喉)

Urea—尿素　(从循环系统中转化和中和而来的氨)

Ureter—输尿管　(废弃产物排出体外所必经的管道)

UVA ray—紫外线 **A**,长波紫外线　(波长最长的紫外线;最常用于日光浴房)

UVA/UVB absorber—UVA/UVB 吸收剂　(防晒成分,吸收太阳射线,使日光从皮肤层上偏转)

UVA/UVB blocker—UVA/UVB 阻隔剂　(防晒成分,通过把日光从皮肤表面上反射开,产生阻隔作用)

UVB ray—紫外线 **B**　(人们最常于晒到的自然太阳光;也称为晒伤光线)

UVC ray—紫外线 **C**　(臭氧层之上的紫外线;人们很少接受到这部分光线)

V

Vacuum—真空吸喷仪　(产生轻柔抽吸作用的仪器,加速皮肤表面的循环)

Vagus nerve—迷走神经　(第 10 颅神经;支配耳部、咽、肺胃(喉、心脏、肺脏以及食道)运动和感觉的神经;帮助调节心跳)

Value—色值　(一种颜色的明暗度)

Varicose vein—静脉曲张　(永久性静脉扩张的状况,最常发于腿部;静脉肿胀)

Vein—静脉　(管状、弹性、薄壁、分支的血管,把耗尽氧气的血液从毛细血管运输到心脏)

Vellus—毫毛　(细、软、无色、覆盖身体的毛发)

Venule—小静脉　(把毛细血管连接到大血管的细小静脉)

Verruca—寻常疣,肉赘　(英文也作 warts;是由人类乳头瘤病毒(human papilloma virus,HPV)所引起的皮肤表层病毒性感染)

Vertebrae—椎骨　(形成脊椎的骨骼)

Vesicle—疱囊　(一种损害;皮肤中满含液体的隆起,由表皮下液体或血液的局部积聚所引起)

Vibration—震动　(一种颤动式的按摩手法,美容师快速颤动手臂,指尖或手掌则轻触顾客)

Vibrissae—鼻毛　(鼻内黏膜,过滤掉灰尘、脏物和外物)

Viscosity—黏性　(产品的稠度或浓度)

Viscosity modifier—黏度调节剂　(帮助增强乳液和凝胶类产品的黏稠度;许多调节剂都是有机化合物)

Visible light—可见光　(电磁波频谱中可以为人类所看到的部分)

Vitamin—维生素　(对皮肤具有各种益处的成分;一般生长和活动所必需的有机物质)

Vitiligo—白癜风　(后天性皮肤病,特征是出现白色斑块,由黑色素细胞中缺失色素造成的)

Voluntary muscle—随意肌　(也称为横纹肌;对意识或知觉命令作出回应的肌肉)

W

Warm color—暖色调　(含有红色或黄色底色的颜色)

Warm undertone—暖色底色　(含有浅桃色、黄色或中度桃色的颜色)

Water—水　(清澈、无色、无气味、无味道的液体,是几乎所有生命物质的必需品)

Water—in—oil emulsion—油包水乳液　(一种美容化妆品类型;细小的水滴均匀地分散于油基溶液中)

Water therapy—水疗　(英文也作 hydrotherapy or aquatherapy;是一种辅助疗法,可用以滋润、清洁和赋活皮肤并帮助清除毒素)

Waxing—蜡脱毛　(一种暂时性脱毛的方法,把蜡直接涂抹在皮肤上,然后再把蜡连同毛发一并去掉)

Wen—皮脂腺囊瘤　(是一种无害的脂肪囊肿,其中满含皮脂;通常出现在头皮、颈部或背部;大小从豌豆大到橙子大不一,也称为脂肪瘤 steatoma)

Wheal—风团或风疹　(皮肤之上固体结构,常常由虫叮咬或变态反应所引起)

Whitehead—白头 （堵塞的皮脂腺，腺口并未大开；也称为闭合型粉刺 close comedo）

Wound—伤口 （由组织损伤所引起的连续性皮肤破口）

Wringing—扭绞 （一种按摩手法；是使用于手臂和身体的摩擦手法；抓提顾客的皮肤，反方向扭转）

X

Xerosis—干燥病 （由皮脂分泌减少造成皮肤干燥起屑；也称为皮脂缺乏症 asteatosis）

Y

Ylang-ylang—依兰 （加入到身体护理，增强循环的香疗精油；具有抗菌和舒缓特性）

Z

Zygomatic bones—颧骨 （英文也作 the malar bones；是构成上面颊和眼窝底的两块骨骼）

Zygomatic nerve—颧神经 （延伸至前额两侧、太阳穴以及面颊上部的神经）

Zygomaticus—颧肌 （位于嘴角外侧的肌肉；向上朝后牵拉嘴部，形成如大笑或微笑的动作；由颧大肌和颧小肌组成）

（夏庆梅）

参 考 文 献

何黎 . 2011. 美容皮肤科学[M]. 北京:人民卫生出版社
贺孟泉 . 2002. 美容化妆品学[M]. 北京:人民卫生出版社
劳动和社会保障部教材办公室 . 2010. 皮肤护理与美体[M]. 北京:中国劳动社会保障出版社
李利 . 2011. 美容化妆品学[M]. 北京:人民卫生出版社
乔国华 . 2005. 现代美容实用技术[M]. 北京:高等教育出版社
裘名宜 . 2006. 医疗美容技术[M]. 北京:人民卫生出版社
申五一,刘开东 . 王文科,2005. 医学美容[M]. 北京:中医古籍出版社
孙翔 . 2002. 医学美容技术[M]. 北京:人民卫生出版社
孙玉萍,李素娟 . 2007. 美容医师指南[M]. 北京:学苑出版社
吴继聪,张海霞 . 2004. 美容医疗技术[M]. 第二版 . 北京:科学出版社
阎红 . 2007. 面部皮肤护理[M]. 上海:上海交通大学出版社
张丽宏 . 2010. 美容实用技术[M]. 北京:人民卫生出版社
张丽宏 . 2014. 美容实用技术[M]. 北京:人民卫生出版社
张信江,边二堂 . 2011. 医疗美容技术[M]. 北京:人民卫生出版社
章萍 . 2007. 激光医学[M]. 郑州:郑州大学出版社
赵小川 . 2005. 医学美容技术[M]. 北京:高等教育出版社

《美容护肤技术》教学大纲

课程名称:美容护肤技术　　英文名称:Skin Tending Subject
建议学时:90~123　　建议学分:5~7
课程类型:必修课　　课程性质:职业技术课
适用专业:医疗美容技术　　开课学期:第一、二学期

一、教学大纲制定的基础和依据

本教学大纲是根据医疗美容技术专业的培养目标,按照专业教学计划中对本课程的要求和高等职业教育的特点而制定的。大纲的编制是在对医疗美容技术专业高职教育毕业生对能力的要求进行调研,并在课程剖析和听取相关课程教师意见的基础上制定的,经充分讨论和广泛征求相关专家意见而制定。

二、课程的性质、任务和教学目标

美容护肤技术是针对医疗美容技术专业而设置的专业课程,该课程属于职业技术课,依据专业培养目标,在专业人才培养过程中占据非常重要的作用。本课程学习重点是美容护肤技术的基本技术,难点在于各种类型皮肤的养护与保养,常见问题性皮肤与养护的技能操作。通过理论与实践相结合的教学方法,使学生加强操作动手能力,并治疗通过国家中高级美容师考核。

1. 知识目标　掌握美容护肤技术课程的基本理论和基本技术,各类型皮肤的养护与保养,问题性皮肤的治疗与养护,皮肤养护与治疗仪器的选择与应用以及不同类型、不同部位的皮肤方案的制定。

熟悉与美容有关的皮肤病的诊治与预防,化妆品的选择与应用,美容师的职业道德与修养,美容心理问题的处理等。

了解美容市场现状。

2. 技能目标　掌握全套皮肤养护程序与要求、不同类型、不同部位皮肤的养护与治疗,能够制定皮肤养护方案。

熟悉与美容有关的皮肤病的诊治方法与预防措施。

3. 素质目标　树立良好的自我形象,具备高尚的服务意识,通过对不同患者的心理分析,结合美容师应具备的基本素质,培养学生的职业素质与道德修养。

三、课程在专业中的地位和与其他课程的关系

本课程在专业课中较为重要,通过本课程的学习与实践,使学生掌握各类型皮肤养护与问题性皮肤的养护治疗,及养护过程中美容仪器使用的动手能力,实现医疗美容技术专业培养目标。本课程设置在第1~2学期,保证了课程的顺利衔接,并为职业素质养成提供

了时间保证。

四、本课程的教学基本要求

《美容护肤技术》课程的教学工作，应以课程的教学大纲为依据，安排其教学内容；以课程的授课计划为依据，安排其授课进程；以课程教案为依据，安排其课堂教学活动。《美容护肤技术》课程的教学工作，还应以医疗美容技术专业临床实践的需要为依据，遵循理论与实践相结合的原则和诚信服务的理念，并通过形式多样的教学方法和教学手段，融知识传授、能力培养和素质教育于一体，培养学生技能动手能力，使学生达到理论知识、实践技能和职业素质全面的教学目标，成为实用型人才。

五、课 程 内 容

第一章　美容护肤基础理论

第一节　美容的基本概念

知识目标：

掌握生活美容与医学美容的区别；

熟悉美容的分类；

了解美容业的定义、美容师的定义。

第二节　美容师的职业道德及形象

知识目标：

掌握职业道德的定义、美容师的职业准则；

熟悉美容师的仪容、仪态；

了解美容师的人际关系与心理服务。

第三节　美容院卫生与消毒

知识目标：

掌握美容院消毒方法、美容院消毒注意事项；

熟悉美容院的环境卫生要求、护肤操作时的卫生要求。

第四节　人体生理解剖常识

知识目标：

掌握表皮的解剖结构、皮肤的生理功能；

熟悉真皮、皮下组织的解剖结构、皮肤的动态变化及保养的方法，头颈部、身体的骨骼与肌肉走形分；

了解皮肤附属器、皮肤的血管、淋巴管、肌肉及神经的知识。

第五节　美容化妆品基础知识

知识目标：

掌握化妆品的定义、化妆品的分类；

熟悉化妆品原料基础知识、使用化妆品时的注意事项；

了解化妆品的保存方法。

第二章　美容护肤基本技术

第一节　接待与咨询

知识目标：

掌握顾客接待仪态、仪表的基本准则；
熟悉面部养护前的准备；
了解顾客的美容心理。
技能目标：
能够与顾客沟通并引导顾客进行养护前准备。
第二节　表层清洁
知识目标：
掌握面部表层清洁的操作程序及步骤；
熟悉常用的面部表层清洁的方法；
了解面部表层清洁的目的。
技能目标：
掌握面部表层清洁的具体操作。
第三节　分析皮肤
知识目标：
掌握常见的皮肤分析方法、各类皮肤的特点、皮肤分析的程序；
熟悉对复杂问题皮肤进行鉴别、判断的要求与注意事项。
技能目标：
能够进行皮肤分析操作并制作皮肤养护卡；
能够对皮肤类型进行鉴别、判断。
第四节　深层清洁
知识目标：
掌握面部深层清洁的操作程序、步骤以及脱屑的方法；
熟悉常用的面部深层清洁的方法；
了解面部深层清洁的目的。
技能目标：
掌握面部深层清洁的具体操作。
第五节　仪器美容
掌握奥桑喷雾机、真空吸啜仪、高频电疗仪等美容仪器的操作程序、步骤、注意事项；
熟悉奥桑喷雾机、真空吸啜仪、高频电疗仪等美容仪器的使用范围；
了解奥桑喷雾机、真空吸啜仪、高频电疗仪等美容仪器的日常养护。
技能目标：
能够操作奥桑喷雾机、真空吸啜仪、高频电疗仪等美容仪器；
具备安全用电意识，能够做到自我防范。
第六节　美容按摩
知识目标：
掌握按摩的注意事项、禁忌、头面部的常用穴位；
熟悉按摩的要求、按摩的基本原则；
了解按摩的目的与功效。
技能目标：
掌握按摩的基本操作手法。

第七节　面膜
知识目标：
掌握面膜的分类以及面膜的作用；
熟悉面膜的成分、面膜的使用时间。
技能目标：
掌握面膜的操作技术。
第八节　爽肤、嫩肤及护肤整理
知识目标：
掌握化妆品的分类及用途、不同类型皮肤化妆品的选择方法；
熟悉化妆品的选择注意事项；
了解化妆品的安全性评价。
技能目标：
熟悉护肤品的适用皮肤类型；
了解化妆品的安全性评价方法。

第三章　不同类型皮肤的养护技术

第一节　中性皮肤养护
知识目标：
掌握中性皮肤的特点、临床表现、养护程序以及化妆品选择；
熟悉中性皮肤的养护重点、化妆品的分类及用途、使用注意事项；
了解皮肤养护的目的、化妆品的安全性评价。
技能目标：
掌握中性皮肤养护的具体操作技术；
熟悉皮肤养护前准备。
第二节　干性皮肤养护
知识目标：
掌握干性皮肤的特点、临床表现、养护程序以及化妆品选择；
熟悉干性皮肤的养护重点；
了解干性皮肤养护的目的。
技能目标：
掌握干性皮肤养护的具体操作技术；
能够制定干性皮肤养护的操作方案。
第三节　油性皮肤养护
知识目标：
掌握油性皮肤的特点、临床表现、养护程序以及化妆品选择；
熟悉油性皮肤的养护重点；
了解油性皮肤养护的目的。
技能目标：
掌握油性皮肤养护的具体操作技术；
能够制定油性皮肤养护的操作方案。
第四节　混合性皮肤养护

知识目标：
掌握混合性皮肤的特点、临床表现、养护程序以及化妆品选择；
熟悉混合性皮肤的养护重点；
了解混合性皮肤养护的目的。
技能目标：
掌握混合性皮肤养护的具体操作技术；
能够制定混合性皮肤养护的操作方案。
第五节 痤疮性皮肤养护
知识目标：
掌握痤疮性皮肤的临床表现及常见类型、养护步骤及操作要点；
熟悉痤疮性皮肤的成因、化妆品选择；
了解痤疮形成的诱因、痤疮性皮肤的养护目的、家庭养护计划以及常见的处理方法。
技能目标：
能够制定痤疮性皮肤的养护方案并实施具体操作；
熟悉痤疮性皮肤的分类并进行临床诊断。
第六节 色斑性皮肤养护
知识目标：
掌握色斑性皮肤的临床表现及常见类型、养护步骤及操作要点；
熟悉色斑性皮肤的成因、化妆品选择；
了解色斑形成的原因、色斑性皮肤的养护目的、家庭养护计划以及常见的处理方法。
技能目标：
能够制定色斑性皮肤的养护方案并实施具体操作；
熟悉色斑性皮肤的分类并进行临床诊断。
第七节 衰老性皮肤养护
知识目标：
掌握衰老性皮肤的临床表现、养护步骤及操作要点；
熟悉衰老性皮肤的成因、化妆品选择；
了解衰老性皮肤的养护目的、家庭养护计划以及常见的处理方法。
技能目标：
能够制定衰老性皮肤的养护方案并实施具体操作；
熟悉衰老性皮肤的分类并进行临床诊断。
第八节 敏感性皮肤养护
知识目标：
掌握敏感性皮肤的特点、临床表现、养护程序及养护禁忌；
熟悉敏感性皮肤的养护重点；
了解敏感性皮肤养护的目的。
技能目标：
掌握敏感性皮肤养护的具体操作；
能够制定敏感性皮肤的养护方案。

第四章　不同部位皮肤的养护技术

第一节　面部皮肤养护

知识目标：

掌握面部养护的具体的操作程序、不同类型皮肤的特点及养护方法；

熟悉常用美容按摩基本手法的种类、定义、手法要领与功效；

了解面部皮肤养护的目的。

技能目标：

能够制定面部养护方案并实施具体操作；

熟悉常用美容按摩基本手法及操作要领。

第二节　身体皮肤养护

知识目标：

掌握身体养护的具体的操作程序；

熟悉常用美容按摩基本手法的种类、定义、手法要领与功效；

了解身体皮肤养护的目的。

技能目标：

能够制定身体养护方案并实施具体操作；

熟悉常用美容按摩基本手法及操作要领。

第三节　肩颈部养护

知识目标：

掌握肩颈部养护的具体的操作程序；

熟悉常用美容按摩基本手法的种类、定义、手法要领与功效；

了解肩颈部皮肤养护的目的。

技能目标：

能够制定肩颈部养护方案并实施具体操作；

熟悉常用美容按摩基本手法及操作要领。

知识目标：

掌握背部养护的具体的操作程序；

熟悉常用美容按摩基本手法的种类、定义、手法要领与功效；

了解背部皮肤养护的目的。

技能目标：

能够制定背部养护方案并实施具体操作；

熟悉常用美容按摩基本手法及操作要领。

第四节　背部养护

知识目标：

掌握背部养护的具体的操作程序；

熟悉常用美容按摩基本手法的种类、定义、手法要领与功效；

了解背部皮肤养护的目的。

技能目标：

能够制定背部养护方案并实施具体操作；

熟悉常用美容按摩基本手法及操作要领。

第五节　腹部减肥

知识目标：

掌握腹部常用减肥穴位、腹部减肥按摩的手法与步骤；

熟悉肥胖的分类、形成原因、危害性及腹部减肥的几种方法；

了解肥胖的定义、减肥的常用方法以及腹部皮肤养护的目的。

技能目标：

能够制定腹部减肥养护方案并实施具体操作；

熟悉常用美容按摩基本手法及操作要领。

第六节　胸部养护

知识目标：

掌握美体健胸的按摩手法与步骤；

熟悉常用的健胸的几种方法、手法要领与功效；

了解胸部健美的原理、丰胸的常用方法以及胸部皮肤养护的目的。

技能目标：

能够制定丰胸养护方案并实施具体操作；

熟悉常用美容按摩基本手法及操作要领。

第七节　手足养护

知识目标：

掌握手足常用穴位、养护步骤及方法；

熟悉常用美容按摩基本手法的种类、定义、手法要领与功效；

了解理想手部的特征、足部养护操作程序。

技能目标：

能够制定手部养护方案并实施具体操作；

熟悉常用手部美容按摩基本手法及操作要领；

了解足部养护的操作方法。

第八节　特殊养护

知识目标：

掌握眼袋、黑眼圈、鱼尾纹、脂肪粒养护的成因以及具体的操作程序；

熟悉唇部问题的成因及基本养护程序；

了解男士养护的基本程序。

技能目标：

能够制定正确制定眼袋、黑眼圈、鱼尾纹的养护方案并实施具体操作；

熟悉唇部养护、男士养护的操作方法。

六、教学方式

课程教学采用理实一体式教学，由教师讲解、教师示范、学生实操、学生总结、教师指导等，加强学生对技能实训各环节的理解和实操能力。

序号	教学内容	实训项目	教学条件	主要教学方法与手段
1	第一章 美容护肤基础理论 第一节 美容的基本概念 第二节 美容师职业道德及形象 第三节 美容院卫生与消毒 第四节 人体生理解剖常识 第五节 美容化妆品基础知识	无	多媒体教学	理论讲授 案例分析 实物展示
2	第二章 美容护肤基本技术 第一节 接待与咨询	接待与咨询	校内实训室	理实一体
3	第二节 面部清洁	面部清洁		
4	第三节 分析皮肤	分析皮肤		
5	第四节 深层清洁	深层清洁		
6	第五节 仪器美容	仪器美容		
7	第六节 按摩	按摩		
8	第七节 面膜	面膜		
9	第八节 爽肤、嫩肤及护肤整理	爽肤、嫩肤及护肤整理		
10	第三章 不同类型皮肤护肤技术 第一节 中性皮肤养护	中性皮肤养护	校内仿真 实训基地	案例导入、分组讨论
11	第二节 油性皮肤养护	油性皮肤养护		
12	第三节 干性皮肤养护	干性皮肤养护		
13	第四节 混合性皮肤养护	混合性皮肤养护		
14	第五节 痤疮性皮肤养护	痤疮性皮肤养护		
15	第六节 色斑性皮肤养护	色斑性皮肤养护		
16	第七节 衰老性皮肤养护	衰老性皮肤养护		
17	第八节 敏感性皮肤养护	敏感性皮肤养护		
18	第四章 不同部位皮肤养护技术 第一节 面部皮肤养护	面部皮肤养护	校内仿真 校外真实 实训基地	项目引领、角色扮演
19	第二节 身体养护	身体养护		
20	第三节 肩颈部养护	肩颈部养护		
21	第四节 背部养护	背部养护		
22	第五节 腹部减肥	腹部减肥		
23	第六节 胸部养护	胸部养护		
24	第七节 手足养护	手足养护		
25	第八节 特殊养护	特殊养护		

七、学 时 分 配

总学时 123 学时,涵盖实训项目 24 项

序号	教学内容	实训项目	学时
1	第一章 美容护肤基础理论 第一节 美容的基本概念 第二节 美容师职业道德及形象 第三节 美容院卫生与消毒 第四节 人体生理解剖常识 第五节 美容化妆品基础知识	无	9
2	第二章 美容护肤基本技术 第一节 接待与咨询	接待与咨询	3
3	第二节 面部清洁	面部清洁	3
4	第三节 分析皮肤	分析皮肤	6
5	第四节 深层清洁	深层清洁	3
6	第五节 仪器美容	仪器美容	9
7	第六节 按摩	按摩	9
8	第七节 面膜	面膜	6
9	第八节 爽肤、嫩肤及护肤整理	爽肤、嫩肤及护肤整理	3
10	第三章 不同类型皮肤护肤技术 第一节 中性皮肤养护	中性皮肤养护	4
11	第二节 油性皮肤养护	油性皮肤养护	4
12	第三节 干性皮肤养护	干性皮肤养护	4
13	第四节 混合性皮肤养护	混合性皮肤养护	4
14	第五节 痤疮性皮肤养护	痤疮性皮肤养护	4
15	第六节 色斑性皮肤养护	色斑性皮肤养护	4
16	第七节 衰老性皮肤养护	衰老性皮肤养护	4
17	第八节 敏感性皮肤养护	敏感性皮肤养护	4
18	第四章 不同部位皮肤养护技术 第一节 面部皮肤养护	面部皮肤养护	4
19	第二节 身体养护	身体养护	4
20	第三节 肩颈部养护	肩颈部养护	4
21	第四节 背部养护	背部养护	4
22	第五节 腹部减肥	腹部减肥	4
23	第六节 胸部养护	胸部养护	4
24	第七节 手足养护	手足养护	8
25	第八节 特殊养护	特殊养护	8
总学时			123

八、考核与评价

学生考核包括知识考核和技能考核两部分,选择笔试闭卷、口试和实际操作等方式进行。

考核成绩由平时测验、技能考核、期末成绩进行综合评价,其中三次平时成绩占总成绩点的20%,三次技能考核占总成绩的24%,期末成绩占成绩的56%。

教学质量评价参照学校教学质量监控体系的相关文件执行。

九、推荐教材与辅助教学资料

选用教材:《美容护肤技术》,科学出版社,张秀丽,赵丽,聂莉,2015年。

十、必要说明

《美容护肤技术》课程建议分两学期完成,第一学期51学时;第二学期72学时。